"十四五"职业教育国家规划教材

高等职业院校
机电类"十二五"规划教材

机械加工工艺与装备

（第2版）

U0740918

Mechanical Processing Technology and Equipment (2nd Edition)

◎ 赵宏立　徐慧　主编

◎ 吴涛　何威　副主编

人民邮电出版社

北京

精品系列

图书在版编目（CIP）数据

机械加工工艺与装备 / 赵宏立，徐慧主编. -- 2版
. -- 北京：人民邮电出版社，2012.4
高等职业院校机电类"十二五"规划教材
ISBN 978-7-115-26723-8

Ⅰ. ①机… Ⅱ. ①赵… ②徐… Ⅲ. ①机械加工－工
艺－高等职业教育－教材②机械加工－机械设备－高等职
业教育－教材 Ⅳ. ①TG5

中国版本图书馆CIP数据核字(2012)第018123号

内 容 提 要

本书共 8 章，介绍了金属切削原理与刀具、常见的机械加工装备、工件的定位和夹紧、机械加工工艺规程制定、机械装配工艺基础以及改善加工表面质量和提高加工效率的方法等知识。另外本书还增添了最新 GB（2009 年）中关于金属切削加工装备及型号分类、刀具型号编制、机械装配工艺基础等内容。书中着重阐述机械加工工艺技术的应用性、实用性、操作性，提供了大量来自企业的机械产品加工实例与技巧，使用面更为广泛。另外教材还有工艺课程设计实例和实用性较强的 8 个实训项目，增强了从事本专业领域实际工作的基本能力和基本技能的训练。

本书可作为各高等职业院校、机械类专业的教材，还可供机械工程类技术人员、车间加工操作人员参考使用。

◆ 主　　编　赵宏立　徐　慧
　　副主编　吴　涛　何　威
　　责任编辑　李育民

◆ 人民邮电出版社出版发行　　北京市丰台区成寿寺路 11 号
　　邮编　100164　　电子邮件　315@ptpress.com.cn
　　网址　https://www.ptpress.com.cn
　　涿州市般润文化传播有限公司印刷

◆ 开本：787×1092　1/16
　　印张：19.75　　　　　　　　　2012 年 4 月第 2 版
　　字数：485 千字　　　　　　　2025 年 8 月河北第 19 次印刷

ISBN 978-7-115-26723-8

定价：39.80 元

读者服务热线：(010)81055256　印装质量热线：(010)81055316
反盗版热线：(010)81055315

《机械加工工艺与装备》第1版以来，得到了兄弟院校的大力支持，提出了许多宝贵意见和建设性的建议。本次修订补充和重组了部分重要章节，删减了理论性较强学生不易接受的章节内容，增添了最新2009年颁布GB中金属切削加工装备及型号分类、刀具型号编制、机械装配工艺基础等内容，对机械加工装备、加工工艺装备有了较全面的讲解，便于读者了解最新的企业加工装备和工艺装备的命名编制及选用原则，力争做到内容更简洁全面，以适应就业岗位的要求。其次，教材中增加了来自企业的加工实例和研究，教材主要章节以企业实例为载体，便于学生开拓思路，使理论知识融会贯通于生产实践，体现教、学、做合一，为走向工作岗位、获得职业资格证书、快速适应社会生产需求奠定基础。

本书参考学时为80学时，其中实践环节为24学时，各章的参考学时见下面的学时分配表。

学时分配表

章　节	课程内容	学时分配	
		讲　授	实　训
第1章	总论	2	2
第2章	金属切削基础知识与刀具	12	4
第3章	机械加工装备	8	2
第4章	机械加工工艺装备——夹具	8	4
第5章	机械加工工艺规程	16	12
第6章	机械加工质量分析	4	
第7章	机械装配工艺基础	4	
第8章	机械制造工艺学课程设计示例	2	
	课时总计	56	24

本书由赵宏立、徐慧主编，吴涛、何威副主编，第3章、第6章、第7章由徐慧编写，赵宏立对全书做了统稿。沈阳重工集团崔忱，沈阳远大集团张东兴，沈阳机床集团薛飞，沈阳职业技术学院王素艳、张忠蓉、关颖、曾海红、吴爽等人参加了部分章节的材料收集、内容删减等工作，管俊杰教授和王嘉良高级工程师对全书进行了审定，并提出了很多宝贵的修改意见，在此对各位表示诚挚的谢意。

由于编者水平有限，第2版中错误之处在所难免，恳请广大读者批评指正。

编者

2012年1月

表1   PPT 课件等

素 材 类 型		功 能 描 述
PPT 课件		供老师上课用
题库系统		可以自动生成试卷和试卷答案，老师可随意修改或添加试题
虚拟实验	车刀选用系统	根据具体的加工环境和加工条件从备选刀具组中选择恰当的车刀。主要训练学生明确车刀的多样性，并能正确选配刀具
	虚拟机械装配系统	学生使用鼠标操作完成虚拟三维模型的装配和拆卸过程。主要帮助学生理解机械装配的基本原理及装配顺序对装配生产的影响

表2   动   画

序号	名 称	序号	名 称	序号	名 称
1	认识机械制造	19	认识切削热	37	滚齿加工原理
2	认识现代先进制造技术	20	常用刀具材料简介	38	插齿加工原理
3	认识切削速度	21	金属热处理工艺介绍	39	铣齿加工原理
4	认识背吃刀量	22	毛坯的选择原则	40	装配原理及过程仿真
5	认识进给量	23	外圆面加工工艺路线的确定	41	计算机辅助设计介绍
6	车刀的结构及主要刀具角度	24	孔加工工艺路线的确定	42	电火花加工原理
7	刀具前角的功用及选择	25	平面加工工艺路线的确定	43	电解加工原理
8	刀具后角的功用及选择	26	螺纹加工方法介绍	44	超声波加工原理
9	认识刀具主偏角和副偏角	27	螺纹的种类及其应用	45	激光加工原理
10	刀具主偏角的功用	28	螺纹的主要参数	46	认识超精密加工
11	刀具刃倾角的功用及选择	29	零件的结构工艺性分析	47	车削加工的应用
12	刀具角度对加工的影响	30	六点定位原理	48	周铣与端铣介绍
13	刀具主偏角的选择原则	31	基准的种类及应用	49	顺铣与逆铣介绍
14	刀具副偏角的功用	32	粗基准的选择原则及案例	50	镗削加工原理
15	积屑瘤的形成及其影响	33	精基准的选择原则及案例	51	刨削加工原理
16	刀具磨损的过程和主要形式	34	认识定位和夹紧	52	磨削加工原理
17	切屑收缩的形成过程	35	常用定位元件的种类及应用	53	磨削的种类及其应用
18	切削力的来源与分解	36	螺纹的测量方法	54	无心磨削的原理

表3　视　频

序号	名　称	序号	名　称	序号	名　称
1	插齿机的工作原理	8	认识机械装配	15	认识铣刀
2	车刀及其刃磨	9	认识基本工艺概念	16	认识铣削加工
3	齿轮的铣削加工	10	认识磨削加工	17	认识现代设计和制造技术
4	典型零件加工工艺过程	11	认识刨削加工	18	认识压力加工
5	普通车床的结构	12	认识其他刀具	19	认识钻削加工
6	认识常用夹具	13	认识其他加工方法		
7	认识车削加工	14	认识热处理		

Content

目录

第1章

总 论

1. 了解制造与制造业的概念
2. 了解制造技术的现状与发展趋势
3. 了解常见机械加工方法
4. 了解本课程的学习方法

1.1 制造业与制造技术

1. 基本概念

制造的英文为 Manufacturing，是人类最主要的生产活动之一。该词起源于拉丁文词根 Manu 和 facere（to make，do），这说明几百年来人们把制造理解为用手来做，也就是指加工。但随着社会科技的不断发展，如今制造也有两种含意，狭义的制造是使原材料在物理性质和化学性质上发生变化而转化为产品的过程；广义的制造是指人类按照所需目的，运用主观掌握的知识和技能，通过手工或利用客观的物质工具与设备，采用有效的方法，将原材料转化为有使用价值的物质产品并投放市场的全过程。它是一个涉及产品设计、物料选择、生产计划、生产过程、质量保证、经营管理、市场营销和社会服务的一系列相关活动和工作的总称。

加工的英文为 Machining，是指把原材料变成产品的直接物理过程。可以说加工是制造系统的一个主要的子系统，它不等同于制造，它是通过改变原材料（毛坯或半成品）的形状、性质或表面状态，来达到设计所规定的技术要求。

制造业（Manufacturing Industry）是对原材料进行加工或再加工，对零部件进行装配的工业的总称。

机械制造业是为用户创造和提供机械产品的行业，是制造业中最主要的组成部分，包括产品开发、设计、制造生产、流通和售后服务全过程。机械制造的主要任务是直接为最终用户提供消费品，为国民经济各行业提供生产技术装备。

2. 制造业的特点和发展方向

从制造业的发展历史来看，主要有两类：一类是加工制造业，另一类是装备制造业。大批量、标准化、生产线是加工制造业最重要的特点。在工业化发展过程当中，加工制造业最基本的竞争方式就是成本价格的竞争。技术达到一定水平，质量达到一定标准，如果产品之间没有差异，价格竞争的最后结果就是没有利润。沿海一些发达地区，比如上海、广东等，一些加工制造企业发展到一定水平后，发现尽管占有的市场越来越大，但企业利润越来越少，甚至处于盈亏的临界点上。发达国家也是先经历过价格竞争的过程，然后就进入差异化竞争过程。装备制造业中企业之间的竞争主要不是成本价格的竞争，而是性能、质量、营销、品牌等各方面差异的竞争，只有这些才能真正为企业带来利润，现在我国工业化发展已经到了这个阶段。一些企业已经发现加工制造业的发展空间越来越小，希望向装备制造业升级。2010年10月，国务院发布《关于加快培育和发展战略性新兴产业的决定》，明确将高端装备制造业作为当前国家重点发展和培育的七大战略性新兴产业的重点领域之一，同时明确高端装备制造业要重点发展和培育的五个重点方向，即航空装备、卫星及其应用产业、轨道交通装备、海洋工程装备、智能制造装备。

3. 制造技术发展趋势

随着制造技术的发展，制造技术不再仅仅是主要以力学、切削理论为基础的一门学科，而是涉及了机械科学、系统科学、信息科学、材料科学和控制技术的一门综合学科。现代的制造技术已从对单工序的研究发展到对制造系统的研究。加上计算机技术、控制技术的发展，过去只能完成单工序加工的设备，其功能越来越强。多工位的加工机床也越来越多，并且已经研制开发出车、铣复合的加工设备，自动化程度也越来越高。五自由度、六自由度联动机床已在生产中应用，这类设备本身就构成了复杂的制造系统。随着数控加工中心（CNC）技术的发展和在制造业中的应用，柔性制造系统（FMS）、计算机集成制造系统（CIMS）将越来越成熟并得到进一步应用，机械制造技术正逐渐面向高速度、高效率、高精度、绿色节能、机床智能化、机床微型化及功能更完善的方向发展。加工设备能够在线监测工况、独立自主地管理自己，并与企业的生产管理系统通信。例如，信息化的车削加工中心，如图1-1所示。再如现代化的微型桌面工厂，由一台微型车床、微型铣床、微型压力机、微型机械手组成，能够高效地加工微型高精设备，如图1-2所示。

在制造系统中包含了3种流，即物质流、信息流和资金流。物质流主要指由毛坯到产品的有形物质的流动；信息流主要指生产活动的设计、规划、调度与控制；而资金流则包括了成本管理、利润规划及费用流动等。为使整个制造系统有效地运行，3种流必须通畅、协调。最终的目的仍是研究如何最优地由原材料获取产品，使企业得到良好的经济效益和社会效益。单工序加工是复杂制造系统的基本单元，只有掌握了基本单元相关的知识和技术，才有可能进一步研究更复杂的制造系统。

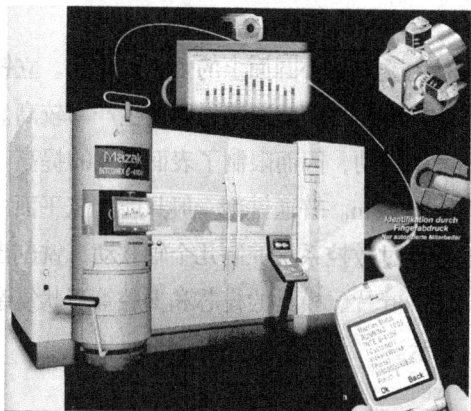

图 1-1　信息化的车削加工中心

图 1-2　高速高效的微型桌面工厂

1.2 机械加工方法

零件的成形通常有 3 种原理，第一是去除材料原理，如传统的切削加工方法，包括车、铣、磨、刨、钻、镗和特种加工等。第二是材料基本不变原理，如铸造、锻造、注塑、冲压等。第三是材料累加成形原理，如快速成形、激光熔覆、激光烧结、三维打印等，零件是逐渐累加出来的。本教材内容主要以第一种去除材料的机械加工方法为主进行简述。

1. 车削

车削中工件旋转，形成主切削运动。刀具沿平行旋转轴线运动时，就形成内、外圆柱面。刀具沿与轴线相交的斜线运动，就形成锥面。仿形车床或数控车床上，可以控制刀具沿着一条曲线进给，则形成一特定的旋转曲面。采用成形车刀，横向进给时，也可加工出旋转曲面来。车削还可以加工螺纹面、端平面及偏心轴等，如图 1-3 所示。车削加工精度一般为 IT8～IT7，表面粗糙度 R_a 为 6.3～1.6μm。精车时，可达 IT6～IT5，表面粗糙度 R_a 可达 0.4～0.1μm。车削的生产率较高，切削过程比较平稳，刀具较简单。

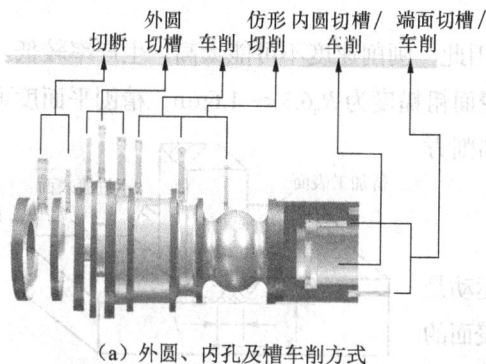

（a）外圆、内孔及槽车削方式　　　（b）右旋螺纹（左图）、左旋螺纹（右图）切削方式

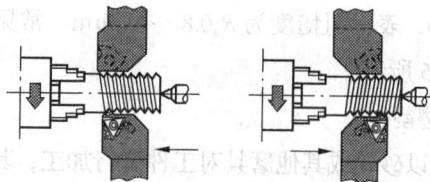

图 1-3　车削成形

2. 铣削

主切削运动是刀具的旋转运动。卧铣时，平面的形成是由铣刀的外圆面上的侧刃形成的。立铣时，平面是由铣刀的端面刃形成的。提高铣刀的转速可以获得较高的切削速度，因此生产率较高。但由于铣刀刀齿的切入、切出，形成冲击，切削过程容易产生振动，因而限制了表面质量的提高。铣削的加工精度一般可达 IT8 ～ IT7，表面粗糙度为 $R_a6.3 ～ 1.6\mu m$。普通铣削一般只能加工平面，用成形铣刀也可以加工出固定的曲面。数控铣床可以用软件通过数控系统控制几个轴联动，铣削出复杂曲面来，这时一般采用球头铣刀。数控铣床对加工叶轮、叶片、模具的模芯和型腔等形状复杂的工件，具有特别重要的意义。常见的铣削方式如图 1-4 所示。

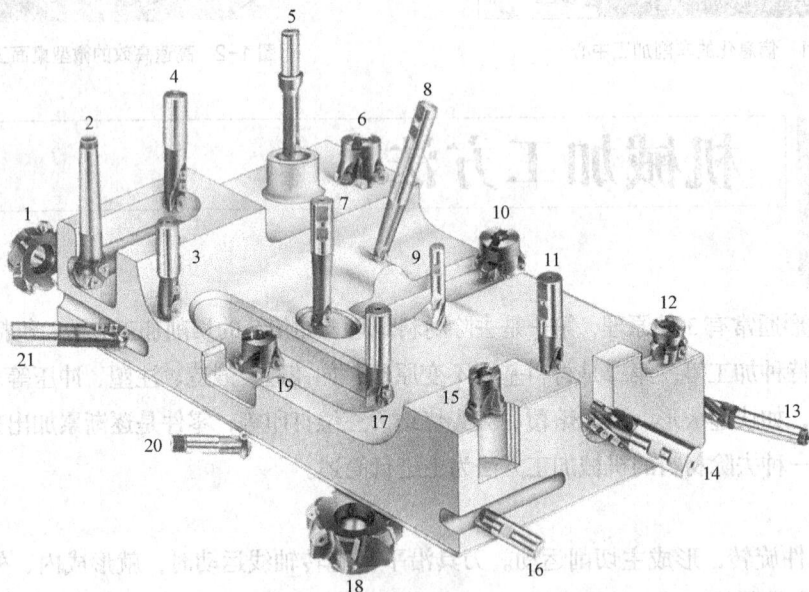

图 1-4　铣削加工形式

1—侧面铣　2—铣退刀槽　3—凹曲面铣　4—型腔铣　5—镗孔　6—平面铣　7—球面仿形铣　8—凸曲面铣
9—清根铣　10—方肩铣　11—立铣侧面　12—铣台阶平面　13—卧铣侧面　14—螺旋立铣刀挖槽　15—插铣
16—卧铣深槽　17—立铣键槽　18—背铣平面　19—底面立铣　20—倒角铣削　21—卧铣圆弧面

3. 刨削

刨削时，刀具的往复直线运动为切削主运动。因此，刨削速度不可能太高，生产率较低。刨削比铣削平稳，其加工精度一般可达 IT8 ～ IT7，表面粗糙度为 $R_a6.3 ～ 1.6\mu m$，精刨平面度可达 0.02/1 000，表面粗糙度为 $R_a0.8 ～ 0.4\mu m$。常见的刨削方式如图 1-5 所示。

4. 磨削

磨削以砂轮或其他磨具对工件进行加工，其主运动是砂轮的旋转。砂轮的磨削过程实际上是磨粒对工件表面的切削、刻削和滑擦 3 种作用的综合效应。磨削中，磨粒本

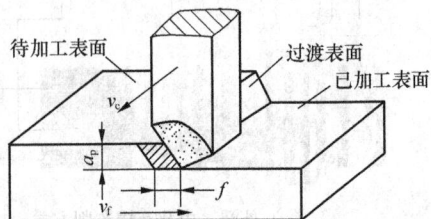

图 1-5　刨削加工形式

身也由尖锐逐渐磨钝，使切削作用变差，切削力变大。当切削力超过黏合剂强度时，圆钝的磨粒脱落，露出一层新的磨粒，形成砂轮的"自锐性"。但切屑和碎磨粒仍会将砂轮阻塞。因而，磨削一定时间后，需用金刚石车刀等对砂轮进行修整。磨削时，由于刀刃很多，所以加工时平稳、精度高。磨床是精加工机床，磨削精度可达 IT6～IT4，表面粗糙度 R_a 可达 1.25～0.01μm，甚至可达 0.1～0.008μm。磨削的另一特点是可以对淬硬的金属材料进行加工。因此，往往作为最终加工工序。磨削时，产生热量大，需有充分的切削液进行冷却。按功能不同，磨削还可分为外圆磨、内圆磨、平面磨、工具磨等。砂轮又分普通砂轮和金刚石砂轮等。常见的磨削方式如图 1-6 所示。

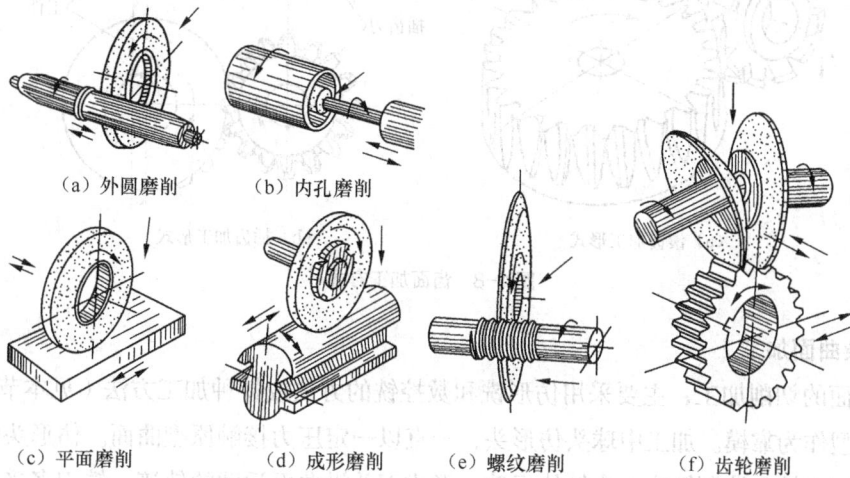

（a）外圆磨削　　（b）内孔磨削

（c）平面磨削　　（d）成形磨削　　（e）螺纹磨削　　（f）齿轮磨削

图 1-6　磨削加工方式

5. 钻扩铰及镗削

在钻床上，用钻头旋转钻削孔，是孔加工的最常用方法。钻削的加工精度较低，一般只能达到 IT10，表面粗糙度 R_a 一般为 12.5～6.3μm。在钻削后常常采用扩孔和铰孔来进行半精加工和精加工。扩孔采用扩孔钻，铰孔采用铰刀进行加工。铰削加工精度一般为 IT9～IT6，表面粗糙度为 R_a1.6～0.4μm。扩孔、铰孔时，钻头、铰刀一般顺着原底孔的轴线，无法提高孔的位置精度。镗孔可以较正孔的位置。镗孔可在镗床上或车床上进行。在镗床上镗孔时，镗刀基本与车刀相同，不同之处是工件不动，镗刀在旋转。镗孔加工精度一般为 IT9～IT7，表面粗糙度为 R_a6.3～0.8mm。常见的钻削类切削方式如图 1-7 所示。

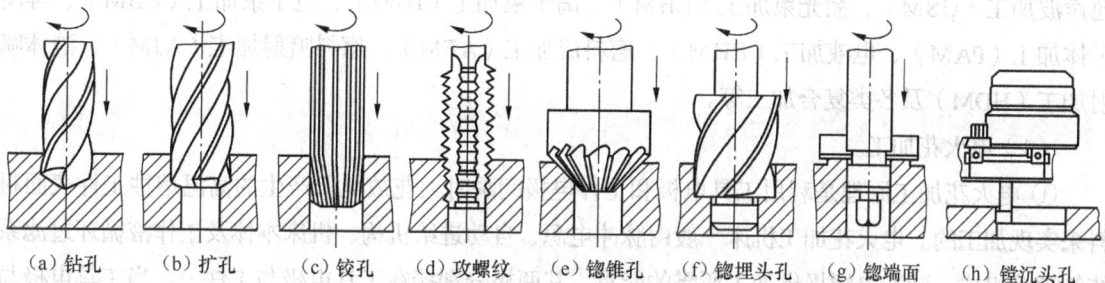

（a）钻孔　　（b）扩孔　　（c）铰孔　　（d）攻螺纹　　（e）锪锥孔　　（f）锪埋头孔　　（g）锪端面　　（h）镗沉头孔

图 1-7　钻削加工方式

6. 齿面加工

齿轮齿面加工方法可分为两大类：成形法和展成法。成形法加工齿面所使用的机床一般为普通铣床，刀具为成形铣刀，需要两个简单成形运动，即刀具的旋转运动和直线移动。展成法加工齿面的常用机床有滚齿机、插齿机等，如图1-8所示。

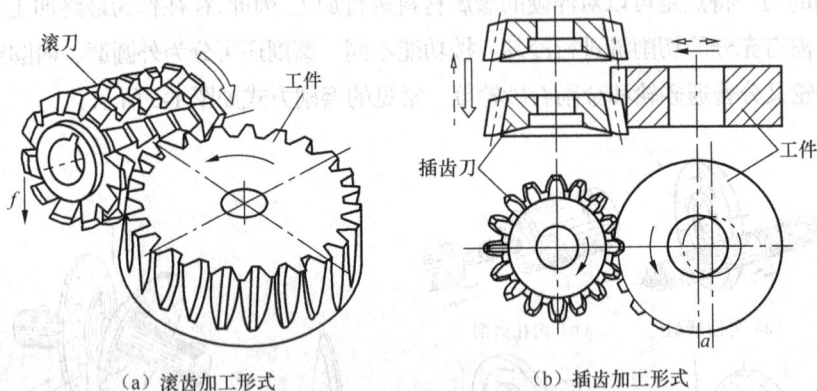

（a）滚齿加工形式　　　　　　　　（b）插齿加工形式

图1-8　齿面加工方式

7. 复杂曲面加工

三维曲面的切削加工，主要采用仿形铣和数控铣的方法或特种加工方法（见本节8）。仿形铣必须有原型作为靠模。加工中球头仿形头，一直以一定压力接触原型曲面。仿形头的运动变换为电感量，加工放大控制铣床3个轴的运动，形成刀头沿曲面运动的轨迹。铣刀多采用与仿形头等半径的球头铣刀。数控技术的出现为曲面加工提供了更有效的方法。在数控铣床或加工中心上加工时，是通过球头铣刀逐点按坐标值走刀而成。采用加工中心加工复杂曲面的优点是加工中心上有刀库，配备几十把刀具。曲面的粗、精加工，可用不同刀具针对凹曲面的不同曲率半径，选用适当的刀具。同时，可在一次安装中加工各种辅助表面，如孔、螺纹、槽等。充分保证了各表面的相对位置精度。

8. 特种加工

特种加工方法是指区别于传统切削加工方法，利用化学、物理（电、声、光、热、磁）或电化学方法对工件材料进行加工的一系列加工方法的总称。这些加工方法包括化学加工（CHM）、电化学加工（ECM）、电化学机械加工（ECMM）、电火花加工（EDM）、电接触加工（RHM）、超声波加工（USM）、激光束加工（LBM）、离子束加工（IBM）、电子束加工（EBM）、等离子体加工（PAM）、电液加工（EHM）、磨料流加工（AFM）、磨料喷射加工（AJM）、液体喷射加工（HDM）及各类复合加工等。

（1）电火花加工。

① 电火花加工原理是利用工具电极和工件电极间瞬时火花放电所产生的高温熔蚀工件表面材料来实现加工的。电火花加工机床一般由脉冲电源、自动进给机构、机床本体及工作液循环过滤系统等部分组成。脉冲电源提供加工所需的能量，其两极分别接在工具电极与工件上。当工具电极与工件在进给机构的驱动下在工作液中相互靠近时，极间电压击穿间隙而产生火花放电，释放大量的

热。工件表层吸收热量后达到很高的温度（10 000℃以上），其局部材料因熔化甚至气化而被蚀除下来，形成一个微小的凹坑。工作液循环过滤系统强迫工作液以一定的压力通过工具电极与工件之间的间隙，及时排除电蚀产物，并将电蚀产物从工作液中过滤出去。多次放电的结果使工件表面产生大量凹坑。工具电极在进给机构的驱动下不断下降，蚀除成工件轮廓形状。其加工原理如图 1-9 所示。

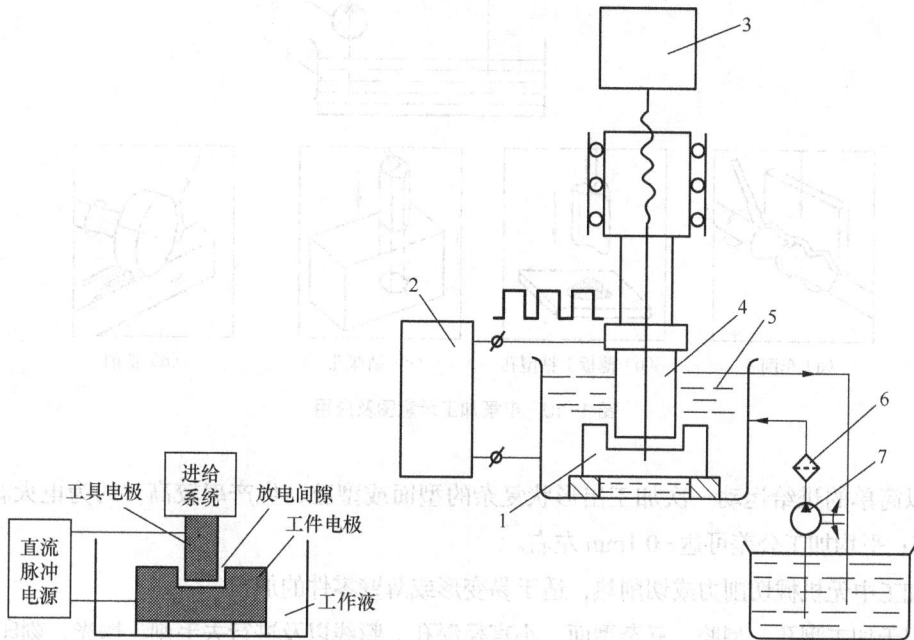

图 1-9　电火花加工原理图

1—工件　2—脉冲电源　3—进给装置　4—工具电极　5—工作介质　6—过滤器　7—电泵

②　电火花加工特点。

- 加工硬、脆、韧、软和高熔点的导电材料。
- 加工半导体材料及非导电材料。
- 加工各种型孔、曲线孔和微小孔。
- 加工各种立体曲面型腔，如锻模、压铸模、塑料模的模腔。
- 用来进行切断、切割以及进行表面强化、刻写、打印铭牌和标记等。

（2）电解加工。

①　电解加工是利用金属在电解液中产生阳极溶解的电化学原理对工件进行成形加工的一种方法。图 1-10 所示为电解加工过程示意图。加工时工件 3 接直流电源 1 的正极，成形工具 2 接直流电源负极，两极之间电压一般为 5～25V 的低电压，工具向工件作缓慢进给，使两极之间保持一定的间隙（0.1～0.8mm），在电泵 4 的作用下电具有一定压力（0.5～2.5MPa）的电解液 5 从间隙中高速（5m/s）流过，使两极间形成导电通道，并在电源电压下产生电流，这时阳极工件的金属被逐渐电解腐蚀，电解产物被电解液带走。

②　电解加工特点。

- 工作电压小，工作电流大；可加工难加工材料。

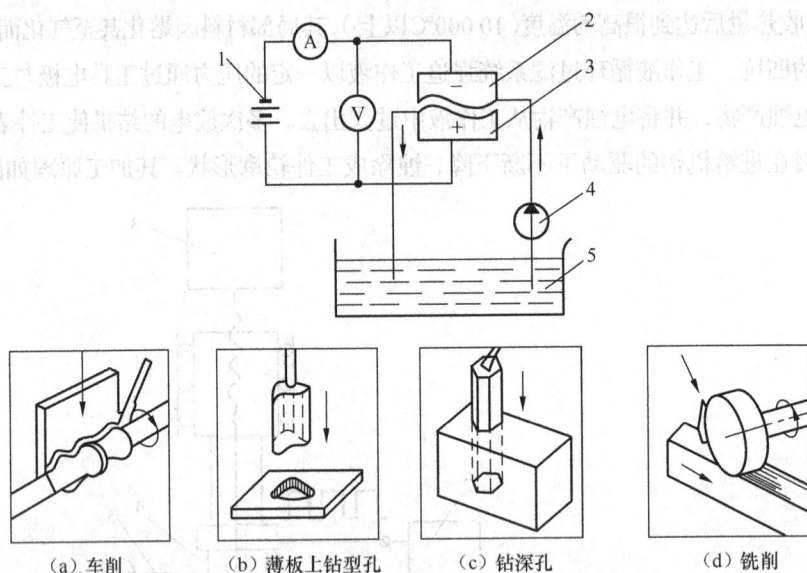

（a）车削　　　　（b）薄板上钻型孔　　　　（c）钻深孔　　　　（d）铣削

图 1-10　电解加工示意图及应用

- 以简单的进给运动一次加工出形状复杂的型面或型腔，生产率较高，约为电火花加工的 5 ~ 10 倍；平均加工公差可达 ±0.1mm 左右。
- 加工中无机械切削力或切削热，适于易变形或薄壁零件的加工。
- 用于加工型孔、型腔、复杂型面、小直径深孔、膛线以及进行去毛刺、抛光、刻印等。
- 附属设备多，占地面积大，造价高；电解液既腐蚀机床，又容易污染环境。

（3）超声波加工。

① 超声波加工也称超声加工，是利用工具端面做超声频振动，并通过悬浮液中的磨料加工脆硬材料的一种加工方法，加工原理如图 1-11 所示。加工时，在工具 2 和工件 1 之间加入液体（水或煤油）和磨料混合的悬浮液 3，并将工具以很小的力轻轻压在工件上。超声换能器 6 产生 16kHz 以上的超声频纵向振动，并借助于变幅杆把振幅放大到 0.05 ~ 0.1mm，驱动工具端面作超声振动，迫使工作液中的悬浮磨粒以很大的速度和加速度不断撞击、抛磨被加工表面，把加工区的工件局部材料粉碎成很细的微粒，并从工件上撞击下来。超声波加工是磨粒在超声振动作用下的机械撞击和抛磨作用以及空化作用的综合结果，其中磨粒的撞击作用是主要的。

② 超声波加工有如下特点。适于加工各种硬脆材料，特别是不导电的非金属材料（如陶瓷、玻璃、宝石、金刚石等），扩大了模具材料的选用范围；工具可用较软的材料做成较复杂的形状，不需要工具相对于工件作复杂的运动，机床结构简单，操作方便；由于去除加工材料是靠极细小磨粒的瞬时局部撞击作用，故工件表面的宏观作用力很小，不会引起变形和烧伤，表面粗糙度也较好（R_a=1 ~ 0.1μm），加工精度可达 0.01 ~ 0.02mm，而且可以加工薄壁、窄缝、低刚度工件。

（4）激光加工。

① 激光加工是由激光加工机发射的一种电磁波来进行的。激光加工机通常由激光器、电源、光学系统和机械系统等组成。激光器（常用的有固体激光器和气体激光器）把电能转变为光能，产

生所需的激光束，经光学系统聚焦后，照射在工件上进行加工。工件固定在三坐标精密工作台上，由数控系统控制和驱动，完成加工所需的进给运动。激光器一般由 3 个基本部分组成，图 1-12 所示为红宝石激光器结构示意图。

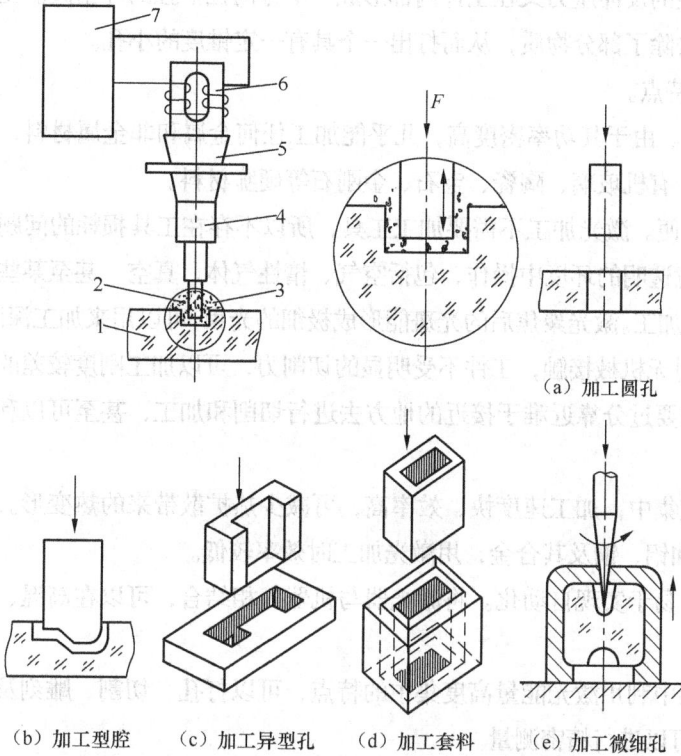

（a）加工圆孔

（b）加工型腔　　（c）加工异型孔　　（d）加工套料　　（e）加工微细孔

图 1-11　超声波加工原理及应用

1—工件　2—工具　3—磨料悬浮液　4、5—变幅杆　6—换能器　7—超声波发生器

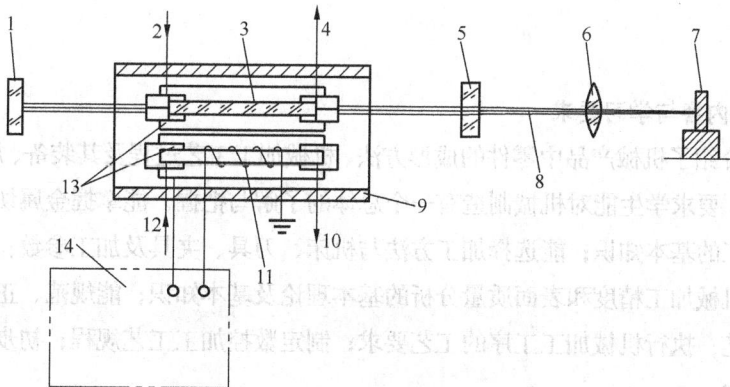

图 1-12　红宝石激光器结构示意图

1—全反射镜　2、12—冷却水入口　3—工作物质　4、10—冷却水出口　5—部分反射镜　6—透镜
7—工件　8—激光束　9—聚光器　11—氙灯　13—玻璃套管　14—电源（含电容组和触发器）

当能量密度极高的激光照射在被加工表面时，光能被加工表面吸收并转换成热能，使照射斑点的局部区域迅速熔化甚至汽化蒸发，并形成小凹坑，同时也开始了热扩散，使斑点周围金属熔化。随着激光能量的继续吸收，凹坑中金属熔气迅速膨胀，压力突然增加，熔融物被爆炸性地高速喷射出来。其喷射所产生的反冲压力又在工件内部形成一个方向性很强的冲击波。工件材料就在高温熔融和冲击波作用下去除了部分物质，从而打出一个具有一定锥度的小孔。

② 激光加工的特点。

- 加工范围广。由于其功率密度高，几乎能加工任何金属和非金属材料，如高熔点材料、耐热合金、硬质合金、有机玻璃、陶瓷、宝石、金刚石等硬脆材料。

- 操作简单方便。激光加工不需要加工工具，所以不存在工具损耗的问题，也不需要特殊工作环境，可以在任意透明的环境中操作，包括空气、惰性气体、真空，甚至某些液体。

- 适用于精微加工。激光聚焦后的光斑能形成极细的光束，可以用来加工深而小的细孔和窄缝。因不需工具，加工时无机械接触，工件不受明显的切削力，可以加工刚度较差的零件。

- 激光头不需要过分靠近难于接近的地方去进行切削和加工，甚至可以利用光纤传输进行远距离遥控加工。

- 因能量高度集中，加工速度快、效率高，可减少热扩散带来的热变形。对具有高热传导和高反射率的金属，如铝、铜及其合金，用激光加工时效率较低。

- 可控性好，易于实现自动化。将激光器与机器人相结合，可以在高温、有毒或其他危险环境中工作。

- 在激光加工中利用激光能量高度集中的特点，可以打孔、切割、雕刻及进行表面处理。利用激光的单色性还可以进行精密测量。

1.3　本课程的内容与学习方法

1. 本课程的内容与学习要求

本课程主要介绍了机械产品中零件的成形方法、机械加工工艺过程及其装备、加工质量控制等，通过学习本课程，要求学生能对机械制造有一个总体的了解与把握，能掌握金属切削过程的基本规律；掌握机械加工的基本知识；能选择加工方法与机床、刀具、夹具及加工参数；具备制定工艺规程的能力和掌握机械加工精度和表面质量分析的基本理论及基本知识；能规范、正确地实施典型零件的机械加工工艺；执行机械加工工序的工艺要求；制定数控加工工艺规程；初步具备分析解决现场工艺问题的能力。

2. 本课程的学习方法

金属切削理论和机械制造工艺知识具有很强的实践性，因此学习本书时必须重视实践环节，仅通过课堂上听教师的讲授或自学教材是远远不够的，必须通过实验、现场实习以及工厂调研来更好地体会、加深理解，应该在不断的实际训练中加深对书中基本知识的理解与应用。

小结

本章要重点掌握制造、加工、制造业与制造技术的概念，了解机械制造技术的现状与发展前景，知道一些常见的机械加工方法。建议采用理论与实践相结合的教学模式，安排一次机械制造过程的认知实习。

习题

1. 简述制造、加工、制造业、制造技术的概念。
2. 阐述制造业的特点和发展方向，举例说明现代制造技术的发展趋势。
3. 常见的机械加工方法有哪些？

第2章

金属切削基础知识与刀具

【学习目标】

1. 了解金属切削加工基本概念
2. 掌握刀具角度及其功用
3. 熟悉刀具材料、刀具磨损及耐用度相关知识
4. 了解金属切削过程及切屑控制，能合理选用切削用量
5. 熟悉工件材料切削加工性能和切削液的选用

2.1 金属切削基本概念

2.1.1 切削运动

金属切削加工是用切削刀具切除工件上多余的金属材料，使其形状、尺寸精度及表面精度达到图纸要求的一种机械加工方法。刀具切除多余金属是通过在刀具和工件之间产生相对运动来完成的，此运动称为切削运动。切削运动可分为主运动和进给运动两种。

1. 主运动

直接切除工件上的切削层，使之转变为切屑，以形成工件新表面的运动是主运动。一般来说，主运动是产生主切削力的运动，由机床主轴提供，其运动速度高，消耗机床的大部分动力。通常主运动只有1个，它可由工件运动完成，也可由刀具运动完成，如车削时由车床主轴带动工件的回转运动，如图 2-1 所示；钻削和铣削时由机床主轴带动的刀具回转运动；刨削时的工件或刀具直线往复运动等，如图 2-2 所示。

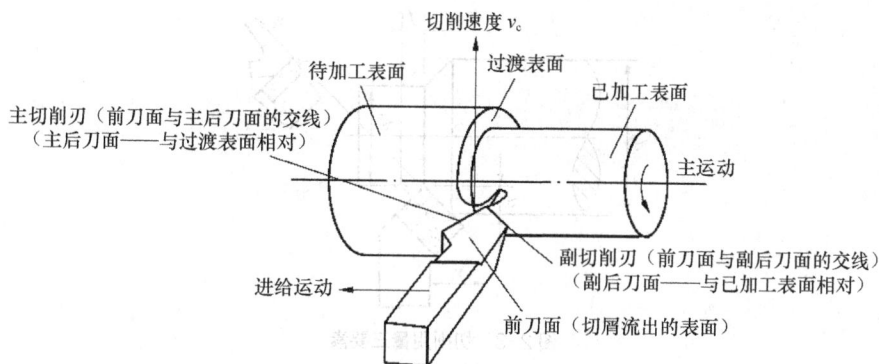

图 2-1　外圆车削的切削运动与加工表面

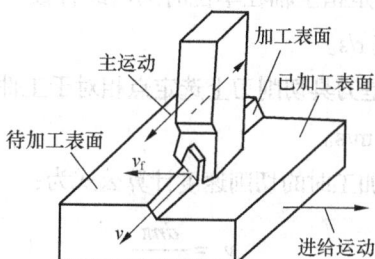

图 2-2　平面刨削的切削运动与加工表面

2. 进给运动

结合主运动把切削层不断地投入切削，生成工件表面几何形状的运动是进给运动，如车削时刀具的走刀运动（如图 2-1 所示），刨削时工件的间歇进给运动（如图 2-2 所示），钻削加工中的钻头、铰刀的轴向移动，铣削时工件的纵向、横向移动等。进给运动速度低，消耗的功率小。切削加工中进给运动可以是 1 个、2 个或多个，甚至可能没有，如拉削加工，一次工作行程即能加工成形，就没有进给运动。进给运动可连续可间断。

2.1.2　切削时的工件表面

在切削过程中，工件上的多余金属层不断地被刀具切除而转变为切屑，同时工件上形成 3 个不断变化的表面，车削加工如图 2-1 所示，刨削加工如图 2-2 所示。这些表面可分为如下 3 种。

（1）待加工表面：工件上有待切除的表面称为待加工表面。

（2）已加工表面：工件上经刀具切削后产生的表面称为已加工表面。

（3）过渡表面：主切削刃正在切削的表面，它在切削过程中不断变化，是待加工表面与已加工表面的连接表面。

2.1.3　切削用量

切削速度 v_c、进给量 f 和背吃刀量 a_p 是切削用量三要素，总称为切削用量，如图 2-3 所示。

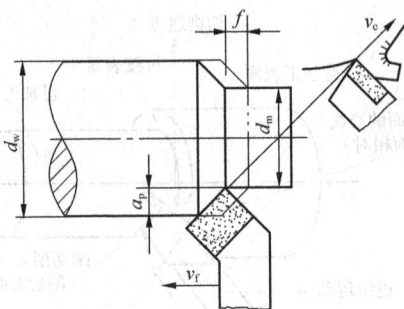

图 2-3　切削用量三要素

1. 切削速度

（1）主轴转速 n。主轴转速是指主轴在单位时间内的转数，是表示机床主运动的性能参数，用符号 n 表示，其单位是 r/min 或 r/s。

（2）切削速度 v_c。切削速度是刀具切削刃上选定点相对于工件的主运动的瞬时速度（线速度），用符号 v_c 表示，单位为 m/min 或 m/s。

外圆车削或用旋转刀具切削加工时的切削速度计算公式为：

$$v_c = \frac{dn\pi}{1\,000} \tag{2-1}$$

式中：v_c —— 切削速度（m/min）；

　　　d —— 工件或刀具直径（mm）；

　　　n —— 工件或刀具转速（r/min）。

显然，当转速 n 一定时，选定点不同，切削速度不同。实际生产中考虑到刀具的磨损和切削功率等因素，在确定切削速度 v_c 时以最大的切削速度为准。

2. 进给量

（1）进给量 f。进给量是刀具在进给运动方向上相对于工件的位移量，用刀具或工件每转（主运动为旋转运动时）或双行程（主运动为直线运动时）的位移量来表达，符号是 f，单位为 mm/r 或 mm/双行程，如图 2-3 所示。

车削时，进给量为工件每一转车刀沿进给运动方向移动的距离 f（mm/r）。

（2）进给速度 v_f。进给运动的速度称为进给速度，是刀具切削刃上选定点相对工件进给运动的瞬时速度。进给速度用符号 v_f 表示，单位是 mm/min。

（3）每齿进给量 f_z。对于多齿刀具（如铣刀等），每转或每行程中每齿相对于工件在进给运动方向上的位移量称为每齿进给量 f_z，单位为 mm/齿。显然：

$$f_z = \frac{f}{z} \tag{2-2}$$

式中：f_z —— 每齿进给量（mm/齿）；

　　　f —— 进给量（mm/r）；

　　　z —— 刀齿数。

进给速度 v_f 与进给量 f 之间的关系为：

$$v_f = nf = nf_z z \qquad (2\text{-}3)$$

即表示铣削进给运动的进给量可用每齿进给量 f_z（mm/ 齿）、每转进给量 f（mm/r）或进给速度 v_f（mm/min）来表示。

3. 背吃刀量

背吃刀量是指垂直于进给速度方向的切削层最大尺寸，又称为吃刀深度，用符号 a_p 表示，单位为 mm。例如，车削中背吃刀量 a_p 等于工件上待加工表面 d_w 与已加工表面 d_m 之间的垂直距离，如图 2-3 所示，即：

$$a_p = \frac{d_w - d_m}{2} \qquad (2\text{-}4)$$

式中：d_w——工件待加工表面直径（mm）；

　　　d_m——工件已加工表面直径（mm）。

2.1.4　切削层参数

切削层是指切削过程中，由刀具在切削部分的一个单一动作所切除的工件材料层。如外圆车削时的切削层就是工件旋转一圈，主切削刃移动一个进给量 f 所切除的一层金属层。如图 2-4 中的 $ABCD$ 所示。

切削层的形状和尺寸称为切削层参数。切削层参数在通过切削刃上选定点并垂直于该点切削速度 v_c 的平面内测量，有以下 3 个。

1. 切削层公称厚度 h_D

切削层公称厚度 h_D 是垂直于过渡表面测量的切削层尺寸，即相邻两过渡表面之间的距离。它反映了切削刃单位长度上的切削负荷。车外圆时，若车刀主切削刃为直线，则

$$h_D = f\sin\kappa_r \qquad (2\text{-}5)$$

式中：κ_r——车刀主偏角。

2. 切削层公称宽度 b_D

切削层公称宽度 b_D 是沿过渡表面测量的切削层尺寸。它反映了切削刃参加切削的工作长度。当车刀主切削刃为直线时，外圆车削的切削层公称宽度为：

$$b_D = a_p / \sin\kappa_r \qquad (2\text{-}6)$$

3. 切削层公称横截面积 A_D

在切削层尺寸平面内切削层的实际横截面积称作切削层公称横截面积 A_D。由定义可知：

$$A_D = b_D h_D = a_p f \qquad (2\text{-}7)$$

分析上述公式可知，当主偏角 κ_r 增大，切削层公称厚度 h_D 将增大，而切削层公称宽度 b_D 将减小；当 $\kappa_r = 90°$ 时，$h_D = f$ 达到最大值，$b_D = a_p$ 达到最小值。主偏角值的不同引起切削层公称厚

度与切削层公称宽度的变化，从而对切削过程的切削机理产生了较大的影响。切削层公称横截面积只由切削用量中的 f 和 a_p 决定，不受主偏角变化的影响，但切削层公称横截面积的形状则与主偏角的大小有关。

切削层公称横截面积 A_D 的大小反映了切削刃所受载荷的大小，并影响加工质量、生产率及刀具耐用度，在车削加工时即指车刀正在切削着的 $ABCD$ 这一层金属如图 2-4 所示。实际上，由于刀具副偏角的存在，经切削加工后的已加工表面上常留下有规则的刀纹，这些刀纹在切削层尺寸平面里的横截面积 ABE 称为残留面积，如图 2-5 所示。残留面积的高度直接影响已加工表面的表面粗糙度值。

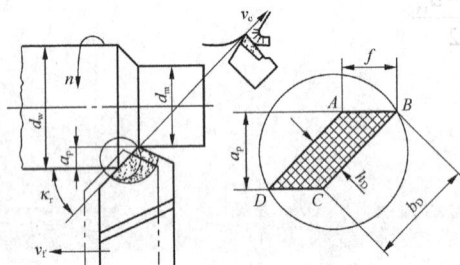

图 2-4　车外圆切削层参数　　　　图 2-5　残留面积及其高度

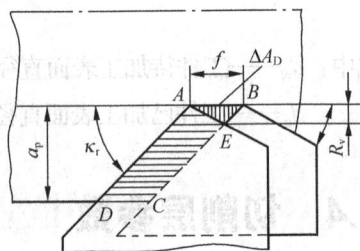

2.2　刀具切削的几何角度

2.2.1　刀具切削部分的组成

金属切削加工所用刀具种类繁多，形状各异，但是参加切削的部分在几何结构上都有共同的特征。外圆车刀是最基本、最典型的切削刀具，其切削部分可作为各类刀具切削部分的基本形态，其他各类刀具的切削部分都可以看成是外圆车刀切削部分的演变。下面以外圆车刀为例来说明刀具切削部分的术语和组成。

普通外圆车刀的构造如图 2-6 所示，其组成包括刀体和刀头（切削部分）两部分。刀柄是车刀在车床上定位和夹持的部分，刀头用于切削工件。切削部分的组成要素如下。

（1）前面 A_γ。又叫前刀面，指刀具上切屑流过的表面。

（2）主后面 A_α。又叫主后刀面，指刀具上与工件过渡表面相对的表面。

（3）副后面 A_α'。又叫副后刀面，指刀具上与工件已加工表面相对的表面。

（4）主切削刃 S。刀具前面与主后面相交而得到的刃边（或棱边）是主切削刃，用于切出工件上的过渡表面，它承担主要的切削工作。

（5）副切削刃 S'。刀具前面与副后面相交而得到的刃边为副切削刃，它协同主切削刃完成切削工作，并最终形成已加工表面。

（6）刀尖。是指主切削刃与副切削刃连接处相当少的一部分切削刃，如图 2-7 所示，刀尖有 3 种形式，可以是近似的点，即刀尖圆弧半径 $r_\varepsilon = 0$，如图 2-7（a）所示；修圆刀尖 $r_\varepsilon > 0$，如图 2-7（b）所示；倒角刀尖，直线过渡刃，如图 2-7（c）所示。

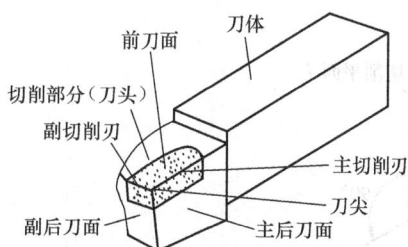

图 2-6　车刀的组成　　　　图 2-7　刀尖类型

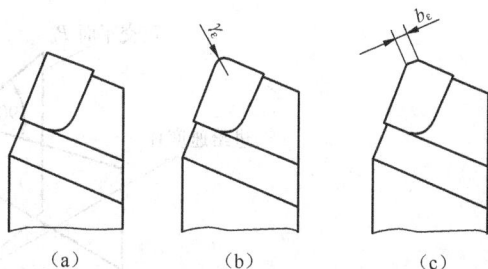

上述组成要素在不同类型的刀具中，其刀面、切削刃的数量不完全相同。例如，宽刃刨刀刨削工件时，刨刀只有一条主切削刃工作，也就只有前面和后面。任何复杂刀具都可分解为两个刀面夹一条切削刃的基本单元来研究。

其他各类刀具，如刨刀、钻头、铣刀等，都可以看做是车刀的演变和组合。如图 2-8 所示，刨刀切削部分的形状与车刀相同，如图 2-8（a）所示；钻头可看做是两把一正一反并在一起同时镗削孔壁的车刀，因此有两个主切削刃和两个副切削刃，另外还多了一个横刃，如图 2-8（b）所示；铣刀可看做由多把车刀组合而成的复合刀具，每一个刀齿相当于一把车刀，如图 2-8（c）所示。

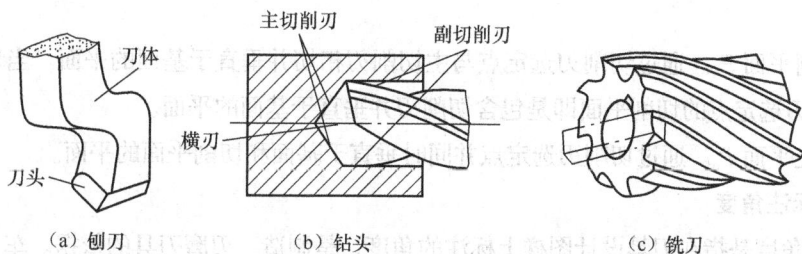

（a）刨刀　　　　（b）钻头　　　　（c）铣刀

图 2-8　刨刀、钻头、铣刀切削部分的形状

2.2.2　刀具标注角度

为确定刀具切削部分的几何角度，必须引入一个空间坐标参考系。定义刀具角度的参考系有两种：静止参考系和工作参考系。刀具静止参考系是刀具设计、制造、刃磨和测量时使用的参考系。

在该参考系中确定的刀具几何角度称为刀具的标注角度。

静止参考系的确定有两个假定条件，一是不考虑进给运动的大小，只考虑其方向，这时合成切削运动方向就是主运动方向；二是刀具的安装定位基准与主运动方向平行或垂直，刀柄的轴线与进给运动方向平行或垂直。下面介绍正交平面静止参考系。

1. 正交平面静止参考系

正交平面参考系由 3 个互相垂直的基面 P_r、切削平面 P_s、正交平面 P_o 组成，如图 2-9 所示。

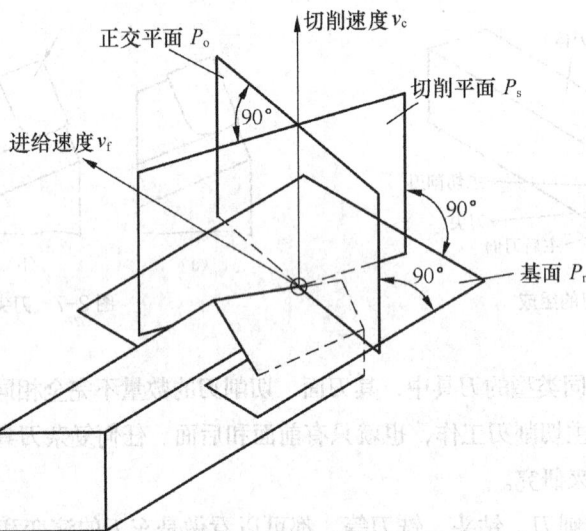

图 2-9　正交平面参考系

（1）基面 P_r。通过切削刃选定点垂直于该点切削速度方向的平面。由于刀具静止参考系是在假定条件下建立的，因此对车刀、刨刀来说，其基面平行于刀具的底面，对钻头、铣刀等旋转刀具来说则为通过切削刃某选定点且包含刀具轴线的平面。基面是刀具制造、刃磨及测量时的定位基准。

（2）切削平面 P_s。通过切削刃选定点与主切削刃相切并垂直于基面的平面。当切削刃为直线刃时，过切削刃选定点的切削平面即是包含切削刃并垂直于基面的平面。

（3）正交平面 P_o。通过切削刃选定点并同时垂直于基面和切削平面的平面。

2. 刀具标注角度

刀具标注角度是指在刀具设计图样上标注的角度，是制造、刃磨刀具的依据。车刀在正交平面参考系中独立的标注角度有 6 个，如图 2-10 所示。

（1）前角 γ_o。前刀面与基面之间的夹角，在正交平面内测量。前角有正、负和零度之分，当前刀面与切削平面夹角小于 90° 时前角为正值，大于 90° 时前角为负值，前刀面与基面重合时为零度前角。

（2）后角 α_o。后刀面与切削平面之间的夹角，在正交平面内测量。当后刀面与基面夹角小于90° 时后角为正值。为减小刀具和加工表面之间的摩擦等，后角一般为正值。

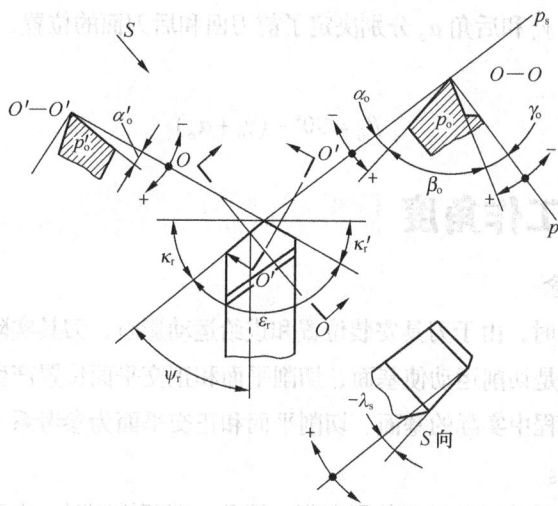

图 2-10　正交平面参考系的刀具标注角度

（3）主偏角 κ_r。主切削刃在基面上的投影与假定进给运动方向之间的夹角，在基面内测量。主偏角 κ_r 一般为正值。

（4）副偏角 κ_r'。副切削刃在基面上的投影与假定进给运动反方向之间的夹角，在基面内测量。副偏角 κ_r' 一般也为正值。

（5）刃倾角 λ_s。主切削刃与基面之间的夹角，在切削平面内测量。当刀尖是主切削刃的最高点时刃倾角为正值，当刀尖是主切削刃的最低点时刃倾角为负值，当主切削刃与基面重合时刃倾角为零度。刃倾角的正负规定如图 2-11 所示。

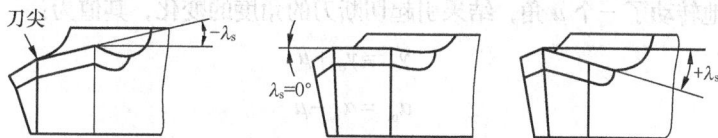

图 2-11　刃倾角的正负规定

（6）副后角 α_o'。参照主切削刃的研究方法，可过副切削刃选定点垂直于副切削刃在基面上的投影作出副切削刃的正交平面（用 p_o' 表示），在副切削刃的正交平面内可测量副后角 α_o'，副后角是副后刀面与副切削刃的切削平面之间的夹角，在副切削刃的正交平面内测量。副后角决定了副后刀面的位置。

（7）刀尖角 ε_r。主、副切削刃在基面投影之间的夹角，在基面内测量。此角为派生角度。

在基面内，主偏角 κ_r 和副偏角 κ_r' 分别决定了主切削刃和副切削刃的位置，刀尖角 ε_r 可由主偏角和副偏角派生得到，即

$$\varepsilon_r = 180° - (\kappa_r + \kappa_r')$$

(2-8)

（8）楔角 β_o。前刀面与后刀面之间的夹角，在切削平面内测量。此角为派生角度。

在正交平面内，前角 γ_o 和后角 α_o 分别决定了前刀面和后刀面的位置，楔角 β_o 可由前角和后角派生得到，即

$$\beta_o = 90° - (\gamma_o + \alpha_o) \tag{2-9}$$

2.2.3　刀具的工作角度

1. 刀具工作角度概念

在进行金属切削加工时，由于刀具安装位置和进给运动影响，刀具实际切削角度不等于车刀的标注角度，其变化的原因是切削运动使基面、切削平面和正交平面位置产生变化，不再是静止参考系的理论位置。用切削过程中实际的基面、切削平面和正交平面为参考系（即工作参考系）所确定的角度称为刀具工作角度。

在刀具正常安装的多数情况下进行普通车削、镗孔、端面铣削时，由于进给速度远小于主运动速度，刀具工作角度与标注角度相差无几，两者差别可不予考虑。但当切削大螺距丝杠和螺纹、铲背、切断以及钻孔分析钻心附近的切削条件或刀具特殊安装时，需要考虑刀具的工作角度，目的是保证刀具有合理的切削条件。此时应根据刀具的工作角度换算出刀具的标注角度，以便合理制造或刃磨刀具。

2. 横向进给运动对工作角度的影响

以切断车刀加工为例，设切断刀主偏角 $\kappa_r = 90°$，前角 $\gamma_o > 0°$，后角 $\alpha_o > 0°$，安装时刀尖对准工件的中心高。

不考虑进给运动时，前角 γ_o 和后角 α_o 为标注角度。当考虑横向进给运动后，刀刃上选定点相对于工件的运动轨迹是主运动和横向进给运动的合成运动轨迹，为阿基米德螺旋线，如图2-12所示。其合成运动方向 v_c 为过该点的阿基米德螺旋线的切线方向。因此，工作基面 p_{re} 和工作切削平面 p_{se} 相对 p_r 和 p_s 相应地转动了一个 μ 角，结果引起切断刀的角度的变化，其值为：

$$\gamma_{oe} = \gamma_o + \mu$$

$$\alpha_{oe} = \alpha_o - \mu$$

$$\tan \mu = \frac{v_f}{v_c} = \frac{f}{\pi d} \tag{2-10}$$

式中：γ_{oe}——工作前角；

α_{oe}——工作后角；

f——工件每转一转刀具的横向进给量（mm/r）；

d——工件切削刃选定点处的瞬时过渡表面直径（mm）。

由上述公式可知，在横向进给切削或切断工件时，随着进给量 f 值的增加和加工直径 d 的减小，μ 值不断增大，工作后角不断减小，刀尖接近工件中心位置时，工作后角的减小特别严重，很容易因后刀面和工件过渡表面剧烈摩擦使刀刃崩碎或工件被挤断，切削中应引起充分重视。因此，切断工件时不宜选用过大的进给量 f，或在切断接近结束时，应适当减小进给量或适当加大标注后角。

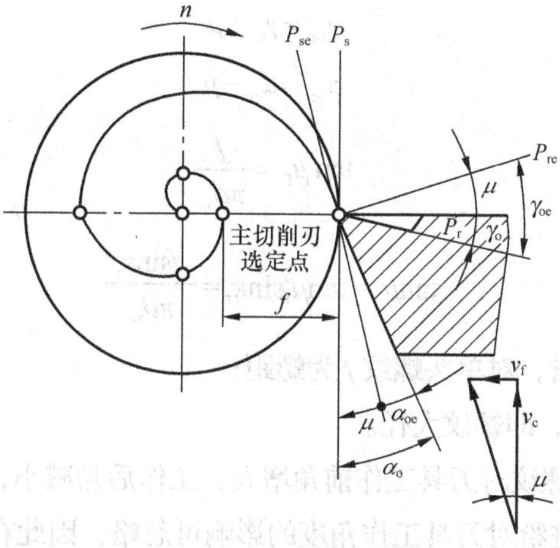

图 2-12 横向进给运动对工作角度的影响

在数控车床横向切削时，可利用主轴的恒线速度切削功能，使不同直径下的切削速度一样，保证切削过程稳定。

3. 纵向进给运动对刀具工作角度的影响

对纵向外圆车削，工件直径基本不变，进给量又较小，一般可忽略工作角度变化，不必进行工作角度的计算。但当进给量很大时，如车螺纹时，尤其是大导程或多头螺纹时，工作角度与标注角度相差很大，必须进行工作角度计算。

正常切削外圆时，刀具切削平面 p_s 与基面 p_r 位置如图 2-13 所示，当车螺纹时，工作切削平面 p_{se} 与螺纹切削点相切，与刀具切削平面 p_s 成 μ 角，由于工作基面与工作切削平面垂直，因此工作基面也绕基面旋转 μ 角。从图中可以看到，在正交平面内，刀具的工作角度为：

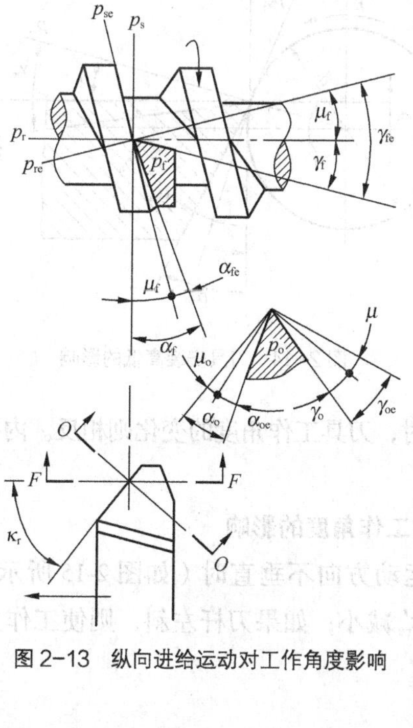

图 2-13 纵向进给运动对工作角度影响

$$\gamma_{oe} = \gamma_o + \mu$$

$$\alpha_{oe} = \alpha_o - \mu$$

$$\tan \mu_f = \frac{f}{\pi d_w}$$

$$\tan \mu = \tan \mu_f \sin \kappa_r = \frac{f \sin \kappa_r}{\pi d_w} \qquad (2-11)$$

式中： f ——纵向进给量，对单头螺纹 f 为螺距；

d_w ——工件直径，即螺纹大径。

由上式可看出，车削右螺纹时刀具工作前角增大，工作后角减小，如车削左螺纹则与之相反。而当进给量 f 较小时，纵向进给对刀具工作角度的影响可忽略，因此在一般的外圆车削中，因进给量小，常不考虑其对工作角度的影响。

4. 刀具安装高低对工作角度的影响

车外圆时，假定 $\kappa_r = 90°$，$\lambda_s = 0°$，当刀尖安装高于工件中心时，工作切削平面和工作基面将转动 θ 角，使工作前角增大、工作后角减小，如图2-14所示，工作角度与标注角度的换算关系如下：

$$\gamma_{oe} = \gamma_o + \theta$$

$$\alpha_{oe} = \alpha_o - \theta$$

$$\tan \theta \approx \frac{2h}{d} \qquad (2-12)$$

式中： h ——切削刃高于工件中心的距离（mm）；

d ——工件上选定点的直径（mm）。

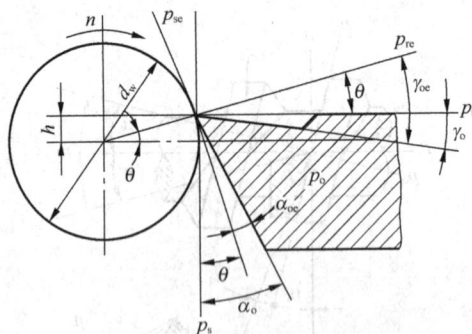

图2-14　刀具安装高低的影响

当刀尖安装低于工件中心时，刀具工作角度的变化则相反。内孔镗削时的角度变化情况恰好与外圆车削时的情况相反。

5. 刀杆中心线安装歪斜对工作角度的影响

当刀杆的中心线与进给运动方向不垂直时（如图2-15所示），如果刀杆右斜，则使工作主偏角 κ_{re} 增大，工作副偏角 κ'_{re} 减小；如果刀杆左斜，则使工作主偏角 κ_{re} 减小，工作副偏角 κ'_{re} 增大。

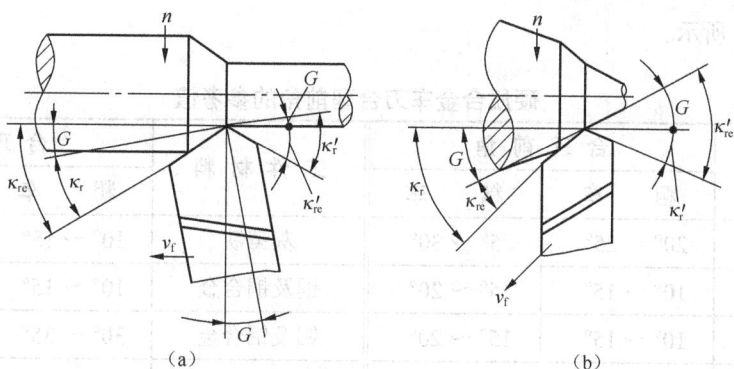

图 2-15　刀杆中心线与进给运动方向不垂直对工作角度的影响

$$\kappa_{re} = \kappa_r \pm G \tag{2-13}$$

$$\kappa'_{re} = \kappa'_r \pm G \tag{2-14}$$

式中：G——进给方向的垂线与刀杆中心线间的夹角。

以上讨论的刀具工作角度是单独考虑一个因素的影响，实际工作中的刀具可能既有安装的高低或偏斜，又有进给运动的影响，这时应综合考虑各项影响的结果，将各项叠加起来。

2.2.4　前角 γ_o 的功用及选择

1. 前角的功用

前角主要影响切削变形和切削力的大小、刀具耐用度和加工表面的质量。增大前角能使刀刃变得锋利，使切削更为轻快，可以减小切削变形和摩擦，从而减小切削力和切削功率，切削热也少，加工表面质量高。但增大前角会使刀刃和刀尖强度下降，刀具散热体积减小，影响刀具的耐用度。前角的大小对表面粗糙度、排屑及断屑等也有一定影响，因此前角值不能太小，也不能太大，应有一个合理的参数值。

2. 前角的选择

（1）根据工件材料选择前角。加工塑性材料时，特别是硬化严重的材料（如不锈钢等），为了减小切削变形和刀具磨损，应选用较大的前角；加工脆性材料时，由于产生的切屑为崩碎切屑，切削变形小，因此增大前角的意义不大，而这时刀屑间的作用力集中在切削刃附近，为保证切削刃具有足够的强度，应采用较小的前角。

工件的强度和硬度低时，由于切削力不大，为使切削刃锋利，可选用较大的甚至很大的前角。工件材料的强度高时，应选用较小的前角；加工特别硬的工件材料（如淬火钢时），应选用很小的前角，甚至选用负前角。这是因为工件的强度、硬度越高，产生的切削力越大，切削热越多，为了使切削刃具有足够的强度和散热容量，防止崩刃和迅速磨损，所以应选用较小的前角。

（2）根据刀具材料选择前角。刀具材料的抗弯强度和冲击韧性较低时应选较小的前角。通常硬质合金车刀的前角在 $-5° \sim +20°$ 范围内选取，高速钢刀具比硬质合金刀具的合理前角约大 $5° \sim 10°$，而陶瓷刀具的前角一般取 $-5° \sim -15°$。当工件材料和加工性质不同时，常用硬质合金车刀的合理前角如表 2-1 所示。

表 2-1　　　　　　　　　　　　硬质合金车刀合理前角的参考值

工件材料	合理前角		工件材料	合理前角	
	粗车	精车		粗车	精车
低碳钢	20°～25°	25°～30°	灰铸铁	10°～15°	5°～10°
中碳钢	10°～15°	15°～20°	铜及铜合金	10°～15°	5°～10°
合金钢	10°～15°	15°～20°	铝及铝合金	30°～35°	35°～40°
淬火钢	−15°～−5°		钛合金 $\sigma_b \leq 1.177\text{GPa}$	5°～10°	
不锈钢（奥氏体）	15°～20°	20°～25°			

（3）根据加工性质选择前角。粗加工时，特别是断续切削或加工有硬皮的铸、锻件时，不仅切削力大，切削热多，而且承受冲击载荷，为保证切削刃有足够的强度和散热面积，应适当减小前角。精加工时，对切削刃强度要求较低，为使切削刃锋利、减小切削变形并获得较高的表面质量，前角应取得大一些。

数控机床、自动机床和自动线用刀具，为保证刀具工作的稳定性，使其不易发生崩刃和破损，一般选用较小的前角。

2.2.5　后角 α_o 的功用及选择

1. 后角的功用

后角的主要功用是减小后刀面与工件的摩擦和后刀面的磨损，其大小对刀具耐用度和加工表面质量都有很大影响。后角增大，摩擦减小，刀具磨损减少，也减小了刀具刃口的钝圆弧半径，提高了刃口锋利程度，易于切下薄切屑，从而可减小表面粗糙度，但后角过大会减小刀刃强度和散热能力。

2. 后角的选择

（1）根据切削厚度选择后角。合理后角的大小主要取决于切削厚度（或进给量），切削厚度 h_D 越大，则后角应越小；反之亦然。如进给量较大的外圆车刀后角 $\alpha_o = 6°～8°$，则每齿进刀量不超过 0.01mm 的圆盘铣刀后角 $\alpha_o = 30°$。这是因为切削厚度较大时，切削力较大，切削温度也较高，为了保证刃口强度和改善散热条件，所以应取较小的后角。切削厚度越小，切削层上被切削刃的钝圆半径挤压而留在已加工表面上并与主后刀面挤压摩擦的这一薄层金属占切削厚度的比例就越大。若增大后角，就可减小刃口钝圆半径，使刃口锋利，便于切下薄切屑，提高刀具耐用度和加工表面质量。

（2）适当考虑被加工材料的力学性能。工件材料的硬度、强度较高时，为保证切削刃强度，宜选取较小的后角；工件材料的硬度较低、塑性较大以及易产生加工硬化时，主后刀面的摩擦对已加工表面质量和刀具磨损影响较大，此时应取较大的后角；加工脆性材料时，切削力集中在刀刃附近，为强化切削刃，宜选取较小的后角。当工件材料和加工性质不同时，常用硬质合金车刀的合理前角如表 2-2 所示。

表 2-2　　　　　　　　　　　　　硬质合金车刀合理后角的参考值

工 件 材 料	合 理 后 角	
	粗　车	精　车
低碳钢	$8° \sim 10°$	$10° \sim 12°$
中碳钢	$5° \sim 7°$	$6° \sim 8°$
合金钢	$5° \sim 7°$	$6° \sim 8°$
淬火钢	$8° \sim 10°$	
不锈钢（奥氏体）	$6° \sim 8°$	$8° \sim 10°$
灰铸铁	$4° \sim 6°$	$6° \sim 8°$
铜及铜合金（脆）	$4° \sim 6°$	$6° \sim 8°$
铝及铝合金	$8° \sim 10°$	$10° \sim 12°$
钛合金 $\sigma_b \leqslant 1.177\text{GPa}$	$10° \sim 15°$	

（3）考虑工艺系统的刚性。工艺系统刚性差，易产生震动，为增强刀具对震动的阻尼，应选取较小的后角。

（4）考虑加工精度。对于尺寸精度要求高的精加工刀具（如铰刀等），为减小重磨后刀具尺寸的变化，保证有较高的耐用度，后角应取得小一些。

车削一般钢和铸铁时，车刀后角常选用 $4° \sim 8°$。

2.2.6　主偏角 κ_r、副偏角 κ'_r 及过渡刃的功用及选择

1. 主偏角和副偏角功用

主偏角和副偏角对刀具耐用度影响很大。减小主偏角和副偏角可使刀尖角 ε_r 增大，刀尖强度提高，散热条件改善，因而刀具耐用度提高。减小主偏角和副偏角可降低加工表面残留面积的高度，故可减小加工表面的粗糙度。主偏角和副偏角还会影响各切削分力的大小和比例。如车削外圆时，增大主偏角，可使背向力 F_p 减小，进给力 F_f 增大，因而有利于减小工艺系统的弹性变形和震动。

2. 主偏角和副偏角的选择

工艺系统刚性较好时，主偏角宜取较小值，如 $\kappa_r = 30° \sim 45°$，例如选用 45° 偏刀；当工艺系统刚性较差或强力切削时，一般取 $\kappa_r = 60° \sim 75°$，例如选用 75° 偏刀。车削细长轴时，取 $\kappa_r = 90° \sim 93°$，以减小背向力 F_p。

副偏角的大小主要根据表面粗糙度的要求选取，一般为 $5° \sim 15°$，粗加工时取大值，精加工

时取小值。切断刀、锯片刀为保证刀头强度，只能取很小的副偏角，一般为 1°～2°。

硬质合金车刀合理主偏角的参考值如表 2-3 所示。

表 2-3 　　　　　　　　硬质合金车刀合理主偏角和副偏角的参考数值

加 工 情 况		参考值（°）	
		主偏角 κ_r	副偏角 κ_r'
粗车	工艺系统刚性好	45，60，75	5～10
	工艺系统刚性差	65，75，90	10～15
车细长轴、薄壁零件		90，93	6～10
精车	工艺系统刚性好	45	0～5
	工艺系统刚性差	60，75	0～5
车削冷硬铸铁、淬火钢		10～30	4～10
从工件中间切入		45～60	30～45
切断刀、切槽刀		60～90	1～2

2.2.7　刃倾角 λ_s 的功用及选择

1. 刃倾角功用

刃倾角主要影响切屑流向和刀尖强度。

刃倾角对切屑流向的影响如图 2-16 所示。刃倾角为正值，切削开始时刀尖与工件先接触，切屑流向待加工表面，可避免缠绕和划伤已加工表面，对精加工和半精加工有利，如图 2-16（b）所示。刃倾角为负值时，切削中切屑流向已加工表面，如图 2-16（a）所示，容易缠绕和划伤已加工表面。

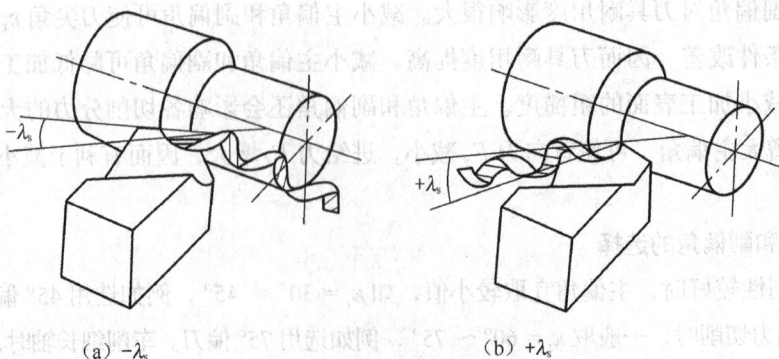

（a）$-\lambda_s$　　　　　　　　　　（b）$+\lambda_s$

图 2-16　刃倾角对切削流向的影响

　　负刃倾角有利于提高刀尖强度，如图 2-17 所示。刃倾角为负值时，切削运动中刀具与工件接触的瞬间，刀具切削刃中部先接触工件，刀尖后接触工件，尤其是断续切削时，切削刃承受刀具与工件接触瞬间的冲击力，可避免刀尖受冲击，起保护刀尖的作用，如图 2-17（b）所示，且负刃倾角利于刀尖散热。刃倾角为正值时，刀具与工件接触的瞬间是刀尖先接触工件，刀尖承受刀具与工件接触瞬间的冲击力，容易受冲击损坏，如图 2-17（a）所示。

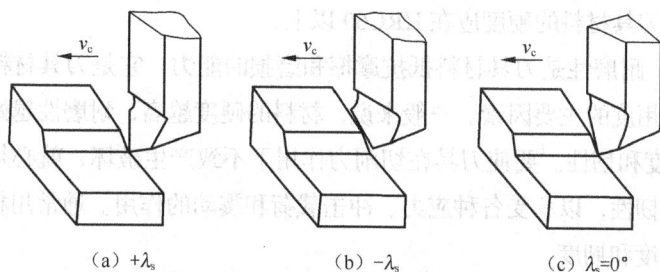

　　　（a）$+\lambda_s$　　　　　　　（b）$-\lambda_s$　　　　　　　（c）$\lambda_s=0°$

图 2-17　负刃倾角对刀尖的保护作用

2. 刃倾角的选用

　　加工一般钢料和铸铁时，无冲击的粗车取 $\lambda_s = 0° \sim -5°$，精车取 $\lambda_s = 0° \sim +5°$；有冲击负荷时，取 $\lambda_s = -5° \sim -15°$；当冲击特别大时，取 $\lambda_s = -30° \sim -45°$。切削高强度钢、冷硬钢时，为提高刀头强度，可取 $\lambda_s = -30° \sim -10°$。

　　应当指出，刀具各角度之间是相互联系、相互影响的，孤立地选择某一角度并不能得到所希望的合理值。例如，在加工硬度比较高的工件材料时，为了增加切削刃的强度，一般取较小的后角；但在加工特别硬的材料如淬硬钢时，通常采用负前角，这时如适当增大后角，不仅使切削刃易于切入工件，而且还可提高刀具耐用度。

2.3　刀具材料

　　刀具材料主要是指刀具切削部分的材料。在切削过程中，刀具的切削部分直接承担切削工作，刀具使用寿命的长短和生产率的高低，首先取决于刀具材料性能的优劣，其次取决于刀具切削部分的结构是否合理。

2.3.1　刀具材料应具备的性能

　　刀具在切削加工中，要承受很大的切削力作用，在加工余量不均匀或断续切削时，刀具还要承受冲击载荷和震动，切削层金属与刀具表面相互接触、相对运动，刀具受到剧烈的摩擦作用，并产生大量的热量，使刀具受到热冲击、热应力，尤其是切削刃及相邻的前刀面和后刀面，长期处在切削高温环境中工作。为了适应如此繁重的切削负荷和恶劣的工作条件，刀具材料必须具备相应的物理、化学和机械性能。

从切削加工的使用实际出发，刀具材料应具备如下性能。

（1）高硬度。要实现切削加工，刀具材料必须具有比工件材料高的硬度，高硬度是刀具材料的最基本性能，一般刀具材料的硬度应在HRC60以上。

（2）高耐磨性。耐磨性是刀具材料抵抗摩擦和磨损的能力，它是刀具材料应具备的主要条件之一，是决定刀具耐用度的主要因素。一般来说，材料的硬度越高，耐磨性越好。

（3）足够的强度和韧性。要使刀具在切削力作用下不致产生破坏，就必须具有足够的强度，同时还要具备足够的韧性，以承受各种应力、冲击载荷和震动的作用。通常用材料的抗弯强度和冲击韧度表示刀具的强度和韧度。

（4）高的耐热性（热稳定性）。耐热性是指在高温下材料保持硬度、耐磨性、强度和硬度的能力。切削过程中一般都会产生很高的温度，刀具材料必须具有一定的耐热性，以保证在高温下仍然具有所要求的性能，耐热性可用红硬性或高温硬度表示。

（5）良好的热物理性能和耐热冲击性能。刀具材料的导热性越好，切削时产生的热量越容易传导出去，从而降低切削部分的温度，减轻刀具的磨损，避免因热冲击产生刀具材料裂纹。

（6）良好的工艺性。为了便于制造，刀具切削部分材料应具有良好的锻造、焊接、热处理和磨削加工等性能。

2.3.2 刀具材料的种类

刀具材料有碳素工具钢、合金工具钢、高速钢、硬质合金、陶瓷、金刚石、立方氮化硼等。碳素工具钢和合金工具钢因耐热性较差，只用于制造手工工具和切削速度较低的刀具，陶瓷、金刚石、立方氮化硼仅用于有限场合，生产中使用最多的是高速钢和硬质合金。

各种刀具材料的物理力学性能如表2-4所示。

表2-4　　　　　　　　　　　各种刀具材料的物理力学性能

材料种类	硬度	密度（g/cm³）	抗弯强度（GPa）	冲击韧性（kJ/m²）	热导率[W/（m·k）]	耐热性（℃）
碳素工具钢	63～65HRC	7.6～7.8	2.2	—	41.8	200～250
合金工具钢	63～66HRC	7.7～7.9	2.4	—	41.8	300～400
高速钢	63～70HRC	8.0～8.8	1.96～5.88	98～588	16.7～25.1	600～700
硬质合金	89～94HRA	8.0～15	0.9～2.45	29～59	16.7～87.9	800～1 000

续表

材料种类	硬度	密度 （g/cm³）	抗弯强度 （GPa）	冲击韧性 （kJ/m²）	热导率 [W/（m·k）]	耐热性 （℃）
陶瓷	91～95HRA	3.6～4.7	0.45～0.8	5～12	19.2～38.2	1 200
立方氮化硼	8 000～9 000HV	3.44～3.49	0.45～0.8	—	19.2～38.2	1 400
金刚石	10 000HV	3.47～3.56	0.21～0.48	—	19.2～38.2	1 200

2.3.3　高速钢

高速钢，俗称白钢条、锋钢，是在合金工具钢中加入了较多的钨 W、铬 Cr、钼 Mo、钒 V 等合金元素的高合金工具钢。高速钢具有较高的硬度（热处理硬度可达 63～66HRC）和耐热性（600℃～650℃），切削中碳钢的速度可达 50m/min，具有高强度（抗弯强度为一般硬质合金的 2～3 倍）和韧性，刀刃锋利，能抵抗一定的冲击震动。它具有较好的工艺性，可以制造刃形复杂的刀具，如钻头、丝锥、成形刀具、拉刀和齿轮刀具等。高速钢刀具可加工从碳钢到合金钢，从有色金属到铸铁等多种材料。高速钢刀具使用前需生产者自行刃磨，且刃磨方便，适于各种特殊需要的非标准刀具。

高速钢按用途不同可分为通用型高速钢和高性能高速钢，按制造工艺方法不同可分为熔炼高速钢和粉末冶金高速钢。

1. 通用型高速钢

通用型高速钢工艺性能好，能满足通用工程材料的切削加工要求。常用的种类如下。

（1）钨系高速钢。最常用的为 W18Cr4V，它具有较好的综合性能，可制造各种复杂刀具和精加工刀具，在我国应用较普遍。

（2）钼系高速钢。最常用的牌号是 W6Mo5Cr4V2，其抗弯强度和冲击韧度都高于钨系高速钢，并具有较好的热塑性和磨削性能，但热稳定性低于钨系高速钢，适合制作抵抗冲击刀具及各种热轧刀具。

2. 高性能高速钢

高性能高速钢是在普通型高速钢中加入钴、钒、铝等合金元素，以进一步提高其耐磨性和耐热性等。常用的高性能高速钢牌号有 9W18Cr4V、9W6Mo5Cr4V2、W6Mo5Cr4V3、W6Mo5Cr4V2Co8 及 W6Mo5Cr4V2Al 等。

常见高性能高速钢的力学性能和应用范围如表 2-5 所示。

表 2-5 常用高速钢的力学性能和应用范围

牌号		硬度（HRC）	抗弯强度（GPa）	冲击韧性（MJ/m^2）	600 ℃时硬度（HRC）	主要性能和适用范围
普通高速钢	W18Cr4V（W18）	63～66	3.0～3.4	0.18～0.32	48.5	综合性能好，通用性强，可磨削，适用于加工轻合金、碳素钢、合金钢、普通铸铁的精加工刀具和复杂刀具。如螺纹车刀、成形车刀、拉刀等
	W6Mo5Cr4V2（M2）	63～66	3.5～4.0	0.30～0.40	47～48	强度和韧性略高于 W18Cr4V，热硬性略低于 W18Cr4V，热塑性好。适用于制造加工轻合金、碳钢、合金钢的热成形刀具及承受冲击、结构薄弱的刀具
	W14Cr4VMnRe	64～66	～4.0	～0.31	50.5	切削性能与 W18Cr4V 相当，热塑性好，适用于制作热轧刀具
高性能高速钢	95W18Cr4V	66～68	3.0～3.4	0.17～0.22	51	属高碳高速钢，常温硬度和高温硬度有所提高，适用于加工普通钢材和铸铁，耐磨性要求较高的钻头、铰刀、丝锥、铣刀和车刀等，但不宜受大的冲击
	W6Mo5Cr4V3（M3）	65～67	～3.2	～0.25	51.7	属高钒高速钢，耐磨性很好，适合切削对刀具磨损较大的材料，如纤维、硬橡胶、塑料等，也用于加工不锈钢、高强度钢和高温合金等
	W2Mo9Cr4VCo8（M42）	67～69	2.7～3.8	0.23～0.30	55	属含钴高速钢，有很高的常温和高温硬度，适合加工高强度耐热钢、高温合金、钛合金等难加工材料，可磨性好，适于作精密复杂刀具，但不宜在冲击切削条件下工作
	W6Mo5Cr4V2Al（501）	67～69	2.84～3.82	0.23～0.30		属含铝高速钢，切削性能相当于 W2Mo9Cr4VCo8，适宜制造铣刀、钻头、铰刀、齿轮刀具和拉刀等，用于加工合金钢、不锈钢、高强度钢和高温合金

3. 粉末冶金高速钢

粉末冶金高速钢是用高压氩气或氮气使熔融的高速钢水雾化成细小的粉末，然后在高温高压下压制成细密的钢坯，最后将钢坯轧制成高速钢材料。它主要优点是韧性、硬度较高，耐磨性好，材质均匀，热处理变形小，质量稳定可靠，可加工各种难加工材料，特别适宜制造精密刀具和复杂刀具。

2.3.4 硬质合金

硬质合金是由硬度和熔点很高的金属碳化物（碳化钨 WC、碳化钛 TiC、碳化钽 TaC、碳化铌 NbC 等）和金属黏结剂（钴 Co、镍 Ni、钼 Mo 等）以粉末冶金法烧结而成。硬质合金的硬度高达 89～94HRA，能耐 850℃～1 000℃的高温，具有良好的耐磨性，允许的切削速度比高速钢高 4～10 倍，可达 100～300m/min 以上，可加工包括淬火钢在内的多种材料，因此获得广泛应用。但是硬质合金抗弯强度低、冲击韧性差，工艺性差，较难加工，不易做成形状复杂的整体刀具。在实际使用中，一般将硬质合金刀片焊接或机械夹固在刀体上使用。

常用的硬质合金有以下几种。

1. 钨钴类硬质合金（YG 类）

YG 类硬质合金主要由碳化钨和钴组成，其硬度为 89～91.5HRA，耐热性可达 900℃。常用的牌号有 YG3、YG6、YG8 等，G 后面的数字表示含 Co 的百分量。含 Co 量越多，韧性越好。故 YG 类硬质合金的抗弯强度和冲击韧性较好，不易崩刃，很适宜粗加工铸铁等脆性材料。且刃磨性较好，刃口可以磨得较锋利，故切削有色金属及合金的效果也较好。由于 YG 类硬质合金的耐热性和耐磨性较差，因此一般不用于普通钢材的切削加工。但它的韧性好，导热系数较大，可以用来加工不锈钢和合金钢等难加工材料。

2. 钨钛钴类硬质合金（YT 类）

YT 类硬质合金主要由碳化钨、碳化钛和钴组成，硬度为 89.5～92.5HRA，耐热性可达 1 000℃。常用的牌号有 YT5、YT15、YT30 等，T 后面的数字表示含 TiC 的百分量。含 TiC 量越多，硬度、耐热性、抗粘接性和抗氧化能力越强。但在 Co 含量较少时，YT 类硬质合金的抗弯强度和抗冲击韧性较差，所以主要用于切削呈带状切屑的普通碳钢及合金钢等塑性材料；而不适合加工含 Ti 元素的不锈钢，因为两者 Ti 元素有较强的亲和作用，会发生黏结，使刀具磨损加剧。

3. 钨钽（铌）钴类硬质合金（YA 类）

YA 类硬质合金由碳化钨、碳化钽（碳化铌）和钴构成，有较高的常温硬度、耐磨性、高温强度和抗氧化能力。常用牌号为 YA6，适合于对冷硬铸铁、有色金属及其合金进行半精加工。

4. 钨钛钽（铌）钴类硬质合金（YW 类）

YW 类是由碳化钨、碳化钛、碳化钽（铌）和钴组成，从而提高了硬质合金的抗弯强度、疲劳强度、韧性和耐热性、高温硬度和抗氧化能力，使其具有较好的综合切削性能。常用的牌号有 YW1、YW2 等。YW 类硬质合金既能加工不锈钢、耐热钢、高锰钢，也适用于加工普通碳钢和铸铁，因此被称为通用型硬质合金。

5. 碳化钛基类（YN类）

YN类硬质合金是由碳化钛、钼和镍构成。其抗氧化能力、耐磨性、耐热性较高。常用牌号有YN05、YN10，主要用于对碳钢、合金钢、工具钢、淬火钢等进行精加工。

国际标准化组织 ISO513—1975（E）规定，将切削加工用硬质合金分为 K、P、M 等类。

K 类适用于加工铸铁、冷硬铸铁、短切屑可锻铸铁、非钛合金，相当我国的 YG 类硬质合金，外包装用红色标志。

P 类适用于加工钢、长切屑可锻铸铁，相当我国的 YT 类硬质合金，外包装用蓝色标志。

M 类适用于加工奥氏体不锈钢、铸铁、高锰钢、合金铸铁等，相当我国的 YW 类硬质合金，外包装用黄色标志。

M-S 类适用于加工耐热合金和钛合金；K-N 类适用于加工铝、非铁合金；K-H 类适用于加工淬硬材料。常用硬质合金牌号及用途如表 2-6 所示。

表 2-6　　　　　　　　　　　硬质合金的用途

牌 号		化学成分（％）				性能比较	适 用 场 合
ISO	国产	W_{WC}	W_{TIC}	W_{TaC} （W_{TbC}）	W_{Co}		
K01	YG3	96.5	—	<0.5	3	（从上到下）抗弯强度、韧性、进给量依次降低；硬度、耐磨性、切削速度依次升高	铸铁、有色金属及合金的精加工，也可用于合金钢、淬火钢等精加工、不能承受冲击载荷
K10	YG6X	93.5	—	<0.5	6		铸铁、冷硬铸铁、合金铸铁、耐热钢、合金钢的半精加工、精加工
K20	YG6	94	—	—	6		铸铁、有色金属及合金的粗加工、半精加工
K30	YG8	92	—	—	8		铸铁、有色金属及合金、非金属的粗加工，能适应断续切削
P30	YT5	85	5	—	10		碳钢和合金钢的粗加工，也可用于断续切削
P20	YT14	78	14	—	8		碳钢和合金钢连续切削时的粗加工、半精加工、精加工或断续切削时的精加工
P10	YT15	79	15	—	6		碳钢和合金钢连续切削时的半精加工、精加工
P01	YT30	66	30	—	4		碳钢和合金钢连续切削时的精加工
M10	YW1	84	6	4	6		不锈钢、耐热钢、高锰钢、其他难加工材料及普通钢料、铸铁的半精加工和精加工
M20	YW2	82	6	4	8		不锈钢、耐热钢、高锰钢、其他难加工材料及普通钢料、铸铁的粗加工和半精加工

2.3.5 其他刀具材料和涂层刀具

1. 陶瓷材料

是以氧化铝（Al_2O_3）为主要成分，经压制成形后烧结而成的一种刀具材料。它有很高的硬度和耐磨性，硬度达 78HRC，耐热性高达 1 200℃以上，化学性能稳定，与金属的亲和能力小，故能承受较高的切削速度。但陶瓷材料的最大弱点是抗弯强度低，抗冲击韧性差，主要用于钢、铸铁、有色金属、高硬度材料及大件和高精度零件的精加工。

2. 立方氮化硼（CBN）

由氮化硼在高温高压作用下转变而成。它具有仅次于金刚石的硬度和耐磨性，硬度可达 8 000 ～ 9 000HV，耐热高达 1 400℃，化学稳定性好，与铁族元素亲和力小，但强度低，焊接性差，主要用于淬硬钢、冷硬铸铁、高温合金和一些难加工材料。

3. 金刚石

金刚石分天然和人造两种，天然金刚石由于价格昂贵，用得很少。金刚石是目前已知的最硬物质，其硬度接近 10 000HV，是硬质合金的 80 ～ 120 倍，但韧性差，在一定温度下与铁族元素亲和力大，因此不宜加工黑色金属，主要用于加工有色金属以及非金属材料的高速精加工。

4. 表面涂层刀具

刀具材料的韧性和硬度一般不能兼顾，这影响了刀具的寿命，近年来采用了刀具材料表面涂层处理的方法，妥善解决了这一问题。表面涂层是在韧性较好的硬质合金或高速钢基体上，通过化学气相沉积（CVD）或物理气相沉积（PVD）法涂覆一薄层耐磨性很高的难熔金属化合物。通过这种方法，使刀具既具有基体材料的强度和韧性，又具有很高的耐磨性，从而较好地解决了强度韧性与硬度耐磨性的矛盾。表面涂层厚度一般为 2 ～ 12μm，常用的涂层材料有碳化钛（TiC）、氮化钛（TiN）、氧化铝（Al_2O_3）等，但多采用 TiN 材料，涂层后刀具表面呈金黄色。

TiC 涂层硬度高，耐磨性好，抗氧化性好，切削时能产生氧化钛薄膜，降低摩擦系数，TiC 与钢的黏结温度高，表面晶粒较细，切削时很少产生积屑瘤，故适合于精车。但 TiC 涂层的线膨胀系数与基体差别较大，在基体间易形成脆弱的脱碳层，降低刀具的抗弯强度。因此，在重切削、加工硬材料或带夹杂物的工件时，涂层易崩裂。

TiN 涂层在高温时能形成氧化膜，与铁基材料的亲和力小，摩擦系数较小，抗氧化、抗黏结性能较好，适合于切削钢与易粘刀的工件材料。但 TiN 与基体黏结牢固程度较差，而且涂层厚时易剥落。

Al_2O_3 涂层在高温下有良好的热稳定性和较高的高温硬度，适用于高速切削产生大量热量的场合。

另外，目前单涂层刀片已很少使用，大多采用 TiC-TiN 复合涂层或 TiC-Al_2O_3-TiN 三复合涂层。表面涂层可以提高刀具的表面硬度，降低摩擦系数，使刀具磨损显著降低，可提高切削速度 30% ～ 50%。经表面涂层的刀片广泛用于对各种钢料、铸铁的精加工和半精加工或负荷较轻的粗加工。

2.3.6 刀体材料

刀体是刀具的夹持部位，承受着弯矩和扭矩的作用，因此应具备足够的强度和刚度。通常选用普通碳钢或合金钢制作。

焊接车、镗刀的刀体，钻头、铰刀的刀体常用 45 钢或 40Cr 制造。

尺寸较小的刀具或切削负荷较大的刀具宜选用合金工具钢或整体高速钢制作，如螺纹刀具、成形铣刀、拉刀等。

机夹、可转位硬质合金刀具、镶硬质合金钻头、可转位铣刀等可选用合金工具钢制作，如9CrSi 或 GCr15 等。

对一些尺寸较小的精密孔加工刀具，如小直径镗、铰刀，为保证刀体有足够的刚度，宜选用整体硬质合金制作。

2.4 金属切削过程及规律

2.4.1 切屑形成

金属切削过程中会产生一系列物理现象，如形成切屑、切削力、切削热、刀具磨损等。掌握这些物理现象的产生和变化规律，对于保证切削加工质量、提高生产率、降低成本和促进切削加工技术的发展，都有十分重要的意义。现以塑性金属材料为例，说明切屑的形成及切削过程的变形情况。

1. 切屑的形成过程

切削塑性材料时，切削过程一般分为挤压、滑移、挤裂和切离 4 个阶段。当刀具与工件开始接触时，接触处的金属会发生弹性变形，随着挤压力的增大，材料沿 45° 剪切面滑移，即产生塑性变形。刀具继续挤压工件，使金属内应力超过强度极限，这部分金属则沿滑移方向产生裂痕，最终被分离，形成切屑。

切削过程中，切削层受刀具挤压后也产生塑性变形，由于受下部金属母体的阻碍，切削层只能沿 OM 方向滑移，产生以剪切滑移为主的塑性变形而形成切屑，如图 2-18 所示。

2. 切屑的种类

由于加工材料性质不同和切削条件不同，切削过程中的变形程度也不同。根据切削过程中变形程度的不

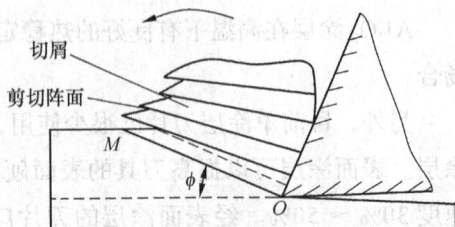

图 2-18　金属的挤压变形

同，形成 4 种不同形态的切屑。

（1）带状切屑。切屑连续不断呈带状，内表面光滑，外表面无明显裂纹，呈微小锯齿形，如图 2-19（a）所示。一般在加工塑性金属材料（如低碳钢、合金钢、铜、铝）采用较大的刀具前角 γ_0、较小的切削层公称厚度 h_D、较高的切削速度 v_c 时，最易形成这种切屑。形成带状切屑时，切削力波动小，切削过程比较平稳，加工表面质量高，但需采取断屑措施，否则会产生缠绕以致损坏刀具，尤其是在数控机床和自动机床加工中。

（2）挤裂切屑。又叫节状切屑，这种切屑底面较光滑，背面局部裂开，呈较大的锯齿形，如图 2-19（b）所示。这是由于剪切面上的局部切应力达到材料强度极限的结果。一般加工塑性较低的金属材料（如黄铜），在刀具前角 γ_0 较小、切削层公称厚度 h_D 较大、切削速度 v_c 较低时，或加工碳素钢材料在工艺系统刚性不足时，易形成这种切屑。形成挤裂切屑时，切削力波动较大，切削过程不太稳定，加工表面粗糙度较大。

（3）单元切屑。又叫粒状切屑。切削塑性材料时，若在挤裂切屑整个剪切面上的剪切应力超过了材料断裂强度，所产生的裂纹贯穿切屑断面时，在挤裂下成均匀的颗粒状，称为单元切屑如图 2-19（c）所示。采用小前角或负前角，以极低的切削速度和大的切削层公称厚度切削时，会形成这种切屑。形成单元切屑时，切削力波动大，切削过程不平稳，加工表面粗糙度大。

（4）崩碎切屑。切削铸铁、青铜等脆性材料时，切削层在弹性变形后未经塑性变形就被挤裂，形成不规则的碎块状的崩碎切屑，如图 2-19（d）所示。形成崩碎切屑时切削力波动大，且切削层金属集中在切削刃口碎断，易损坏刀具，加工表面也凹凸不平，使已加工表面粗糙度增大。如果减小切削层公称厚度，适当提高切削速度，可使切屑转化为针状或片状。

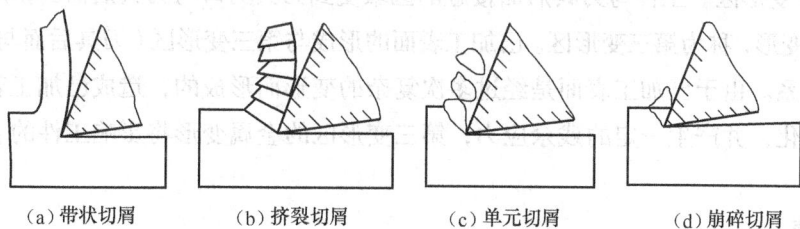

（a）带状切屑　　　（b）挤裂切屑　　　（c）单元切屑　　　（d）崩碎切屑

图 2-19　切屑的种类

切屑的形状可以随切削条件的不同而发生改变。例如，改变刀具的几何角度和切削用量，可使切屑形态发生变化，生产中常根据具体情况采取不同的措施使切屑变形得到控制，以保证切削加工的顺利进行。

2.4.2　切削过程

1. 切削时的 3 个变形区

金属的切削过程实质上是被切削金属层在刀具挤压作用下产生剪切滑移、塑性变形，直至断裂的过程。通常将切削过程中切削层内发生的塑性变形区域划分为 3 个变形区，如图 2-20 所示。

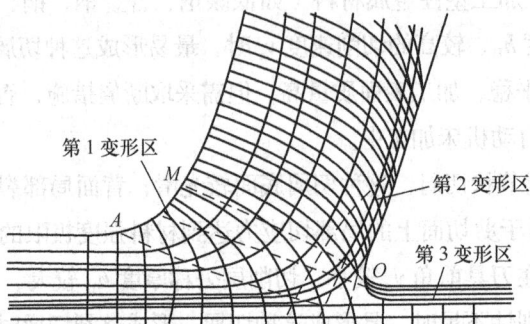

图 2-20　切削时形成的 3 个变形区

（1）第 1 变形区。被切削金属层在刀具前面挤压力的作用下，首先产生弹性变形，当达到材料的屈服极限时，沿 OA 面（称为始滑移面）开始产生剪切滑移，到 OM 面（称为终滑移面）晶粒的剪切滑移基本完成，切削层形成切屑沿刀具前面流出。这一区域称为第一变形区。第一变形区的主要特征是沿滑移面的剪切滑移变形以及随之产生的加工硬化。

（2）第 2 变形区。当剪切滑移形成的切屑在刀具前面流出时，切屑底层进一步受到刀具的挤压和摩擦，使靠近刀具前面处的金属再次产生剪切变形，称为第二变形区。第二变形区主要集中在和刀具前面摩擦的切屑底面的一薄层金属里，表现为该处晶粒纤维化的方向和前刀面平行。离刀具前面越远，变形越小，所以切削层公称厚度较大时，第二变形区的影响就相对小一些。

（3）第 3 变形区。工件与刀具后面接触的区域受到刀具刃口与刀具后面的挤压和摩擦，造成已加工表面变形，称为第三变形区。已加工表面的形成与第三变形区（刀具后面与工件接触区）有很密切的关系。由于已加工表面是经过多次复杂的变形而形成的，造成已加工表面金属的纤维化和加工硬化，并产生一定的残余应力，第三变形区的金属变形将影响工件的表面质量和使用性能。

2. 积屑瘤

（1）积屑瘤的形成。在切削速度不高而又能形成连续性切屑的情况下，加工钢料或其他塑性材料时，常在切削刃口附近黏结一块很硬（约为工件材料硬度的 $2 \sim 3.5$ 倍）的金属堆积物，冷焊在切削刃上且覆盖刀具部分前面，这就是积屑瘤。

积屑瘤的形成原因主要是由于切削加工时，在一定的温度和压力作用下，切屑与刀具前面发生强烈摩擦，致使切屑底层金属流动速度降低而形成滞流层，如果温度和压力合适，滞流层就与前刀面黏结而留在刀具前面上，由于黏结层经过塑性变形硬度提高，连续流动的切屑在黏结层上流动时，又会形成新的滞留层，使黏结层在前一层的基础上积聚，这样一层又一层地堆积，黏结层越来越大，最后形成积屑瘤。当积屑瘤生成时或生成后，在外力、震动等的作用下，会局部断裂或脱落；另外，当切削温度超过工件材料的再结晶温度时，由于加工硬化消失，金属软化，积屑瘤也会脱落和消失。由此可见，产生积屑瘤的决定因素是切削温度，形成积屑瘤的必要条件是加工硬化和黏结。

（2）积屑瘤对切削过程的影响。

① 增大实际前角。积屑瘤黏结在刀具前刀面刀尖处，可代替刀具切削，增大了刀具的实际前角，如图 2-21 所示，可减小切屑变形和切削力。

② 增大切入深度。积屑瘤前端伸出切削刃之外，加工中出现过切，使刀具切入深度比没有积屑瘤时增大了 Δ，因而影响了加工尺寸，如图 2-21 所示。

③ 增大已加工表面粗糙度。由于积屑瘤很不稳定，使切削深度不断变化，导致实际前角发生变化，引起切削过程震动；积屑瘤脱落时的碎片可能黏附在已加工表面上；积屑瘤突出刀刃部分，在已加工表面上形成沟纹，这些都可以造成已加工表面的粗糙度值增大。

④ 影响刀具耐用度。积屑瘤覆盖着刀具部分刃口和前刀面，对切削刃和前刀面有一定保护作用，从而减小了刀具磨损，但积屑瘤脱落时，又可能使黏结牢固的硬质合金表面剥落，加剧刀具磨损。

（3）影响积屑瘤的主要因素与控制。

精加工时必须避免或抑制积屑瘤的生成。其措施有如下几种。

① 控制切削速度。尽量采用很低或很高的切削速度。切削速度是通过切削温度和摩擦系数来影响积屑瘤的。如图 2-22 所示，低速切削时（$v_c < 10\text{m/min}$），切屑流动较慢，切削温度较低，切屑与刀具前面摩擦系数小，切屑与前刀面不易发生黏结，不会形成积屑瘤，因此用高速钢刀具低速车削或铰削，可获得较小的表面粗糙度值；高速切削时（$v_c > 100\text{m/min}$），切削温度高，切屑底层金属软化，加工硬化和变形强化消失，也不会生成积屑瘤，因此选择耐热性好的刀具材料进行高速切削，也可获得较小的表面粗糙度值；中速切削时（$v_c = 20 \sim 30\text{m/min}$），切削温度在 300℃～ 400℃，是形成积屑瘤的适宜温度，此时摩擦系数最大，积屑瘤生长得最高，因而表面粗糙度值最大。

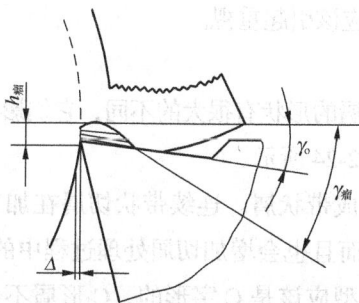

图 2-21　积屑瘤的前角及伸出量 Δ

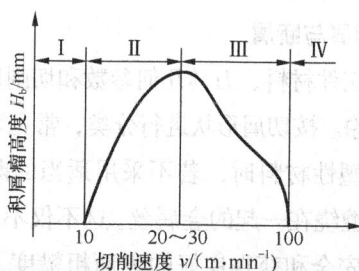

图 2-22　积屑瘤高度与切削速度的关系

② 降低工件材料塑性。热处理可降低材料塑性，提高硬度，可抑制积屑瘤的生成。

③ 其他措施。减小进给量、增大刀具前角，减小刀具前面的粗糙度值，合理使用切削液等，

均可使切削变形减小，切削力减小，切削温度下降，从而抑制积屑瘤的生成。

3. 影响切屑变形的因素

分析影响切屑变形的因素，并利用这些因素优化切削过程。

（1）工件材料对切屑变形的影响。

工件材料的塑性是影响切屑变形的主要因素。如碳钢的塑性越大，抗拉强度和屈服强度越低，越容易产生塑性滑移和剪切变形，在较小的应力条件下就开始产生塑性变形。例如，1Cr18Ni9Ti 和 45 钢的强度近似，但前者延伸率大得多，切削时切屑变形大，易粘刀且不易断屑。

（2）刀具前角对切屑变形的影响。

刀具前角越大，减小切屑沿前刀面流出的阻力越小，切屑变形越小。

（3）切削速度对切屑变形的影响。

在无积屑瘤的切削速度范围内（如高速切削），切削速度越高，则变形越小。因为塑性变形的传播速度较弹性变形慢。如图 2-23 所示，当切削速度低时，金属始剪切面为 OA，但当切削速度高时，金属流动速度大于塑性变形速度，即在 OA 线上尚未显著变形就已流动到 OA' 线上，切屑变形减小。

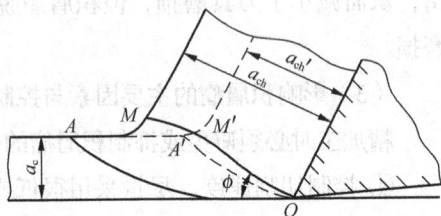

图 2-23　切削速度对切屑变形的影响

（4）切削厚度对切屑变形的影响。

切削厚度增加，切屑底层变形大，上层变形小。因此，从切削层整体看，切屑的平均变形减小。反之，切屑越薄，变形越大。

2.4.3　切屑的形状及控制

在金属切削加工中，需要控制切屑的形状、流向、卷曲和折断，切屑处理不当会影响正常生产秩序和操作者的人身安全；经常停车清理切屑也会增加辅助时间，使切屑划伤工件表面，甚至打坏切削刃。尤其在数控机床和自动生产线上，断屑和卷屑更应该引起重视。

1. 切屑与断屑

根据工件材料、刀具几何参数和切削用量的不同，切屑的形状有很大的不同，它们影响切屑的处理和运输。按切屑形状进行分类，常见切屑的形状如图 2-24 所示。

切削塑性材料时，若不采用适当的断屑措施，易形成带状屑。连续带状切屑在加工过程中将会形成缠绕在一起的金属丝。这不仅不利于切屑处理，而且也会增加切屑处理过程中的危险性。为了人员安全和获得良好的表面粗糙度，理想的切屑类型应该是 C 字形的，C 形屑不会缠绕在工件或刀具上，也不易伤人，是一种比较好的屑形。但 C 形屑通常是由带有断屑槽的刀具加工时形成的，会影响到切削过程的平稳性和工件已加工表面粗糙度，所以精车时一般希望形成长螺卷屑。

车削一般的碳钢和合金钢工件时，采用带卷屑槽的车刀易形成 C 形屑。

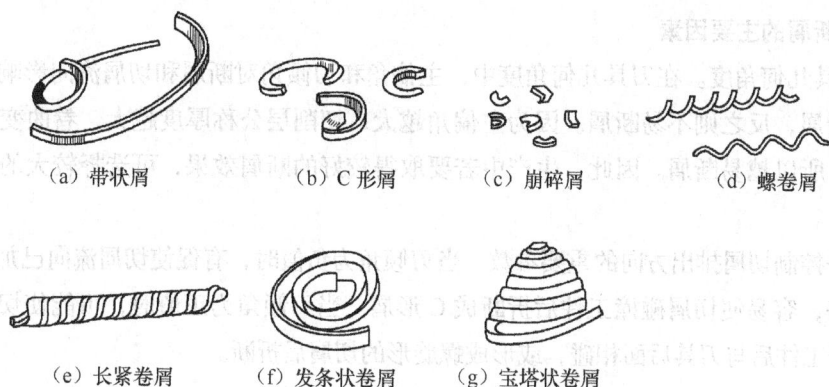

(a) 带状屑　　　　(b) C 形屑　　　　(c) 崩碎屑　　　　(d) 螺卷屑

(e) 长紧卷屑　　(f) 发条状卷屑　　(g) 宝塔状卷屑

图 2-24　切屑的各种形状

断屑槽具有多种形式，大多数的硬质合金刀具都有一个嵌入式断屑槽或自身就带有断屑槽，如图 2-25 所示。断屑槽专门设计用于使切屑沿工件发生卷曲，然后将其从工件上分离以获得正确的切屑类型。

当使用高速钢刀具时，必须在刀具上磨出断屑槽，并选取适当的切削速度和进给量，加工过程中将会获得较好类型的切屑。较高的切削速度将会产生较大的卷曲切屑，即使没有断屑槽，通过正确地调整机器设备通常也能得到卷曲切屑。切削的深度对切屑卷曲和分离也有影响。当切削深度较大时，切屑也会较大。这类大切屑比轻的切屑弹性更低，因此更容易分离成细小的切屑。图 2-26 显示了高速刀具上断屑槽的不同形式。

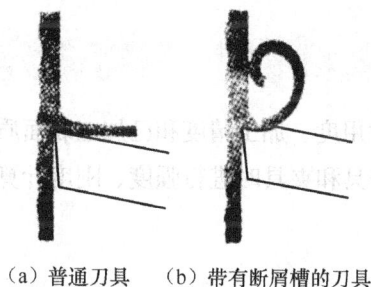

(a) 普通刀具　　(b) 带有断屑槽的刀具

图 2-25　断屑槽使切屑卷曲并脱落

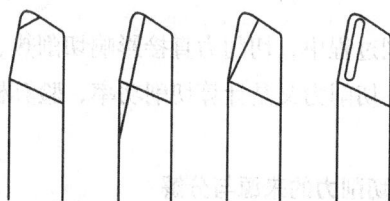

图 2-26　高速刀具的断屑槽类型

长螺卷屑形成过程比较平稳，清理也方便，在普通车床上是一种可以选择的屑形。

在重型车床上用大切深、大进给量车削钢件时，切屑宽且厚，所以通常将卷屑槽的槽底圆弧半径加大，使切屑卷曲成发条状，在工件表面上折断，并靠其自重坠落。

在自动机床、数控机床或自动线上，宝塔状卷屑不会缠绕工件或刀具，清理也方便，是比较好的屑形。

车削铸铁等脆性材料时，切屑崩碎成针状或碎片，无论对清理和人身安全都不利，这时应设法使切屑连成卷屑。

2. 影响断屑的主要因素

（1）刀具几何角度。在刀具几何角度中，主偏角和刃倾角对断屑和切屑流向影响较大。主偏角越大越易断屑，反之则不易断屑。因为主偏角越大，切削层公称厚度越大，卷曲变形产生的弯曲应力越大，所以越易断屑。因此，生产中若要取得较好的断屑效果，可选择较大的主偏角，如 $\kappa_r = 75° \sim 90°$。

刃倾角是控制切屑排出方向的重要参数。当刃倾角为负值时，有促使切屑流向已加工表面或过渡表面的趋势，容易使切屑碰撞工件后折断成 C 形屑。当刃倾角为正值时，可能使切屑流向待加工表面或离开工件后与刀具后面相碰，或形成螺旋形的切屑后折断。

刀具前角越小，切屑变形越大，越容易断屑。

（2）切削用量。切削速度提高，断屑效果降低。进给量增大，使切削层公称厚度增大，切屑卷曲上产生的弯曲应力增大，切屑易折断。

背吃刀量 a_p 增加，进给量 f 减小，使 h_D/b_D 值小，切屑薄而宽，断屑较困难。反之，h_D/b_D 值大则较易断屑。增大进给量 f 是断屑较有效的措施。

（3）工件材料。工件材料的塑性、韧性越大、强度越高，越不容易断屑。

2.5 切削力、切削热、切削温度的影响

2.5.1 切削力

切削过程中，切削力直接影响切削热、刀具磨损与耐用度、加工精度和已加工表面质量。在生产中，切削力又是计算切削功率，验算机床功率，对刀具和夹具时进行强度、刚度计算的主要依据。

1. 切削力的来源与分解

金属切削时，工件材料抵抗刀具切削时所产生的阻力称为切削力。这种力与刀具作用在工件上的力大小相等，方向相反。切削力来源于两方面，一是 3 个变形区内金属产生的弹性变形抗力和塑性变形抗力；二是切屑与前面、工件与刀具后面之间的摩擦抗力。

切削力是一个空间力，其方向和大小受多种因素影响而不易确定，为了便于分析切削力的作用和测量计算其大小，便于生产应用，一般把总切削力 F 分解为 3 个互相垂直的切削分力 F_c、F_p 和 F_f。车削外圆时力的分解如图 2-27 所示。

（1）切削力 F_c。又称为主切削力，是总切削力在主运动方向上的正投影（分力），单位为 N。它与主运动方向一致，垂直于基面，是 3 个切削分力中最大的。切削力作用在工件上，并通过卡盘传递到机床主轴箱，是计算机床切削功率，校核刀具、夹具的强度与刚度的主要依据。

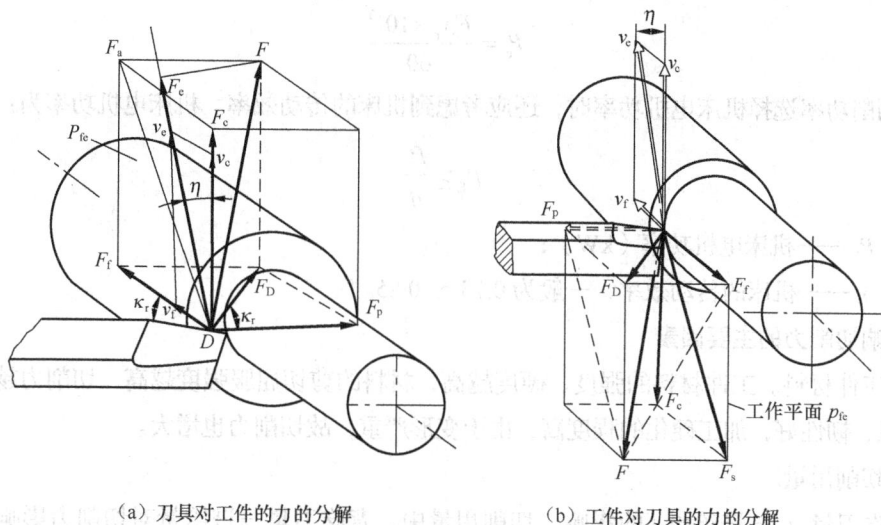

（a）刀具对工件的力的分解　　　　　（b）工件对刀具的力的分解

图 2-27　车削外圆力的分解

（2）背向力 F_p。又称径向力，是总切削力在垂直于工作平面上的分力，单位为 N。由于在背向力方向上没有相对运动，所以背向力不消耗切削功率，但它作用在工件和机床刚性最差的方向上，易使工件在水平面内变形，影响工件精度，并易引起震动。背向力是校验机床刚度的主要依据。

（3）进给力 F_f。又称轴向力，是总切削力在进给运动方向上的正投影（分力），单位为 N。进给力作用在机床的进给机构上，是校验机床进给机构强度和刚度的主要依据。

总切削力在基面的投影用 F_D 表示，是 F_p 和 F_f 的合力。总切削力和各分力的关系为

$$F = \sqrt{F_D^2 + F_C^2} = \sqrt{F_c^2 + F_p^2 + F_f^2} \tag{2-15}$$

其中 $F_f = F_D \sin\kappa_r$，$F_p = F_D \cos\kappa_r$。切削分力 F_c、F_p 和 F_f 的大小可用三向测力仪测出或用通过大量实验和数据处理得到的经验公式（参考切削手册）确定。

由实验可得，当 $\kappa_r = 45°$、$\gamma_o = 15°$、$\lambda_s = 0°$ 时，各分力间的近似关系为：

$$F_c : F_p : F_f = 1 : (0.4\sim0.5) : (0.3\sim0.4)$$

2. 单位切削力和切削功率

单位切削力是指单位切削面积上的主切削力，用 p 表示，单位为 N/mm^2。可按下式计算：

$$p = \frac{F_c}{A_D} = \frac{F_c}{a_p f} \tag{2-16}$$

单位切削力 p 可在《切削用量手册》中查到。

切削功率是在切削过程中消耗的功率，等于总切削力的 3 个分力消耗的功率总和，用 P_c 表示，单位为 kW。由于 F_f 消耗的功率所占比例很小，约为 1% ～ 1.5%，故通常略去不计。F_p 方向的运动速度为零，不消耗功率，所以切削功率为：

$$P_c = \frac{F_c v_c \times 10^{-3}}{60} \qquad (2-17)$$

根据切削功率选择机床电机功率时，还应考虑到机床的传动效率。机床电机功率为：

$$P_E \geq \frac{P_c}{\eta} \qquad (2-18)$$

式中：P_E——机床电机功率（kW）；

η——机床的传动效率，一般为 $0.75 \sim 0.85$。

3. 影响切削力的主要因素

（1）工件材料。工件材料的强度、硬度越高，材料的剪切屈服强度越高，切削力越大。工件材料的塑性、韧性好，加工硬化的程度高，由于变形严重，故切削力也增大。

（2）切削用量。

① 背吃刀量 a_p 与进给量 f 的影响。切削用量中，背吃刀量与进给量对切削力影响较大。当 a_p 或 f 加大时，切削层的公称横截面积增大，变形抗力和摩擦阻力增加，因而切削力随之加大。试验证明，当其他条件一定时，背吃刀量 a_p 增大 1 倍时，切削力也增大 1 倍；进给量 f 增加 1 倍时，切削力约增加 $70\% \sim 80\%$。从上述分析可知，a_p 或 f 对切削层公称横截面积的影响相同，但对单位切削力的影响不同，a_p 增加时，单位切削力不变；f 增加时，单位切削力减小。生产实践中，切削层的横截面积相同时，选择大的 f 比选择大的 a_p 切削力要小，如强力切削法就是基于这个原理。

② 切削速度 v_c 的影响。加工塑性金属材料时，切削速度 v_c 对切削力的影响如图 2-28 所示。在低速切削范围内，随着切削速度的增加，积屑瘤逐渐长大，刀具实际前角逐渐增大，切削变形减小，使切削力逐渐减小。在中速切削范围内，随着切削速度的增加，积屑瘤逐渐减小并消失，使切削力逐渐增至最大。在高速切削阶段，由于切削温度升高，摩擦力逐渐减小，使切削力得到稳定的降低。如 v_c 从 50m/min 增至 500m/min 时，切削力减少约 10%。利用这个原理，在生产实践中创造了高速切

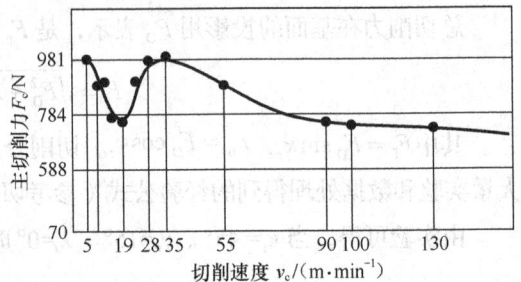

图 2-28 切削速度对切削力的影响

削技术。切削脆性材料时，由于切削变形和切屑与刀具前面摩擦较小，所以切削速度变化对切削力的影响较小。

（3）刀具几何角度的影响。前角 γ_o 加大，切削层易从刀具前面流出，使切削变形减小，因此切削力下降，如图 2-29 所示。此外，工件材料不同，前角的影响也不同，对塑性大的材料（如紫铜、铝合金等），切削时塑性变形大，前角的影响较显著；而对脆性材料（如灰铸铁、脆黄铜等），因切削时塑性变形很小，故前角的变化对切削力影响较小。

主偏角 κ_r 对 3 个分力都有影响，但对主切削力 F_c 影响较小，对进给力 F_f 和背向力 F_p 影响较大。当 κ_r 增大时，F_f 增大，F_p 减小。当 $\kappa_r = 90°$ 时，理论上背向力 $F_p = 0$，因此车削轴类零件时应取较

大的主偏角以减小 F_p 引起的工件变形，精车细长轴甚至取 $\kappa_r \geq 90°$。主偏角 κ_r 对切削力的影响如图 2-30 所示。

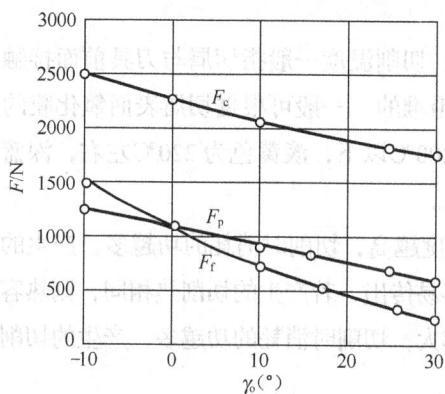

图 2-29 前角 γ_o 对 F_c、F_f 和 F_p 的影响

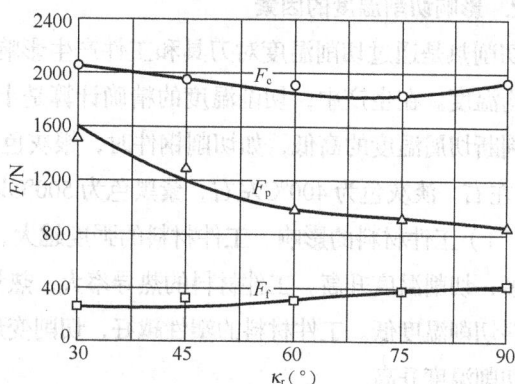

图 2-30 主偏角 κ_r 对 F_c、F_f 和 F_p 的影响

刃倾角 λ_s 对主切削力的影响较小，对进给力 F_f 和背向力 F_p 影响较大。当 λ_s 逐渐由正值变为负值时，F_f 增大，F_p 减小。

（4）其他影响因素。刀具材料不同时，影响切屑与刀具间的摩擦状态，从而影响切削力。在相同切削条件下，使切削力依次减小的刀具是立方氮化硼刀具、陶瓷刀具、硬质合金刀具和高速钢刀具。

切削液有润滑作用，使用合适的切削液可降低切削力。

由以上分析可知，影响切削变形和摩擦的因素都会影响切削力的大小，凡是使切削变形增大、摩擦增大的因素均可使切削力增大。

2.5.2 切削热与切削温度

切削热和由切削热产生的切削温度，是影响刀具磨损和加工精度的重要因素。高的切削温度使刀具磨损加剧，耐用度下降。同时工件和刀具受热膨胀会导致工件精度达不到要求。切削热和切削温度的高低及其变化规律如下。

1. 切削热的产生与传出

金属切削加工中，切削热来源于切削时切削层金属发生弹性、塑性变形所产生的热。刀具前面与切屑、刀具后面与工件表面摩擦产生的热。其中切削塑性金属时，切削热主要来源于剪切区变形和刀具前面与切屑的摩擦所消耗的功。切削脆性材料，切削热主要来源于刀具后面与工件的摩擦所消耗的功。总的来说，切削塑性材料产生的热量要比脆性材料多，如图 2-31 所示。

切削时所产生的切削热主要以热传导的方式分别由切屑、工件、刀具及周围介质向外传散。各部分传出热量的百分比，随工件材料、

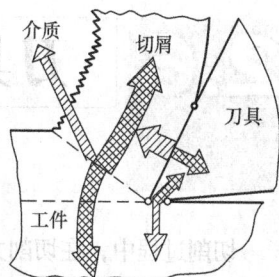

图 2-31 切削热的来源与传出

刀具材料、切削用量、刀具几何参数及加工方式的不同而变化。在一般干切削的情况下，大部分切削热由切屑带走，其次传至工件和刀具，周围介质传出的热量很少。

2. 影响切削温度的因素

切削热是通过切削温度对刀具和工件产生影响的。切削温度一般指切屑与刀具前面接触区域的平均温度。在生产中，切削温度的精确计算是十分困难的，一般可根据切屑表面氧化膜的颜色大致判断切屑温度的高低，如切削钢件时，银灰色为200℃以下，淡黄色为220℃左右，深蓝色为300℃左右，淡灰色为400℃左右，紫黑色为500℃以上。

（1）工件材料的影响。工件材料的强度越大、硬度越高，切削时消耗的功越多，产生的切削热越多，切削温度升高。工件材料的热导率大，热量容易传出，若产生的切削热相同，则热容量大的材料切削温度低。工件材料的塑性越好，切削变形越大，切削时消耗的功越多，产生的切削热越多，切削温度升高。

（2）切削用量的影响。切削用量中，切削速度对切削温度影响最大。切削速度 v_c 增加，切削的路径增长，切屑底层与刀具前面发生强烈摩擦从而产生大量的切削热，切削温度显著升高。

进给量 f 对切削温度有一定的影响。随着进给量的增大，单位时间内金属的切除量增加，消耗的功率增大，切削热增大，切削温度上升。

背吃刀量 a_p 对切削温度影响很小。随着背吃刀量的增加，切削层金属的变形与摩擦成正比例增加，产生的热量按比例增加。但由于切削刃参加工作的长度也成比例增长，改善了刀头的散热条件，最终切削温度略有增高。

（3）刀具几何角度的影响。刀具几何参数对切削温度影响较大的是前角和主偏角。

前角 γ_o 增大，切削变形及切屑与刀具前面的摩擦减小，产生的热量小，切削温度下降。反之，切削温度升高。但是如果前角太大，刀具的楔角减小，散热体积减小，切削温度反而升高。

主偏角 κ_r 增大，刀具主切削刃工作长度缩短，刀尖角 ε_r 减小，散热面积减少，切削热相对集中，从而提高了切削温度。反之，主偏角减小，切削温度降低。

（4）其他因素。刀具后面磨损较大时，会加剧刀具与工件的摩擦，使切削温度升高，切削速度越高，刀具磨损对切削温度的升高越明显。

切削液对降低切削温度有明显的效果，切削液的润滑作用可减小摩擦，减少切削热。

2.6 刀具磨损与刀具耐用度

切削过程中，在切削力的作用下刀具与切屑、工件之间产生剧烈的挤压、摩擦，使刀具失效。刀具失效缩短了刀具的使用时间，降低了表面质量，增加了刀具材料的损耗，是影响生产效率、加工质量和成本的一个重要因素。刀具失效形式分为磨损和破损两类。刀具磨损主要决定于刀具材料、工件材料的物理机械性能和切削条件。各种条件下刀具磨损有不同的特点。掌握这些特点，才能合理地选择刀具及切削条件，提高切削效率，保证加工质量。

2.6.1　刀具磨损的形式

1. 刀具的磨损

刀具磨损是指刀具在使用和刃磨质量符合要求的情况下，在切削过程中逐渐产生的磨损，如图 2-32 所示。

切削时，刀具的前刀面与切屑、后刀面与工件接触，产生剧烈摩擦，同时在接触区内有很高的温度和压力。因此，前刀面和后刀面都会发生磨损。一般情况下，无论是加工塑性材料还是脆性材料，刀具的后刀面都会产生磨损，刀具磨损程度常用后刀面磨损量 VB 值的大小表示。

刀具正常磨损主要包括以下 3 种形式。

（1）前刀面磨损。在切削塑性材料、切削速度较高、切削厚度较大的情况下，当刀具的耐热性和耐磨性稍有不足时，切屑在前刀面上经常会磨出一个月牙洼。月牙洼产生的地方是切削温度最高的地方。前刀面磨损量的大小用月牙洼的宽度 KB 和深度 KT 表示，如图 2-33（a）所示。

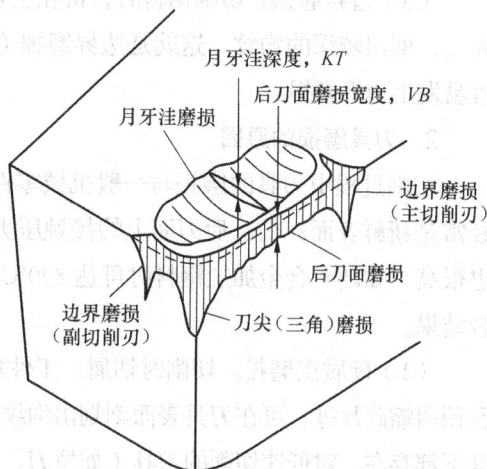

图 2-32　刀具的磨损形式

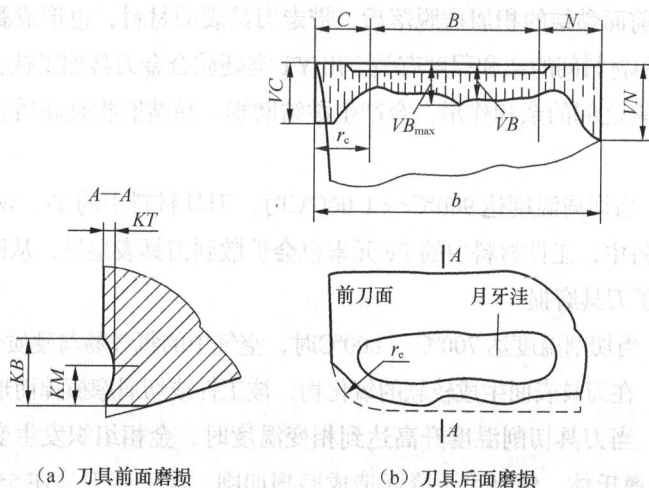

（a）刀具前面磨损　　　（b）刀具后面磨损

图 2-33　刀具磨损测量位置

（2）后刀面磨损。由于工件表面和刀具后刀面间存在着强烈的挤压、摩擦，在后刀面上毗邻切削刃的地方很快被磨出后角为零的小棱面，这就是后刀面磨损，小棱面称为后刀面磨损带。在切削速度较低、切削厚度较小的情况下切削塑性金属和脆性金属时，主要发生这种磨损。

在后刀面磨损带上磨损程度不均匀，靠刀尖部分（后刀面磨损带 C 区）刀具强度较低，散热条件差，磨损比较严重，其最大值以 VC 表示。主切削刃靠工件外表面处（后刀面磨损带 N 区）部分，磨成较严重的深沟，其深度以 VN 表示，这是由于上道工序加工硬化层或毛坯表层硬度高等原因所致，称为边界磨损。后刀面磨损带中间部位（后刀面磨损带 B 区），磨损比较均匀，平均磨损带宽度以 VB 表示，而最大磨损宽度以 VB_{max} 表示，如图 2-33（b）所示。

（3）边界磨损。切削钢料时，常在主切削刃靠近工件外皮处以及副切削刃靠近刀尖处的后刀面上，磨出较深的沟纹，这就是边界磨损（如图 2-32 所示）。加工铸、锻等外皮粗糙的工件，也容易发生边界磨损。

2. 刀具磨损的原因

切削过程中刀具的磨损与一般机械零件的磨损有显著的不同：刀具与切屑工件间的接触表面经常是新鲜表面；前、后刀面上的接触压力很大，有时超过被切材料的屈服强度；接触面的温度也很高，如硬质合金加工钢料时可达 800℃～1 000℃，刀具磨损是机械、热和化学 3 种作用的综合结果。

（1）硬质点磨损。切削时切屑、工件材料中含有的一些碳化物、氮化物和氧化物等硬质点以及积屑瘤碎片等，可在刀具表面刻划出沟纹，这就是刀具的硬质点磨损。硬质点磨损在各种切削速度下都存在，对低速切削的刀具（如拉刀、板牙等），硬质点磨损是造成刀具磨损的主要原因。高速钢刀具硬质点磨损比较显著。硬质合金刀具硬度高，发生硬质点磨损较少。

（2）黏结磨损。黏结磨损是指切屑与刀具前面、工件加工表面与刀具后面在高温高压作用下，发生黏结现象，由于接触面滑动时在黏结处产生剪切破坏，造成刀具表面的微粒被带走而产生的磨损。此外，当刀具前面黏结的积屑瘤脱落后，带走刀具表面材料，也形成黏结磨损。黏结磨损的程度与压力、温度和材料间的亲和程度有关。用 YT 类硬质合金刀具加工钛合金或含钛不锈钢，由于高温作用下钛元素之间的亲和作用，会产生黏结磨损。黏结磨损是硬质合金刀具的主要磨损原因。

（3）扩散磨损。当切屑温度达 900℃～1 000℃时，刀具材料中的 Ti、W、Co 等元素会逐渐扩散到切屑或工件材料中，工件材料中的 Fe 元素也会扩散到刀具表层里，从而使硬质合金刀具表层硬度变脆弱，加剧了刀具磨损。

（4）化学磨损。当切削温度达 700℃～800℃时，空气中的氧气易与硬质合金中的 Co、WC、TiC 等发生氧化反应，在刀具表面生成较软的氧化物，被工件或切屑摩擦掉而形成磨损。

（5）相变磨损。当刀具切削温度升高达到相变温度时，金相组织发生变化，刀具材料表面的马氏体组织转化为奥氏体，使硬度下降而造成磨损加剧。高速钢刀具在 550℃～600℃时发生相变。

高速钢刀具在低温时以机械磨损为主，温度升高时发生黏结磨损，达到相变温度时即形成相变磨损，失去切削能力。

综上所述，刀具磨损是由机械摩擦和热效应两方面作用造成的。在不同的切削条件下，刀具磨损的原因不同，在低、中切削速度范围内，硬质点磨损和黏结磨损是刀具磨损的主要原因。在中等以上切削速度时，热效应使高速钢刀具产生相变磨损，使硬质合金刀具产生黏结、扩散和氧化磨损。

3. 刀具的破损

刀具破损一般属于非正常失效，大多与使用不当有关，主要是由于切削过程中的冲击、震动、热应力等造成刀具切削刃突然崩刃碎裂、折断、疲劳裂纹、热裂纹、塌角等。这种刀具的先期破坏后果比正常磨损失效严重，尤其是精密复杂刀具，局部破坏失效会造成重大的经济损失。为尽量减少甚至杜绝刀具破损，必须根据加工条件正确选择刀具材料、刀具几何角度和切削原理，并注意提高刀面的刃磨质量。

2.6.2 刀具磨损的过程及磨钝标准

1. 刀具磨损过程

生产中较常见到的是刀具后面磨损。在正常磨损情况下，刀具磨损量随切削时间的增加而逐渐加大。其磨损过程分为 3 个阶段，如图 2-34 所示。

初期磨损阶段（OA 段）。在开始切削的短时间内，磨损较快。这是由于新刃磨的刀具表面粗糙不平或表面组织不耐磨（如烧伤、裂纹）等原因造成的。另外，新刃磨的刀具比较锋利，与工件接触面积小，压力大，因此刀具后面很快被磨出一个窄的棱面。初期磨损量与刀具刃磨质量有关，经研磨的刀具磨损量小。

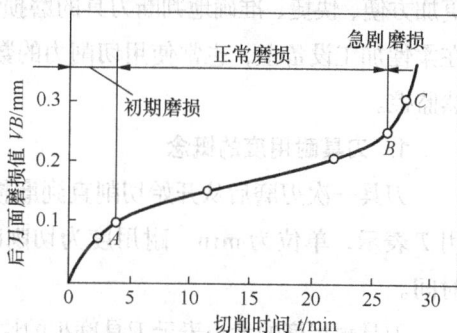

图 2-34 刀具磨损典型曲线

正常磨损阶段（AB 段）。经初期磨损，后刀面上被磨出一条狭窄的棱面，接触面积增大，压力减小，故磨损量随时间的增加而均匀增长，磨损比较缓慢、稳定。这是刀具工作的有效阶段。

急剧磨损阶段（BC 段）。磨损量达到一定值后，切削刃变钝，切削力增大，切削温度升高，刀具强度、硬度降低，磨损急剧加速。此时刀具如果继续工作，不但不能保证加工质量，而且刀具材料消耗多，成本增加，生产中应当避免刀具发生急剧磨损，即在这个阶段之前应及时更换刀具，及时刃磨。

刀具磨损是由机械摩擦和热效应两方面作用造成的，因此，影响刀具磨损的因素基本上与影响切削温度的因素相同。

2. 刀具的磨钝标准

在使用刀具时，应在刀具产生急剧磨损前必须重磨或更换新切削刃。这时刀具的磨损量称为磨钝标准或磨损限度。由于后刀面磨损显著，且易于控制和测量，因此规定将后刀面上的磨损宽度，即后刀面均匀磨损区平均磨损量 VB 值所允许达到的最大值作为刀具的磨钝标准。实际生产中磨钝标准应根据加工要求制定。精加工主要保证加工精度和表面质量，因此磨钝标准 VB 定得较小。粗加工时，为了减少磨刀次数，提高生产率，磨钝标准 VB 定得较大。车刀的磨钝标准如表 2-7 所示，供使用时参考。

表 2-7	磨钝标准 VB 值			（单位：mm）
加工方式＼加工条件	刚 性 差	钢 件	铸 铁 件	钢、铸铁大件
精车	0.1～0.3			
粗车	0.4～0.5	0.6～0.8	0.8～1.2	1.0～1.5

实际生产中操作工人也可以根据观察到的现象，如工件上是否出现亮点和暗点、加工表面粗糙度的变化情况、切屑形状和颜色的变化、是否出现震动或不正常的声音等，判断刀具是否达到磨钝标准。

2.6.3 刀具耐用度

按磨钝标准鉴定刀具是否能继续正常工作需要停机测量，这在生产现场是难以实现的。为了更加方便、快捷、准确地判断刀具的磨损情况，一般用刀具耐用度来间接地反映刀具的磨钝标准。在柔性加工设备上，也常使用切削力的数值作为刀具的磨钝标准，从而实现对刀具磨损状态的自然监控。

1. 刀具耐用度的概念

刀具一次刃磨后从开始切削直到磨损量达到磨钝标准为止的实际切削时间称为刀具耐用度，用 T 表示，单位为 min。耐用度为切削时间，它不包括对刀、夹紧、测量、快进、回程等辅助时间。

刀具耐用度的大小表示刀具磨损的快慢，刀具耐用度大，表示刀具磨损慢；耐用度小，表示刀具磨损快。另外，刀具耐用度与刀具寿命是两个不同的概念。刀具寿命是指一把新刀从投入使用到报废为止总的切削时间，刀具的寿命等于刀具耐用度乘以刃磨次数。

2. 刀具耐用度方程

通过刀具磨损实验，可得到切削用量三要素与刀具耐用度的关系，称为刀具耐用度方程。

$$T = \frac{C_{\mathrm{T}}}{v_{\mathrm{c}}^{\frac{1}{m}} f^{\frac{1}{n}} a_{\mathrm{p}}^{\frac{1}{p}}} \tag{2-19}$$

式中：A、B、C、C_{T}——与工件材料、刀具材料和其他切削条件有关的系数；

m、n、p——分别表示切削用量 v_{c}、f、a_{p} 对耐用度 T 影响程度的指数。

上述各常数和指数可在金属切削手册中查得，当用硬质合金车刀切削 σ_{b} 为 0.736GPa 的碳素钢时，实验公式为

$$T = \frac{C_{\mathrm{T}}}{v_{\mathrm{c}}^{5} f^{2.25} a_{\mathrm{p}}^{0.75}} \tag{2-20}$$

由此可见，切削用量三要素中，切削速度 v_c 对刀具耐用度 T 的影响最大，进给量 f 次之，背吃刀量 a_p 的影响最小。这与切削用量三要素 v_c、f、a_p 对切削温度影响规律是完全一致的。常用的耐用度值如表 2-8 所示，可供选用时参考。生产中还可参考有关手册资料查出。

表 2-8　　　　　　　　　　　　　刀具耐用度数值　　　　　　　　（单位：min）

刀具类型	耐用度	刀具类型	耐用度
高速钢车刀、刨刀、镗刀	30～60	硬质合金面铣刀	90～180
硬质合金焊接车刀	15～60	齿轮刀具	200～300
硬质合金可转位车刀	15～45	自动线、组合机床、自动线刀具	240～480
高速钢钻头	80～120		

2.7　常用切削刀具及选用

生产中所使用的刀具种类很多，按加工方式和具体用途可分为车刀、孔加工刀具、铣刀、拉刀、螺纹刀具、齿轮刀具、自动线及数控机床刀具和磨具等几大类型；按所用材料可分为高速钢刀具、硬质合金刀具、陶瓷刀具、立方氮化硼刀具和金刚石刀具等；按结构可分为整体刀具、镶片刀具、机夹刀具和复合刀具等；按是否标准化可分为标准刀具和非标准刀具等。下面按加工方式对刀具进行分类介绍。

2.7.1　车削刀具

车刀是金属切削加工中应用最广的一种刀具。它可以在车床上加工外圆、端平面、螺纹、内孔，还可用于切槽和切断等。车刀在结构上可分为整体车刀、焊接装配式车刀和机械夹固刀片的车刀。机械夹固刀片的车刀又可分为机夹车刀和可转位车刀。机械夹固车刀的切削性能稳定，工人不必磨刀，所以在现代生产中应用越来越多。

1. 车刀的类型与用途

车刀按用途来分，有外圆车刀、端面车刀、内孔车刀、切断刀、切槽刀、螺纹车刀等，如图 2-35 所示。按结构来分，车刀又分为整体式、焊接式、机械夹固式和可转位车刀等，如图 2-36 所示。例如，传统的硬质合金焊接车刀，就是在碳钢刀杆上按刀具几何角度的要求开出刀槽，用焊料将硬质合金刀片焊接在刀槽内，并按所选择的几何参数刃磨后使用的车刀。现代的机夹刀具是采用普通刀片，用机械夹固的方法将刀片夹持在刀杆上使用的刀具。

（a）车削类型　　　　　　　　　　　（b）外圆内孔车削方式

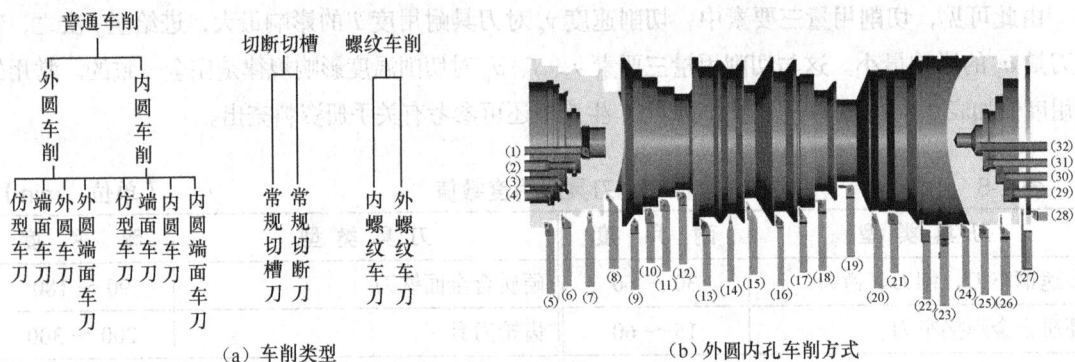

图 2-35　车削形式与用途

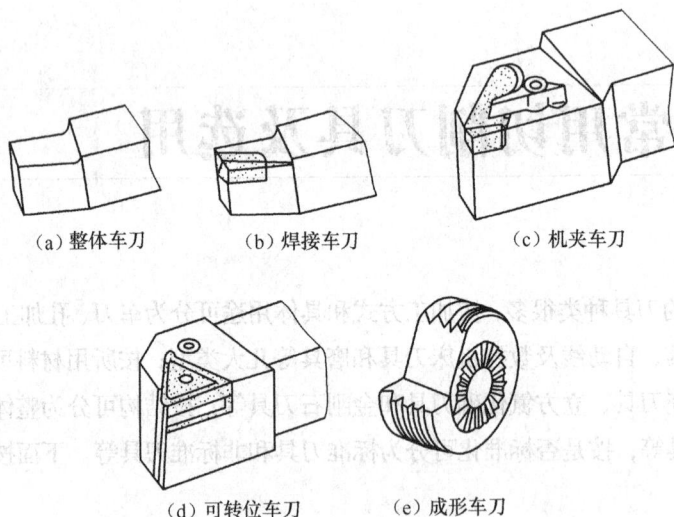

（a）整体车刀　　　　　（b）焊接车刀　　　　　（c）机夹车刀

（d）可转位车刀　　　　　（e）成形车刀

图 2-36　车刀结构类型

　　整体式车刀对贵重刀具材料的消耗很大，故一般只有普通车刀和高速钢车刀采用整体式结构。焊接式车刀结构简单、紧凑、刚性好、灵活性大，可根据加工条件与要求，较为方便地磨出所需的角度，故应用较广。但经高温焊接后的硬质合金刀片容易产生内应力和裂纹，使切削性能下降，对提高生产率和刀具耐用度不利。机夹重磨式车刀的刀片和刀杆是两个可拆卸的独立元件，切削时靠夹紧元件将它们紧固在一起，避免了因焊接而产生的缺陷，可提高刀具寿命并能使刀杆重复使用。为减少更换、刃磨和调整刀具所造成的停机时间而开发出的机夹可转位式车刀是将压制有一定几何参数、具有几个切削刃的多边形刀片，用机械夹固的方法装夹在标准刀杆上。使用时不需刃磨或只需稍加修磨，一个切削刃用钝后，只需将夹紧机构松开，把刀片转位换成另一个新切削刃便可继续切削。实践证明这是一种经济性较好的刀具。常见的机夹刀按压紧方式可分为 4 种，有 C 压板顶面压紧式（无孔刀片）、M 复合压紧式（采用压板顶面和锁紧销钉孔两种夹紧方式，有孔刀片）、P 杠杆压紧式（孔夹紧，有孔刀片）、S 螺钉通孔压紧式（有孔刀片），如图 2-37所示。

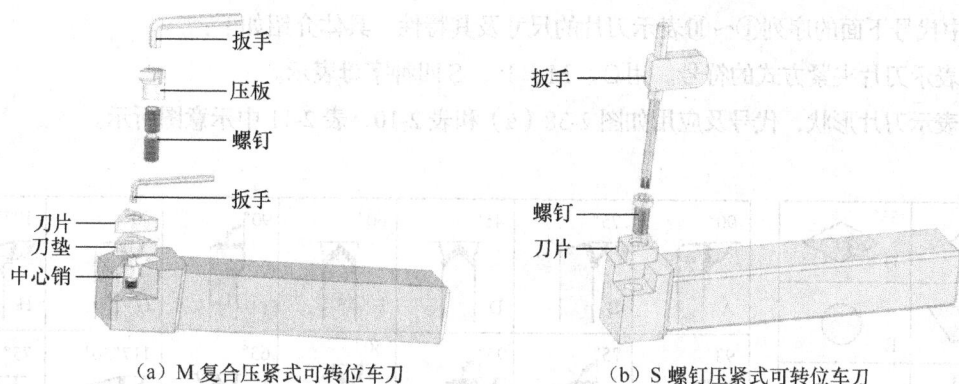

（a）M 复合压紧式可转位车刀　　　　　　（b）S 螺钉压紧式可转位车刀

图 2-37　机夹刀装夹方式

2. 车削刀具的型号编制及选用

（1）确定工序类型。

—— 外圆 / 内孔。

（2）确定加工类型。

—— 外圆车削 / 端面车削 / 仿形车削 / 插入车削

（3）确定刀具夹紧系统。

—— M 类夹紧 / S 类夹紧 / P 类夹紧。

（4）确定刀具形式。

—— 如图 2-35 所示。

（5）确定刀具中心高。

—— 16 / 20 / 25 / 32 / 40。

（6）选择刀片。

—— 形状 / 型号 / 槽型 / 刀尖半径 / 牌号。

（7）推荐切削参数。

—— 切削速度 v_c/ 切削深度 a_p/ 进给量 f。

GB/T 5343.1—2007 可转位车刀和刀夹型号表示规则中规定，常见的车刀或刀夹的代号由代表给定意义的字母或数字按一定的规则排列所组成。共有 10 位符号。其中代号①~⑨是必须的，最后一位符号必要时才使用。在 10 位符号后，制造公司可以最多再加 3 个字母或数字表达刀杆的参数特征。但要用破折号隔开。

示例 1：可转位刀片 CTGNR3225M16Q 对应表示规则如表 2-9 所示。

表 2-9　　　　　　　　　　　　　　　**可转位刀片的表示规则**

C	T	G	N	R	32	25	M	16	Q
①	②	③	④	⑤	⑥	⑦	⑧	⑨	⑩
刀片夹紧方式	刀片形状	刀具头部型式	刀片法后角	刀具切削方向	刀具高度	刀具宽度	刀具长度	刀片尺寸	特殊公差

其中代号下面的序列①～⑩表示刀片的尺寸及其特性。具体介绍如下：

① 表示刀片夹紧方式的符号。用 C、M、P、S 四种字母表示。

② 表示刀片形状，代号及应用如图 2-38（a）和表 2-10、表 2-11 中示意图所示。

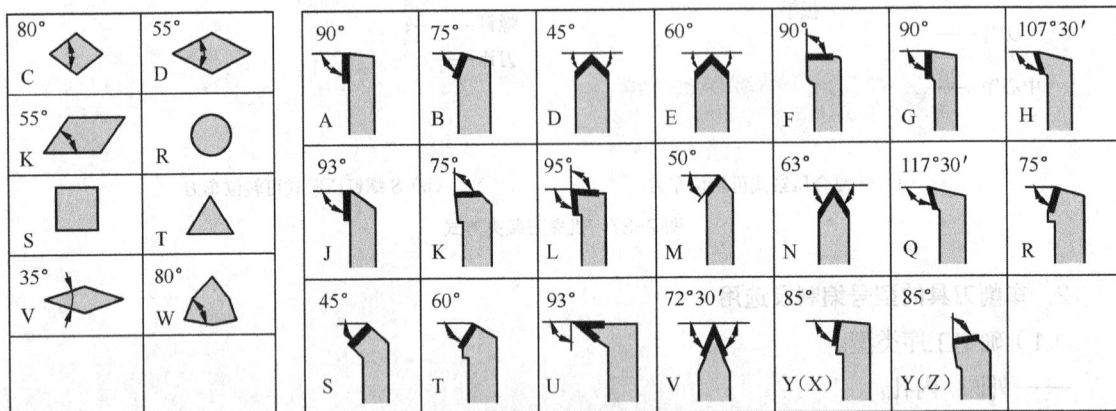

（a）刀片形状字母符号　　　　　　　　　（b）刀具头部型式的字母符号

图 2-38　刀片形状和刀具头部主偏角

表 2-10　　　　　　　　　　　　外圆车刀刀片的应用

外圆车削		刀片形状 80° C	55° D	R	90° S	60° T	80° W	35° V	55°
工序	纵向车削/端面车削	◆◆	◆	◆	◆	◆	◆		◆
	仿形切削		◆◆			◆		◆	◆
	端面车削	◆	◆	◆	◆◆	◆	◆		◆
	插入车削			◆◆	◆				

表 2-11　内孔刀片的应用

内圆车削		刀片形状 80° C	55° D	R	90° S	60° T	80° W	35° V
工序	纵向车削		◆	◆	◆	◆◆	◆	◆
	仿形切削			◆◆			◆		◆
	端面车削		◆◆	◆	◆		◆◆	◆	

◆◆ =推荐刀片的形状　　　　　　　　　　◆ =补充选择刀片形状

③ 表示刀具头部型式的符号。如图 2-38（b）所示。

④ 表示刀片法后角的符号。规则如表 2-12 所示。

表 2-12　刀片法后角代号

示　意　图	代　号	法　后　角
	A	3°
	B	5°
	C	7°
	D	15°
	E	20°
	F	25°
	G	30°
	N	0°
	P	11°

⑤ 表示刀具切削方向的符号。R：右切；L：左切；N：双向。

⑥ 表示刀具高度的符号。根据刀尖高度值表示，单位为毫米，高度值不足两位时，前面加 "0"。如图 2-39 所示，当刀尖高 h_1 等于刀柄高 h 等于 32mm，符号为 32；当 h_1=8mm≠h，符号按 h_1 的高度计算，符号为 08。

⑦ 表示刀具宽度的符号。对于矩形柄车刀，如图 2-39 所示，用刀杆宽度 b 表示，单位为毫米，高度值不足两位时，前面加 "0"。对于刀夹来说，没指定宽度，用两个字母表示类型。第一个字母总是 C（刀夹），第二个字母表示刀夹的类型。例如 GB/T 14461 规定的刀夹，字母为 A。

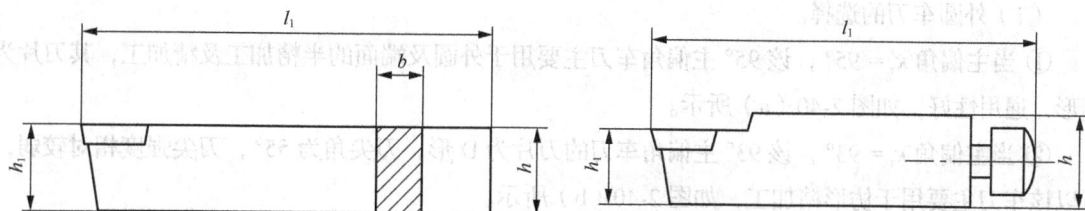

图 2-39　刀具高度、长度和宽度示意图

⑧ 表示刀具的长度的符号。字母代表含义如表 2-13 所示。

表 2-13　　　　　　　　刀具长度的字母符号（l_1）

字母符号	长度（mm）	字母符号	长度（mm）	字母符号	长度（mm）	字母符号	长度（mm）
A	32	G	90	N	160		350
B	40	H	100	P	170		400
C	50	J	110	Q	180		450
D	60	K	125	R	200		特殊长度
E	70	L	140	S	250		500
F	80	M	150	T	300		

⑨ 表示可转位刀片尺寸的数字符号。对于刀片形状为等边（C、D、E、V、W、S、T、P、O、H）的符号用刀片的边长表示；对于不等边的刀片形状，符号用主切削刃长度或较长的切削刃长度表示；对于圆形 R 刀片，符号用直径表示。以上全忽略小数。例如长度为 16.5mm，符号为 16。

⑩ 可选符号，用于特殊公差符号。对于 f_1、f_2 和 l_1 带有 ±0.08 公差的不同测量基准刀具的符号按表 2-14 的规定来选择。

表 2-14　　　　　　　　特殊公差符号字母符号

代　　号	测量基准面	示　意　图
Q	基准外侧面和基准后端面	
F	基准内侧面和基准后端面	
B	基准内外侧面和基准后端面	

3. 常见数控车削刀具及选择

（1）外圆车刀的选择。

① 当主偏角 $\kappa_r = 95°$，该 95° 主偏角车刀主要用于外圆及端面的半精加工及精加工，其刀片为菱形，通用性好，如图 2-40（a）所示。

② 当主偏角 $\kappa_r = 93°$，该 93° 主偏角车刀的刀片为 D 形，刀尖角为 55°，刀尖强度相对较弱，所以该车刀主要用于仿形精加工，如图 2-40（b）所示。

③ 当主偏角 $\kappa_r = 90°$，该 90° 主偏角车刀只能用于外圆粗精车削，其刀片为三角形，切削刃较长，

刀片可以转位 3 次或 6 次，经济性好，如图 2-40（c）所示。

④ 当主偏角 $\kappa_r = 75°$，该 75° 主偏角车刀只能用于外圆粗车削，其刀片为四方形，可以转位 4 次或 8 次，经济性好，如图 2-40（d）所示。

⑤ 当主偏角 $\kappa_r = 45°$，该 45° 主偏角车刀主要用于外圆及端面车削，主要用于粗车，其刀片为四方形，可以转位 4 次或 8 次，经济性好，如图 2-40（e）所示。

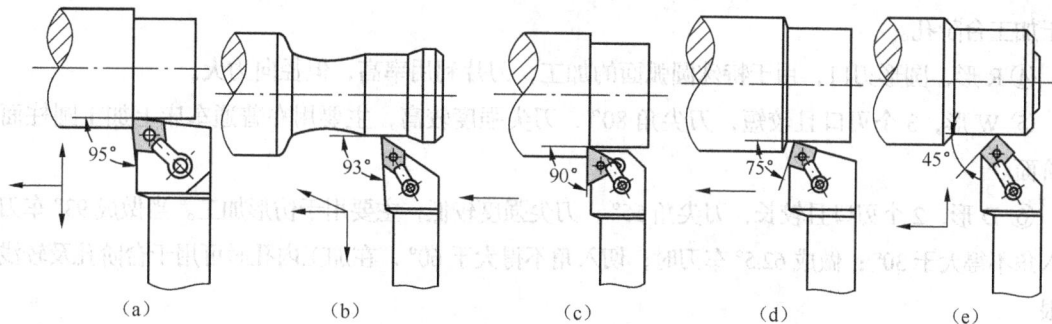

图 2-40　不同主偏角的外圆车刀的选择

（2）内孔车刀的选择。

① 选择尽可能大的直径。

② 选择尽可能小的镗杆悬伸。

③ 选择刚性尽可能大的夹紧，以减少震动的危险。

④ 冷却液（或压缩空气）可提高排屑能力和表面质量，特别是在深孔加工中。

（3）在为震动敏感的工序选择镗刀时应考虑的因素如表 2-15 所示。

表 2-15　　　　　　　　　　　　　影响内孔车杆选择的因素

① 选择接近 90° 的主偏角，但不要小于 75°。

② 选择小的刀尖半径。

③ 选择正前角刀片。

（4）刀片形状选择。不同形状的刀片有各自不同的特点，在要求强度和经济性时，应选择大的刀尖圆角；在保证通用性时，应选择小的刀尖圆角。

① S 形，4 个刃口，刃口较短（指同等内切圆直径），刀尖强度较高，主要用于 75°、45° 车刀，

在内孔刀中用于加工通孔。

②T形，3个刃口，刃口较长，刀尖强度低，在普通车床上使用时常采用带副偏角的刀片以提高刀尖强度，主要用于90°车刀。在内孔车刀中主要用于加工盲孔、台阶孔。

③C形，有2种刀尖角。100°刀尖角的两个刀尖强度高，一般做成75°车刀，用来粗车外圆、端面；80°刀尖角的两个刃口强度较高，用它不用换刀即可加工端面或圆柱面，在内孔车刀中一般用于加工台阶孔。

④R形，圆形刃口，用于特殊圆弧面的加工，刀片利用率高，但径向力大。

⑤W形，3个刃口且较短，刀尖角80°，刀尖强度较高，主要用在普通车床上加工圆柱面和台阶面。

⑥D形，2个刃口且较长，刀尖角55°，刀尖强度较低，主要用于仿形加工。当做成93°车刀时切入角不得大于30°；做成62.5°车刀时，切入角不得大于60°，在加工内孔时可用于台阶孔及较浅的清根。

⑦V形，2个刃口并且长，刀尖角35°，刀尖强度低，用于仿形加工。做成93°车刀时切入角不大于50°；做成72.5°车刀时切入角不大于70°；做成107.5°车刀时切入角不大于35°。

（5）刀尖半径与进给量、表面粗糙度的关系。如表2-16所示。通常选择刀尖半径时要考虑如下因素。

表2-16　　　　　　　　刀尖半径与进给量、表面粗糙度的关系

刀尖圆角（mm）	圆刀片（mm）	R_a/R_z（μm）					
		0.4/1.6	1.6/6.3	3.2/12.5	6.3/25	8/32	32/100
		进给量（mm/r）					
0.2		0.05	0.08	0.13			
0.4		0.07	0.11	0.17	0.22		
0.8		0.10	0.15	0.24	0.30	0.38	
1.2			0.19	0.29	0.37	0.47	
1.6			0.34	0.43	0.54	1.08	
2.4			0.42	0.53	0.66	1.32	
	6	0.2	0.31	0.49	0.62		
	8	0.3	0.36	0.56	0.72		
	10	0.25	0.40	0.63	0.80	1.00	
	12		0.44	0.69	0.88	1.10	
	16		0.51	0.80	1.01	1.26	2.54
	20			0.89	1.13	1.42	2.94
	25				1.26	1.58	3.33

①粗加工时的强度。粗加工时应尽量选用大刀尖半径，以获得坚固的切削刃。大刀尖半径允许使用高进给，但不能超过最大推荐进给量。如果有震动倾向则选择小的刀尖半径。对于粗加工，常用的半径为 R1.2～R1.6。

②精加工时的表面纹理。不宜选择过大的刀尖圆弧半径。

（6）机夹螺纹车刀型号编制及选择

GB/T 10954—2006 对螺纹车刀型号及特性进行了详细说明，代号表示规则如下。

机夹螺纹车刀的代号由按规定顺序排列的一组字母和数字代号组成，共有六位代号，分别表示机夹螺纹车刀的各项特征。第五位与第六位两位代号之间用短划（—）将其分开。

——第一位代号用字母 L 表示螺纹车刀。

——第二位代号用字母 W 表示外螺纹车刀，字母 N 表示内螺纹车刀。

——第三位代号用两位数字表示车刀的刀尖高度。

——第四位代号用两位数字表示矩形刀杆车刀的刀杆宽度或圆形刀杆车刀刀杆直径。

——第五位代号用字母 R 表示右切刀，用字母 L 表示左切刀。

——第六位代号用两位数字表示车刀刀片宽度。如果不足两位数字时，在数字前面加"0"。

示例 1：刀尖高度为 25mm，刀杆宽度为 20mm，刀片宽度为 6mm 的右切机夹外螺纹车刀为：机夹外螺纹车刀 LW2520R—06。

示例 2：刀尖高度为 20mm，刀杆宽度为 16mm，刀片宽度为 4mm 的左切机夹外螺纹车刀为：机夹外螺纹车刀 LW2016L—04。

示例 3：刀尖高度为 20mm，刀杆宽度为 25mm，刀片宽度为 6mm 的右切矩形刀杆机夹内螺纹车刀为：机夹内螺纹车刃矩形刀杆 LN2025R—06。

示例 4：刀尖高度为 20mm，刀杆直径为 40mm，刀片宽度为 8mm 的左切圆形刀杆机夹内螺纹车刀为：机夹内螺纹车刀圆形刀杆 LN2040L—08。

2.7.2　孔加工刀具

孔加工方式主要有钻削加工、镗削加工、铰孔加工、攻内螺纹、锪埋头孔及端面等。

1. 在实体材料上加工孔的刀具

（1）中心钻。中心钻通常用来加工轴类工件的中心孔，起定心作用，用在孔加工的第一道工序。但有的麻花钻具有自定心作用，无须打预孔，可省略中心钻打孔。GB/T 145—2001 中规定中心孔分为 A 型、B 型、C 型和 R 型四种，B 型中心孔是在 A 型中心孔的端部加上 120° 的圆锥，用于保护 60° 工作锥面不致碰伤。一般精度要求较高、工序较多的工件常用 B 型中心孔。其特性和规格如表 2-17 所示。对应的中心钻分为无护锥复合中心钻（A 型）、有护锥复合中心钻（B 型）和弧形中心钻（R 型），如图 2-41 所示。中心钻可用钻夹头夹住，然后直接或用锥形套过渡插入车床尾座莫氏锥孔中。

表 2-17　　　　　　　　　　　　　　　中心孔的类型与特点

中心孔的型式	标记示例	标注说明	特点及适用范围
R（弧形）	R3.15/6.7	D=3.15mm D_1=6.7mm	适用于轻型和高精度的轴

中心孔的型式	标记示例	标注说明		特点及适用范围
A 型	A4/8.5	D=4mm D_1=8.5mm		不带护锥的中心钻，适用于一般精度要求的轴类零件
B 型	B2.5/8	D=2.5mm D_1=8mm		带护锥的中心钻，适用于工序较长、精度要求较高的工件，避免60°定心锥被损坏
C 型	CM10L30/ 16.3	D=M10 L=30mm D_2=16.3mm		一般是需要把其他零件轴向固定轴上，或者对于重型轴类零件作吊运时用

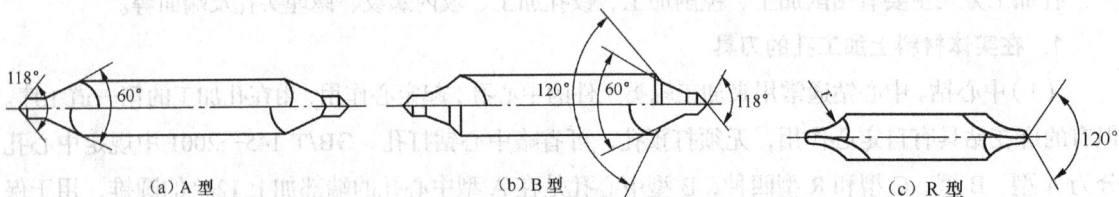

图2-41 中心钻类型

（2）麻花钻。麻花钻是最常用的孔加工刀具，多用于粗加工钻孔。麻花钻的刀体结构如图2-42（a）所示。标准高速钢麻花钻主要由工作部分、颈部和柄部等3部分组成。工作部分担负切削与导向工作，柄部是钻头的夹持部分，用于传递扭矩。

麻花钻有两条主切削刃、两条副切削刃和一条横刃，如图2-42（b）所示。两条螺旋槽钻沟形成前刀面，主后刀面在钻头端面上。钻头外缘上两小段窄棱边形成的刃带是副后刀面，在钻孔时刃带起导向作用，为减小与孔壁的摩擦，刃带向柄部方向有减小的倒锥量，从而形成副偏角。在钻心上的切削刃叫横刃，两条主切削刃通过横刃相连接。为保证钻头必要的刚性和强度，其钻心直径 d_c 向柄部方向递增。

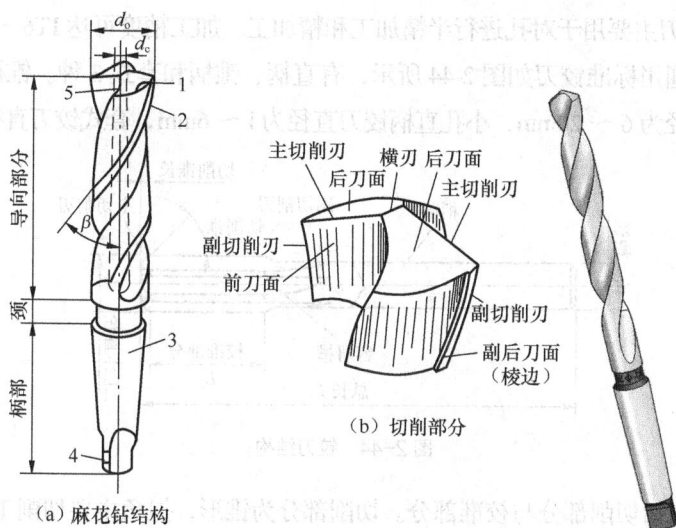

（a）麻花钻结构

（b）切削部分

图 2-42　麻花钻的组成

1—刃瓣　2—棱边　3—莫氏锥柄　4—扁尾　5—螺旋槽　d_o—钻头直径　d_c—钻芯直径

根据柄部不同，麻花钻有莫氏锥柄和圆柱柄两种。直径为 8 ~ 80mm 的麻花钻多为莫氏锥柄，可直接装在带有莫氏锥孔的刀柄内，刀具长度不能调节。直径为 0.1 ~ 20mm 的麻花钻多为圆柱柄，可装在钻夹头刀柄上。中等尺寸麻花钻两种形式均可选用。

2. 对已有的孔进行加工的刀具

主要用于对已有孔进行扩大并提高其质量。

（1）扩孔钻。扩孔钻通常有 3 ~ 4 个主切削刃及棱带，没有横刃，前、后角沿切削刃变化小，因此扩孔时导向好，轴向力小，切削条件优于麻花钻钻孔。一般能达到 IT10 ~ IT11 级精度，粗糙度为 R_a 6.3 ~ 3.2μm，如图 2-43 所示。

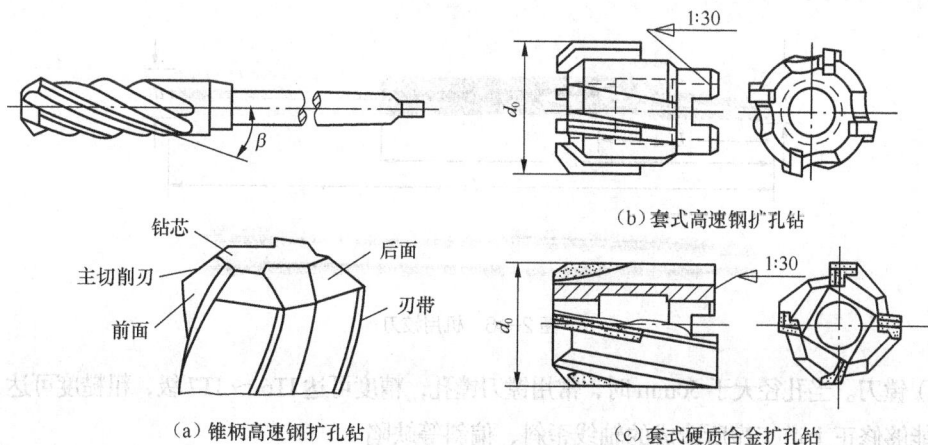

（a）锥柄高速钢扩孔钻

（b）套式高速钢扩孔钻

（c）套式硬质合金扩孔钻

图 2-43　扩孔钻

（2）锪孔。有加工圆柱形或圆锥形沉头孔的锪钻和加工端面的端面锪钻。

（3）铰刀。铰刀主要用于对孔进行半精加工和精加工。加工精度可达 IT6～IT8 级，粗糙度可达 R_a1.6～0.4μm。通用标准铰刀如图 2-44 所示，有直柄、锥柄和套式 3 种。锥柄铰刀直径为 10～32mm，直柄铰刀直径为 6～20mm，小孔直柄铰刀直径为 1～6mm，套式铰刀直径为 25～80mm。

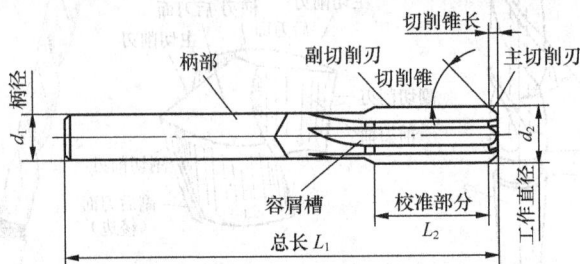

图 2-44　铰刀结构

铰刀工作部分包括切削部分与校准部分。切削部分为锥形，担负主要切削工作。切削部分的主偏角为 5°～15°，前角一般为 0°，后角一般为 5°～8°。校准部分的作用是校正孔径、修光孔壁和导向。

根据使用方法，铰刀可以分为手用铰刀和机用铰刀。

① 手用铰刀。如图 2-45 所示，一般多为直柄，直径 d_1 范围为 1～50mm。其工作部分 L_2 较长，锥角较小，导向作用好，可防止铰刀歪斜。在单件小批生产加工和装配工作中使用。

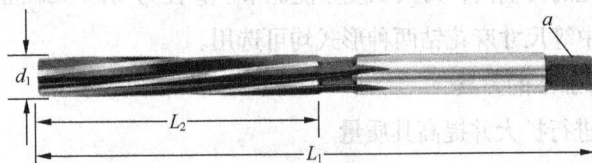

图 2-45　手用铰刀

② 机用铰刀。成批生产条件下在机床上使用。常用高速钢和硬质合金制造，有锥柄和直柄两种，如图 2-46 所示。

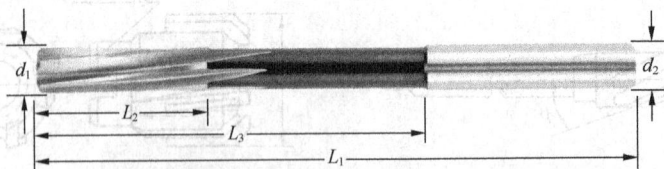

图 2-46　机用铰刀

（4）镗刀。当孔径大于 50mm 时，常用镗刀镗孔，精度可达 IT6～IT7 级，粗糙度可达 R_a6.3～0.8μm，能够修正上道工序所造成的轴线歪斜、偏斜等缺陷。

① 单刃镗刀。结构简单，制造方便，通用性广。一般都有调整装置。如图 2-47 所示为在精镗机床上用的微调镗刀，可将镗刀调到所需直径。

② 双刃镗刀。两端都有切削刃，由高速钢或镶焊硬质合金做成的可调刀块，如图 2-48 所

示。镗孔时，刀块通过作用在两端切削刃上的切削力保持其平衡位置，以补偿由于镗刀块安装误差及镗杆径向跳动等引起的不良影响。加工出来的孔精度达 IT6 ～ IT7 级，粗糙度可达 R_a 0.8μm。

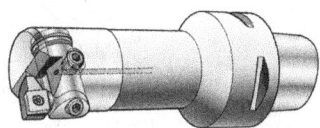

图 2-47　单刃镗刀

图 2-48　双刃镗刀

2.7.3　铣削刀具

铣刀是多刃刀具，它的每一个刀齿相当于一把车刀，它的切削基本规律与车削相似，但铣削是断续切削，切削厚度和切削面积随时在变化。铣刀在旋转表面上或端面上具有刀齿，铣削时，铣刀的旋转运动是主运动，工件的直线运动是进给运动。其运动和加工形式如图 2-49 所示。

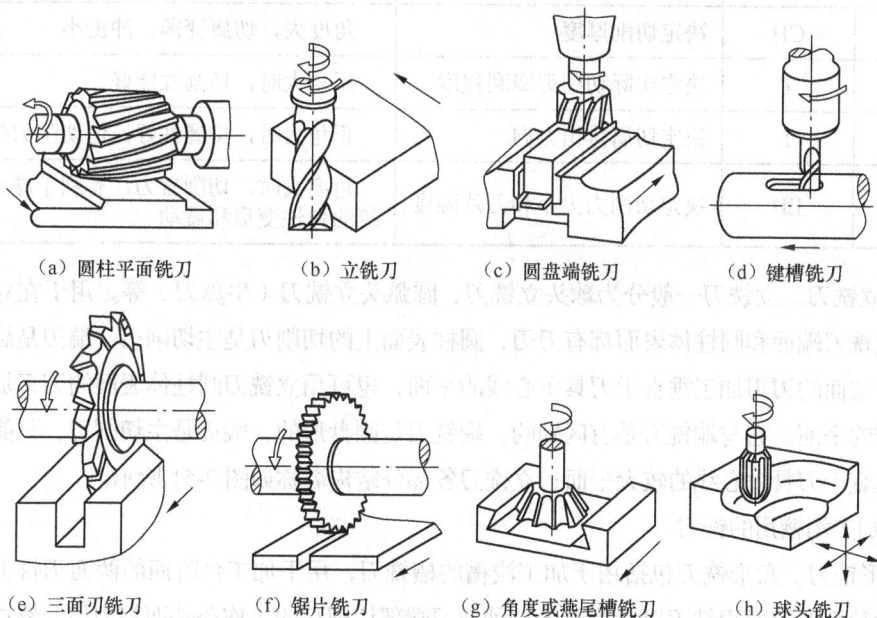

（a）圆柱平面铣刀　　　（b）立铣刀　　　（c）圆盘端铣刀　　　（d）键槽铣刀

（e）三面刃铣刀　　（f）锯片铣刀　　（g）角度或燕尾槽铣刀　　（h）球头铣刀

图 2-49　普通铣削形式及刀具用途

1. 常用铣刀介绍

（1）平面铣刀。有圆柱平面铣刀和立式平面铣刀，圆柱平面铣刀用于在卧式铣床上加工平面。立式平面铣刀用于立式铣床上加工平面。平面铣刀可用高速钢制造，也可镶焊硬质合金，为提高铣削加工时的平稳性，以螺旋形刀齿居多。如图 2-50、表 2-18 所示为平面铣刀切削刃各角度的功能。

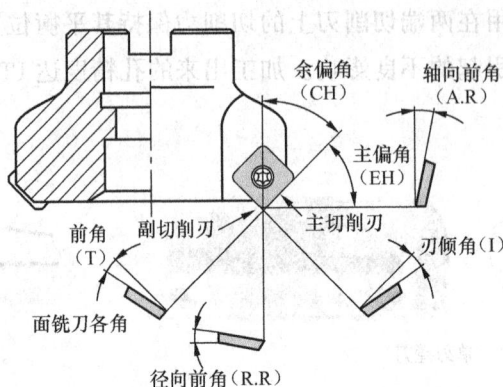

图 2-50　平面铣刀刀削刃角度

表 2-18　　　　　　　　　　　　　　　　　平面铣刀角度功能

名　称	符　号	功　能	效　果
轴向前角	A.R	决定切屑排出方向	正角切削性能好
径向前角	R.R	决定切削刃锋利程度	负角时，切屑排出性能较好
余偏角	CH	决定切削厚度	角度大，切屑变薄，冲击小
前角	T	决定实际切削刃锋利程度	正角大时，切削性能好
刃倾角	I	决定切屑排出方向	正角大时，排屑性好，但切削刃强度低
主偏角	EH	决定切削力大小和刀片强度	角度大时，切削省力，有利于减小工艺系统的弹性变形和震动

（2）立铣刀。立铣刀一般分为球头立铣刀、圆弧头立铣刀（牛鼻刀）等。用于在立铣床上加工平面。立铣刀端面和圆柱体表面都有刀刃，圆柱表面上的切削刃是主切削刃，端刃是副切削刃。可用立铣刀端面的刀刃加工垂直于刀具中心线的平面，也可用立铣刀圆柱体表面的刀刃加工平行于刀具中心线的平面。它与端铣刀是有区别的，端铣刀是圆盘形的，端刃是主切削刃，只能用端面的刀刃切削垂直于刀具中心线的较大平面；立铣刀各部分结构名称如图 2-51 所示。

（3）加工沟槽用的铣刀。

① 盘形铣刀。盘形铣刀包括用于加工浅槽的槽铣刀，用于加工台阶面的两面刃铣刀，用于切槽和加工台阶面的三面刃铣刀以及为改善这种铣刀端部切削刃的工作条件而将刀齿交错成左斜或右斜的错齿三面刃铣刀。

② 立铣刀。立铣刀用于加工平面、台阶、槽和相互垂直的平面。铣槽时，槽宽有扩张，应取直径比槽宽略小的铣刀（0.1mm 以内）。

③ 键槽铣刀。键槽铣刀仅有两个刀瓣，既像立铣刀又像钻头，它可以用轴向进给钻孔，然后沿键槽方向运动铣出键槽全长。重磨只磨端刃。

④ T 形槽和燕尾槽铣刀。分别用于铣削 T 形槽和燕尾槽。

⑤ 角度铣刀。角度铣刀用于铣削沟槽和斜面，有单角铣刀和双角铣刀两种。

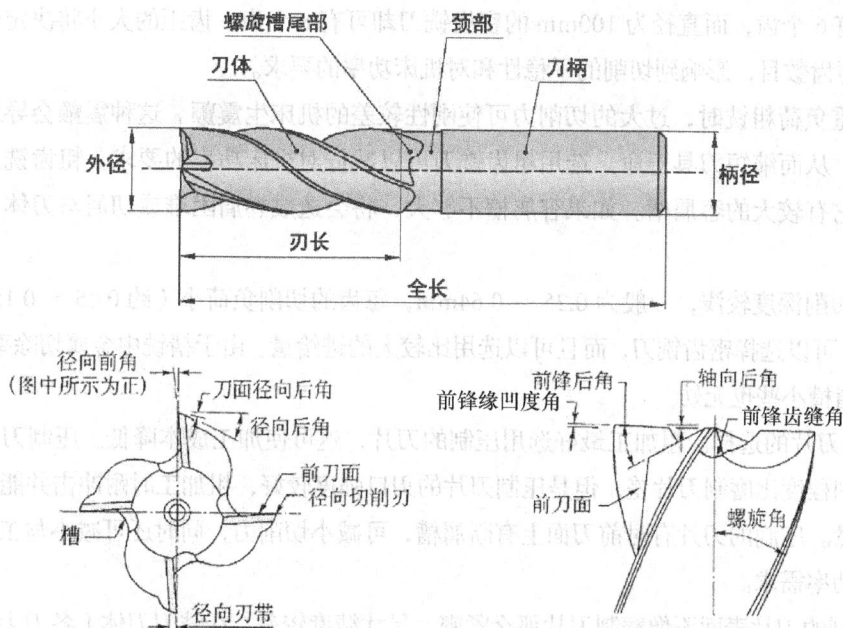

图 2-51　端铣刀结构名称

（4）加工内孔螺纹铣刀。可用立式铣床加工内孔螺纹，是镶嵌螺纹铣刀片（一般为两片）构成的可转位螺纹铣刀，如图 2-52 所示。

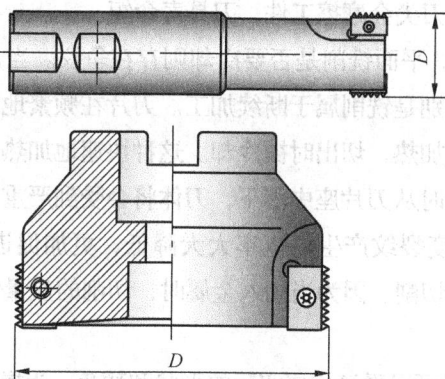

图 2-52　可转位螺纹铣刀

2. 铣刀切削参数的选择

为了保证平面铣削的顺利进行，在开始铣削之前，应对整个过程有个清楚的估计。比如要进行的是粗铣还是精铣，所加工的表面是否将作为基准，铣削过程中表面粗糙度、尺寸精度会有多大变化；另外，还需要正确选择铣刀的切削参数。

下面就铣刀刀齿的选择、铣刀片的选择、冷却和涂层的选择、顺铣和逆铣的选择等 4 个方面具体进行分析。

（1）铣刀刀齿的选择。在选择一把铣刀时，首先要考虑它的齿数。例如，直径为 100mm 的粗齿铣刀只有 6 个齿，而直径为 100mm 的密齿铣刀却可有 8 个齿。齿距的大小将决定铣削时同时参与切削的刀齿数目，影响到切削的平稳性和对机床功率的要求。

在进行重负荷粗铣时，过大的切削力可使刚性较差的机床生震颤。这种震颤会导致硬质合金刀片的崩刃，从而缩短刀具寿命。选用粗齿铣刀可以减低对机床功率的要求。粗齿铣刀多用于粗加工，因为它有较大的容屑槽。如果容屑槽不够大，将会造成卷屑困难或切屑与刀体、工件摩擦加剧。

精铣时切削深度较浅，一般为 0.25 ~ 0.64mm，每齿的切削负荷小（约 0.05 ~ 0.15mm），所需功率不大，可以选择密齿铣刀，而且可以选用比较大的进给量。由于精铣中金属切除率总是有限，密齿铣刀容屑槽小些也无妨。

（2）铣刀片的选择。粗加工最好选用压制的刀片，这可使加工成本降低。压制刀片的尺寸精度及刃口锋利程度比磨制刀片差，但是压制刀片的刃口强度较好，粗加工时耐冲击并能承受较大的切深和进给量。压制的刀片有时前刀面上有断屑槽，可减小切削力，同时还可减小与工件、切屑的摩擦，降低功率需求。

但是压制的刀片表面不像磨制刀片那么紧密，尺寸精度较差，在铣刀刀体上各刀尖高度相差较多。由于压制刀片便宜，所以在生产上得到广泛应用。

对于精铣，最好选用磨制刀片。这种刀片具有较好的尺寸精度，所以刀刃在铣削中的定位精度较高，可得到较好的加工精度及表面粗糙度。另外，精加工所用的磨制铣刀片发展趋势是磨出断屑槽，形成大的正前角切削刃，允许刀片在小进给、小切深上切削。而没有尖锐前角的硬质合金刀片，当采用小进给小切深加工时，刀尖会摩擦工件，刀具寿命短。

（3）冷却和涂层的选择。平面铣削是否要冷却则存在争议。当用一个大直径面铣刀铣削时，冷却液难以喷到整个铣刀。特别是铣削属于断续加工。刀片在频繁地切入、切出，实际上冷却液达不到刀尖，而是刀尖切入时被加热，切出时被冷却。这种快速地加热、冷却，极易引起热裂纹。如果刀片出现裂纹，并且在切削时从刀片座中落下，刀体将会受到严重的损坏。

现代的刀具涂层能使温度裂纹产生的概率大大降低，更加促进了干式切削的发展。特别是 TiAlN 涂层刀具很适合于干式切削。因为当切入金属时，切削的热量使 TiAlN 表面发生化学变化，产生了更硬的物质。

干式切削的优点是操作者可以看清切屑实际的形状和颜色，为操作者提供了评定切削过程的信息，由于工件的化学成分不同，发出的信息也不一样。

当加工碳钢时，形成暗褐色切屑，说明采用切削速度适当；当速度进一步提高，褐色切屑将变成蓝色；如果切屑变黑，表明切削温度过高，此时应降低切削速度。

不锈钢的导热率较低，其热量不能很好地传至切屑，所以加工不锈钢应选用适当的切削速度，使切屑带有淡淡的棕褐色，如果切屑变成深褐色，表明其切削速度已达最高限度。

另外，冷却液会使切屑冷却太快而熔合在刀片上，导致刀具寿命降低。

过高的进给量会引起材料的堆积，而进给量过低又会使刀具与工件发生摩擦，也会导致过热。

干切的目标是要调整切削速度与进给量，使热传到切屑而不是工件或铣刀上。因此，应避免使用冷却液，以便观察飞溅的切屑，适当地调整主轴速度和进给量。热切屑意味着热量没有传到零件和刀具上，不会发生热裂纹，从而延长了刀具寿命。但当加工易燃性的材料（如镁和钛）时，应注意冷却并备好灭火设施。

（4）顺铣和逆铣的选择。顺铣法切入时的切削厚度最大，然后逐渐减小到零，如图 2-53（b）所示，因而避免了在已加工表面的冷硬层上滑走过程。实践表明，顺铣法可以提高铣刀耐用度 2～3 倍，工件的表面粗糙度值可以降低些，尤其在铣削难加工材料时，效果更为显著。

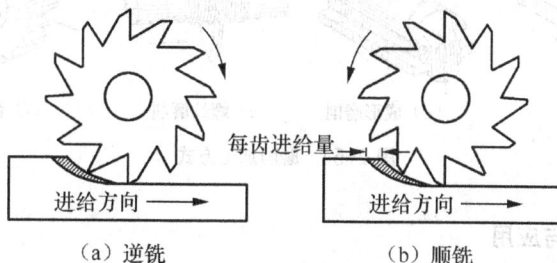

（a）逆铣　　　　　　　　（b）顺铣

图 2-53　顺铣和逆铣

逆铣时，切入时的切削厚度最小，然后逐渐增厚，每齿所产生的水平分力均与进给方向相反，如图 2-53（a）所示。使铣刀工作台的丝杠与螺母在左侧始终接触。而顺铣时，由于水平分力与进给方向相同，铣削过程中切削面积又是变化的，因此水平分力也是忽大忽小的，由于进给丝杠和螺母之间不可避免地有一定间隙，故当水平分力超过铣床工作台摩擦力时，使工作台带动丝杆向左窜动，丝杠与螺母传动右侧出现间隙，造成工作台颤动和进给不均匀，严重时会使铣刀崩刃。

此外，在进行顺铣时遇到加工表面有硬皮，也会加速刀齿磨损。在逆铣时工作台不会发生窜动现象，铣削较平稳，但在逆铣时，刀齿在加工表面上挤压、滑行，不易下屑，使已加工表面产生严重冷硬层。

一般情况下，尤其是粗加工或是加工有硬皮的毛坯时，多采用逆铣。精加工时，加工余量小，铣削力小，不易引起工作台窜动，可采用顺铣。

2.7.4　砂轮与磨削

1. 砂轮及其用途

磨削是目前半精加工和精加工的主要加工方法之一，砂轮则是磨削加工中的重要刀具，砂轮是由结合剂将磨料颗粒黏结而成的多孔体。砂轮一般安装在平面磨床、外圆磨床和内圆磨床上使用，也可安装在砂轮机上刃磨刀具。故磨削的方式有外圆磨削、内孔磨削、平面磨削、成形磨削、螺纹磨削、齿轮磨削等，如图 2-54 所示。

根据不同的用途、磨削方式和磨床类型，砂轮被制成各种形状和尺寸，常用的砂轮有平形砂轮、筒形砂轮、双斜边砂轮、杯形砂轮、碗形砂轮、碟形砂轮等，如图 2-54 所示。

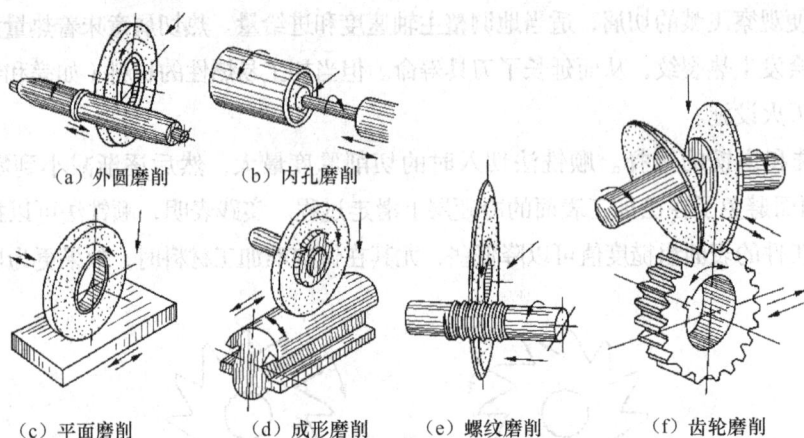

（a）外圆磨削　　（b）内孔磨削

（c）平面磨削　　　（d）成形磨削　　　（e）螺纹磨削　　　（f）齿轮磨削

图 2-54　磨削加工方式

2. 磨削加工的选择与应用

（1）磨削加工与其他加工的区别。

① 加工精度高。数控车、铣加工精度可达 IT5～IT6，表面粗糙度可达 R_a 0.32～1.25μm；高精度外圆磨床的精密磨削尺寸精度可达 0.2μm，圆度可达 0.1μm，表面粗糙度可控制到 0.01μm。

② 加工范围广。磨削不但可以加工软材料，如未淬火钢、铸铁和有色金属等，而且可以加工硬度很高的材料，如淬火钢、各种切削刀具以及硬质合金等。

③ 磨削层深度小。磨削时，在一次走刀过程中去除的金属层较薄，切削深度小。特别适合精度要求高、加工余量小的零件加工。

（2）砂轮的特性。砂轮的特性包括磨料、粒度、结合剂、硬度、组织、强度、形状和尺寸等。

① 磨料。砂轮中磨粒的材料称为磨料。磨削中磨粒担负着切削工作，接受剧烈挤压、摩擦以及高温作用，因此磨料必须具备高硬度、高耐热性和一定的韧性。

磨料分为天然和人造两类，天然磨料有刚玉类、金刚石等。刚玉类含杂质多且不稳定，天然金刚石又价格昂贵，故加工中较少使用。目前应用较多的是人造磨料，其种类特性如下。

a. 刚玉类。主要成分是三氧化二铝（Al_2O_3），适合磨削抗拉强度高的材料，如各种钢材。

如常见的棕刚玉（A），棕褐色，用它制造的陶瓷结合剂砂轮呈蓝色。硬度和韧性好，适于磨削碳钢、合金钢、硬青铜等材料，且价格便宜。

再如白刚玉（WA），呈白色，较棕刚玉硬而脆，磨粒锋利，适于精磨淬硬钢、高速钢以及易变形的工件。

b. 碳化硅类。主要成分碳化硅（SiC），磨料的硬度和脆性比刚玉类高，磨粒也更锋利，不宜磨削钢类等韧性金属，适用于磨削脆性材料，如铸铁、硬质合金等。

如黑碳化硅（C），磨料呈黑色，有金属光泽，硬度高，磨料棱角锋利，但很脆，较适于磨削抗拉强度低的材料，如铸铁、黄铜、青铜等。

再如绿碳化硅（GC），呈绿色，硬度比黑色碳化硅高，刃口锋利，但脆性更大，适于磨削硬而脆的材料，如硬质合金等。

　　c. 超硬类。超硬类磨料是近年来使用的新型磨料。

　　如人造金刚石（SD），是目前已知物质硬度最高的材料，刃口异常锋利，切削性能好，但价格昂贵。主要用于高硬度材料如硬质合金、光学玻璃等加工。

　　再如立方氮化硼（CBN），呈棕黑色，硬度低于金刚石，主要用于磨削高硬度、高韧性的难加工材料。经验证明，立方氮化硼砂轮磨削钢料的效率比刚玉类砂轮要高近百倍，比金刚石高 5 倍，但磨削脆性材料不及金刚石。

　　② 粒度。粒度是表示磨粒尺寸大小的参数，对磨削表面的粗糙度和磨削效率有影响。粒度粗大，磨削深度大，效率高，但表面质量差；反之工件表面摩擦大，发热量大，易灼伤工件。

　　③ 结合剂。结合剂是将磨粒黏结成各种砂轮的材料，其种类及性能决定了砂轮的硬度、强度以及耐腐蚀的能力。

　　④ 硬度。砂轮的硬度是指结合剂黏结磨粒的牢固程度，即磨粒从砂轮表面上脱落下来的难易程度。磨粒不易脱落的，称为硬砂轮，反之称为软砂轮。

　　⑤ 组织。组织是表示砂轮内部结构松紧程度的参数。砂轮的松紧程度与磨粒、结合剂和气孔三者的体积比例有关。砂轮组织号从 0 到 14 共分 15 级，表示磨粒占砂轮体积百分比依次减小，磨粒与磨粒之间的空隙依次增大。

　　（3）砂轮要素的选择。

　　① 磨削硬材料应选择软的、粒度号大的砂轮，磨削软材料应选择硬的、粒度号小的、组织号大的砂轮。这样砂轮损耗小，也不易堵塞。

　　② 粗磨时为了提高生产率要选择粒度号小、软的砂轮。精度时为了提高工件表面质量要选择粒度号大、硬的砂轮。

　　③ 大面积磨削或薄壁件磨削时应选择粒度号小、组织号大、软的砂轮。这样砂轮不易堵塞，工件表面不易烧伤，工件也不易变形。

　　④ 成形磨削选择粒度号大、组织号小、硬的砂轮，以保持砂轮的廓形。

2.8　切削用量的合理选择

　　在切削加工中，采用不同的切削用量会得到不同的切削效果，为此必须合理选择切削用量。所谓合理选择切削用量，是指在保证工件加工质量和刀具耐用度的前提下，能够充分发挥机床、刀具的切削性能，使生产率最高，生产成本最低。

2.8.1　切削用量选择原则

　　切削用量三要素同生产率均保持线性关系，即提高切削速度、增大进给量和背吃刀量都能提高劳动生产率。但是，由公式（2-19）和公式（2-20）中可以分析出切削用量3个要素对刀具耐用度 T 的影响程度各不相同，要保持 T 值，提高某一要素时，必须相应降低另外两个要素。所谓选择切削用量是选择切削用量三要素的最佳组合，在保持刀具合理耐用度的前提下，使 a_p、f、v_c 三者的乘积值最大，以获得最高的生产率。

选择切削用量的基本原则如下。

粗加工时，应尽量保证较高的金属切除率和必要的刀具耐用度。选择切削用量时应首先选取尽可能大的背吃刀量；其次根据机床动力和刚性的限制条件，选取尽可能大的进给量，最后根据刀具耐用度要求，确定合适的切削速度。增大背吃刀量可使走刀次数减少，增大进给量有利于断屑。

精加工时，对加工精度和表面粗糙度要求较高，加工余量不大且较均匀。选择精加工的切削用量时，应着重考虑如何保证加工质量，并在此基础上尽量提高生产率。因此，精车时应选用较小（但不能太小）的背吃刀量和进给量，并选用性能高的刀具材料和合理的几何参数，以尽可能提高切削速度。

2.8.2 切削用量的选择方法

1. 背吃刀量 a_p 的选择

（1）粗加工背吃刀量的选择。切削加工一般分为粗加工、半精加工和精加工。粗加工时应尽量用一次走刀切除全部粗加工余量。当粗加工余量过大、机床功率不足、工艺系统刚度较低、刀具强度不够、断续切削及切削时冲击震动较大时，可分几次走刀。切削表面层有硬皮的铸、锻件时，应尽量使背吃刀量大于硬皮层的厚度，以保护刀尖。

（2）半精加工和精加工的背吃刀量的选择。半精加工和精加工的加工余量一般较小，可一次走刀切除，即 a_p 等于半精（精）加工余量。当为保证工件的加工质量时，也可二次走刀。多次走刀时，应将第一次的背吃刀量取大些，一般为总加工余量的 2/3 ～ 3/4。

在中等切削功率的机床上粗加工背吃刀量最高可达 8 ～ 10mm，半精加工背吃刀量可取 0.5 ～ 2mm，精加工背吃刀量可取为 0.1 ～ 0.4mm。

2. 进给量 f 的选择

进给量对工件的加工表面粗糙度影响较大。

粗加工时，由于粗加工的工艺目标是尽量高效切出加工余量，对加工后表面质量没有太高的要求，这时在工艺系统的强度、刚度允许的情况下，可选用较大的进给量。

半精加工和精加工时，由于半精、精加工的工艺目标是确保加工表面质量（主要是表面粗糙度），进给量应取较小值，通常按照工件的表面粗糙度值要求，可根据工件材料、刀尖圆弧半径、切削速度等条件查阅切削用量等相关手册来选择进给量。

3. 切削速度 v_c 的选择

根据已选定的背吃刀量、进给量，按照一定刀具耐用度下允许的切削速度公式，通过计算确定切削速度，或者用查表确定切削速度。见本章 2.8.3 小节。

在生产中选择切削速度应考虑的因素如下。

（1）粗加工时，背吃刀量和进给量都较大，切削速度受刀具耐用度和机床功率的限制，一般较低。精加工时，背吃刀量和进给量都取得较小，切削速度主要受加工质量和刀具耐用度影响，一般较高。

（2）工件材料强度、硬度高时，应选择低的 v_c；加工奥氏体不锈钢、钛合金和高温合金等难加工材料时，只能取较低的 v_c。

（3）切削合金钢比切削中碳钢的切削速度应降低 20%～30%；切削调质状态的钢比切削正火、退火状态钢要降低切削速度 20%～30%；切削有色金属比切削中碳钢的切削速度可提高 100%～300%。

（4）刀具材料的切削性能越好，切削速度也选得越高，如硬质合金刀具的切削速度比高速钢刀具可高好几倍，涂层刀具的切削速度比未涂层刀具的切削速度要高，陶瓷、金刚石和 CBN 刀具可采用更高的切削速度。

（5）精加工时应尽量避开产生积屑瘤的切削速度区域。

（6）断续切削、加工大件、细长件、薄壁工件时应选用较低的切削速度。

（7）在易发生震动的情况下，切削速度应避开自激震动的临界速度。

（8）加工带外皮的工件时，应适当降低切削速度。

2.8.3　切削用量的计算方法和查表

在工厂的实际生产过程中，切削用量一般根据经验并通过查表的方式进行选取。粗加工时，一般以提高生产率为主，但也应考虑经济性和加工成本；半精加工和精加工在保证加工质量的前提下，兼顾切削效率、经济性和加工成本，具体数值应根据机床说明书、刀具切削手册，并结合经验而定。常用切削参数计算公式如表 2-19 所示；常用硬质合金或涂层硬质合金切削不同材料时的切削用量推荐值如表 2-20 所示；表 2-21 为常用切削用量推荐表；表 2-22 为铝合金切削参数推荐表；表 2-23 为普通高速钢钻头钻削速度推荐表。

表 2-19　　　　　　　　　　　　切削参数计算公式

符　号	术　语	单　位	公　式
v_c	切削速度	m/min	$v_c = \dfrac{\pi \times D_c \times n}{1000}$
n	主轴转速	r/min	$n = \dfrac{v_c \times 1000}{\pi \times D_c}$
v_f	工作台进给量（进给速度）	mm/min	$v_f = f_z \times n \times z_n$
		mm/r	$v_f = f_z \times n$
f_z	每齿进给量	mm	$f_z = \dfrac{v_f}{n \times z_n}$
f_n	每转进给量	mm/r	$f_n = \dfrac{v_f}{n}$

续表

符　号	术　语	单　位	公　式
Q	金属去除率	cm³/min	$Q = \dfrac{a_{\mathrm{p}} \times a_{\mathrm{e}} \times v_{\mathrm{f}}}{1000}$
D_{e}	有效切削直径	mm	R 角立铣刀：$D_{\mathrm{e}} = D_3 - d + \sqrt{d^2 - (d - 2 \times a_{\mathrm{p}})^2}$ 球头铣刀：$D_{\mathrm{e}} = 2 \times \sqrt{a_{\mathrm{p}} \times (D_{\mathrm{c}} - a_{\mathrm{p}})}$

说明：a_{p} 为切削深度；a_{e} 为切削宽度；D_{c} 为切削直径；z_n 为刀具上切削刃个数；d 为 R 角立铣刀刀角圆直径；D_3 为 R 角立铣刀外径。

表 2-20　　　　　　　　　　　　硬质合金刀具切削用量推荐表

刀具材料	工件材料	粗加工			精加工		
		切削速度 v_{c} （m/min）	进给量 f （mm/r）	背吃刀量 a_{p} （mm）	切削速度 v_{c} （m/min）	进给量 f （mm/r）	背吃刀量 a_{p} （mm）
硬质合金或涂层硬质合金	碳钢	220	0.2	3	260	0.1	0.4
	低合金刚	180	0.2	3	220	0.1	0.4
	高合金钢	120	0.2	3	160	0.1	0.4
	铸铁	80	0.2	3	120	0.1	0.4
	不锈钢	80	0.2	2	60	0.1	0.4
	钛合金	40	0.2	1.5	150	0.1	0.4
	灰铸铁	120	0.2	2	120	0.15	0.5
	球墨铸铁	100	0.2 0.3	2	120	0.15	0.5
	铝合金	1 600	0.2	1.5	1 600	0.1	0.5

表 2-21　　　　　　　　　　　　常用切削用量推荐表

工件材料	加工内容	背吃刀量 a_{p}（mm）	切削速度 v_{c}（mm/r）	进给量 f	刀具材料
碳素钢 $\sigma_{\mathrm{b}} > 600\mathrm{MPa}$	粗加工	5～7	60～80	0.2～0.4mm/r	YT 类
	粗加工	2～3	80～120	0.2～0.4mm/r	
	精加工	2～6	120～150	0.1～0.2mm/r	
碳素钢 $\sigma_{\mathrm{b}} > 600\mathrm{MPa}$	钻中心孔		500～800	钻中心孔	W18Cr4V
	钻孔		25～30	钻孔	
	切断（宽度<5mm）	70～110	0.1～0.2	切断（宽度<5mm）	YT 类
铸铁 HBS < 200	粗加工		50～70	0.2～0.4mm/r	YG 类
	精加工		70～100	0.1～0.2mm/r	
	切断（宽度<5mm）	50～70	0.1～0.2		
	切断（宽度<5mm）	50～70	0.1～0.2	切断（宽度<5mm）	

表 2-22　　　　　　　　铝合金加工切削参数与表面粗糙度的关系

主轴转数 n（r/min）	进给量 f（mm/r）	切削速度 v_c（m/min）	表面粗糙度 R_a（μm）
10 000	1 000	785	0.56
20 000	2 000	1 570	0.46
30 000	3 000	2 356	0.32
40 000	4 000	3 142	0.32

表 2-23　　　　　　　普通高速钢钻头钻削速度推荐表　　　　　　（单位：m/min）

工件材料	低碳钢	中、高碳钢	合金钢	铸铁	铝合金	铜合金
钻削速度	25～30	20～25	15～20	20～25	40～70	20～40

2.9 切削液的合理选择

在金属切削加工中，使用切削液可以带走大量的切削热，降低切削区的温度，同时切削液还可起到润滑作用，降低刀具与工件、刀具与切屑的摩擦，提高加工质量。

1. 切削液的作用

（1）润滑作用。切削液能渗入到刀具的前面、后面与工件表面间，形成一层薄薄的润滑油膜或化学吸附膜，可减少它们之间的摩擦，减少黏结及刀具磨损量，提高加工表面质量。

（2）冷却作用。切削液能从切削区域带走大量的切削热，使切削温度降低。切削液冷却性能的好坏取决于它的传热系数、比热容、汽化热、汽化速度、流量、流速及本身温度等。一般来说，水溶液的冷却性能最好，乳化液次之，油类最差。

（3）排屑与清洗作用。在磨削、钻削、深孔加工和自动线等生产中，利用浇注或高压喷射切削液来排除切屑或引导切屑流向，切削液的流动可以冲走切削区域和机床上的细碎切屑，并可冲洗粘附在机床、刀具和夹具上的细碎切屑和磨粒细粉，防止划伤已加工表面和机床导轨面，并减少刀具磨损。

（4）防锈作用。切削液应具有防锈作用。在切削液中加入防锈剂，可在金属表面形成一层保护膜，对工件、机床、刀具都能起到防锈的作用。

2. 切削液的种类

常用的切削液分为 3 大类：水溶液、乳化液和切削油。

（1）水溶液。水溶液是以水为主要成分并加入防锈添加剂、油性添加剂的切削液。水溶液主要起冷却作用，同时由于其润滑性能较差，所以主要用于粗加工和普通磨削加工中。

（2）乳化液。乳化液是由乳化油加 95%～98% 水稀释成的一种切削液。乳化油是由矿物油、乳化剂配置而成。添加乳化剂可使矿物油与水乳化，形成稳定的切削液。

（3）切削油。切削油是由矿物油为主要成分并加入一定添加剂而构成的切削液，主要起润滑作用。

3. 切削液的选择

切削液应根据工件材料、刀具材料、加工方法和技术要求等具体情况进行选择。

（1）粗加工时切削液的选择。因为粗加工所用的加工余量、切削用量较大，所以产生大量的切削热。在采用高速钢刀具切削时，由于高速钢刀具耐热性较差，需要采用切削液，这时使用切削液的主要目的是降温冷却，减少刀具磨损，因此应采用3%～5%的乳化液；硬质合金刀具由于耐热性较高，一般不用切削液，若要使用切削液，则必须连续、充分地浇注，以免处在高温状态的硬质合金刀片产生巨大的内应力而出现裂纹。

（2）精加工时切削液的选择。精加工要求表面粗糙度值较小，一般应采用润滑性能较好的切削液，如高浓度的乳化液或含极压添加剂的切削油。采用高速钢刀具精加工时可用15%～20%的乳化液，以降低刀具磨损，改善加工表面质量。

（3）根据工件材料的性质选用切削液。切削塑性材料时需用切削液。切削铸铁等脆性材料时，一般不加切削液，以免崩碎状切屑粘附在机床的运动部件上。

切削铜合金和有色金属时，一般不得使用含硫化添加剂的切削液，以免腐蚀工件表面。切削铝、镁及其合金时，不得使用水溶液或水溶性乳化液。在贵重精密机床上加工工件时，不得使用水溶性切削液及含硫、氯添加剂的切削油。

磨削的特点是温度高，会产生大量的细屑和砂粒，因此磨削液应有较好的冷却性和清洗性，并应有一定的润滑性和防锈性。

正确选用切削油，可以在减少切削热和加强热传散两个方面抑制切削温度的升高，从而提高刀具耐用度和工件加工表面质量。实践证明，合理使用切削液是提高金属切削加工效益既经济又简便的途径，加工中常见的切削液选用如表 2-24 所示。

表 2-24　　　　切削液选用参考表

工件材料			碳钢、合金钢		不锈钢		耐热合金	
刀具材料			高速钢	硬质合金	高速钢	硬质合金	高速钢	硬质合金
加工方法	车削	粗车	3、1、7	0、3、1	7、4、2	0、4、2	2、4、7	8、2、4
		精车	4、7	0、2、7	7、4、2	0、4、2	2、8、4	8、4
	铣削	端铣	4、2、7	0、3	7、4、2	0、4、2	2、4、7	0、8
		铣槽	4、2、7	7、4	7、4、2	7、4、2	2、8、4	8、4
	钻削		3、1	3、1	8、4、2	8、4、2	2、8、4	2、8、4
	铰削		7、8、4	7、8、4	8、7、4	8、7、4	8、7	8、7
	攻螺纹		7、8、4		8、7、4		8、7	
	拉削		7、4、8		8、7、4		8、7	
	滚齿、插铣		7、8		8、7、4		8、7	
	磨削	粗磨	1、3		4、2		4、2	
		精磨	1、3		4、2		4、2	

续表

工件材料			铸铁		铜及其合金		铝及其合金	
刀具材料			高速钢	硬质合金	高速钢	硬质合金	高速钢	硬质合金
加工方法	车削	粗车	0、3、1	0、3、1	3、2	0、3、2	0、3	0、3
		精车	0、6	0、6	3、2	0、3、2	0、6	0、6
	铣削	端铣	0、3、1	0、3、1	3、2	0、3、2	0、3	0、3
		铣槽	0、6	0、6	3、2	0、3、2	0、6	0、6
	钻削		0、3、1	0、3、1	3、2	0、3、2	0、3	0、3
	铰削		0、6	0、6	5、7	0、5、7	0、5、7	0、5、7
	攻螺纹		0、6		5、7		0、5、7	
	拉削		0、3		3、5		0、3、5	
	滚齿、插铣		0、3		5、7		0、5、7	
	磨削	粗磨	1、3		1		1	
		精磨	1、3		1		1	

注：0 表示干切削；1 表示润滑性不强的水溶液；2 表示润滑性较好的水溶液；3 表示普通乳化液；4 表示极压乳化液；5 表示普通切削油；6 表示煤油；7 表示含硫、氯的极压切削油或植物油和矿物油的复合油；8 表示含硫氯、氯磷或硫氯磷的极压切削油。

小结

　　本章主要介绍了切削运动、切削用量、刀具材料、刀具几何参数和加工参数及功用、切削加工过程中的物理现象——切削变形、切削力、切削温度、刀具磨损、刀具耐用度等，还讲述了常用车、铣、钻、镗、铰、磨的刀具及其选用。学习完本章后，应重点掌握刀具角度及其功用、金属切削过程及切屑控制，切削力、切削热、切削温度的影响，工件材料切削加工性能和切削用量选择。能根据生产条件和工艺要求合理选择刀具材料、刀具切削参数和切削用量、切削液等，对切屑控制提出合理的措施。本章难点是刀具角度的功用，刀具材料和切削用量的合理选择，切削力、切削温度、积屑瘤的成因及对刀具寿命的影响。学习本章时，应注重理论与生产实践的结合，要求学习过程中安排实践教学，对具体问题要进行多方面的分析，特别是切削用量的选择原则而其推荐值大多来自于生产实践，其中工人师傅的经验起到了关键性的作用。

习题

1. 切削加工由哪些运动组成？它们各有什么作用？

2．试说明车削的切削用量三要素（包括名称、定义、代号和单位）。

3．根据题图 2-55 所示的刀具切削加工状态，要求如下。

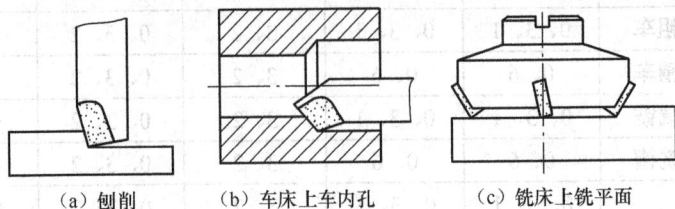

（a）刨削　　（b）车床上车内孔　　（c）铣床上铣平面

图 2-55　（题 2-3 图）

（1）在基面投影图 p_r 中注出已加工表面、待加工表面、过渡表面，刀具前面、主切削刃、主偏角、副偏角和正交平面。

（2）按投影关系作出正交平面，并注出基面、切削平面、前面、后面，$\gamma_o = 10°$、$\alpha_o = 6°$。

4．按题图 2-56 所示，画出各车刀的基本角度，并指出主切削刃、副切削刃及刀尖的位置。

（1）$\kappa_r = 90°$ 外圆车刀的几何角度：$\kappa_r = 90°$、$\gamma_o = 15°$、$\alpha_o = 8°$、$\lambda_s = 5°$、$\kappa_r' = 15°$、$\alpha_o' = 8°$。

（2）$\kappa_r = 45°$ 弯头刀车端面，几何角度：$\kappa_r = \kappa_r' = 45°$、$\gamma_o = -5°$、$\alpha_o = \alpha_o' = 6°$、$\gamma_s = -3°$。

（3）切断刀的几何角度：$\kappa_{rL} = 90°$、$\kappa_{rR} = 105°$、$\gamma_o = 15°$、$a_o = 5°$、$\kappa_{rL}' = \kappa_{rR}' = 1°$、$\gamma_s = 0°$、$\alpha_{oL}' = \alpha_{oL}' = 1°\,30'$。

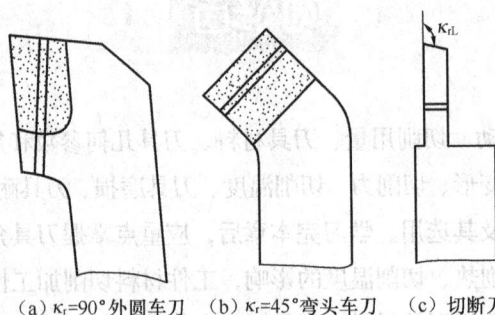

（a）$\kappa_r = 90°$外圆车刀　　（b）$\kappa_r = 45°$弯头车刀　　（c）切断刀

图 2-56　（题 2-4 图）

5．刀具切削部分的材料应具备哪些性能？

6．试述通用高速钢的牌号、主要化学成分、性能及用途。

7．刀具材料表面涂层的作用是什么？

8．试述硬质合金的性能，并举出几种常用的硬质合金牌号及用途。

9．积屑瘤是怎样形成的？对金属切削过程有什么影响？如何控制和利用？

10．分析影响切屑变形的因素。

11．切削温度对切削过程有何影响？如何控制切削温度？

12．什么叫磨钝标准？

13．什么叫刀具耐用度？耐用度与刀具寿命和磨钝标准的区别？

14. 外圆车削直径为 80mm，长度 180mm 的 45 钢棒料，在机床 CA6140 上选用的切削用量为 a_p = 4mm，f = 0.5mm/r，n = 240r/min。试：①选刀具材料；②计算切削速度；③如果 κ_r = 45°，计算切削层公称宽度 b_D、切削层公称厚度 h_D、切削层横截面积 A_D。

15. 主偏角的作用及选择原则有哪些？刃倾角对切削过程有何影响？

16. 选择切削用量的次序是什么？对于粗加工和精加工，选择切削用量有什么不同的特点？

17. 常用切削液有哪几种？选择切削液的一般原则有哪些？

第3章

机械加工装备

【学习目标】

1. 了解机械加工装备的种类
2. 了解常见普通机床的组成、运动
3. 掌握常见机床的主要性能指标
4. 了解常用机械加工装备的应用

机械加工装备种类繁多，有热处理设备、锻造设备、铸造设备、焊接设备、金属切削机床、特种加工设备（电火花、水切割、激光加工）等。本书主要介绍金属切削机床，主要有车、钻、镗、磨、齿轮加工、铣、刨、拉、专用机床等用来生产其他机械的工作母机。

3.1 机床组成及主要性能指标

金属切削机床种类繁多。我国大致可分为通用机床、专用机床和组合机床3大类。此外还有如按机床特性分为普通机床、万能机床、自动机床、半自动机床、仿形机床和数控机床等；按机床布局分为卧式机床、立式机床、龙门机床、马鞍机床、落地机床等；按机床重量分为中小型机床、大型机床和重型机床等。

3.1.1 机械的组成

各类机床通常都由下列基本部分组成。

1. 动力源

为机床提供动力（功率）和运动的驱动部分，如各种交流电动机、直流电动机和液压传动系统的液压泵、液压马达等。

2. 传动系统

包括主传动系统、进给传动系统和其他运动的传动系统，如变速箱、进给箱等部件，有些机床主轴组件与变速箱合在一起成为主轴箱。

3. 支撑件

用于安装和支持其他固定的或运动的部件，承受其重力和切削力，如床身、立柱等。支撑件是机床的基础构件，亦称机床大件或基础件。

4. 工作部件

（1）与最终实现切削加工的主运动和进给运动有关的执行部件，例如，主轴及主轴箱、工作台及其滑板或滑座、刀架及其溜板以及滑枕等，用来安装工件或刀具的部件。

（2）与工件和刀具安装及调整有关的部件或装置，如自动上下料装置、自动换刀装置、砂轮修整器等。

（3）与上述部件或装置有关的分度、转位、定位机构和操纵机构等。

不同种类的机床，由于其用途、表面形成运动和结构布局的不同，这些工作部件的构成和结构差异很大，但就运动形式来说，主要是旋转运动和直线运动，所以工作部件结构中大多含有轴承和导轨。

5. 控制系统

用于控制各工作部件的正常工作，主要是电气控制系统，有些机床局部采用液压或气动控制系统。数控机床则是数控系统，它包括数控装置、主轴和进给的伺服控制系统（伺服单元）、可编程控制器和输入输出装置等。

6. 冷却系统

用于对加工工件、刀具及机床的某些发热部位进行冷却。

7. 润滑系统

用于对机床的运动副（如轴承、导轨等）进行润滑，以减小摩擦、磨损和发热。

8. 其他装置

如排屑装置、自动测量装置等。

3.1.2　机床的运动

机床的切削加工是由工具（包括刀具、砂轮等）与工件之间的相对运动来实现的。机床的运动分为表面形成运动和辅助运动。如图 3-1 所示在车床上车外圆的整个运动过程，当工件作旋转运动Ⅰ后，通过运动Ⅱ和运动Ⅲ使车刀在纵、横方向上靠近工件；然后根据背吃刀量通过运动Ⅳ让车刀横向切入一定深度；在通过车刀的纵向直线运动Ⅴ，车削出外圆柱表面；车到所需长度 l 时，通过运动Ⅵ、Ⅶ让车刀横向退离工件并纵向退回到起始位置。上述运动中，用来把工件切削成所需表面

形状的运动称为表面成形运动；其他保证工件顺利
加工的运动，称为辅助运动。

1. 表面成形运动

表面成形运动是机床最基本的运动，亦称工作
运动。表面成形运动包括主运动和进给运动，这两
种不同性质的运动和不同形状的刀具配合，可以实
现轨迹法、成形法和展成法等各种不同加工方法，
构成不同类型的机床。一般来说，工具形状越复杂，
机床所需的表面成形运动就越简单，例如，拉床主
运动由拉刀直线运动实现的。主运动和进给运动的
形式和数量取决于工件要求的表面形状和所采用的

图 3-1　车床上车外圆的整个运动

工具形状。通常，机床主要采用结构上易于实现的旋转运动和直线运动实现表面成形运动，且主运
动只有一个，进给运动可有一个或几个，如表 3-1 所示列举了各机床的主运动和进给运动。

2. 辅助运动

机床在加工过程中，加工工具与工件除工作运动以外的其他运动称为辅助运动。辅助运动用
以实现机床的各种辅助动作，主要包括以下几种。

（1）切入运动。用于保证工件被加工表面获得所需要的尺寸，使工具切入工件表面一定深度。
有些机床的切入运动属于间歇运动形式的进给（吃刀）。数控机床的切入运动可通过控制相应轴的
进给来实现，例如，数控车床的 X 轴进给。

（2）各种空行程运动。空行程运动主要是指进给前后的快速运动，如图 3-1 所示的进刀、退刀、
返回过程的各种运动。

（3）其他辅助运动包括分度运动、操纵和控制运动等。例如，刀架或工作台的分度转位运动，
刀库和机械手的自动换刀运动，变速、换向，工件的夹紧与松开，自动测量、自动补偿等。

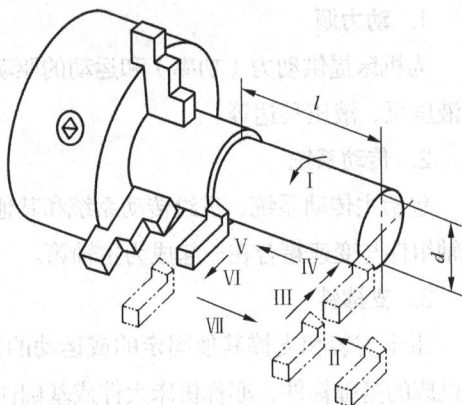

3.1.3　机床的主要性能指标

机床的技术性能是根据使用要求提出和设计的，反映了机床加工性能的主要数据。通常包括下
列内容。

1. 机床的工艺范围

机床的工艺范围是指在机床上加工的工件类型和尺寸，能够加工完成何种工序，使用什么刀具
等。不同的机床，有宽窄不同的工艺范围。通用机床具有较宽的工艺范围，在同一台机床上可以满
足较多的加工需要，适用于单件小批生产。专用机床是为特定零件的特定工序而设计的，自动化程
度和生产率都较高，但它的加工范围很窄。数控机床则既有较宽的工艺范围，又能满足零件较高精
度的要求，并可实现自动化加工。

2. 机床的技术参数

机床的主要技术参数包括尺寸参数、运动参数与动力参数。

续表

尺寸参数——具体反映机床的加工范围，包括主参数、第二主参数和与加工零件有关的其他尺寸参数。各类机床的主参数和第二主参数我国已有统一规定，如表 3-1 所示。

表 3-1　　金属切削 机床的运动和主要性能参数

机床名称	主 运 动	进 给 运 动	主 参 数	第二主参数	加 工 精 度
卧式车床	工件旋转	车刀纵向横向运动	工件最大回转直径/10	工件最大长度	IT10～IT8 1.6μm
立式车床			最大车削直径/100	最大工件高度	IT9～IT8 3.2～1.6μm
台式钻床	钻头旋转	钻头轴向直线运动	钻孔直径/1	最大跨距（主轴与立柱中心距离）	IT12 12.5μm
立式钻床					
摇臂钻床					
卧式镗床	镗刀旋转	工件直线运动	主轴直径/10	工作台工作面长度	IT7 1.6～0.8μm
坐标镗床		镗刀或工件直线运动	工作台工作面宽度		IT6 0.2μm
牛头刨床	刨刀直线运动	工件横向运动	最大刨削长度/10	工作台宽度	IT9～IT7 6.3～3.2μm
龙门刨床	工件直线运动	刨刀直线运动	最大刨削宽度/100		
插床	插刀直线运动	工件纵向横向圆周运动	最大插削长度/10	工作台宽度	6.3～1.6μm
拉床	拉刀直线运动	无	额定拉力	无	IT9～IT7 IT6
卧式万能铣床	铣刀旋转	工件或铣刀直线运动	工作台工作面宽度/10	工作台工作面长度	IT9～IT7 6.3～1.6μm
立式铣床			工作台工作面宽度/10		
龙门铣床			工作台工作面宽度/100		
外圆磨床	砂轮旋转	工件旋转移动或磨具移动	最大磨削直径/10	最大磨削长度	IT6 0.8～0.2μm
内圆磨床			最大磨削孔径/10	最大磨削长度	IT6～IT5 0.1～0.08μm
平面磨床			工作台面宽度或直径/10	工作台面长度	IT5 以上 0.04～0.01μm
滚齿机	齿轮刀具旋转	工件旋转和移动	最大工件直径	最大模数	IT9～IT7 6.3～1.6μm

运动参数——指机床执行件的运动速度。例如，主轴的最高转速与最低转速、刀架的最大进给量与最小进给量（或进给速度）。

动力参数——指机床电动机的功率。有些机床还给出主轴允许承受的最大转矩等其他内容。

3.1.4　机床的精度与刚度

1. 机床精度

机床本身必须具备的精度称为机床精度。它包括几何精度、传动精度、运动精度、定位精度、工作精度等几个方面。各类机床按精度可分为普通精度级、精密级和高精度级。

（1）几何精度。几何精度是指机床空载条件下，在机床不运动或运动速度较低时各主要部件的形状、相互位置和相对运动的精确程度。如导轨的直线度、主轴径向圆跳动及轴向窜动、主轴中心线对滑台移动方向的平行度或垂直度等。几何精度直接影响加工工件的精度，是评价机床质量的基本指标。它主要取决于结构设计、制造和装配质量。

（2）运动精度。运动精度是指机床空载并以工作速度运动时，主要零部件的几何位置精度。如高速回转主轴的回转精度。对于高速精密机床，运动精度是评价机床质量的一个重要指标。它与结构设计及制造等因素有关。

（3）传动精度。传动精度是指机床传动系各末端执行件之间运动的协调性和均匀性。影响传动精度的主要因素是传动系统的设计，传动元件的制造和装配精度。

（4）定位精度。定位精度是指机床的定位部件运动到达规定位置的精度。定位精度直接影响被加工工件的尺寸精度和形位精度。机床构件和进给控制系统的精度、刚度以及其动态特性，机床测量系统的精度都将影响机床定位精度。

（5）工作精度。加工规定的试件，用试件的加工精度表示机床的工作精度。工作精度是各种因素综合影响的结果，包括机床自身的精度、刚度、热变形和刀具、工件的刚度及热变形等。

在规定的工作期间内保持机床所要求的精度，称之为精度保持性。影响精度保持性的主要因素是磨损。磨损的因素复杂，如结构设计、工艺、材料、热处理、润滑、防护、使用条件等。

2. 机床刚度

是指机床系统抵抗变形的能力。作用在机床上的载荷有重力、夹紧力、切削力、传动力、摩擦力、冲击振动干扰力等。按照载荷的性质不同，可分为静载荷和动载荷。不随时间变化或变化极为缓慢的力称静载荷，如重力、切削力的静力部分等。凡随时间变化的力，如冲击震动力及切削力的交变部分等称动载荷。故机床刚度分为静刚度及动刚度，后者是抗震性的一部分，习惯所说的刚度一般指静刚度。

3.1.5　机床的型号与表示方法

机床型号主要反映机床的类别、主要技术规格、使用及结构特征。按照最新GB15375—2008《金属切削机床型号编制方法》的规定，机床按其工作原理、结构特点及使用范围，共分11类。每类又分为十组，每个组分为十个系（系列），具体如下。

1. 通用机床型号的表示方法

型号由基本部分和辅助部分组成，中间用"/"分开，型号的构成 GB/T 15375—2008 规定如下。

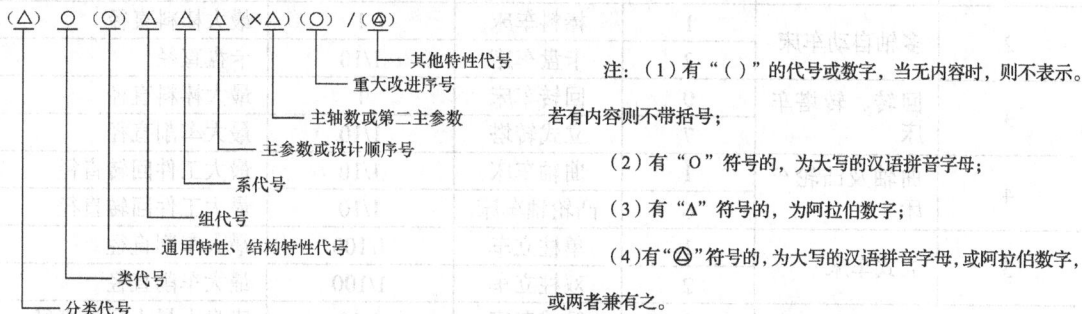

（△）O（○）△ △ △（×△）（○）/（⬡）

- 其他特性代号
- 重大改进序号
- 主轴数或第二主参数
- 主参数或设计顺序号
- 系代号
- 组代号
- 通用特性、结构特性代号
- 类代号
- 分类代号

注：（1）有"（　）"的代号或数字，当无内容时，则不表示。若有内容则不带括号；

（2）有"O"符号的，为大写的汉语拼音字母；

（3）有"△"符号的，为阿拉伯数字；

（4）有"⬡"符号的，为大写的汉语拼音字母，或阿拉伯数字，或两者兼有之。

2. 通用机床的分类及代号含义

（1）机床的分类代号和类代号，类代号用汉语拼音的大写字母表示。如表 3-2 所示。需要时，每类还可分为若干分类。分类代号在类代号之前，是型号的首位，并用阿拉伯数字表示，如磨床"2M"中的"2"。

表 3-2　　　　　　　　　　　　　　　机床分类及代号

类别	车床	钻床	镗床	磨　床			齿轮加工机床	螺纹加工机床	铣床	刨插床	拉床	锯床	其他机床
代号	C	Z	T	M	2M	3M	Y	S	X	B	L	G	Q
读音	车	钻	镗	磨	二磨	三磨	牙	丝	铣	刨	拉	割	其他

（2）机床通用特性、结构特性代号，通用特性代号如表 3-3 所示。结构特性代号是对主参数相同，但结构、性能不同的机床，用结构特性代号予以区分，如 A、D、E、L、N、P 等。

表 3-3　　　　　　　　　　　　　机床通用特性代号

通用特性	高精度	精密	自动	半自动	数控	加工中心（自动换刀）	仿形	轻型	加重型	柔性加工单元	数显	高速
代号	G	M	Z	B	K	H	F	Q	C	R	X	S
读音	高	密	自	半	控	换	仿	轻	重	柔	显	速

（3）机床的组、系代号。机床的组、系代号用两位阿拉伯字母表示，详见 GB/T 15375—2008，如表 3-4 所示为车床的组、系代号。

表 3-4　　　　　　　　　　　　车床的组、系代号（部分）

组		系			主 参 数
代号	名称	代号	名称	折算系数	名称
0	仪表小型车床	2	排刀车床	1	最大棒料直径
		6	卧式车床	1/10	床身上最大回转直径
1	单轴自动车床	1	纵切车床	1	最大棒料直径
		3	转塔车床	1	最大棒料直径

续表

组		系			主参数
代号	名称	代号	名称	折算系数	名称
2	多轴自动车床	1	棒料车床	1	最大棒料直径
		2	卡盘车床	1/10	卡盘直径
3	回转、转塔车床	0	回转车床	1	最大棒料直径
		7	立式转塔	1/10	最大车削直径
4	曲轴及凸轮车床	1	曲轴车床	1/10	最大工件回转直径
		6	凸轮轴车床	1/10	最大工件回转直径
5	立式车床	1	单柱立车	1/100	最大车削直径
		2	双柱立车	1/100	最大车削直径
6	落地及卧式车床	1	卧式车床	1/10	床身上最大回转直径
		5	球面车床	1/10	床身上最大回转直径
7	仿形及多刀车床	3	立式仿形车	1/10	最大车削直径
		7	立式多刀车	1/10	最大车削直径
8	轮、轴、辊、锭及铲齿车床	0	车轮车床	1/100	最大工件直径
		4	轧辊车床	1/10	最大工件直径
		9	铲齿车床	1/10	最大工件直径
9	其他车床	0	落地镗车床	1/10	最大工件回转直径
		6	轴承车床	1/10	最大车削直径

（4）主参数的表示方法。机床型号中的主参数用折算值表示，当折算数值大于1时，则取整数；当折算数值小于1时，则以主参数值表示。折算值就是机床的主参数乘以折算系数，如表3-4所示。

（5）机床的设计顺序号。当机床无法只用一个主参数表示时，可用设计顺序号表示。设计顺序号由1起始，当设计顺序号小于10时，由01开始编程。

（6）主轴数和第二主参数的表示方法。对于多轴车床、钻床等，其主轴数应以实际数值列入型号，置于主参数之后，用"×"分开，读作"乘"。单轴省略。第二主参数一般不予表示，特殊情况以折算成两位或三位数表示。

（7）机床重大改进顺序号。当机床的结构、性能有更高的要求，并需按新产品重新设计、试制和鉴定时，才按改进的先后顺序选用A、B、C等汉语拼音字母（I、O不选），加在型号基本部分尾部，以区别原机床型号。没有重大改变，原型号不变。

（8）其他特性代号及表示方法。其他特性代号主要用以反映各类机床的特性。如对于数控机床，可用来反映不同的控制系统等；其他特性代号可用汉语拼音字母（I、O除外）表示，其中L表示联动轴数，F表示复合等，也可用阿拉伯数字表示。

示例1：工作台最大宽度为500mm的精密卧式加工中心，其型号为：THM6350。

示例2：工作台最大宽度为400mm的5轴联动卧式加工中心，其型号为：TH6340/5L。

示例3：有重大改进，其最大钻孔直径为25mm的4轴立式排钻床，其型号为：Z5625×4A。

示例4：结构不同、工件最大回转直径为400mm的卧式车床，其型号为：CA6140。

示例5：最大棒料直径为16mm的数控精密单轴纵切自动车床，其型号为：CKM1116。

3.2 通用金属切削机床

3.2.1 车床

做进给直线运动的车刀对做旋转主运动的工件进行切削加工的机床。由表 3-4 可知车床种类繁多，其中以 CA6140 型普通车床应用最为广泛。

1. CA6140 的组成

如图 3-2 所示为 CA6140 型车床外形图，其主要部件如下。

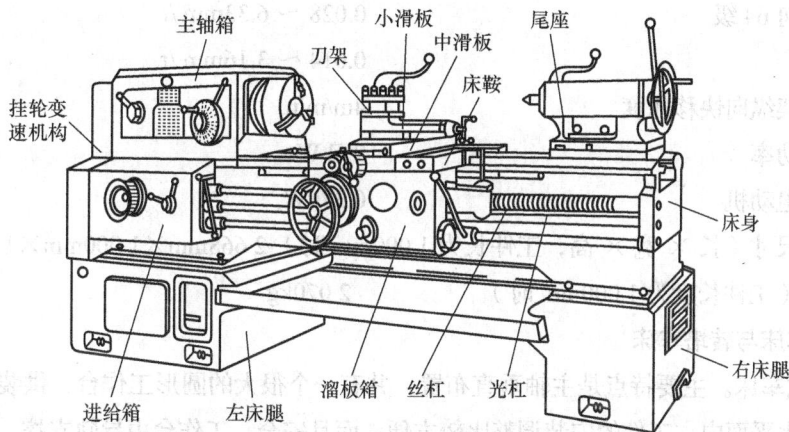

图 3-2 CA6140 型车床外形图

（1）主轴箱。用来支撑主轴并通过变换主轴箱外部手柄的位置（变速机构），使主轴获得多种转速。装在主轴箱里的主轴是一空心件，用来通过棒料。主轴通过装在其端部的卡盘或其他夹具带动工件旋转。

（2）挂轮变速机构。是把主轴的转动传给进给箱，调换箱内的齿轮并与进给箱相配合，可获得各种不同的进给量或加工各种不同的螺纹。

（3）进给箱（走刀箱）。主轴的转动通过进给箱内的齿轮机构传给光杠或丝杠。变换箱体外面的手柄位置，可使光杠或丝杠得到不同的转速。丝杠用来车螺纹，它能通过溜板箱使车刀做直线运动。

（4）床鞍（溜板箱）。通过其中的转换机构将光杠或丝杠的转动变为滑板（拖板）的移动。经拖板实现纵向或横向进给运动。大滑板使车刀作纵向运动；中滑板使车刀作横向运动；小滑板纵向车削短工件或绕中滑板转过一定角度来加工锥体，也可以实现刀具的微调。

（5）刀架。用来装夹刀具的四工位回转刀架。

（6）尾座。安装在床身右端的导轨上，其位置可根据需要左右调节。它的作用是安装后顶尖以支撑工件和安装各种孔类刀具。

（7）床身。是车床的基础零件，用来支撑和安装车床的各个部件，以保证各部件间有准确的相对位置，并承受全部切削力。车身上有四条精确的导轨，以引导滑板和尾座移动。

此外还有冷却润滑装置、照明装置及盛液盘等。

2.　CA6140 型普通车床的主要技术性能

床身上最大加工直径	400mm
刀架上最大加工直径	210mm
主轴内孔直径	48mm
中心高	205mm
最大工件长度	750mm、1 000mm、1 500mm、2 000mm
主轴内孔锥度	莫氏 6 号
主轴转速正转 24 级	10 ～ 1 400r/min
反转 12 级	14 ～ 1 580r/min
进给量纵向 64 级	0.028 ～ 6.33mm /r
横向 64 级	0.014 ～ 3.16mm /r
溜板及刀架纵向快移速度	4m/min
主电动机功率	7.5kW
溜板快移电动机	0.37kW
机床轮廓尺寸（长 × 宽 × 高，工件长为 1 000mm 时）	2 668mm×1 000mm×1 267mm
机床重量（工件长度为 1 000mm 时）	2 070kg

3.　立式车床与转塔车床

（1）立式车床。主要特点是主轴垂直布置，并有一个很大的圆形工作台，供装夹工件之用，工作台台面在水平面内，工件的安装调整比较方便，而且安全，工作台由导轨支撑，刚性好，因而能长期地保持机床精度。立式车床适用于加工径向尺寸大而轴向尺寸相对较小的大型和重型零件，如各种盘、轮类零件，如图 3-3 所示。

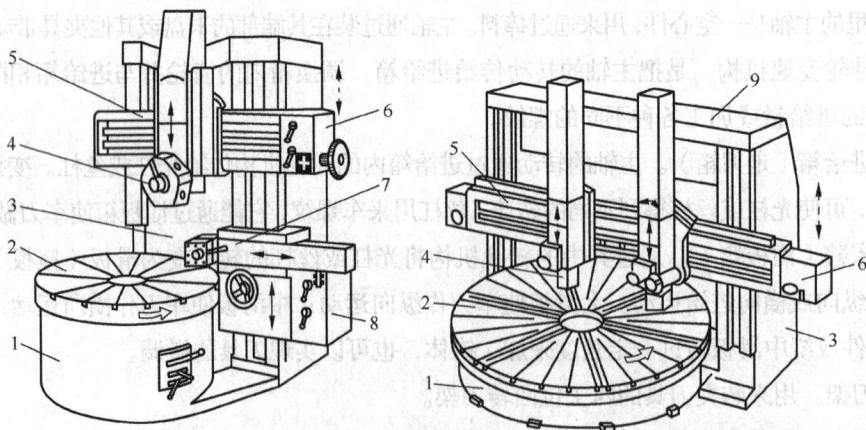

图 3-3　单轴和双柱立式车床

1—底座　2—工作台　3—立柱　4—垂直刀架　5—横梁

6—垂直刀架进给箱　7—侧刀架　8—侧刀架进给箱　9—顶梁

（2）转塔式车床。该车床没有尾架，在普通车床尾架位置上有一个可以同时装夹多种刀具的转塔刀架。刀架设有多种定程装置，能保证其准确位移和转换，这样能减少装卸刀具、对刀、试切和测量尺寸等辅助时间，所以生产率较高。也没有丝杠，一般只能用丝锥和板牙加工螺纹，如图3-4所示。

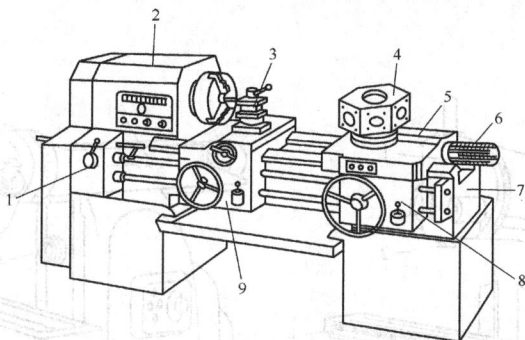

图 3-4　转塔式车床

1—进给箱　2—主轴箱　3—前刀架　4—转塔刀架　5—纵向溜板

6—定程装置　7—床身　8—转塔刀架溜板箱　9—前刀架溜板箱

3.2.2　铣床

铣床是利用铣刀在工件上加工各种表面的机床。常见的铣床有卧式铣床、立式铣床和龙门铣床。铣刀旋转为主运动加工各种表面，工件或铣刀的移动为进给运动。铣刀是多齿刀具，每个刀齿间歇工作，冷却条件好，切削速度可以提高。

1. 卧式升降台铣床

卧式升降台铣床又称卧铣，主轴是水平布置的，卧式铣床可加工平面、成形面、各种沟槽、螺旋槽及齿轮齿形等。由床身、横梁、主轴、升降台、横向溜板、转台（没有转的是卧式铣床）、工作台组成，如图3-5所示。

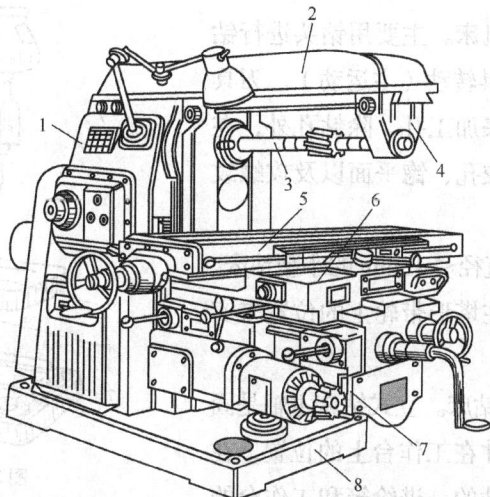

图 3-5　卧式升降台铣床

1—床身　2—悬臂　3—铣刀心轴　4—挂架　5—工作台　6—床鞍　7—升降台　8—底座

2. 立式升降台铣床

立式升降台铣床与卧式铣床的主要区别是立式铣床的主轴与工作台垂直。如图3-6（a）所示。有些立式铣床为了加工需要，可以把立铣头旋转一定的角度，形成万能回转头铣床，如图3-6（b）所示。

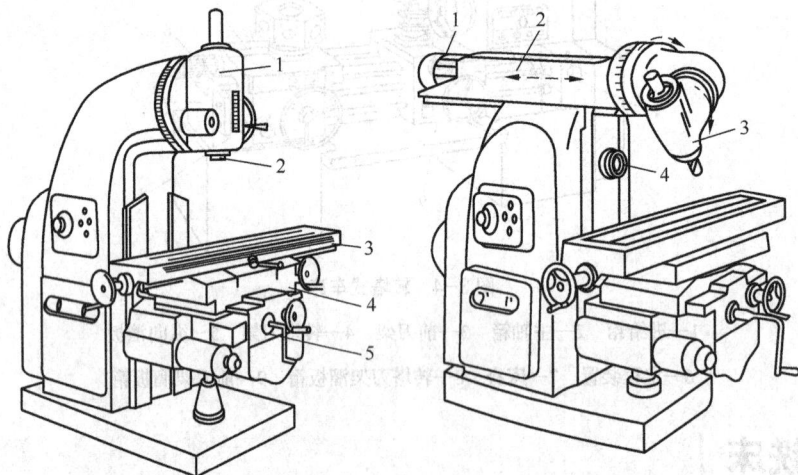

（a）立式升降台铣床

1—立铣头　2—主轴　3—工作台

4—床鞍 5—升降台

（b）万能回转头铣床

1—电动机　2—滑座

3—万能立铣头　4—水平主轴

图3-6　立式升降台铣床

3.2.3　钻床、镗床

1. 钻床

钻床是孔加工的主要机床。主要用钻头进行钻孔。是 工件不动，并使刀具转动（主运动）、刀具沿轴向移动（进给运动）来加工孔。除钻孔外，在钻床上还可以完成扩孔、铰孔、锪平面以及攻螺纹等工作。

（1）台式钻床。钻孔直径≤ 13mm 的小型钻床。主轴变速通过改变三角带在塔形带轮上的位置来实现，如图3-7所示。

（2）立式钻床和摇臂钻床。立式钻床主轴是固定不动，加工前需调整工件在工作台上的位置，在加工过程中工件是固定不动的。进给箱和工作台的位置可沿立柱上的导轨上下调整，以适应加工不同

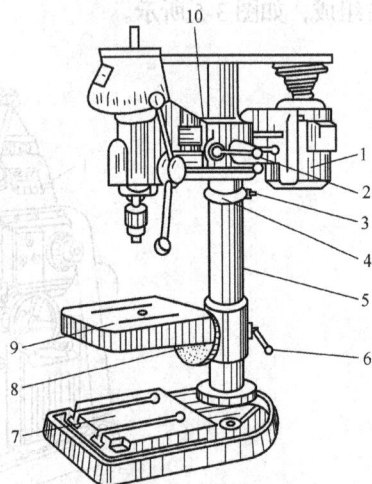

图3-7　台钻结构图

1—电动机　2、6—手柄　3、8—螺钉　4—保险环

5—立柱　7—底座　9—工作台　10—本体

高度的工件需要。加工完一个孔后再加工另一个孔时，需移动工件，这对于大而重的孔件，操作很不方便。因此，立式钻床仅适用于加工中、小型工件。人们希望大而重的工件固定不动就能加工，移动钻床主轴，使主轴对准被加工孔，因此就产生了摇臂钻床。摇臂钻床可将主轴调整到加工范围内的任意位置，适用于加工大型和多孔工件，如图 3-8 所示。

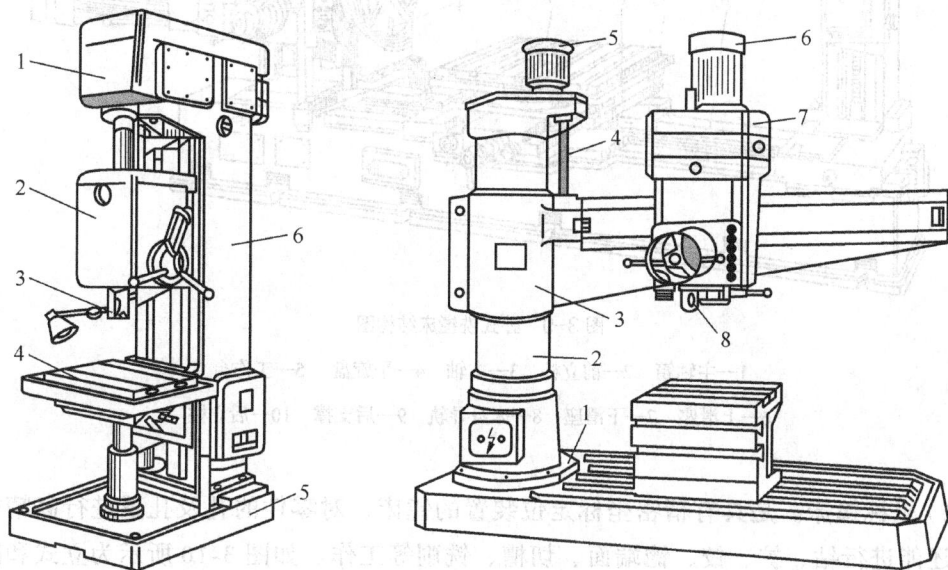

（a）立式钻床　　　　　　　　　　　　　　（b）摇臂钻床

1—变速箱　2—进给箱　3—主轴　　　　　　1—底座　2—立柱　3—摇臂　4—丝杠
4—工作台　5—底座　6—立柱　　　　　　　5、6—电动机　7—主轴箱　8—主轴

图 3-8　立式钻床和摇臂钻床

2. 镗床

镗床是一种主要用镗刀加工有预制孔的工件的机床。通常，镗刀旋转为主运动，镗刀或工件的移动为进给运动。它适合加工各种复杂和大型工件上的孔，尤其适合于加工直径较大的孔以及内成形表面或孔内环槽。镗孔的尺寸精度及位置精度均比钻孔高。根据用途，镗床可分为卧式铣镗床、坐标镗床、金刚镗床、落地镗床以及数控铣镗床等。

（1）卧式铣镗床。卧式铣镗床的主轴水平布置并可轴向进给，主轴箱可沿前立柱导轨垂直移动，工作台可旋转并可实现纵、横向进给。在卧式铣镗床上也可进行铣削加工，外形如图 3-9 所示。

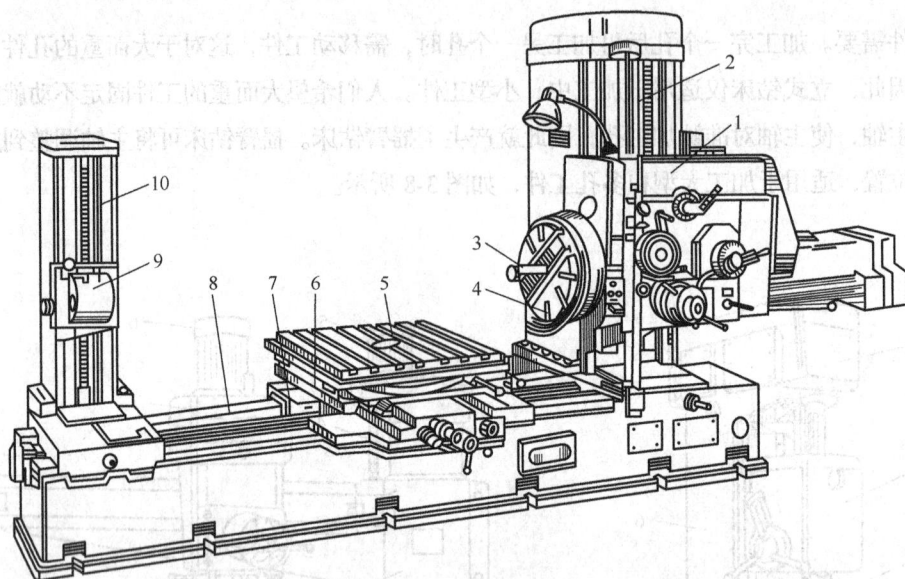

图3-9　卧式铣镗床结构图

1—主轴箱　2—前立柱　3—主轴　4—平旋盘　5—工作台

6—上滑座　7—下滑座　8—床身导轨　9—后支撑　10—后立柱

（2）坐标镗床。是具有精密坐标定位装置的镗床，对零件的孔及孔系进行高精密切削加工，还能进行钻、扩、铰、锪端面、切槽、铣削等工作。如图3-10所示为立式和卧式两种坐标镗床。

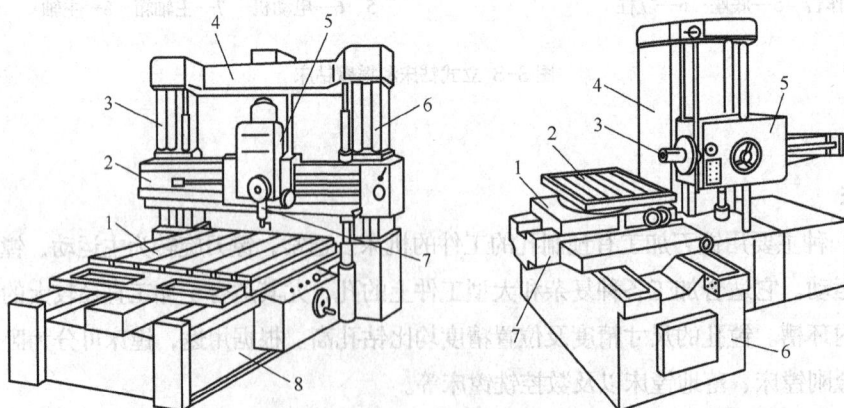

（a）立式双柱坐标镗床

1—工作台　2—横梁　3—立柱　4—顶梁

5—主轴箱　7—主轴　8—床身

（b）卧式坐标镗床

1—上滑座　2—回转工作台　3—主轴　4—立柱

5—主轴箱　6—床身　7—下滑座

图3-10　立式和卧式坐标镗床

3.2.4　磨床

磨床是用磨料具（砂轮、砂带、油石、研磨料）为工具进行切削加工的机床。主要用于精加工和硬表面的加工。磨床的类型有外圆磨床、内圆磨床、平面磨床、工具磨床、刀具磨床和其他各种专门化磨床等。

M1432A 型万能外圆磨床主要用于磨削圆形或圆锥形的外圆和内孔，通用性较大，自动化程序不高，适用于单件小批量生产，外形结构如图 3-11 所示。

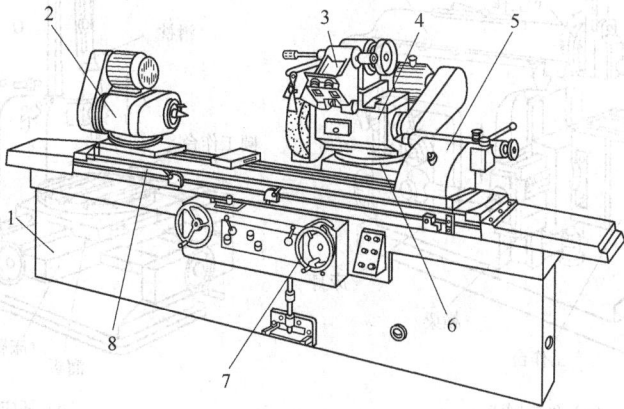

图 3-11　M1432A 型万能外圆磨床

1—床身　2—头架　3—内圆磨具　4—砂轮架

5—尾座　6—滑鞍　7—手轮　8—工作台

3.2.5　刨床、插床和拉床

1. 刨床

主要用于各种平面、沟槽和成形表面的加工。刨床主运动是刀具或工作台的直线往复运动，换向时惯性力较大。这限制了主运动速度的提高（单位 m/min）。因空行程不进行切削，故生产率较低。在大批量生产中，逐渐被铣削和拉削代替。但因结构简单、调整方便。在单件生产和维修中仍采用刨削。常见的有牛头刨床、龙门刨床等。牛头刨床的外形结构如图 3-12（a）所示。

2. 插床

插床的外形如图 3-12（b）所示。滑枕可沿立柱的导轨做上下往复运动，使刀具实现主运动。工件安装在圆工作台上，圆工作台可带动工件回转，作间歇的圆周进给。插床的生产率较低，通常只用于单件、小批生产中插削槽、平面及成形表面等。

3. 拉床

拉床是指用拉刀进行加工的机床。拉床用于加工通孔、平面及成形表面。图 3-13 是适于拉削的一些典型表面。拉削时拉刀使被加工表面在一次走刀中成形，所以拉床的运动比较简单，它只有主运动，没有进给运动。

拉削属封闭切削，排屑、冷却润滑困难。由于拉刀同时工作的齿较多，所以切削力大。但拉削速度较低（为 3 ~ 8m/min）。采用液压传动，工作平稳，薄的切削层，高精度的拉刀，可获得较高的精度（IT6 ~ IT8）和较小的粗糙度（0.1 ~ 1.6μm）。拉削时，每一刀齿只工作一次，拉刀的耐用度和使用寿命很高。拉刀所有刀齿通过后，即完成全部粗、精加工，所以生产率高。

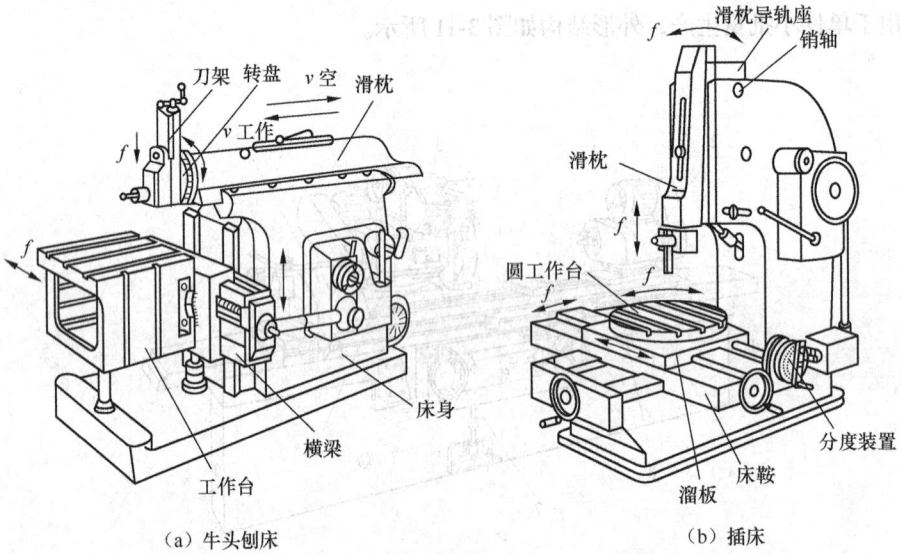

（a）牛头刨床　　　　　　　　　　　（b）插床

图 3-12　牛头刨床和插床

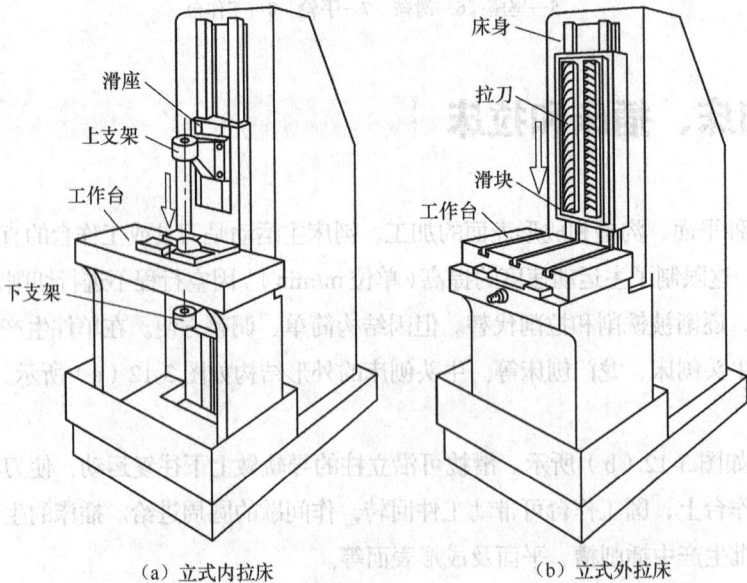

（a）立式内拉床　　　　　　　　　　（b）立式外拉床

图 3-13　拉床结构图

小结

　　本章讲述了机械加工装备的组成、运动、结构和主要性能参数等内容。读者应重点掌握机械加工装备的特点和应用范围，选择合适的机械加工装备进行零件加工。

习题

　　1. 何谓机械加工装备？常见的机械加工装备有哪些？各有什么特点？

　　2. 简述车床、铣床、钻镗床、磨床、刨床、插床、拉床的应用范围？

　　3. 机床的型号编制规则？CA6140 中的每个字母或数字是什么含义？

第4章

|机械加工工艺装备—夹具|

【学习目标】

1. 了解各种普通机床常用夹具的分类和应用
2. 了解常见定位方式及定位元件的应用
3. 掌握工件定位的基本原理和夹紧的基本方法
4. 了解数控加工中常用的夹具

按机床工艺规程的要求，保证工件获得相对于机床和刀具的正确位置，并通过夹紧工件保证在加工过程中始终保持工件位置正确的工艺装备，称为机床夹具。简单地说用来装夹工件（和引导刀具）的装置称为机床夹具，简称夹具。这里所说的"装夹"包含定位与夹紧两个过程。定位是"确定工件在机床上或夹具中占有正确位置的过程"；夹紧是"工件定位后将其固定，使其在加工过程中保持定位位置不变的操作"。工件在机床上或夹具中定位、夹紧的过程，称为装夹。

机床夹具按所使用机床的不同可分为车床夹具、铣床夹具、钻床夹具、磨床夹具等；按夹具上所采用的夹紧力装置不同可分为手动夹具、气动夹具、液压夹具、磁力夹具等；按夹具通用化程度和使用范围可分为通用夹具、专用夹具、可调夹具、组合夹具等。

4.1 通用夹具及应用

通用夹具是指结构、尺寸已标准化、规格化，在一定范围内可用于加工不同工件的夹具。这类夹具作为机床的附件由机床附件厂制造和供应。例如，车床上的三爪卡盘、四爪卡盘、顶尖和鸡心夹头；铣床上的平口虎钳、分度头和回转工作台；平面磨床上的吸盘（磁力工作台）等。这类夹具的特点是适应性强，无须调整或稍作调整就可以用来装夹一定形状和尺寸范围的工件。

4.1.1 顶尖应用

顶尖是车床加工中必不可少的夹具附件，用于精确重复定位或有同轴度公差要求的工件车削，顶尖作为定位基准，定心正确可靠，安装方便，可提高装夹刚度，减少在加工过程中的震动。顶尖主要有两种，普通顶尖和拨动顶尖。

1. 普通顶尖

普通顶尖有回转式顶尖（活顶尖）和固定式顶尖（死顶尖）两种。

回转式顶尖装有轴承，定位精度略差，但旋转时不容易发热。回转式顶尖将顶尖与工件中心孔之间的滑动摩擦改成顶尖内部轴承的滚动摩擦，能在很高的转速下正常地工作；但回转式顶尖存在一定的装配积累误差，以及当滚动轴承磨损后，会使顶尖产生径向摆动，从而降低了加工精度，故一般用于轴的粗车或半精车。

固定式顶尖是一个整体，定位精度高，但顶尖部分由于旋转摩擦生热，容易将中心孔或顶尖"烧坏"。因此，尾架上如果是固定式顶尖，则工件的右端中心孔应涂上黄油，以减小摩擦。固定式顶尖适用于低速加工、精度要求较高的工件。

例如，在车床上加工细长轴时就必须使用顶尖来帮助支撑、定心和减少震动。另外在加工过程中，为了保证被加工件的同轴度，会在机床主轴卡盘上或尾座上加用个顶尖，如图 4-1 所示。顶尖的大小一般按莫氏（Morse）锥孔的大小来划分，如莫氏 3 号、莫氏 4 号、莫氏 5 号，号数大则顶尖小。常见的顶尖如图 4-2 所示。

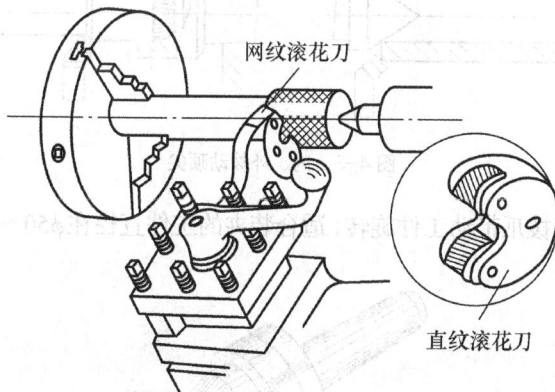

网纹滚花刀

直纹滚花刀

图 4-1　车滚花时用右顶尖定位

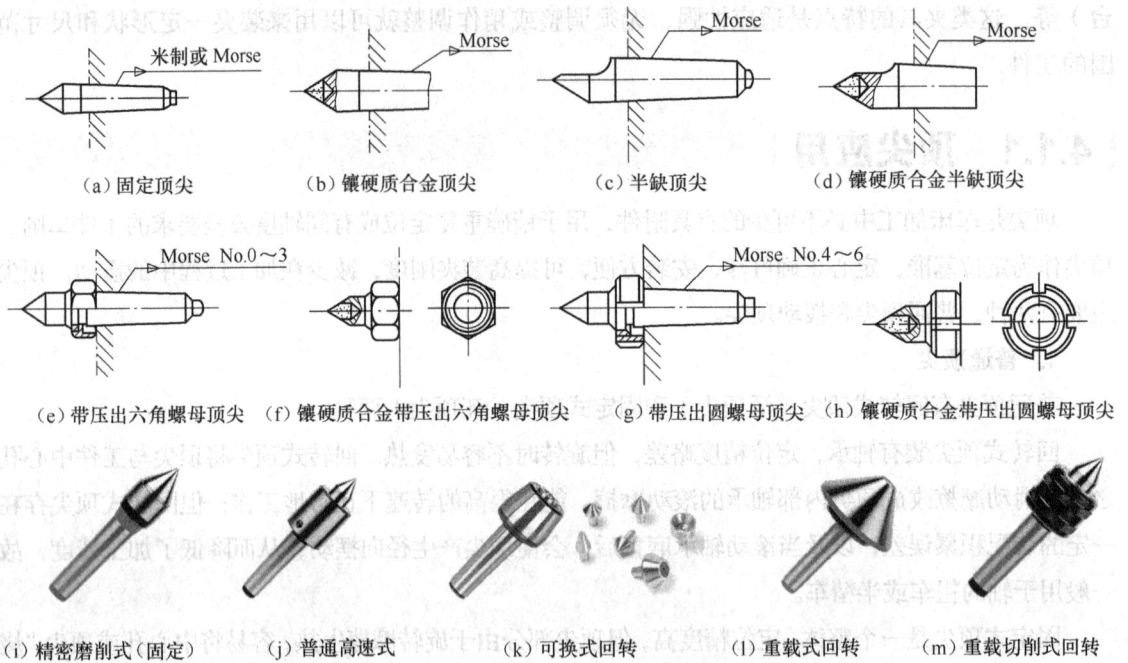

（a）固定顶尖　　　　　（b）镶硬质合金顶尖　　　　（c）半缺顶尖　　　　（d）镶硬质合金半缺顶尖

（e）带压出六角螺母顶尖　（f）镶硬质合金带压出六角螺母顶尖　（g）带压出圆螺母顶尖　（h）镶硬质合金带压出圆螺母顶尖

（i）精密磨削式（固定）　　（j）普通高速式　　　（k）可换式回转　　　（l）重载式回转　　　（m）重载切削式回转

图 4-2　常见的固定式顶尖和回转式顶尖

2. 拨动顶尖

车削加工中常用的拨动顶尖有内、外拨动顶尖和端面拨动顶尖两种。

内、外拨动顶尖的锥面带齿，能嵌入工件，拨动工件旋转，如图 4-3 所示。

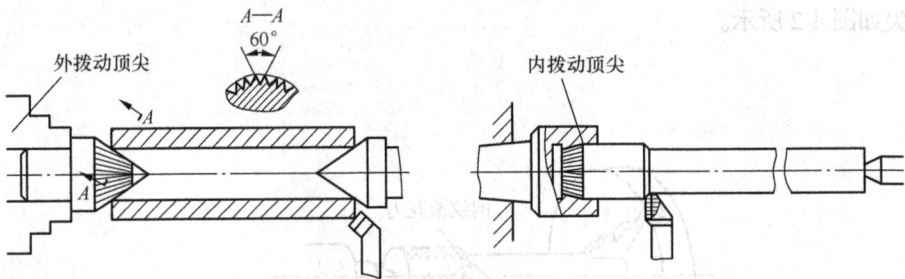

图 4-3　内、外拨动顶尖

端面拨动顶尖的端面拨爪带动工件旋转，适合装夹的工件直径在 $\phi50\sim\phi150$mm，如图 4-4 所示。

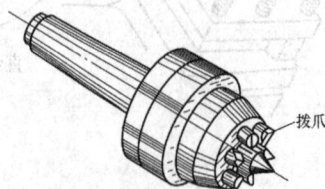

图 4-4　端面拨动顶尖

4.1.2 夹头应用

对普通车床或 CNC 车床来说，夹头是最常用的夹具，其形式及种类繁多。我国车床主要以手动夹头为主，但随着科技进步和国外先进数控机床的引进，如今 CNC 车床大多使用油压或气压动力夹头。油压动力夹头需要与液压回转油缸配套使用，有夹持力大、夹持精度高、机构磨损小等特点。气压动力夹头自带回转气缸，只要有 0.6MPa 的压缩空气气源，配以简单的气动控制回路，就可以实现工件的自动装夹。气压动力夹头具有夹持力小、夹持精度高、通孔直径大、适合于大直径长管材加工的特点，常用于普通车床、简易 CNC 车床和不便安装液压回转油缸的车床上。两者比较，气压动力夹头夹持力较小，气压动力夹头最大夹持力大约为 10kg/cm 左右，而油压动力夹头最大夹持力可达 100kg/cm 以上。如果工件材质软，避免工件表面夹伤可选用气压动力夹头。

1. 手动夹头

手动夹头主要用于车床加工中，或用于主轴右端辅助夹持，分前锁式及后锁式两种；夹爪分 2 爪、3 爪、4 爪等，又分为同动式及单动式，根据加工需求而定。常用 3 爪或 4 爪夹头，3 爪可加工同心圆类工件，4 爪则可加工偏心圆等工件。

（1）三爪卡盘。三爪卡盘安装在车床主轴或铣床回转工作台上，用来装夹轴类工件。如图 4-5 所示，三爪卡盘由 3 个小锥齿轮和 1 个大锥齿轮啮合组成，大锥齿轮的背面有平面螺纹结构，3 个卡爪等分安装在平面螺纹上。当用扳手扳动小锥齿轮时，大锥齿轮转动，它背面的平面螺纹就使 3 个卡爪同时向中心靠近或退出。三爪卡盘卡爪有正爪和反爪之分，适用于不同直径的轴类或套类工件装夹，可自动定心，装夹方便，但夹紧力较小，不便于夹持外形不规则的工件。

（2）四爪卡盘。四爪卡盘用 4 个丝杠分别带动四爪，4 个爪都可单独移动，安装工件时需利用划针盘或百分表找正，安装精度比三爪卡盘高，夹紧力大，适用于装夹毛坯及截面形状不规则和不对称（偏心）的较重、较大的工件，如图 4-6 所示。常见的四爪卡盘不能自动定心，常用于普通车床、经济型数控车床、磨床、铣床、钻床及机床附件——分度头回转台等。

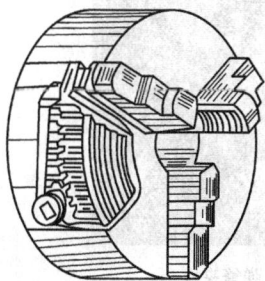

图 4-5 三爪自定心卡盘的构造

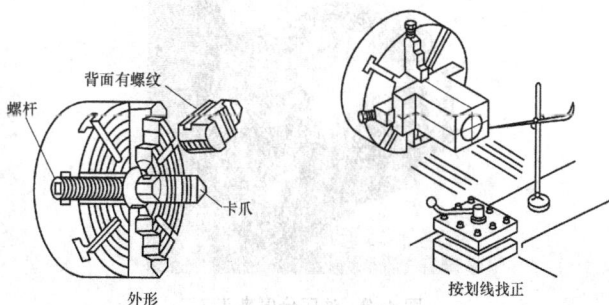

图 4-6 四爪单动卡盘装夹工件

2. 气压夹头与油压夹头

气压夹头以气压为动力，并利用气压分道环充气直接推动夹爪，由夹头本体止逆系统保持其夹持力。为了装夹长工件且不使工件表面损伤，主轴前后常采用气压夹头，如图4-7所示。

油压夹头也有很多种类，通常有中空及实心夹头，同样也分夹爪数，须配合工件或者加工方式或者成本选择使用，图4-7所示为JH7—40油压夹头。

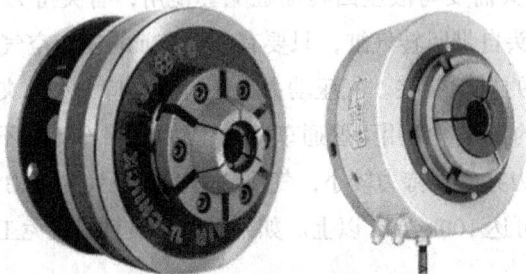

图4-7　气压夹头与油压夹头

3. 分度夹头

回转式分度夹头主要功能为车削多面特殊工件（如十字轴、电磁阀等），即由分度夹头控制工件的车削面，可省略必备的多种特殊夹爪及缩短上下料时间（此种夹头需搭配特殊油压缸、油箱）。图4-8所示为油压分度夹头。

4. 弹簧夹头

弹簧夹头是国内外机械制造必不可少的一种高效而易损的专用夹持工具，如图4-9所示。它的应用范围很广，消耗量较大，适用于自动车床、万能铣床、螺纹磨床等各类设备。例如，弹簧夹头型卡盘，其主要优点是可以应用于有自动进料系统的棒料加工，夹持精度高、范围大，对于不同直径的加工件，可更换不同的弹簧夹子，特别适合于薄壁零件的加工，也多用于加工心轴类零件，一般会配合自动送料机以及工补系统，以全自动生产为主，产能高且可减少人工成本。弹簧夹头常分为圆形、正四方形、六角形等，可以夹持圆棒料、四方料、六角棒料。

图4-8　油压分度夹头

图4-9　弹簧夹头

4.1.3　过渡盘的应用

三爪自定心卡盘和四爪单动卡盘过渡盘用于卡盘和车床主轴的连接，如图4-10所示，过渡适用于 GB/T 4346 ～ 4347—1984 规定的三爪自定心卡盘。表 4-1 所示为三爪自定心卡盘用过渡盘的结构尺寸。图 4-11 所示为适用于 GB/T 5901.1 ～ 5901.3—1986 规定的四爪单动卡盘。表 4-2 所示为四爪自定心卡盘用过渡盘的结构尺寸。

表 4-1　　　　　　　三爪自定心卡盘用过渡盘（GB/T 12891—1991）

主轴端部代号	3	4	5	6	8	11	
D	125	160	200	250	315	400	500
D_1 基本尺寸	95	130	165	206	260	340	440
D_2	108	142	180	226	290	368	465
D_3	75.0	85.0	104.8	133.4	171.4	235.0	
d 基本尺寸	53.975	63.513	82.563	106.375	139.719	196.869	
H	20	25	30		38	40	
h_{max}	2.5	4.0				5.0	

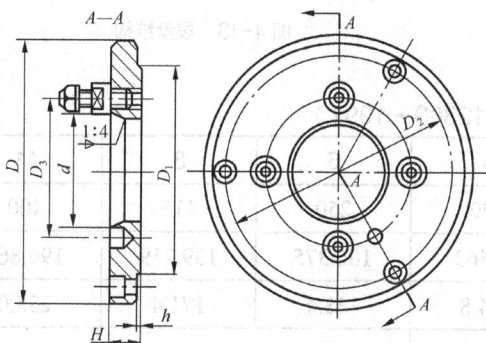

图 4-10　三爪自定心卡盘用过渡盘结构

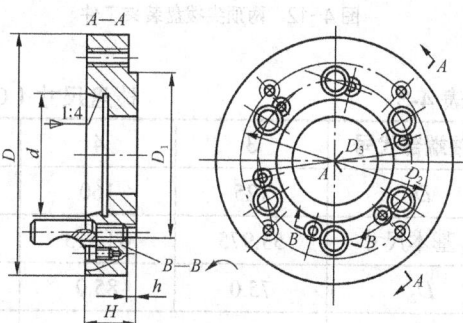

图 4-11　四爪自定心卡盘用过渡盘结构

表 4-2　　　　　　　四爪自定心卡盘用过渡盘（GB/T 12892—1991）

主轴端部代号	4	5	6	8	11	
卡盘直径	200	250	315	400	500	630
D	140	160	200	230	280	320
D_1 基本尺寸	75	110	140	160	200	220
D_2	95	130	165	185	236	258
D_3	82.6	104.8	133.4	171.4	235.0	
d 基本尺寸	63.513	82.563	106.375	139.719	196.869	
H	30	35		45	50	60
h_{max}	5			7		9

4.1.4　拨盘应用

较长的（长径比 $L/D = 4 \sim 10$）或加工工序较多的轴类工件，为保证工件同轴度要求，常采用两顶尖加拨盘安装定位。工件装夹在前、后顶尖之间，由卡箍（又称鸡心夹头）、拨盘带动工件旋转，如图 4-12 所示。前顶尖装在主轴锥孔内，与主轴一起旋转；后顶尖装在尾架锥孔内固定不转。有时亦可用三爪卡盘代替拨盘，此时前顶尖用一段钢棒车成，夹在三爪卡盘上，卡盘的卡爪通过鸡心夹头带动工件旋转。常见拨盘结构如图 4-13 所示，拨盘尺寸如表 4-3 所示。

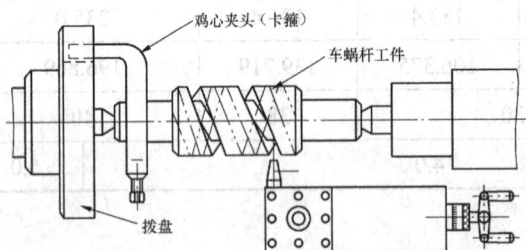

图 4-12　两顶尖拨盘装夹工件

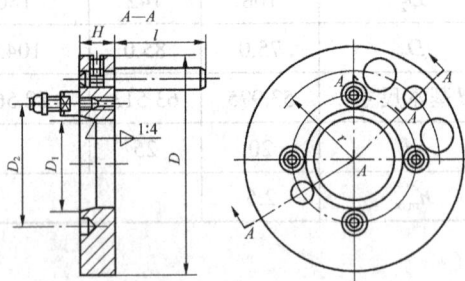

图 4-13　拨盘结构

表 4-3　　　　　　　　拨盘尺寸（GB/T 12889—1991）

主轴端部代号	3	4	5	6	8	11
D	125	160	200	250	315	400
D_1 基本尺寸	53.975	63.513	82.563	106.375	139.719	196.869
D_2	75.0	85.0	104.8	133.4	171.4	235.0
H	20		25	30		35
r	45	60	72	90	125	165
l	60		75	85		90

4.1.5　花盘应用

在车削形状不规则或大而薄的工件时，三爪卡盘、四爪卡盘或顶尖都无法装夹，可以用花盘进行装夹。花盘结构如图 4-14 所示，其结构尺寸如表 4-4 所示。花盘工作面上有许多长短不等的径向导槽，使用时配以角铁、压块、螺栓、螺母、垫块、平衡铁等，可将工件装夹在盘面上。安装时，按工件的划线痕进行找正，同时要注意重心的平衡，防止旋转时产生震动。

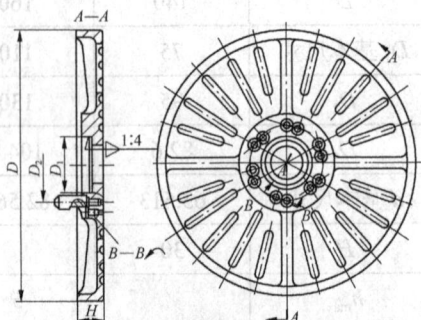

图 4-14　花盘结构

表 4-4　　　　　　　　　　　　花盘尺寸（GB/T 12890—1991）

规　　格	320	400	500	630
主轴端部代号	5	6	8	11
D	500	630	710	800
D_1 基本尺寸	82.563	106.375	139.719	196.869
D_2	104.8	133.4	171.4	235.0
H	50	60	70	80

　　当零件加工的平面相对于安装平面有平行度要求或加工的孔和外圆的轴线相对于安装平面有垂直度要求时，则可以把工件用压板、螺栓安装在花盘上再进行加工，如图 4-15 所示。当零件上需加工的平面相对于安装平面有垂直度要求或需加工的孔和外圆的轴线相对于安装平面有平行度要求时，则可以用花盘、角铁（弯板）安装工件。角铁要有一定的刚度，用于贴靠花盘及安放工件的两个平面，应有较高的垂直度。

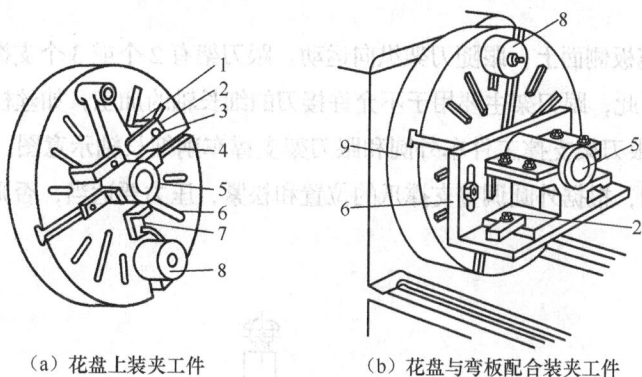

（a）花盘上装夹工件　　　　　　（b）花盘与弯板配合装夹工件

图 4-15　花盘装夹工件

1—垫铁　2—压板　3—压板螺钉　4—T 形槽　5—工件　6—弯板　7—可调螺钉　8—配重铁　9—花盘

4.1.6　中心架和跟刀架的应用

　　车削细长轴（长径比 $L/D > 25$）时，为了防止工件受径向切削力的作用而产生弯曲变形，常用中心架或跟刀架作为辅助支撑，以增加工件刚性。

1. 中心架

　　中心架固定在床身导轨上使用，有 3 个独立移动的支撑爪，并可用紧固螺钉予以固定。使用时，将工件安装在前、后顶尖上，先在工件支撑部位精车一段光滑表面，再将中心架紧固于导轨的适当位置，最后调整 3 个支撑爪，使之与工件支撑面接触，并调整至松紧适宜。

中心架的应用有如下两种情况。

（1）加工细长阶梯轴的各外圆。一般将中心架支撑在轴的中间部位，先车右端各外圆，调头后再车另一端的外圆。图4-16所示为中心架装夹工件车外圆。

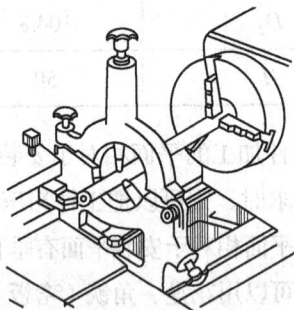

（2）加工长轴或长筒的端面以及端部的孔或螺纹。可用卡盘夹持工件左端，用中心架支撑右端。图4-17所示为中心架装夹工件车端面。

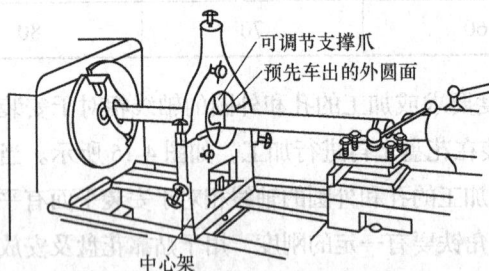

图4-16 中心架装夹工件车外圆

图4-17 中心架装夹工件车端面

2. 跟刀架

跟刀架固定在大拖板侧面上，跟随刀架纵向运动。跟刀架有2个或3个支撑爪，紧跟在车刀后面起辅助支撑作用。因此，跟刀架主要用于不允许接刀的细长轴的加工，如丝杠、光杠等。图4-18和图4-19所示分别为跟刀架支撑工件车外圆和跟刀架支撑车削细长轴示意图。使用跟刀架需先在工件右端车削一段外圆，根据外圆调整支撑爪的位置和松紧，压力要适当，否则会产生震动或车削成竹节形或螺旋形。

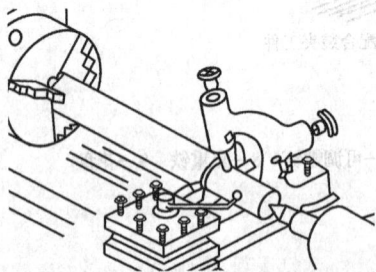

图4-18 跟刀架装夹工件车外圆

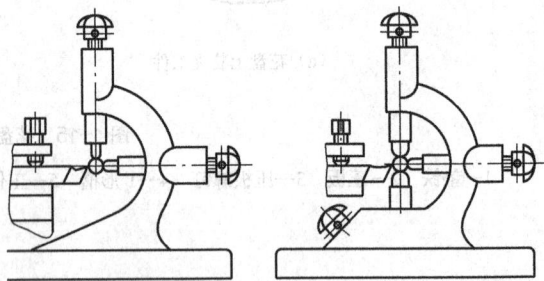

图4-19 跟刀架支撑车削细长轴（左：两爪；右：三爪）

使用中心架或跟刀架时，工件转速不宜过高，并需对支撑爪加注机油润滑。

4.1.7 分度头应用

分度头是铣床，特别是万能铣床的重要附件。分度头安装在铣床工作台上，被加工工件支撑在分度头主轴顶尖与尾座顶尖之间或夹持在卡盘上，可以完成下列工作。

使工件周期地绕自身轴线回转一定角度，完成等分或不等分的圆周分度工作，如加工方头、六角头、齿轮、花键、刀具的等分或不等分刀齿等。

通过配换挂轮，由分度头带动工件连续转动，并与工作台的纵向进给运动相配合，以加工螺旋齿轮、螺旋槽、阿基米德螺旋线凸轮等。

用卡盘夹持工件，使工件轴线相对于铣床工作台倾斜一定角度，以加工与工件轴线相交成一定角度的平面、沟槽等。

分度头有直接分度头、万能分度头、光学分度头等类型，其中以万能分度头最为常用。常见的万能分度头有 FW125、FW200、FW250、FW300 等几种，代号中 F 代表分度头，W 代表万能型，后面的数字代表最大回转直径，其单位为 mm。下面以万能分度头为例介绍其应用。

1. 万能分度头的主要结构

万能分度头自带有挂轮架、交换齿轮、尾架、顶尖、拨叉、千斤顶、分度盘、三爪卡盘、法兰盘等附件。其主轴可在垂直平面内旋转（-5°～95°）以满足多种工作的需要。万能分度头的主要结构如图 4-20 所示。

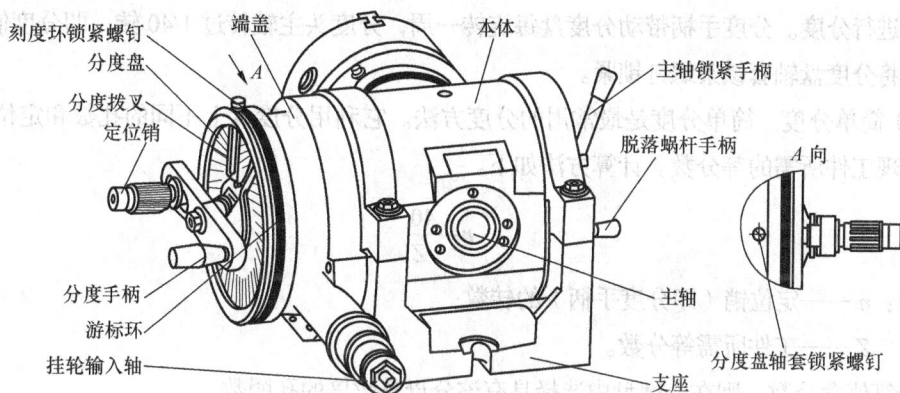

图 4-20　万能分度头的主要结构

（1）主轴。主轴前端可安装三爪自定心卡盘（或顶尖）及其他装卡附件，用以夹持工件。主轴后端可安装锥柄挂轮轴用作差动分度。

（2）本体。本体内安装主轴及蜗轮、蜗杆。本体在支座内可使主轴在垂直平面内由水平位置向上转动 ≤ 95°，向下转动 ≤ 5°。

（3）支座。支撑本体部件，通过底面的定位键与铣床工作台中间 T 形槽连接。用 T 形螺栓紧固在铣床工作台上。

（4）端盖。端盖内装有两对啮合齿轮及挂轮输入轴，可以使动力输入本体内。

（5）分度盘。分度盘两面都有多圈沿圆周均布的小孔，用于满足不同的分度要求。分度盘随分度头带有如下两块。

第1块正面孔数依次为：24、25、28、30、34、37。

反面孔数依次为：38、39、41、42、43。

第2块正面孔数依次为：46、47、49、51、53、54。

反面孔数依次为：57、58、59、62、66。

（6）蜗轮副间隙调整及蜗杆脱落机构。拧松蜗杆偏心套压紧螺母，操纵脱落蜗杆手柄使蜗轮与蜗杆脱开，可直接转动主轴，利用调整间隙螺母，可对蜗轮副间隙进行微调。

（7）主轴锁紧机构。用分度头对工件进行切削时，为防止震动，在每次分度后可通过主轴锁紧机构对主轴进行锁紧。

2. 万能分度头的使用

使用分度头进行分度的方法有直接分度、角度分度、简单分度、差动分度等。

（1）直接分度。当分度精度要求较低或分度数较少时，可根据主轴上的刻度和本体上的游标直接读数进行分度。分度前须将分度盘轴套锁紧螺钉锁紧脱开脱落蜗杆手柄，松开主轴锁紧手柄。切削时必须锁紧主轴锁紧手柄后方可进行切削。

（2）角度分度。当需分度的零件在图样上以角度值表示分时，可直接利用分度盘活角度表按所需角度进行分度。分度手柄带动分度盘每旋转一周，分度头主轴转过1/40转，即分度值为9°。分度前须将分度盘轴套锁紧螺钉锁紧。

（3）简单分度。简单分度是最常用的分度方法。它利用分度盘上不同的孔数和定位销，通过计算来实现工件所需的等分数。计算方法如下。

$$n = \frac{40}{Z}$$

式中：n——定位销（即分度手柄）的转数；

Z——工件所需等分数。

若计算值含分数，则在分度盘中选择具有该分母整数倍的孔圈数。

例：用分度头铣齿数Z为36的直齿轮。

$$n = \frac{40}{36} = \frac{10}{9} = 1\frac{1}{9}$$

在分度盘中找到孔数为9×6=54的孔圈，代入上式：

$$n = \frac{40}{36} = \frac{10}{9} = 1\frac{1 \times 6}{9 \times 6} = 1\frac{6}{54}$$

操作方法如下。

先将分度盘轴套锁紧螺钉锁紧，再将定位销调整到54孔数的孔圈上，调整扇形拨叉含有6个孔距。此时，转动手柄使定位销旋转一圈再转过6个孔距。

例：等分数12。

$n = \frac{40}{12} = \frac{10}{3} = 3\frac{1 \times 8}{3 \times 8} = 3\frac{3}{24}$，即分度头手柄转3圈，再在24的孔圈上转过8个孔距。

也可查表，如表4-5所示。

表 4-5　　　　　　　　　单式分度法分度表（仅为部分）

工件等分数	分度盘孔数	手柄回转数	转过的孔距数	工件等分数	分度盘孔数	手柄回转数	转过的孔距数
2	任意	20	—	11	66	3	42
3	24	13	8	12	24	3	8
4	任意	10	—	13	39	3	3
5	任意	8	—	14	28	2	24
6	24	6	16	15	24	2	16
7	28	5	20	16	24	2	12
8	任意	5	—	17	34	2	12
9	54	4	24	18	54	2	12
10	任意	4	—	19	38	2	4

（4）使用分度头时的注意事项。

① 分度时注意分度头的间隙问题。

② 校正分度头的端面与 y 轴的平行，即分度头的轴线与 x 轴平行。

③ 校正尾座与分度头在同一直线上。

④ 工件装夹时注意卡爪是否会与刀具干涉。

4.1.8　平口虎钳应用

1. 平口虎钳的结构

平口虎钳是铣床常用夹具，其规格以钳口的宽度来表示，常用的有100mm、125mm、150mm 3 种。平口虎钳的种类很多，有固定式、回转式、自定心、V 形、手动液压等。其中固定式和回转式应用最为广泛，适于装夹形状规则的小型工件。机用虎钳的钳口可以制成多种形式，更换不同形式的钳口可扩大机床用平口虎钳的使用范围，如图 4-21 所示。

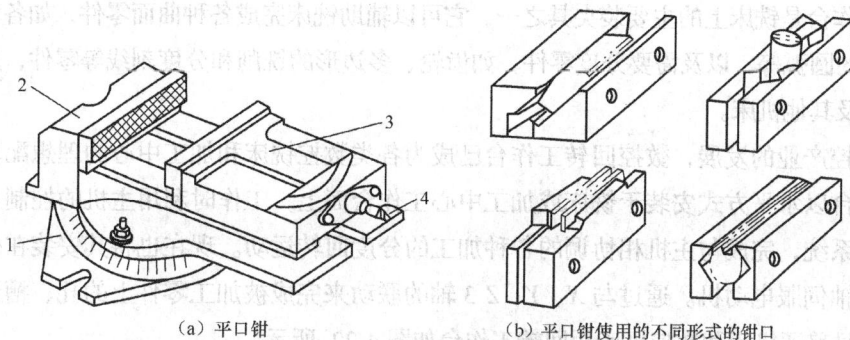

（a）平口钳　　　　　　　　　　　　（b）平口钳使用的不同形式的钳口

图 4-21　平口钳及不同钳口

1—底座　2—固定钳口　3—活动钳口　4—螺杆

2. 平口虎钳的应用

机用虎钳装夹的最大优点是快捷方便，但夹持范围不大。正确而合理地使用机用虎钳，不仅能保证加工工件具有较高的精度和表面质量，而且可以保持虎钳本身的精度，延长其使用寿命。使用机用虎钳时，应注意以下几点。

① 随时清理切屑及油污、保持虎钳导轨面的润滑与清洁。

② 维护好固定钳口并以其为基准，在工作台上安装机用虎钳时，要保证机用虎钳的正确位置。当机用虎钳底面没有定位键时，应该使用百分表找正固定钳口面。

③ 为使夹紧可靠，尽量使工件与钳口工作面接触面积大些，夹持短于钳口宽度的工件尽量应用中间均等部位。

④ 装夹工件不宜高出钳口过多，必要时可在两钳口处加适当厚度的垫板。

⑤ 要根据工件的材料、几何轮廓确定适当的夹紧力，不可过小，也不能过大。不允许任意加长虎钳手柄。

⑥ 在加工相互平行或相互垂直的工件表面时，如果使用中的虎钳精度不够，可在工件与固定钳口之间，或工件与虎钳的水平导轨间垫上适当厚度的纸片或薄铜片，以提高工件的安装精度。

⑦ 在铣削时，应尽量使切削中的水平分力的方向指向固定钳口。

⑧ 应注意选择工件在虎钳上安装的位置，避免在夹紧时虎钳单边受力，必要时还要辅加支撑垫铁。

⑨ 夹持表面光洁的工件时，应在工件与钳口间加垫片，以防止划伤工件表面。夹持粗糙毛坯表面时，也应在工件与钳口间加垫片，这样做既可以保护钳口，又能提高工件的装夹刚性。垫片可用铜或铝等软质材料制作。

⑩ 为提高万能（回转式）虎钳的刚性，增加切削稳定性，可将虎钳底座取下，把虎钳直接固定在工作台上。

4.1.9 回转工作台应用

回转工作台是铣床上的主要装夹具之一，它可以辅助铣床完成各种曲面零件，如各种齿轮的曲线、零件上的圆弧等，以及需要分度零件，如齿轮、多边形的铣削和分度刻线等零件，又应用于插床和刨床以及其他机床。

随着数控产业的发展，数控回转工作台已成为各类数控铣床和加工中心的理想配套附件。数控回转工作台以水平方式安装于铣床或加工中心工作台面上，工作时利用主机的控制系统或专门配套的控制系统，完成与主机相协调的各种加工的分度回转运动。现在也将其安装在机床工作台上配置第四轴伺服电动机。通过与 X、Y、Z 3 轴的联动来完成被加工零件上的孔、槽及特殊曲线的加工。常见普通机床和数控机床用回转工作台如图 4-22 所示。

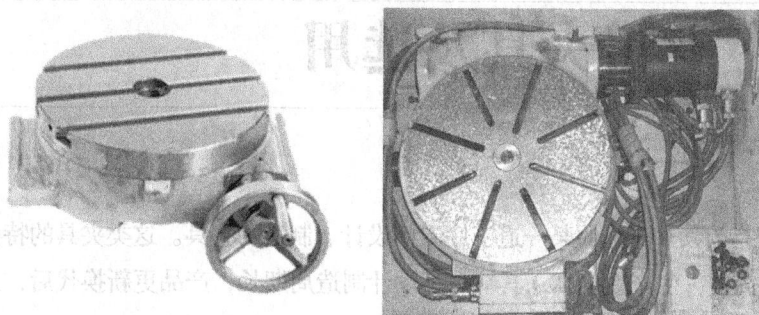

（a）普通机床用回转工作台　　　　　（b）数控机床回转工作台

图 4-22　普通机床和数控机床用回转工作台

4.1.10　吸盘应用

吸盘主要适用于磨床、车床、钳工划线等吸持工件加工。常用的永磁吸盘和电磁吸盘分别如图 4-23 和图 4-24 所示。各类吸盘的共同特点是磁盘在结构上有收集磁盘空间和机床床身弥散磁力线的功能，从而使磁盘的侧面、端面、顶面都有吸持工件的能力，利用导磁元件实现异形工件定位，特别适合加工模具使用。

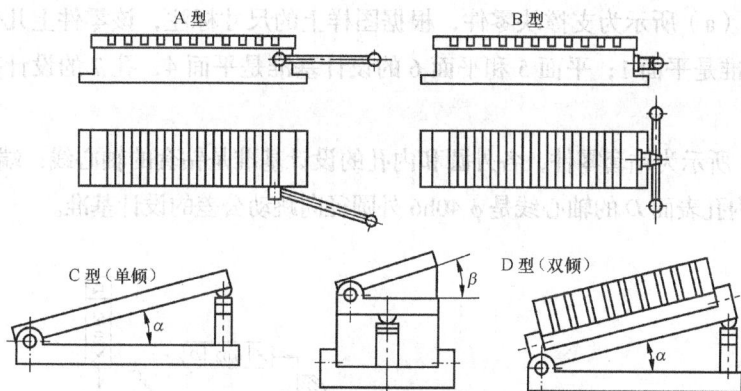

图 4-23　矩形永磁吸盘类型

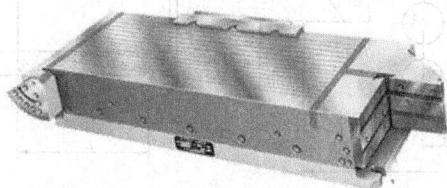

图 4-24　磨床用多功能强力电磁吸盘

4.2　专用夹具及选用

专用夹具是指为某一工件的某一道工序专门设计、制造的夹具。这类夹具的特点是针对性强，结构紧凑，操作简便，生产效率高；其缺点是设计制造周期长，产品更新换代后，只要该零件尺寸形状变化，夹具即报废。

4.2.1　基准及其分类

工件是个几何形体，它由一些几何要素（如点、线、面）所构成。将用来确定加工对象上几何要素间的几何关系（如尺寸距离、平行度、垂直度、同轴度等）所依据的那些点、线、面称为基准。基准可用作确定零件表面间的相对位置，按照其作用的不同，基准可分为设计基准和工艺基准两大类。

1. 设计基准

在零件设计图样上所采用的基准称为设计基准。它是设计图样上标注尺寸公差、位置公差的始点。图 4-25（a）所示为支撑块零件，根据图样上的尺寸标注，该零件上几何要素平面 2 和平面 3 的设计基准是平面 1；平面 5 和平面 6 的设计基准是平面 4；孔 7 的设计基准是平面 1 和平面 4。

图 4-25（b）所示为钻套零件，各外圆和内孔的设计基准是钻套的轴心线；端面 B 是端面 A、C 的设计基准；内孔表面 D 的轴心线是 $\phi 40h6$ 外圆径向跳动公差的设计基准。

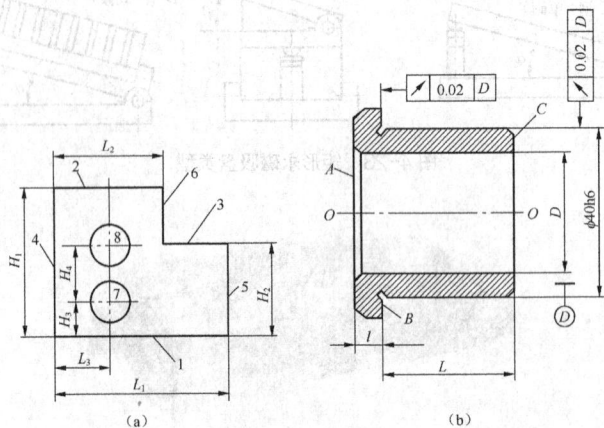

图 4-25　零件基准分析示例

2．工艺基准

零件在工艺过程中所采用的基准称为工艺基准。工艺基准按用途不同，又分为定位基准、工序基准、测量基准和装配基准。

（1）定位基准。在加工中用作定位的基准称定位基准。它是工件上与夹具定位元件直接接触的点、线或面。如图 4-25（a）所示的零件，加工平面 3 和 6 时是通过平面 1 和 4 放在夹具上定位的，所以平面 1 和 4 是加工平面 3 和 6 的定位基准。

定位基准又分为粗基准和精基准。作为定位基准的表面，若是未经加工过的表面，则称为粗基准；若是经加工过的表面，称为精基准。

在零件上没有合适的表面可作为定位基准时，为便于装夹，可在工件上特意加工出专供定位用的表面，这种表面称为辅助基准。例如，轴类零件的中心孔就是一种辅助基准；还有在毛坯上多增加一部分用作工艺凸耳，也是一种辅助基准。

（2）工序基准。在工序图上用来确定本工序所加工表面加工后的尺寸、形状及位置的基准，称为工序基准。如图 4-25（a）所示的零件，加工平面 3 时按尺寸 H_2 进行加工，则平面 1 即为工序基准，此时尺寸 H_2 为工序尺寸；工序尺寸是指某工序加工应达到的尺寸。

（3）测量基准。测量零件时所采用的基准称为测量基准。对于钻套零件，如图 4-25（b）所示，检测 B 面端面跳动和 ϕ 40h6 外圆径向跳动，测量方法如图 4-26（b）所示。该检测过程中，钻套内孔是检验表面 B 端面跳动的测量基准，也是 ϕ 40h6 外圆径向跳动的测量基准。

采用图 4-26（a）所示的测量方法时，表面 B 是检验长度尺寸 L 和 l 的测量基准。

（4）装配基准。装配时用以确定零件或部件在产品中的位置所采用的基准，称为装配基准。如图 4-25（b）所示的钻套，其装配位置如图 4-27 所示，显然，钻套上的 ϕ 40h6 外圆柱面及台阶面 B 确定了钻套在产品中的位置，即 ϕ 40h6 外圆柱面及台阶面 B 是钻套的装配基准。

需要说明的是，作为基准的点、线、面在工件上并不一定具体存在，如轴心线、对称面等，它们是由某些具体表面来体现的，用以体现基准的表面称为定位基面。例如，在车床上用三爪卡盘夹持一个小轴，外圆表面为定位基面，它体现的定位基准则是轴的中心线。

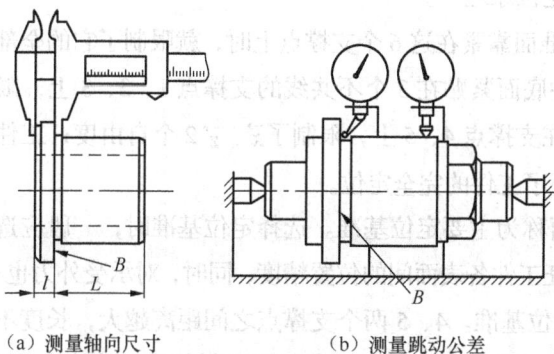

（a）测量轴向尺寸　　　　　（b）测量跳动公差

图 4-26　测量基准示例

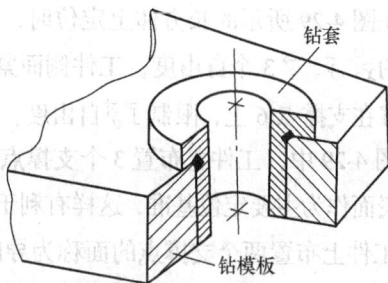

图 4-27　钻套的装配基准

4.2.2 工件的定位原理及作用

使工件在夹具上迅速得到正确位置的方法叫定位，工件上用来定位的各表面叫定位基准面；在夹具上用来支持工件定位基准面的表面叫支撑面。基准面的选定应尽可能与工件的原始基准重合，以减少定位误差。工件的定位要符合六点定位原理。

1. 工件的自由度

任何一个尚未确定位置的工件，均具有 6 个自由度，如图 4-28（a）所示。在空间直角坐标系中，工件可沿 X、Y、Z 轴有不同的位置，如图 4-28（b）所示；也可以绕 X、Y、Z 轴回转方向有不同的位置，如图 4-28（c）所示。这种工件位置的不确定性，通常称为自由度。沿空间 3 个直角坐标轴 X、Y、Z 方向的移动和绕它们转动的自由度分别以 $\vec{x}$、$\vec{y}$、$\vec{z}$ 和 $\hat{x}$、$\hat{y}$、$\hat{z}$ 表示。要使工件在机床夹具中正确定位，必须限制或约束工件的这些自由度。

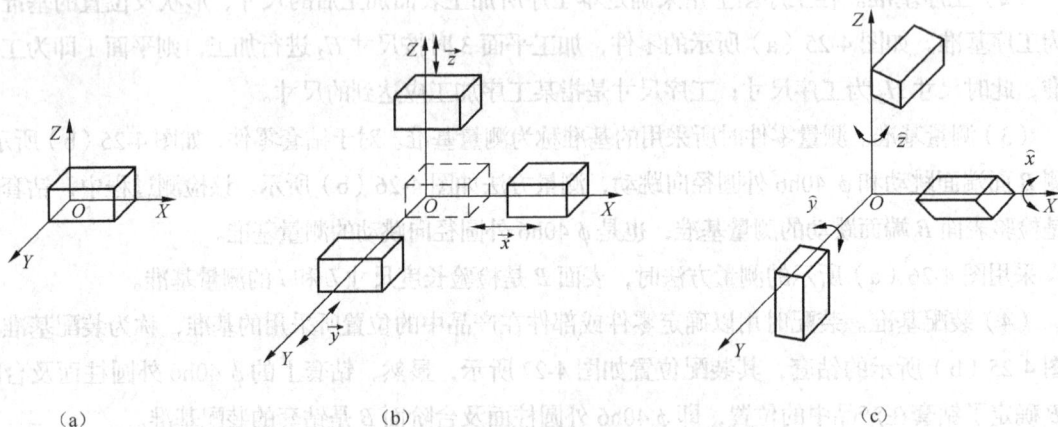

（a）　　　　　　　　（b）　　　　　　　　（c）

图 4-28　工件的 6 个自由度

2. 六点定位原理

定位，就是限制自由度。用合理设置的 6 个支撑点，限制工件的 6 个自由度，使工件在夹具中的位置完全确定，这就是工件定位的"六点定位原理"。

在夹具上布置了 6 个支撑点，当工件基准面靠紧在这 6 个支撑点上时，就限制了它的全部自由度。在图 4-29 所示的长方体上定位时，工件底面紧贴在 3 个不共线的支撑点 1、2、3 上，限制了工件的 $\hat{x}$、$\hat{y}$、$\vec{z}$ 3 个自由度；工件侧面紧靠在支撑点 4、5 上，限制了 $\vec{x}$、$\hat{z}$ 2 个自由度；工件的端面紧靠在支撑点 6 上，限制了 $\vec{y}$ 自由度，实现了工件的完全定位。

图 4-29 中，工件上布置 3 个支撑点的面称为主要定位基准。选择定位基准时，一般应选择较大的表面作为主要定位基准，这样有利于保证工件各表面间的位置精度，同时，对承受外力也有利。

工件上布置两个支撑点的面称为导向定位基准。4、5 两个支撑点之间距离越大，长度不超过导向工件的轮廓，且两个支撑点置于垂直 Z 轴的直线上时，则几何体沿 Y 轴的导向越精确（即沿 X 轴的线性位移及沿 Z 轴的转角误差越小）。显然，此时应尽量选窄长表面作为导向定位基准。

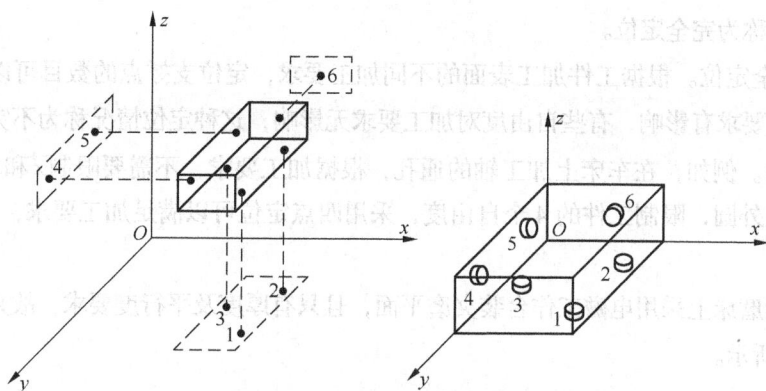

图 4-29　长方体定位时支撑点的分布

工件上布置一个支撑点的面称为止推定位基准。由于只有一个支撑点接触，工件在加工时，常常还要承受加工过程中的切削力、冲击等，因此可选工件上窄小且与切削力方向相对的表面作为止推定位基准。

支撑点位置的分布必须合理，上例中支撑点 1、2、3 不能在一条直线上，支撑点 4、5 的连线不能与支撑点 1、2、3 所决定的平面垂直，否则它不仅没有限制 $\hat{z}$ 自由度，而且重复限制了 $\hat{y}$ 自由度，一般情况下这是不允许的。

3．定位元件

在图 4-29 所示的定位方案中，按六点定位原则布置支撑点，设置了 6 个支撑钉作为定位元件，在实际夹具结构中支撑点是以定位元件来体现的。例如，在盘类工件上钻孔，其工序图如图 4-30（a）所示。按六点定位原则在夹具上布置了 6 个支撑点，如图 4-30（b）所示，工件端面紧贴在支撑点 1、2、3 上，限制了 $\hat{x}$、$\hat{y}$、$\hat{z}$ 3 个自由度；工件内孔紧靠支撑点 4、5，限制了 $\vec{y}$、$\vec{z}$、两个自由度；键槽侧面靠在支撑点 6 上，限制了 $\hat{x}$ 自由度，实现了工件的完全定位。实际的夹具结构如图 4-30（c）所示，夹具上以台阶面 A 代替 1、2、3 等 3 个支撑点，限制了 $\vec{x}$、$\hat{y}$、$\hat{z}$ 等 3 个自由度；短销 B 代替 4、5 两个支撑点，限制了 $\vec{y}$、$\vec{z}$ 两个自由度；插入键槽中的防转销 C 代替支撑点 6，限制了 $\hat{x}$ 自由度。

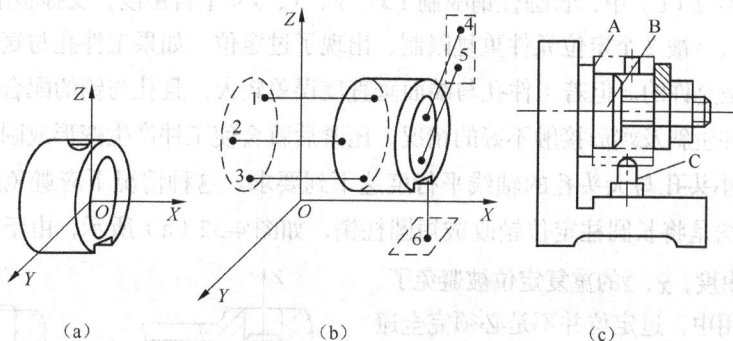

图 4-30　圆环工件定位时支撑点的分布示例

4．工件的定位

（1）完全定位。工件的 6 个自由度因全部被夹具中的定位元件所限制而在夹具中占有完全确定的唯一位置，称为完全定位。

（2）不完全定位。根据工件加工表面的不同加工要求，定位支撑点的数目可以少于6个。有些自由度对加工要求有影响，有些自由度对加工要求无影响，这种定位情况称为不完全定位。不完全定位是允许的。例如，在车床上加工轴的通孔，根据加工要求，不需要限制 $\vec{z}$ 和 $\hat{x}$ 的自由度，故使用三爪卡盘夹外圆，限制工件的4个自由度，采用四点定位可以满足加工要求，如图4-31（a）所示。

工件在平面磨床上采用电磁工作台装夹磨平面，且只有厚度及平行度要求，故只用三点定位，如图4-31（b）所示。

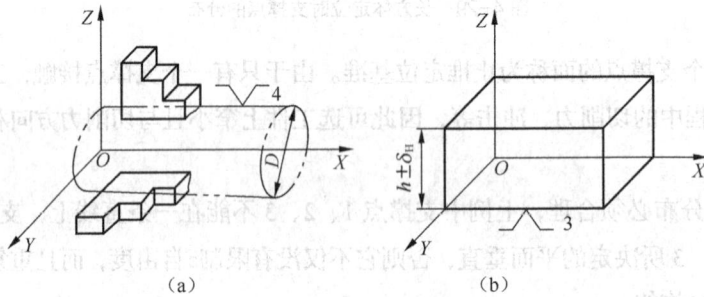

图 4-31　不完全定位

（3）欠定位。按照加工要求，应该限制的自由度没有被限制的定位称为欠定位。欠定位是不允许的，因为欠定位保证不了加工要求。如图4-30所示，钻孔工序按工序尺寸要求，需要采用完全定位，如果夹具定位中无防转销4，仅限制工件的5个自由度，工件绕 Y 轴回转方向上的位置将不确定，则属于欠定位，钻出孔的位置与键槽不能达到对称要求，这是不允许的。

（4）过定位。夹具上的两个或两个以上的定位元件，重复限制工件的同一个或几个自由度的现象，称为过定位。过定位会导致重复限制同一个自由度的定位支撑点之间产生干涉现象，从而导致定位不稳定，破坏定位精度。图4-32所示为加工连杆小头孔工序中以连杆大头孔和端面定位的两种情况。图4-32（b）中，长圆柱销限制了 $\vec{x}$、$\vec{y}$、$\hat{x}$、$\hat{y}$ 4个自由度，支撑板限制了 $\vec{z}$、$\hat{x}$、$\hat{y}$ 3个自由度。显然 $\hat{x}$、$\hat{y}$ 被2个定位元件重复限制，出现了过定位。如果工件孔与端面垂直度保证很好，则此过定位是允许的。但若工件孔与端面垂直度误差较大，且孔与销的配合间隙又很小时，定位后会造成工件歪斜及端面接触不好的情况，压紧后就会使工件产生变形或圆柱销歪斜，结果将导致加工后的小头孔与大头孔的轴线平行度达不到要求。这种情况下应避免过定位的产生，最简单的解决办法是将长圆柱定位销改成短圆柱销，如图4-32（a）所示，由于短圆柱销仅限制 $\vec{x}$、$\vec{y}$ 2个移动自由度，$\hat{x}$、$\hat{y}$ 的重复定位被避免了。

实际生产应用中，过定位并不是必须完全避免的。有时因为要加强工件刚性或者特殊原因，必须使用相当于比6个支撑点多的定位元件。常见的定位元件限制的自由度如表4-6所示。

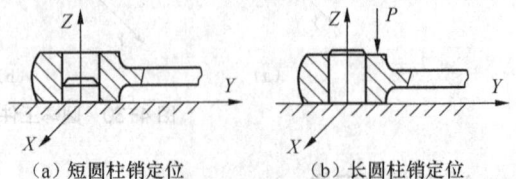

（a）短圆柱销定位　　　　（b）长圆柱销定位

图 4-32　连杆定位

表 4-6　　　　　　　　　　　　　　定位元件限制的自由度

工件定位基面	定位元件	定位元件定位简图	定位特点	限制的自由度
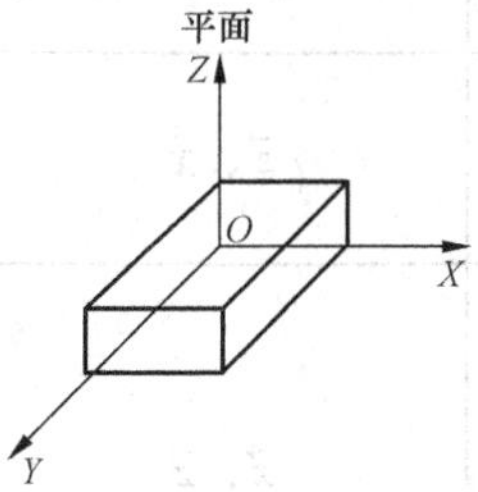 平面 （图示Z、X、Y坐标，O原点）	支撑钉	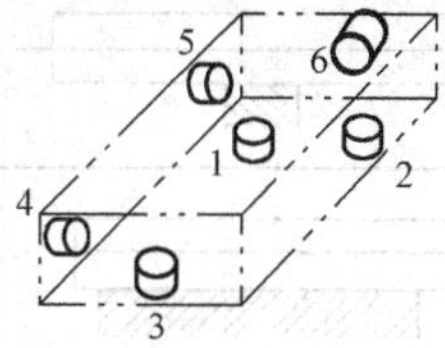 （简图，编号1~6支撑钉）		1、2、3—$\vec{z}$、$\hat{x}$、$\hat{y}$ 4、5—$\vec{x}$、$\vec{z}$ 6—$\vec{y}$
	支撑板	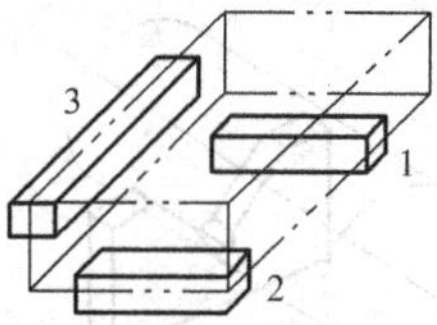 （简图，编号1、2、3支撑板）		1、2—$\vec{z}$、$\hat{x}$、$\hat{y}$ 3—$\vec{x}$、$\hat{z}$
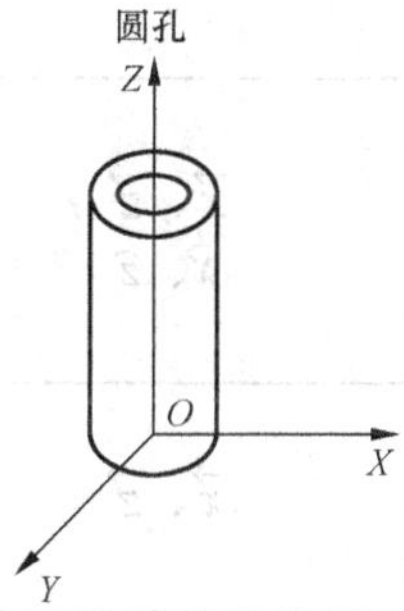 圆孔 （图示Z、X、Y坐标，O原点）	定位销 （心轴）	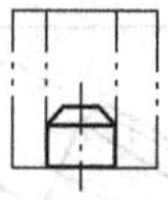 （简图）	短轴 （短心轴）	$\vec{z}$、$\vec{y}$
		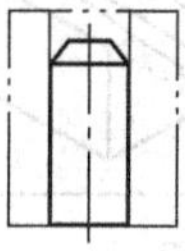 （简图）	长轴 （长心轴）	$\vec{x}$、$\vec{y}$ $\hat{x}$、$\hat{y}$
	菱形销	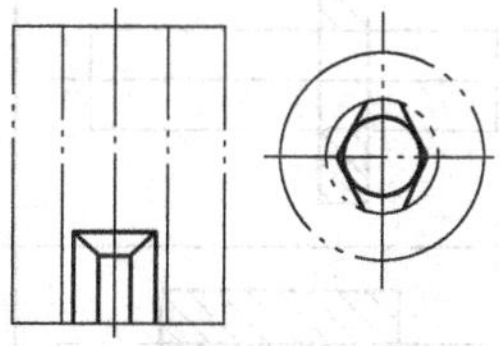 （简图）	短菱形销	$\vec{y}$
		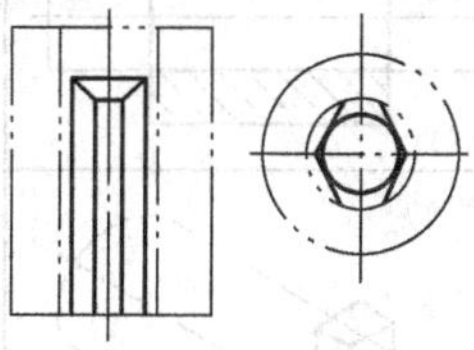 （简图）	长菱形销	$\vec{y}$、$\hat{x}$
	锥销	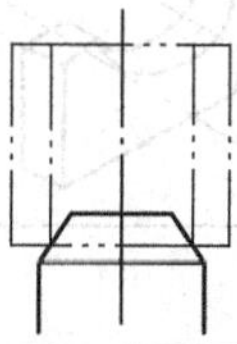 （简图）	单锥销	$\vec{x}$、$\vec{y}$、$\vec{z}$
		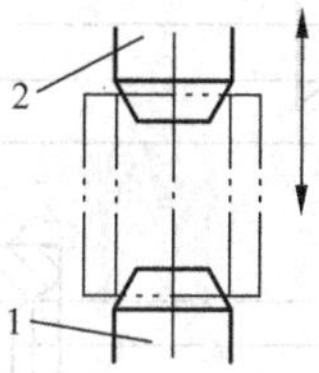 （简图）	1—固定锥销 2—活动锥销	$\vec{x}$、$\vec{y}$、$\vec{z}$ $\hat{x}$、$\hat{y}$

工件定位基面	定位元件	定位元件定位简图	定位特点	限制的自由度
外圆柱面 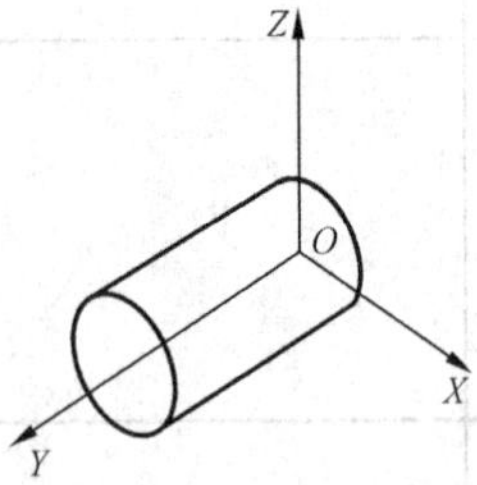 	支撑钉或 支撑板	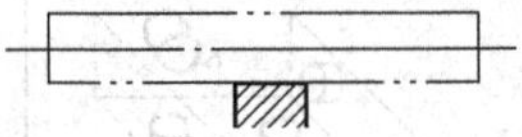	支撑钉或短支 撑板	$\vec{z}$
		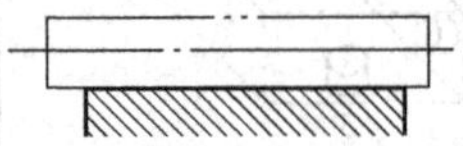	两个支撑钉或 支撑板	$\vec{z}$、$\hat{x}$
	V 形架	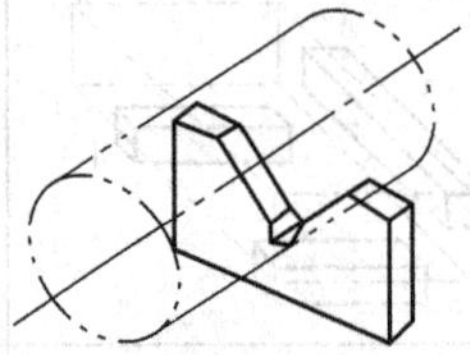	短 V 形架	$\vec{x}$、$\vec{z}$
		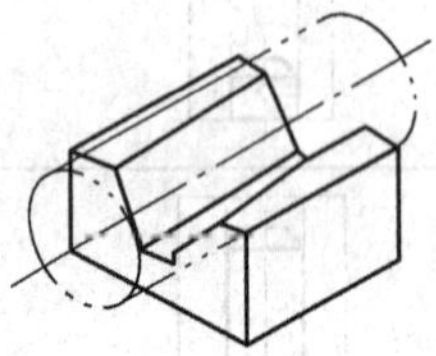	长 V 形架	$\vec{x}$、$\vec{z}$ $\hat{x}$、$\hat{z}$
	定位套	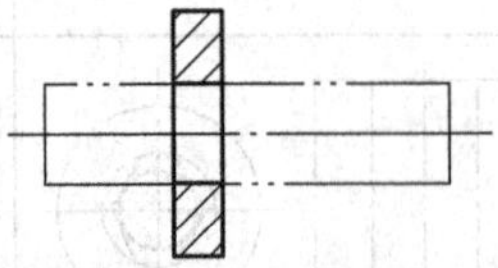	短定位套	$\vec{x}$、$\vec{z}$
		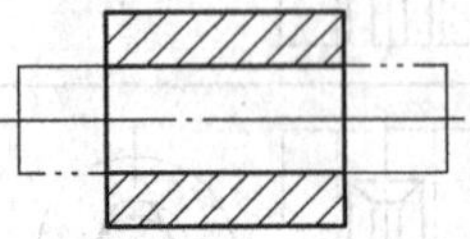	长定位套	$\vec{x}$、$\vec{z}$ $\hat{x}$、$\hat{z}$
	半圆套	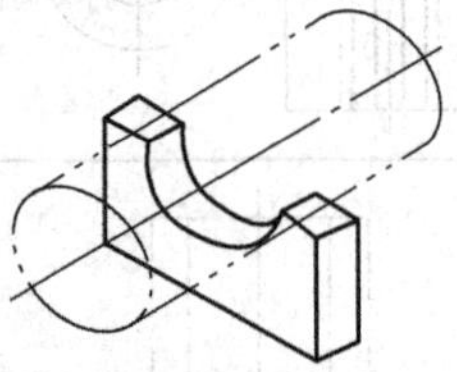	短半圆套	$\vec{x}$、$\vec{z}$
			长半圆套	$\vec{x}$、$\vec{z}$ $\hat{x}$、$\hat{z}$
	锥套	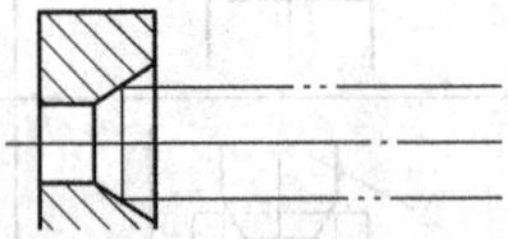	单锥套	$\vec{x}$、$\vec{y}$、$\vec{z}$
		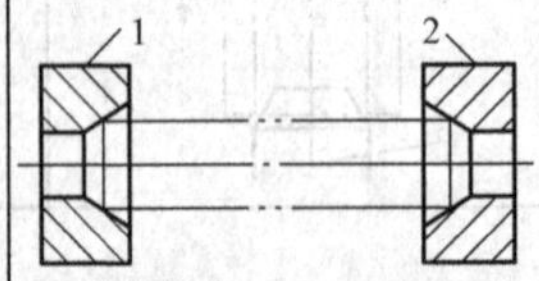	1—固定锥套 2—活动锥套	$\vec{x}$、$\vec{y}$、$\vec{z}$ $\hat{x}$、$\hat{z}$

4.2.3　常用定位方法及定位元件的应用

定位方式和定位元件的选择包括选择定位元件的结构、形状、尺寸、布置形式等，它们主要取决于工件的加工要求、工件定位基准、外力的作用等因素。下面按不同的定位基准面分别介绍其所用定位元件的结构形式。

1. 工件以平面定位

工件用平面定位作为定位基面时，所用定位元件根据其是否起限制自由度作用、能否调整等情况分为以下几种。

（1）固定支撑。属于固定支撑的定位元件有支撑钉和支撑板，分别如图 4-33 和图 4-34 所示。

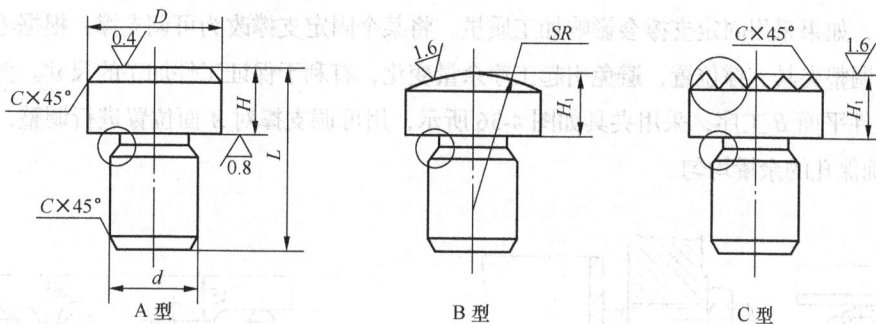

图 4-33　支撑钉

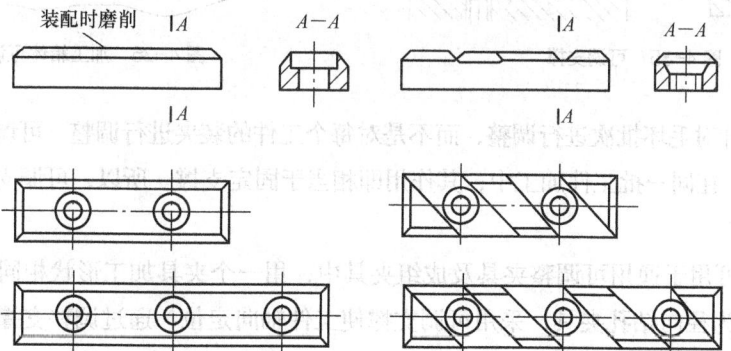

（a）A 型（不带斜槽）　　　　（b）B 型（带斜槽）

图 4-34　支撑板

如果工件平面较小，则定位元件应采用支撑钉。支撑钉分为 A 型、B 型和 C 型 3 种。工件定位基准面是毛坯表面时（粗基准），因工件表面不平整，应采用布置较远的 3 个球头支撑钉（B 型支撑钉），使其与毛坯面接触良好；而 C 型支撑钉为齿纹头，用于粗基准的侧面定位，能增大摩擦系数，防止工件受力滑动。

工件以加工过的平面（精基准）作定位基准时，应该采用平头支撑钉（见图 4-33 中的 A 型）。如果工件平面较大，则定位元件可采用支撑板，如图 4-34 所示。支撑板分 A 型和 B 型两种，一般用 2～3 个螺钉紧固在夹具体上。A 型支撑板的结构简单，制造方便，但板上螺钉孔的边缘容易粘切屑，且不易清除干净，适用于工件的侧面和顶面定位；B 型结构易于保证工作表面清洁，适用于工件底面定位。

上述支撑钉、支撑板均为标准件，夹具设计时也可根据具体情况，采用非标准结构形式。

采用支撑钉或支撑板做定位基准时，必须保证其装配后定位基准表面等高。一般采用将支撑钉、支撑板装配于夹具体后，再磨削各支撑钉、支撑板定位工作面，以保证它们等高。

（2）可调支撑。可调支撑是指高度可以调整的支撑，如图 4-35 所示。当夹具支撑的高度要求能够调整时，可采用可调支撑。可调支撑常用于铸件毛坯、以粗基准定位的场合。由于铸件毛坯间尺寸有变化，如果采用固定支撑会影响加工质量。将某个固定支撑改为可调支撑，根据毛坯的实际尺寸大小，调整夹具支撑位置，避免引起工序余量变化，有利于保证工件加工的尺寸。例如，铣削加工箱体工件平面 B 工序，采用夹具如图 4-36 所示，用可调支撑对 A 面位置进行调整，调整尺寸 H_1 和 H_2，确保孔的余量均匀。

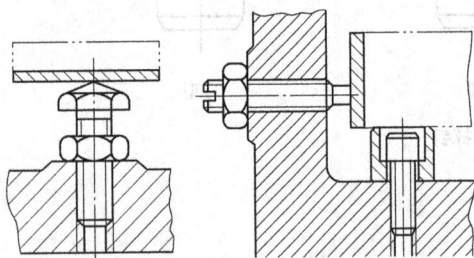

图 4-35　可调支撑

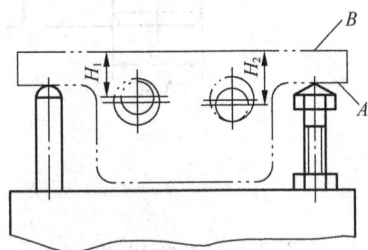

图 4-36　加工箱体可调支撑应用

可调支撑是针对毛坯批次进行调整，而不是对每个工件的装夹进行调整。可调支撑在一批工件加工前调整一次，在同一批工件加工中，其作用即相当于固定支撑。所以，可调支撑在调整后都需用锁紧螺母锁紧。

可调支撑也可用于通用可调整夹具及成组夹具中，用一个夹具加工形状相同而尺寸不同的工件。图 4-37 所示为径向钻孔夹具，采用可调支撑使工件轴向定位，通过调整支撑长度位置，可以加工距轴端面距离不等的孔。

（3）自位支撑（或浮动支撑）。自位支撑是指支撑本身的位置在定位过程中，能自适应工件定位基准面位置变化的一类支撑，如图 4-38 所示。图 4-38（a）、（b）所示为两点式自位支撑，图 4-38（c）所示为 3 点接触，这类支撑的工作特点是浮动支撑点的位置能随着工件定位基准位置的不同而自动浮动。当基准面不平时，压下其中一点，其余点即上升，直至全部接触为止，所以其作用仍相当于 1 个固定支撑，只限制一个自由度，未发生过定位。由于增加了接触点数，所以可提高工件的安装刚性和稳定性，多用于工件刚性不足的毛坯表面或不连续的平面定位。

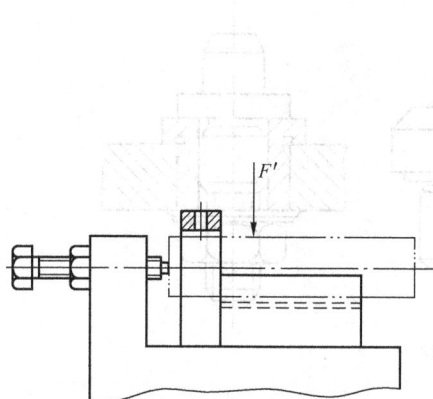

图 4-37 在可调整夹具中应用可调支撑

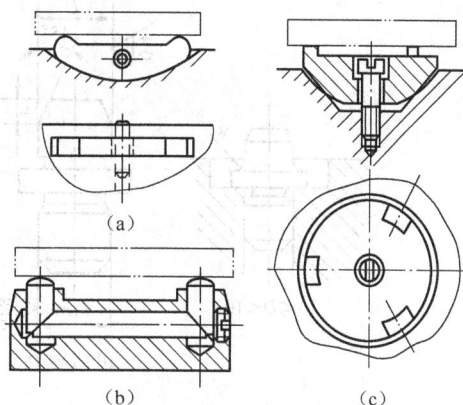

图 4-38 自位支撑

（4）辅助支撑。在生产中，有时为了提高工件的安装刚度和定位稳定性，常采用辅助支撑。图 4-39 所示为阶梯零件，当用平面 1 定位铣平面 2 时，在工件右部底面增设辅助支撑 3，可避免加工过程中工件的变形。

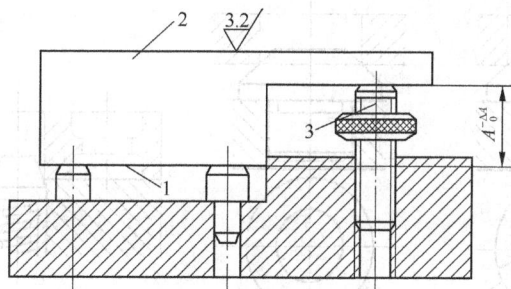

图 4-39 辅助支撑的应用

辅助支撑的结构形式很多，但无论采用哪种，辅助支撑都不起定位作用。辅助支撑都是工件定位后才调整支撑与工件表面接触并锁紧支撑的，所以不限制自由度，同时也不能破坏基本支撑对工件的定位。

2. 工件以圆孔定位

有些工件如套筒、法兰盘、拨叉等以孔作定位基准面，常用定位元件有定位圆柱销、定位心轴等。

（1）圆柱定位销。圆柱定位销的结构类型如图 4-40 所示。当工作部分直径 $D < 10mm$ 时，为增加刚度，避免定位销因撞击而折断或热处理时淬裂，通常把根部倒成圆角 R。夹具体上应有沉孔，使定位销圆角部分沉入孔内而不影响定位，如图 4-40（a）所示。

为了便于工件顺利装入，定位销的头部应有 15° 倒角，如图 4-40（b）所示。

图 4-40（a）、（b）、（c）是将定位销直接压入夹具体中，图 4-40（d）是用螺栓经中间套与夹具配合，以便于大批量生产时更换定位销。

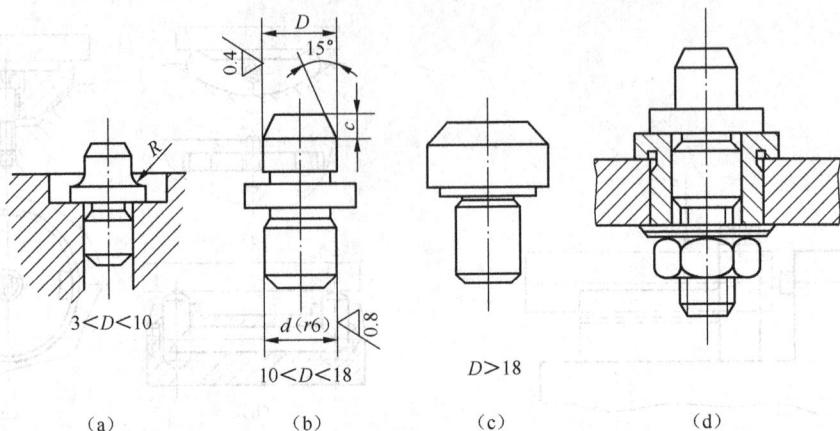

图 4-40　圆柱定位销

（2）圆锥销。生产中工件以圆柱孔在圆锥销上定位的情况也是常见的，如图 4-41 所示。这时以孔端与锥销接触，限制了工件的 3 个自由度（$\vec{x}$、$\vec{y}$、$\vec{z}$）。图 4-41（a）中圆锥销用于圆孔边缘形状精度较差时，即是粗基准；图 4-41（b）中圆锥销用于圆孔边缘形状精度较好时，即是精基准；图 4-41（c）中圆锥销用于平面和圆孔边缘同时定位。

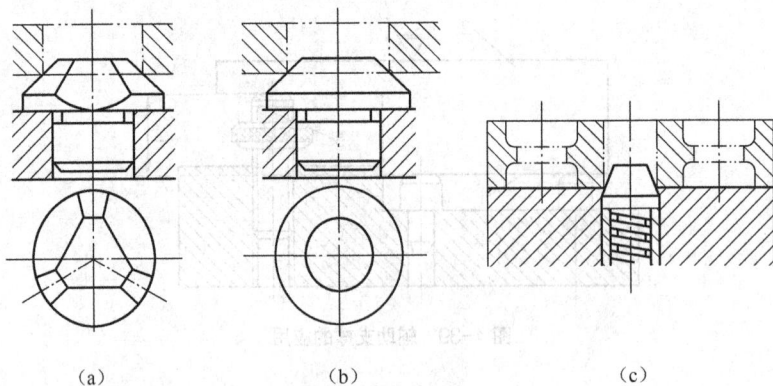

图 4-41　圆锥销定位

（3）圆柱心轴。心轴主要用在车、铣、磨、齿轮加工等机床上加工套筒类和盘类零件。图 4-42 所示为常用的几种心轴结构形式。图 4-42（a）所示为间隙配合心轴，这种心轴装卸工件方便，但定心精度不高。为了减小定位时因配合间隙造成的倾斜，常以孔和端面联合定位，故要求孔与端面垂直，一般在一次安装中加工。为快速装卸工件，可使用开口垫圈，开口垫圈的两端面应互相平行。当工件的定位孔与端面的垂直度误差较大时，应采用球面垫圈。

图 4-42（b）所示为过盈配合心轴。由引导部分 1、工作部分 2、传动部分 3 组成。引导部分的作用是使工件迅速而正确地套入心轴，其直径 d_3 的基本尺寸为工件孔的最大极限尺寸，其长度为工件长度的一半。d_1 的基本尺寸为工件孔的最大极限尺寸，公差带为 r6。d_2 的基本尺寸为工件孔的最大极限尺寸，公差带为 h6。这种心轴制造简便、定心准确，但装卸工件不便，且易损伤工件定位孔，因此多用于定心精度要求较高的场合。

图 4-42（c）所示为花键心轴，用于加工以花键孔定位的工件。

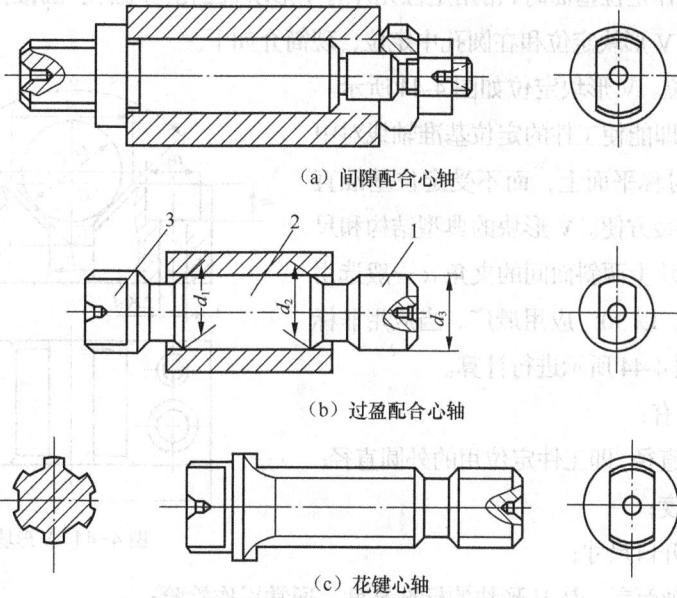

（a）间隙配合心轴

（b）过盈配合心轴

（c）花键心轴

图 4-42　圆柱心轴

1—引导部分　2—工作部分　3—传动部分

心轴在机床上的安装方式如图 4-43 所示。

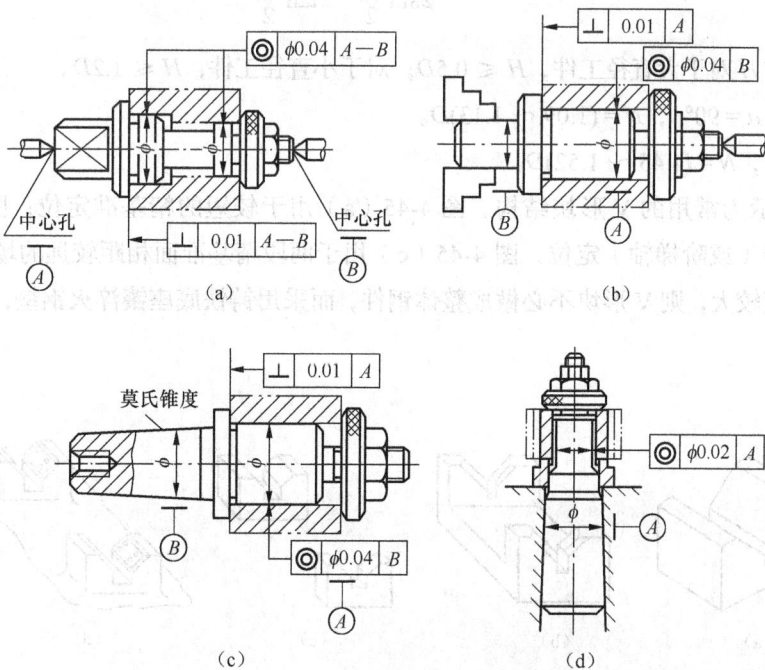

（a）

（b）

（c）

（d）

图 4-43　心轴在机床上的安装方式

3. 工件以外圆柱面定位

工件以外圆柱面作定位基面时，常用定位元件有V形块、圆孔、半圆孔、圆锥孔及定心夹紧装置。其中，最常用的是在V形块定位和在圆孔中定位，现简介如下。

（1）V形块定位。V形块定位如图4-44所示。其优点是对中性好，即能使工件的定位基准轴线对中在V形块两斜面的对称平面上，而不受定位基准直径误差的影响，且安装方便。V形块的典型结构和尺寸均已标准化，V形块上两斜面间的夹角α一般选用60°、90°和120°，以90°应用最广。当应用非标准V形块时，可按图4-44所示进行计算。

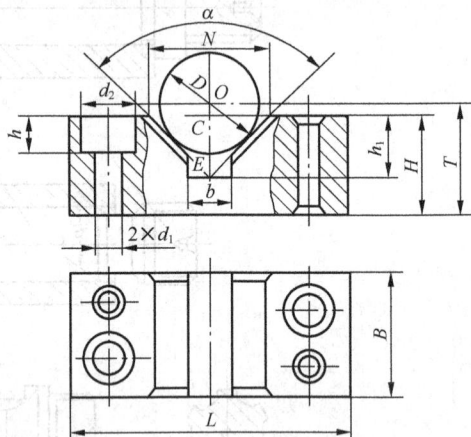

图4-44　V形块的应用

V形块基本尺寸有：

D——标准心轴直径，即工件定位用的外圆直径；

H——V形块高度；

N——V形块的开口尺寸；

T——对标准心轴而言，是V形块的标准高度，通常用作检验；

$α$——V形块两工作斜面间的夹角。

设计V形块应根据所需定位的外圆直径D计算，先设定a、N和H值，再求T值。T值必须标注，以便于加工和检验，其值计算如下：

$$T = H + \frac{D}{2\sin\frac{\alpha}{2}} - \frac{H}{2\tan\frac{\alpha}{2}}$$

式中，尺寸H对于大直径工件，$H \leqslant 0.5D$；对于小直径工件，$H \leqslant 1.2D$。

尺寸N，当$α = 90°$，$N = (1.09 \sim 1.13)D$。

当$α = 120°$，$N = (1.45 \sim 1.52)D$。

图4-45所示为常用的V形块结构。图4-45（a）用于较短的精基准定位；图4-45（b）用于较长的粗基准（或阶梯轴）定位；图4-45（c）用于两段精基准面相距较远的场合。如果定位基准直径与长度较大，则V形块不必做成整体钢件，而采用铸铁底座镶淬火钢垫，如图4-45（d）所示。

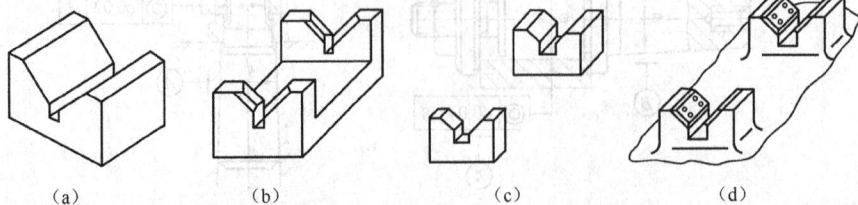

（a）　　　　　（b）　　　　　（c）　　　　　（d）

图4-45　V形块结构

　　V 形块又有固定式和活动式之分。固定 V 形块根据工件与 V 形块的接触母线长度，相对接触较长时，限制工件的 4 个自由度；相对接触较短时，限制工件的 2 个自由度。活动 V 形块的应用如图 4-46 所示。图 4-46（a）所示为活动 V 形块限制工件在 Y 方向上的移动自由度的示意图。图 4-46（b）所示为加工连杆孔的定位方式，活动 V 形块限制一个转动自由度，用以补偿因毛坯尺寸变化而对定位的影响。活动 V 形块除定位外，还兼有夹紧作用。

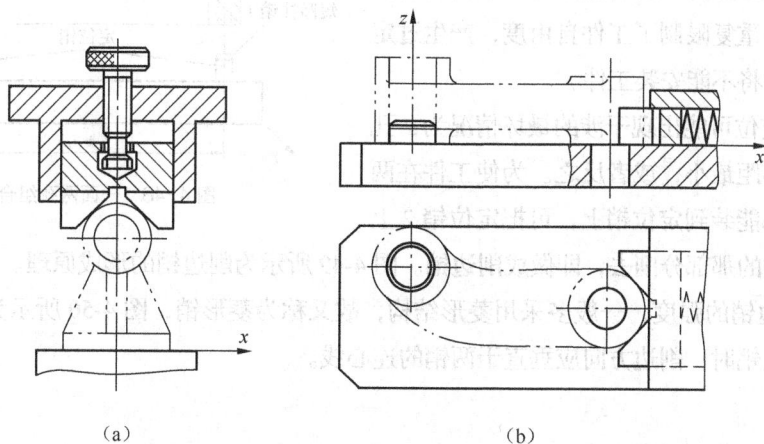

（a）　　　　　　　　　　　　　（b）

图 4-46　活动 V 形块的应用

　　（2）在圆孔中定位。工件以外圆柱面作定位基准在圆孔中定位时，其定位元件常用钢套，这种定位方法所采用的元件结构简单，适用于精基准定位。图 4-47 所示为半圆孔定位，将同一圆周的孔分成两个半圆，上半圆装在夹具体上，起定位作用；下半圆装在可卸式或铰链式盖上，起夹紧作用。

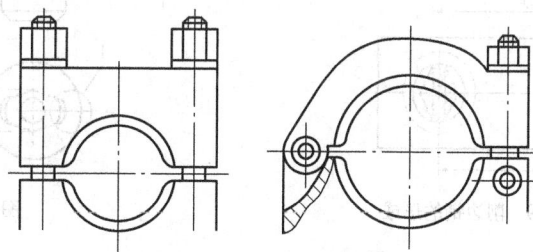

图 4-47　半圆孔定位座

4. 组合定位

　　实际生产中工件往往不能用单一定位元件或单个表面解决定位问题，而是以两个或两个以上的表面同时定位的，即采取组合定位方式。组合定位的方式很多，生产中最常用的就是"一面两孔"定位，如加工箱体、杠杆、盖板等。这种定位方式简单、可靠、夹紧方便，易于做到工艺过程中的基准统一，保证工件的相互位置精度。

工件采用一面两孔定位时，定位平面一般是加工过的精基面，两孔可以是工件结构上原有的，也可以是为定位需要专门设置的工艺孔。相应的定位元件是支撑板和两定位销。图 4-48 所示为某箱体钻孔工序夹具中以一面两孔定位的示意图。支撑板限制工件的 3 个自由度，短圆柱销 1 限制工件的 2 个自由度，短圆柱销 2 限制工件的 2 个自由度，可见两个圆柱销重复限制了工件自由度，产生过定位现象，严重时将不能安装工件。

一批工件定位可能出现干涉的最坏情况为：孔心距最大，销心距最小，或者反之。为使工件在两种极端情况下都能装到定位销上，可把定位销 2 上与工件孔壁相碰的那部分削去，即做成削边销。图 4-49 所示为削边销的形成原理。

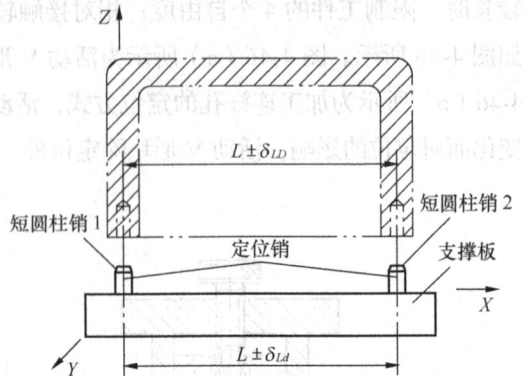

图 4-48　一面两孔组合定位

为保证削边销的强度，一般多采用菱形结构，故又称为菱形销，图 4-50 所示为常用的削边销结构。安装削边销时，削边方向应垂直于两销的连心线。

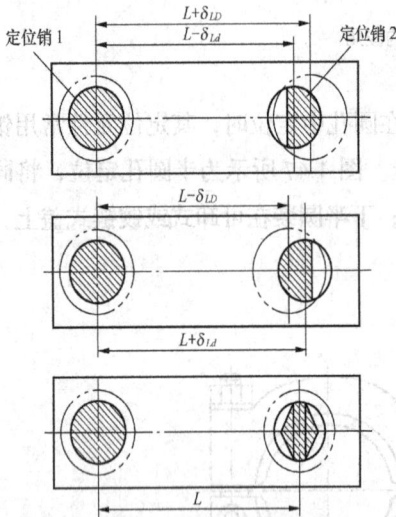

图 4-49　削边销的形成

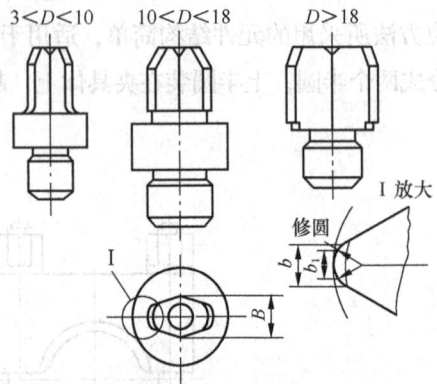

图 4-50　削边销结构

其他组合定位方式还有以一孔及两端面定位（见图 4-30），有时还会采用 V 形导轨、燕尾导轨等组合形成表面作为定位基面。

4.2.4　工件夹紧装置及应用

1. 夹紧装置的组成及基本要求

在机械加工过程中，工件受到切削力、工件重力、离心力、惯性力等力的作用，会产生震动或位移，为使工件保持由定位元件所确定的位置，必须把工件夹紧。夹紧装置组成的示意图，如图 4-51 所示。

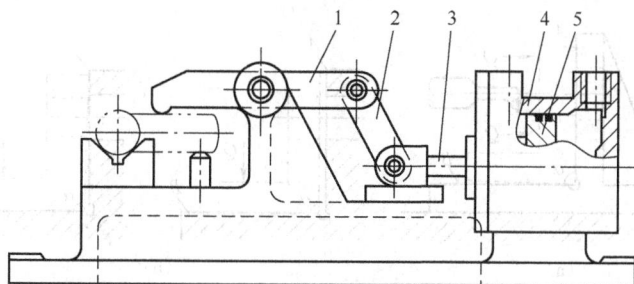

图 4-51　夹紧装置组成示意图

1—压板　2—铰链和杠杆　3—活塞杆　4—液压缸　5—活塞

（1）夹紧装置的组成。

① 力源装置。产生夹紧作用力的装置称为力源装置，对机动夹紧机构来说，是指气动、液压、电力等动力装置，如图 4-51 中的液压缸。对于手动夹紧来说，力源来自人力。

② 中间传动机构。中间传动机构是把力源装置产生的力传给夹紧元件的机构，如图 4-51 中的铰链、杠杆、活塞。它改变夹紧力的大小和方向，将原始力增大；同时具有自锁功能，保证夹具在力源消失以后，仍能可靠地夹紧工件，确保安全加工。

③ 夹紧元件。夹紧元件是夹紧装置的最终执行元件，它与工件直接接触，把工件夹紧，如图 4-51 中的压板。

（2）对夹紧装置的基本要求。夹紧装置应能保证加工质量，提高劳动生产率，降低加工成本和确保工人的生产安全。对夹紧装置的基本要求如下。

① 夹紧时不能破坏工件在夹具中占有的正确位置。

② 夹紧力的大小要适当，既要保证工件在加工过程中位置不变，不产生松动、震动，同时还要尽量避免和减小工件的夹紧变形及对夹紧表面的损伤。

③ 夹紧装置要操作方便，夹紧迅速、省力。大批量生产中应尽可能采用气动、液动夹紧装置，以减轻工人的劳动强度并提高生产率。在小批量生产中，采用结构简单的螺钉压板时，也要尽量缩短辅助时间。

④ 结构要紧凑简单，有良好的结构工艺性，尽量使用标准件。应有良好的自锁性。

2. 夹紧力的确定

确定夹紧力就是确定夹紧力的大小、方向和作用点。在确定夹紧力的三要素时要分析工件的结构特点、加工要求、切削力及其他作用外力。

（1）夹紧力方向的确定。

① 夹紧力方向应垂直于主要定位基准面。如图 4-52 所示，工件在直角支座上镗孔，本工序要求所镗孔与 A 面垂直，故应以 A 面为主要定位基准，在确定夹紧力方向时，应使夹紧力垂直于 A 面，

保证孔与 A 面的垂直度。反之，若朝向 B 面，当工件 A、B 两面有垂直度误差时，就无法实现主要定位基准面定位，因而也无法保证所镗孔与 A 面垂直的工序要求。

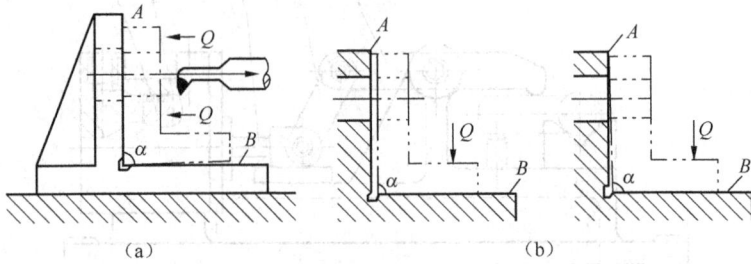

图 4-52　夹紧力方向垂直主要定位基准面

② 夹紧力应朝向工件刚性较好的方向，使工件变形尽可能小。

③ 夹紧力的方向应使所需夹紧力最小。夹紧力最好与切削力、工件重力方向一致，这样既可减小夹紧力，又可缩小夹紧装置的结构。图 4-53 所示为钻削轴向切削力、夹紧力、工件重力 G 都垂直于定位基面的情况，三者方向一致，钻削扭矩由这些同向力作用在支撑面上产生的摩擦力矩所平衡，此时所需的夹紧力最小。

（2）夹紧力作用点的选择。选择作用点的问题是指在夹紧方向已定的情况下确定夹紧力作用点的位置和数目。合理选择夹紧力作用点必须注意以下几点。

① 夹紧力作用点应落在定位元件上或定位元件所形成的支撑区域内。图 4-54（a）中作用点不正确，夹紧时力矩将会使工件产生转动；图 4-54（b）中作用点是正确的，夹紧时工件稳定可靠。

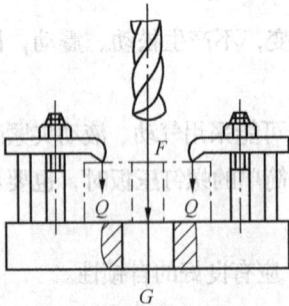

图 4-53　夹紧力方向对夹紧力大小的影响

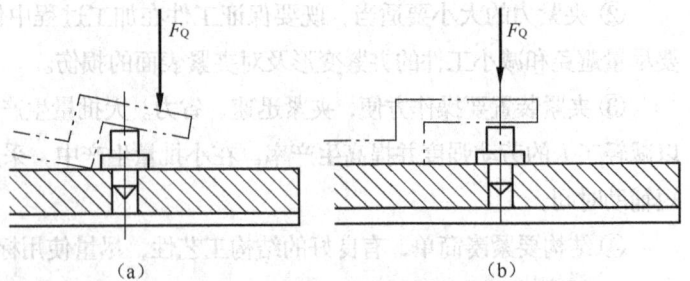

图 4-54　夹紧力作用点应在定位元件所确定的支撑面内

② 作用点应作用在工件刚性较好的部位。应尽量避免或减少工件的夹紧变形，这一点对薄壁工件显得更重要。图 4-55 所示为左侧图的夹紧力作用点不正确，夹紧时将会使工件产生较大的变形；右侧图中的夹紧力作用点是正确的，夹紧变形就很小。

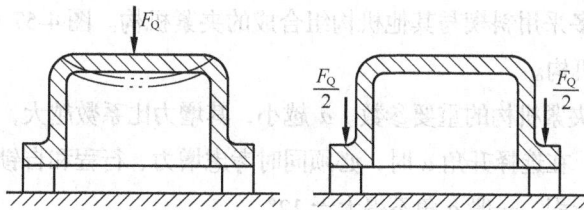

图 4-55　夹紧力应作用在工件刚性较好的部位

③ 夹紧力作用点应尽可能靠近加工面。这可以减小切削力对夹紧点的力矩，从而减轻工件的震动。如图 4-56（a）所示，若压板直径过小，则对滚齿时的防震不利；如图 4-56（b）所示，在拨叉上铣槽。由于主要夹紧力 F_{Q1} 的作用点距加工面较远，所以在靠近加工表面的地方设置了辅助支撑，增加了夹紧力 F_{Q2}，这样既可提高工件的夹紧刚度，又可减小震动和变形。

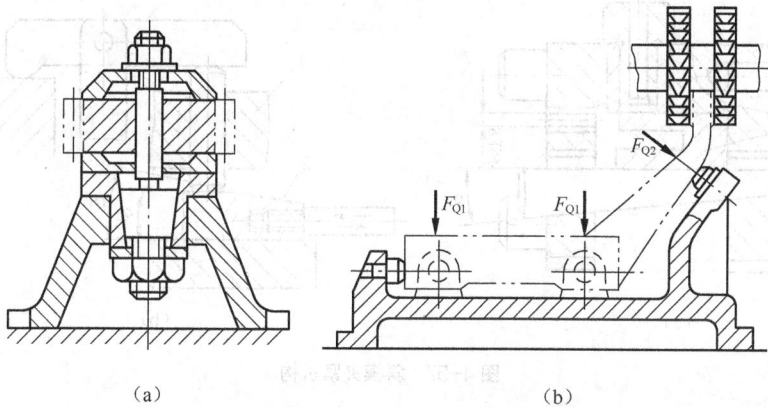

（a）　　　　　　　　　　　　　　（b）

图 4-56　夹紧力作用点应靠近加工部位

（3）夹紧力大小的确定。在夹紧力的方向、作用点确定之后，必须确定夹紧力的大小。夹紧力过小，难以保证工件定位的稳定性和加工质量；夹紧力过大，将不必要地增大夹紧装置的规格、尺寸，还会使夹紧系统的变形增大，从而影响加工质量。特别是机动夹紧时，应计算夹紧力的大小。

夹紧力三要素的确定是一个综合性问题。必须全面考虑工件的结构特点、工艺方法、定位元件的结构和布置等多种因素，才能最后确定并具体设计出较为理想的夹紧机构。

3. 典型夹紧机构

夹紧机构是将力源的作用力转化为夹紧力的机构，是夹紧装置的重要组成部分。在夹具的各种夹紧机构中，斜楔、螺旋、偏心、铰链以及由它们组合而成的各种机构应用最为普遍。

（1）斜楔夹紧机构。图 4-57（a）所示夹具中，工件装入后，用锤击斜楔 2 的大端楔紧工件 3，松开工件则需锤击斜楔 2 的小端。由此可见，斜楔是利用其斜面移动时所产生的压力夹紧工件。这种直接用楔块楔紧工件的夹紧装置，虽然结构简单，但夹紧力有限，且操作不方便，在生产中应用较少。在实际应用中，多采用斜楔与其他机构组合成的夹紧机构。图4-57（b）所示为斜楔与杠杆机构组合成的手动夹紧机构。

斜楔升角 α 是斜楔夹紧机构的重要参数。α 越小，其增力比系数越大，自锁性能越好，但夹紧行程比系数越小。因此，在选择升角 α 时，必须同时考虑增力、行程和自锁三方面的问题。为保证自锁和具有适当的夹紧行程，一般 α 角不得大于12°。

（2）螺旋夹紧机构。由螺母、垫圈、压板等元件组成的夹紧机构称为螺旋夹紧机构。螺旋夹紧机构中的螺旋，从原理上讲是斜楔的变型。通过转动螺旋，使绕在圆柱体上的斜楔高度变化，从而产生夹紧力，由于螺旋线长、升角小，所以，螺旋夹紧机构增力大、自锁性能好，夹紧行程长，特别适用于手动夹紧。

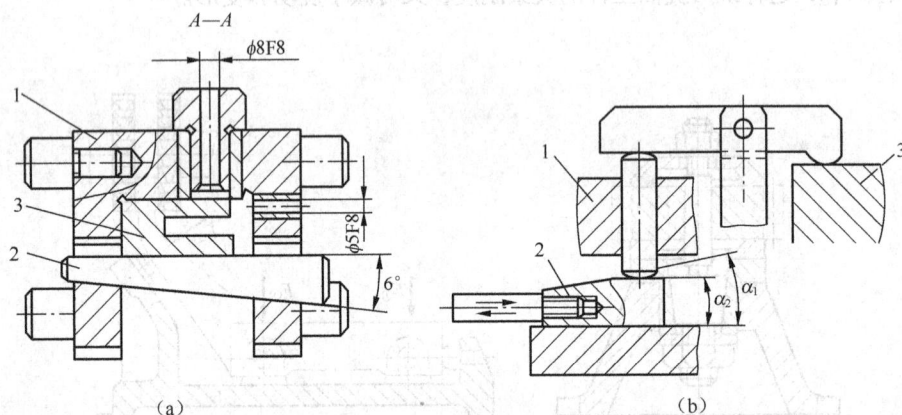

图4-57　斜楔夹紧机构

1—夹具体　2—斜楔　3—工件

① 单个螺旋夹紧机构如图4-58所示。左图用螺栓头直接压在工件上，会压坏工件表面，还会在拧动螺栓时带动工件旋转而破坏定位。这种机构夹紧时需用扳手，操作费时、效率低。为避免这些缺点，右图为带浮动压块的结构，使用方便，螺杆1夹紧端配置浮动压块4，故夹紧时不仅能与工件的被压表面保持良好的接触，而且也不会损伤工件表面。

② 螺旋压板夹紧机构。螺旋与压板组合的夹紧机构应用极为普遍，如图4-59所示，它是利用杠杆原理实现夹紧作用。根据杠杆的支点、力点的位置不同可分为3种基本形式。图4-59（a）、（b）所示为两种移动压板螺旋夹紧机构，图4-59（c）所示为铰链压板式夹紧机构。

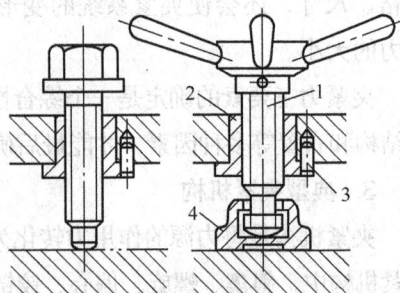

图4-58　单螺旋夹紧机构

1—螺杆　2—螺母套　3—止动销　4—压块

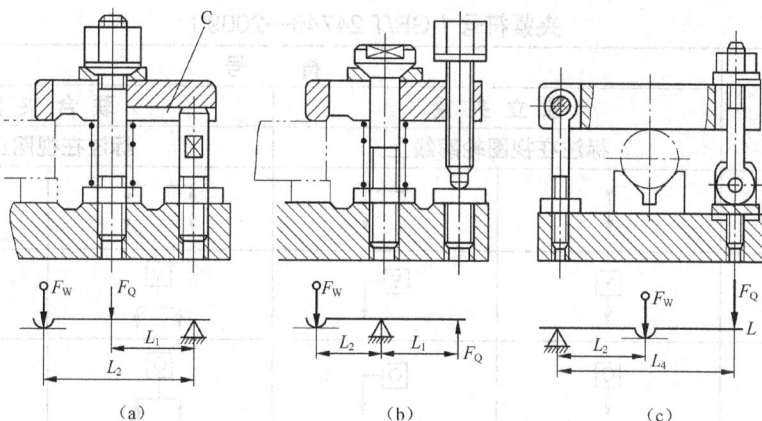

图 4-59　螺钉压板夹紧机构

（3）偏心夹紧机构。用偏心件直接或间接夹紧工件的机构，称为偏心夹紧机构。常用的偏心件一般有圆偏心轮和偏心轴两种类型。图 4-60 所示为偏心轮夹紧机构，这种机构结构简单、制造容易、夹紧迅速、操作方便，在夹具中得到广泛应用。缺点是行程和增力比较小，自锁性能较差，故适用于切削力小、无震动、工件表面尺寸公差不大的场合。

（4）定心夹紧机构。定心夹紧机构是夹具中具有定心作用的一种夹紧机构。它在工作过程中能同时实现工件定心（对中）和夹紧，如三爪自定心卡盘。三卡爪为定心夹紧元件，能等速趋近或离开卡盘中心（夹爪保持等距离行程），使其工作面对中心总保持相等的距离。当工件定位直径不同时，由夹爪的等距移动来调整，使工件工序基准（轴线）与卡盘中心保持一致。

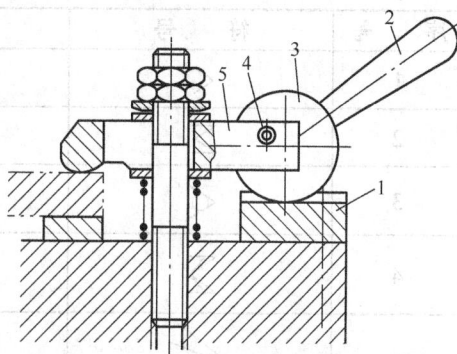

图 4-60　圆偏心夹紧机构

1—垫板　2—手柄　3—偏心轮　4—心轴　5—压板

4. 常见定位夹紧符号表示

常见定位夹紧符号分别如表 4-7 定位支撑符号、表 4-8 夹紧符号、表 4-9 常用装置符号来表示。表 4-10 为定位、夹紧符号与装置符号综合标注示例。

表 4-7　　　　　　　　　　定位支撑符号（GB/T 24740—2009）

定位支撑类型	符　　　号			
	独　立　定　位		联　合　定　位	
	标注在视图轮廓线上	标注在视图正面[a]	标注在视图轮廓线上	标注在视图正面[a]
固定式	⋀	⊙	⋀⋀	⊙—⊙
活动式	⋀	◔	⋀⋀	◔—◔

[a] 视图正面是指观察者面对的投影面

表 4-8　　　　　　　　　　　夹紧符号（GB/T 24740—2009）

夹紧动力源类型	符 号			
	独 立 夹 紧		联 合 夹 紧	
	标注在视图轮廓线上		标注在视图正面	
手动夹紧			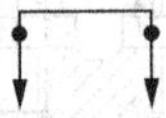	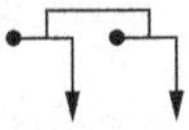
液压夹紧	 Y	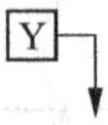 Y	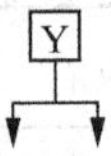 Y	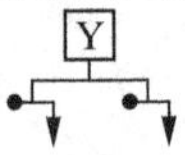 Y
气动夹紧	 Q	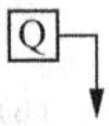 Q	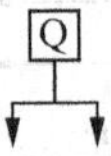 Q	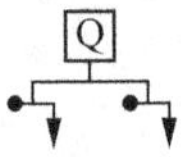 Q
电磁夹紧	 D	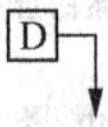 D	 D	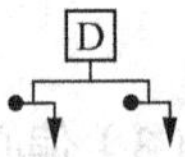 D

表 4-9　　　　　　　　　　　常用装置符号（GB/T 24740—2009）

序 号	符 号	名 称	简 图
1		固定顶尖	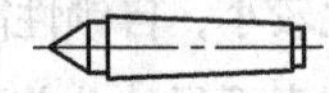
2		内顶尖	
3		回转顶尖	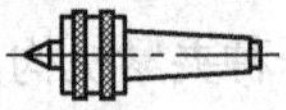
4		外拨顶尖	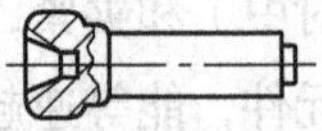
5		内拨顶尖	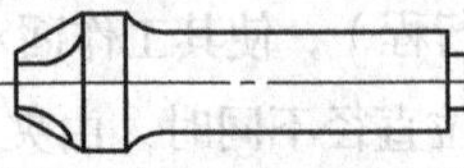
6		浮动顶尖	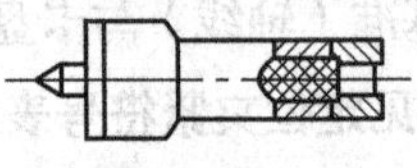
7	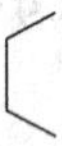	伞形顶尖	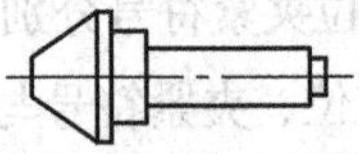
8	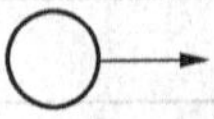	圆柱心轴	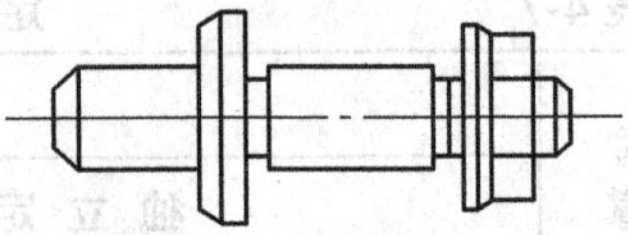
9	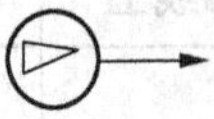	锥度心轴	
10	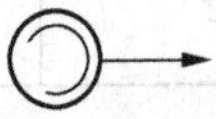	螺纹心轴	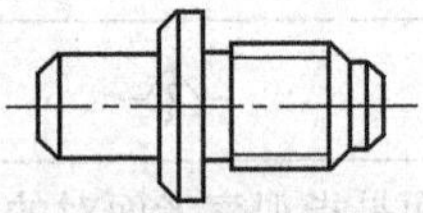 （花键心轴也用此符号）

续表

序　号	符　号	名　称	简　图
11	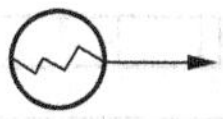	弹性心轴 （包括塑料心轴）	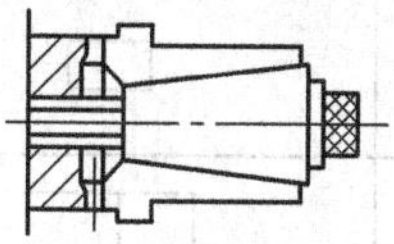
		弹簧夹头	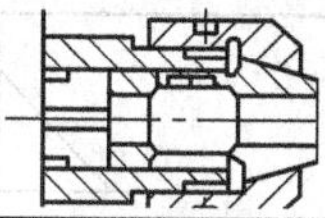
12		三爪卡盘	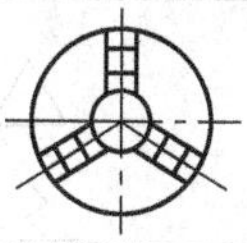
13		四爪卡盘	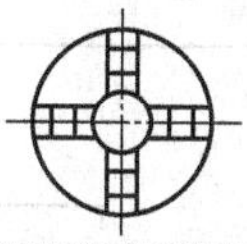
14		中心架	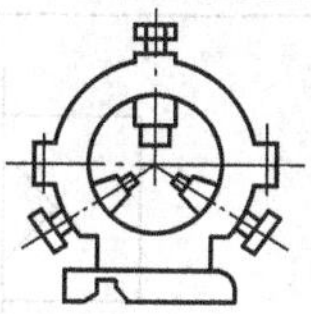
15	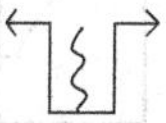	跟刀架	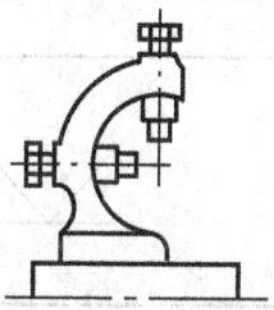
16		圆柱衬套	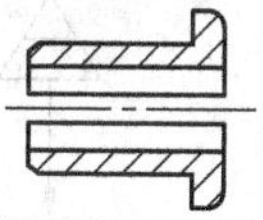
17		螺纹衬套	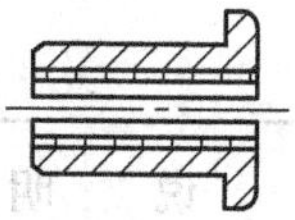
18		止口盘	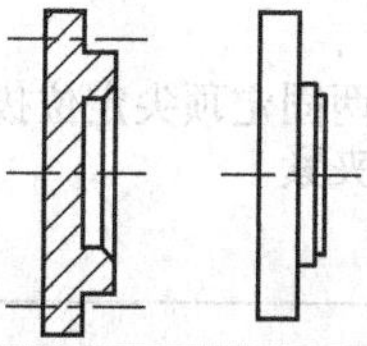
19		拔杆	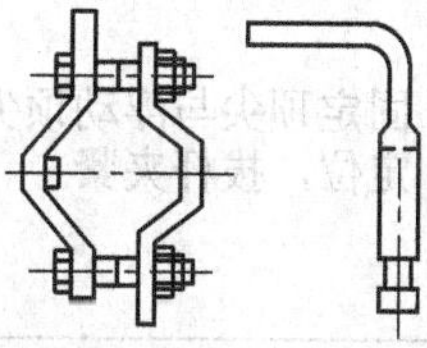

序　号	符　号	名　称	简　图
20		垫铁	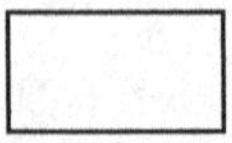
21	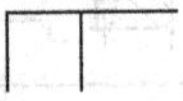	压板	
22	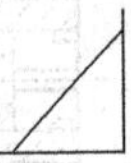	角铁	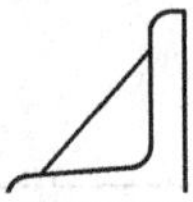
23		可调支撑	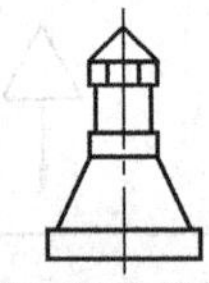
24	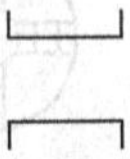	平口钳	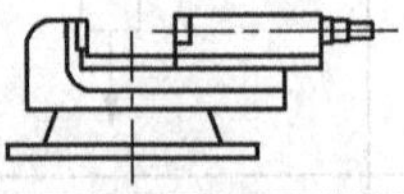
25	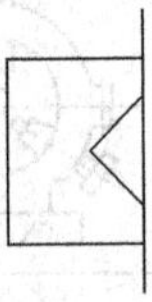	中心堵	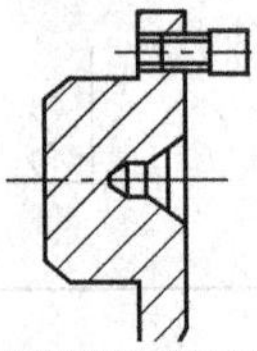
26	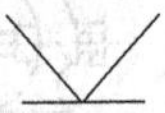	V 形铁	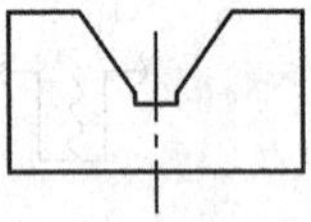
27		软爪	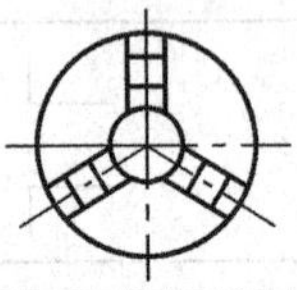

表 4-10　　　　　　　　定位、夹紧符号与装置符号综合标注示例

序号	说　明	定位、夹紧符号标注示意图	装置符号标注或与定位、夹紧符号联合标注示意图
1	两固定顶尖定位拔杆夹紧	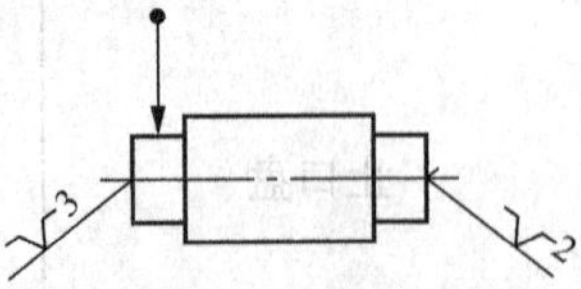	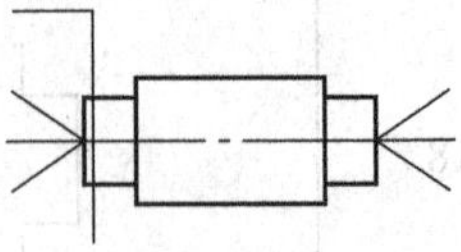
2	固定顶尖与浮动顶尖定位，拔杆夹紧	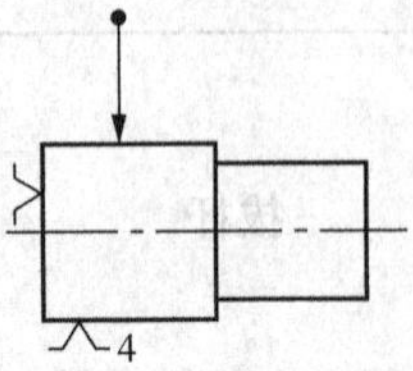	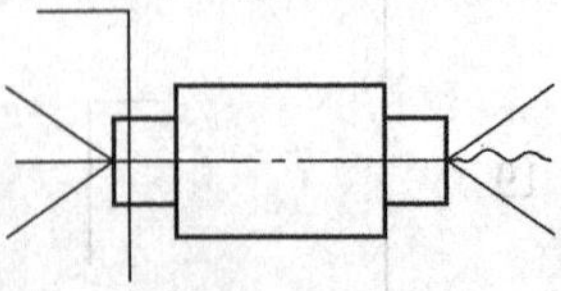

续表

序号	说　明	定位、夹紧符号标注示意图	装置符号标注或与定位、夹紧符号联合标注示意图
3	床头内拔顶尖，床尾回转顶尖定位夹紧	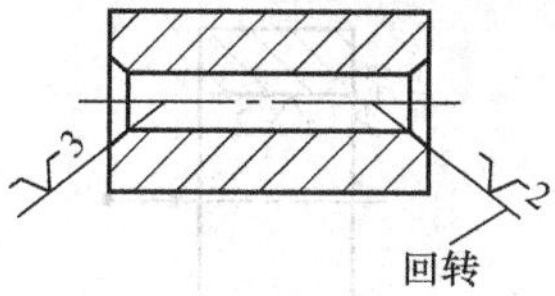	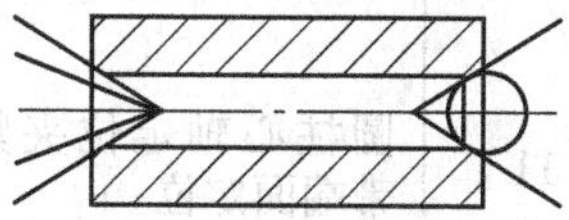
4	床头外拔顶尖，床尾回转顶尖定位夹紧	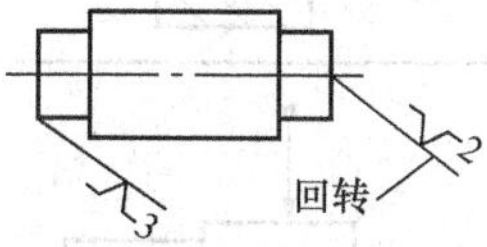	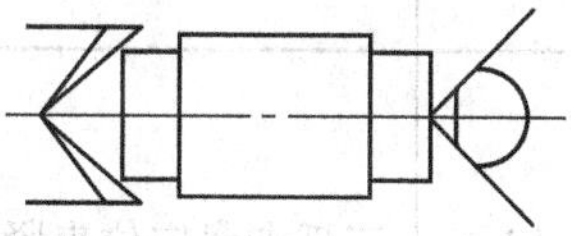
5	床头弹簧夹头定位夹紧，平头轴向定位，床尾内顶尖定位	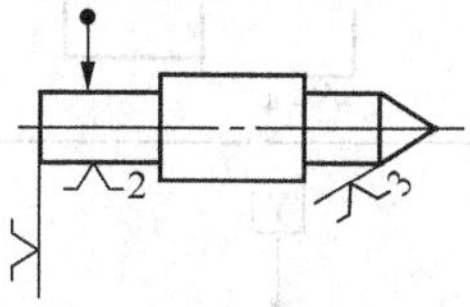	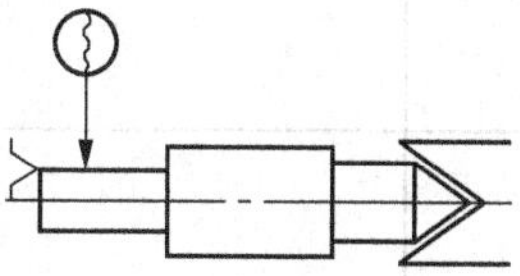
6	弹簧夹头定位夹紧	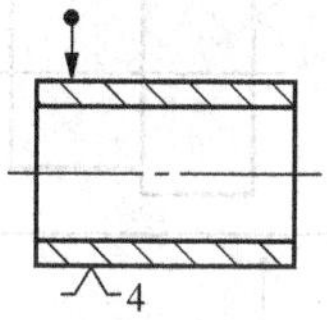	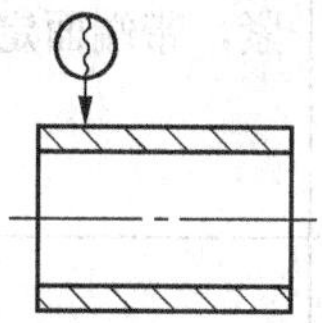
7	液压弹簧夹头定位夹紧，夹头内带有轴向定位	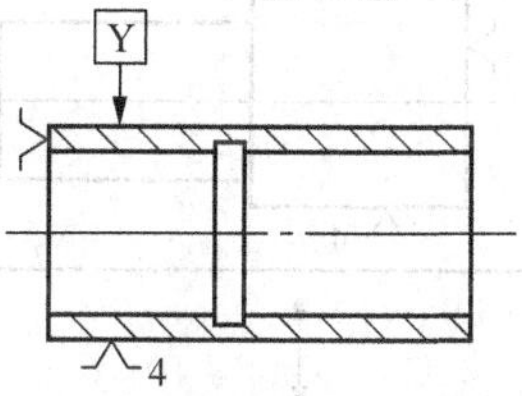	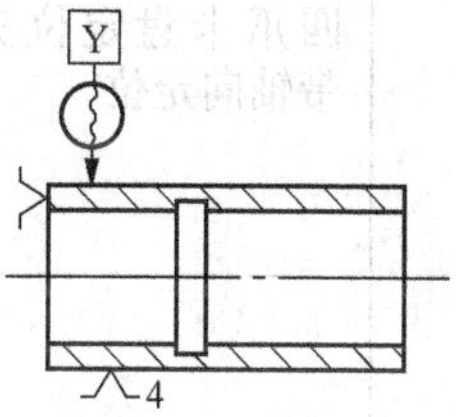
8	弹性心轴定位夹紧	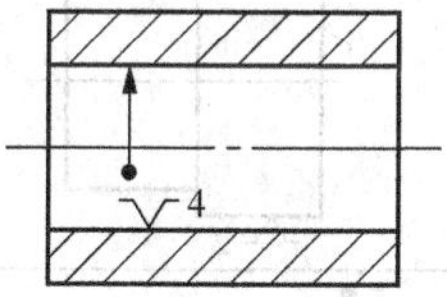	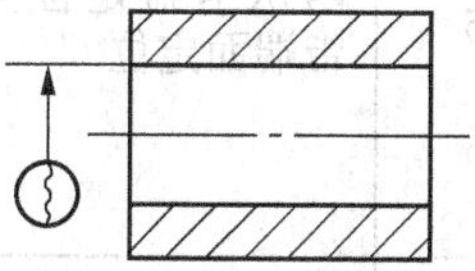
9	气动弹性心轴定位夹紧，带端面定位	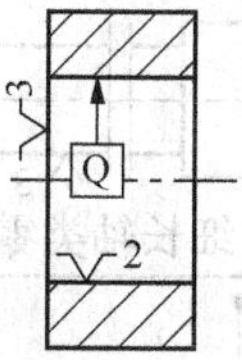	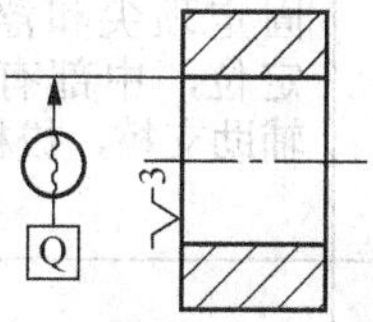
10	锥度心轴定位夹紧	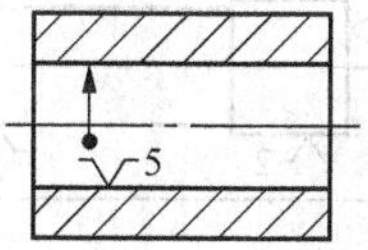	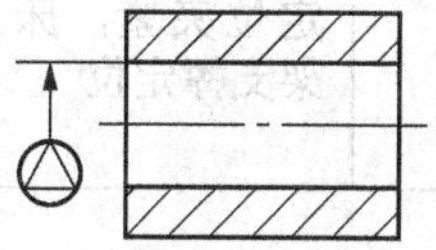

续表

序号	说　　明	定位、夹紧符号标注示意图	装置符号标注或与定位、夹紧符号联合标注示意图
11	圆柱心轴定位夹紧，带端面定位	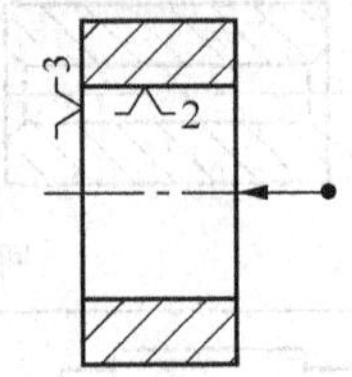	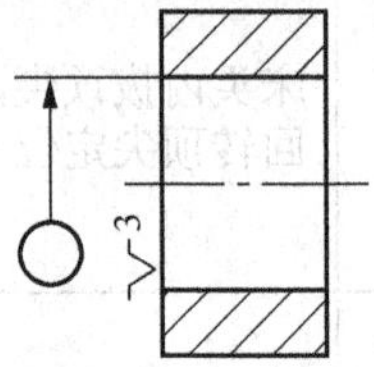
12	三爪卡盘定位夹紧	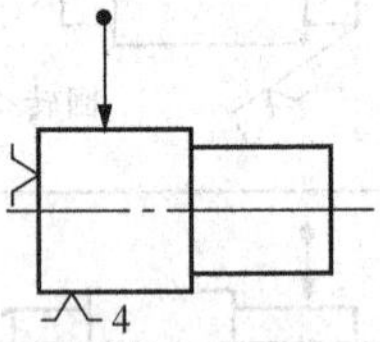	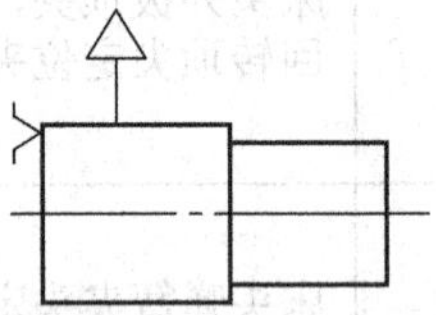
13	液压三爪卡盘定位夹紧，带端面定位	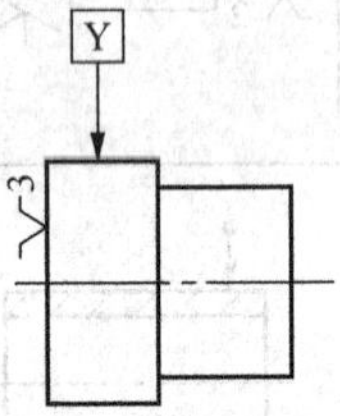	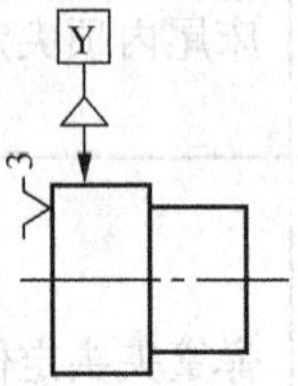
14	四爪卡盘定位夹紧，带轴向定位	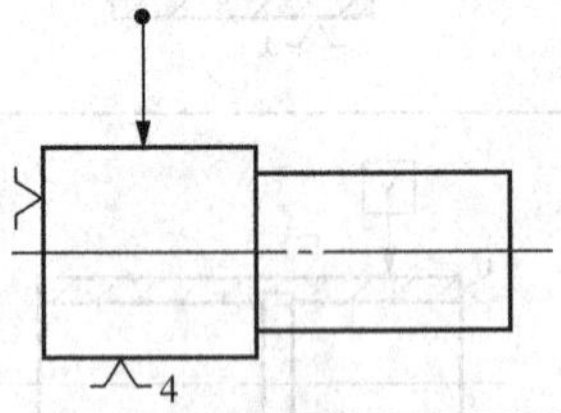	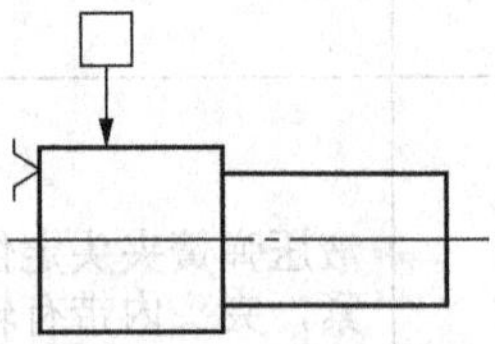
15	四爪卡盘定位夹紧，带端面定位	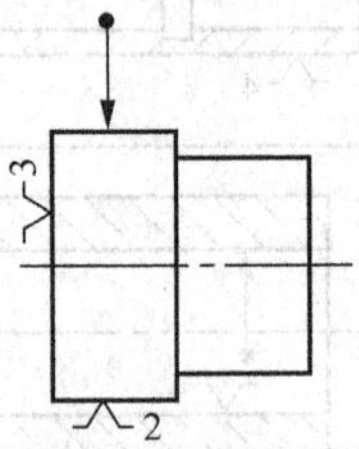	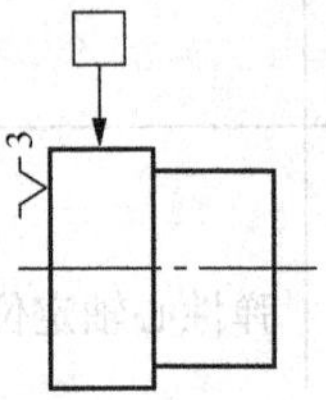
16	固定顶尖和浮动顶尖定位，中部有跟刀架辅助支撑，拔杆夹紧	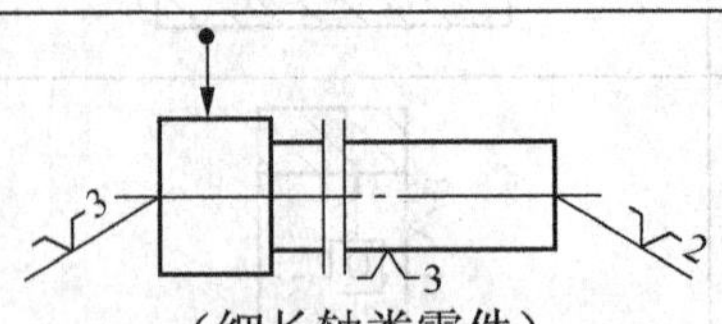 （细长轴类零件）	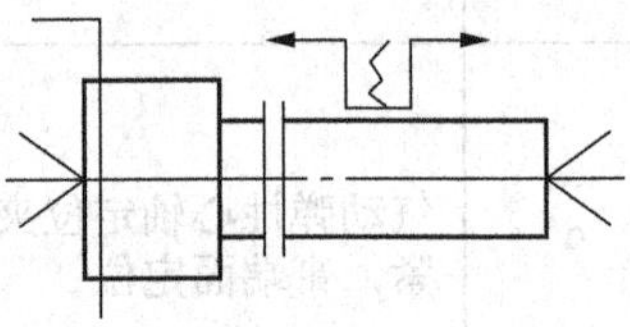
17	床头三爪卡盘带轴向定位夹紧，床尾中心架支撑定位	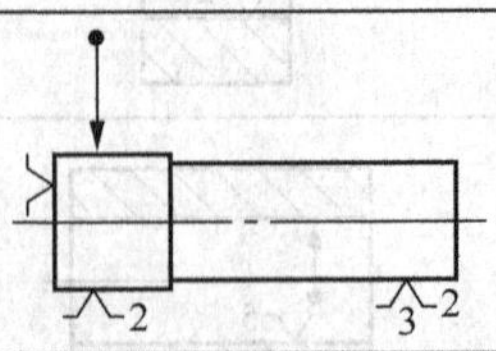	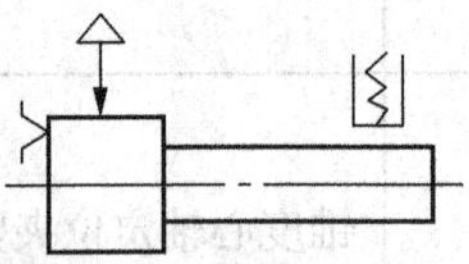

序号	说　　明	定位、夹紧符号标注示意图	装置符号标注或与定位、夹紧符号联合标注示意图
18	止口盘定位螺栓压板夹紧		
19	止口盘定位气动压板联动夹紧		
20	螺纹心轴定位夹紧		
21	圆柱衬套带有轴向定位，外用三爪卡盘夹紧		
22	螺纹衬套定位，外用三爪卡盘夹紧		
23	平口钳定位夹紧		
24	电磁盘定位夹紧		
25	软爪三爪卡盘定位夹紧		

序号	说　明	定位、夹紧符号标注示意图	装置符号标注或与定位、夹紧符号联合标注示意图
26	床头伞形顶尖，床位伞形顶尖定位，拔杆夹紧	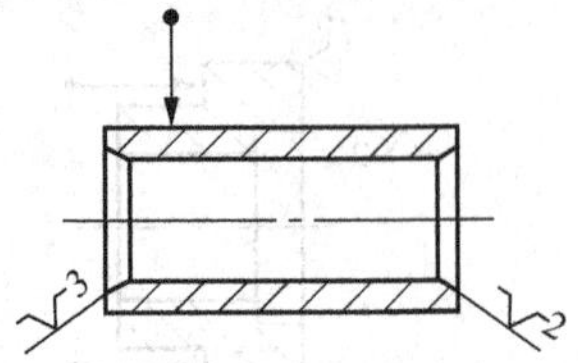	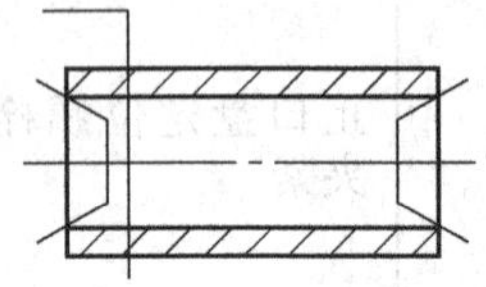
27	床头中心堵，床位中心堵定位，拔杆夹紧	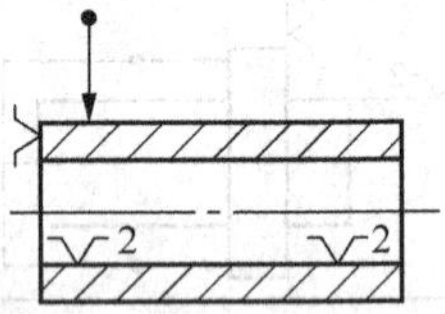	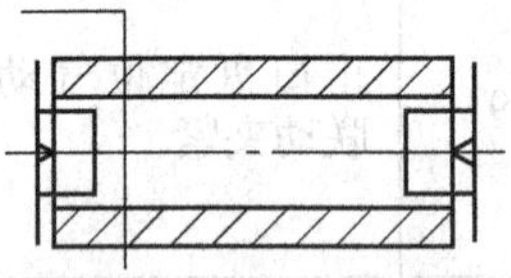
28	角铁、V形铁及可调支撑定位，下部加辅助可调支撑，压板联动夹紧	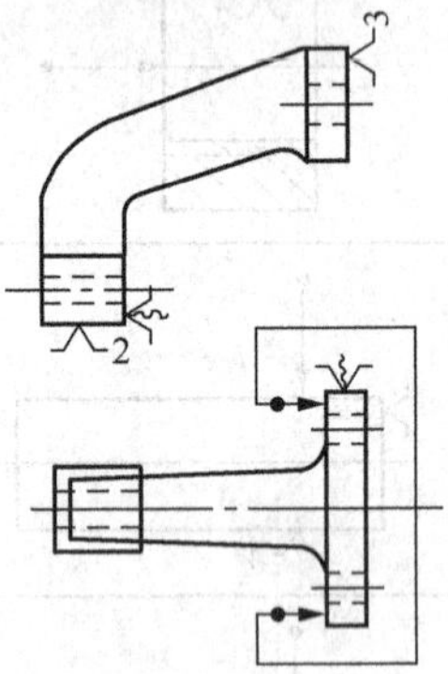	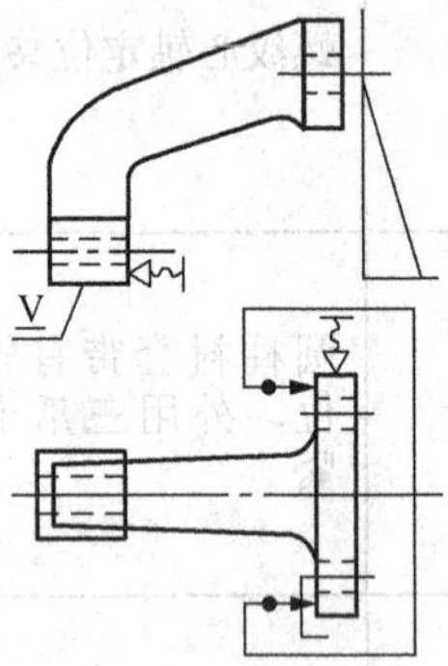
29	一端固定V形铁，下平面垫铁定位，另一端可调V形铁定位夹紧	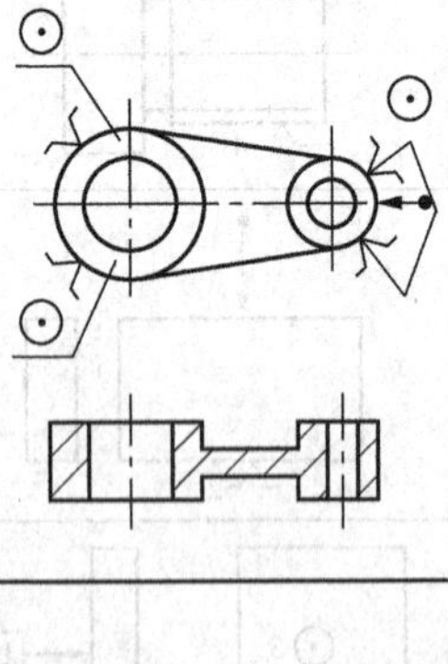	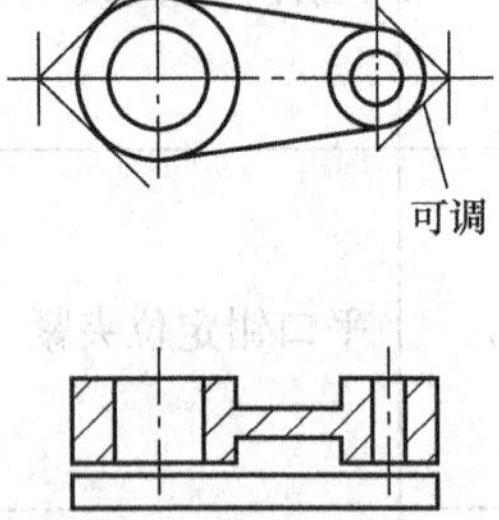

| 4.2.5　专用夹具应用实例 |

1. 车床夹具

（1）车床夹具的分类。车床主要用于加工零件的内、外圆柱面，圆锥面，回转成形面，螺纹、端平面等。上述各种表面都是围绕机床主轴的旋转轴线而形成的，根据这一加工特点和夹具在机床上安装的位置，将车床夹具分为两种基本类型。

① 安装在车床主轴上的夹具。这类夹具中，除了各种卡盘、顶尖等通用夹具或其他机床附件外，往往根据加工的需要设计各种心轴或其他专用夹具，加工时夹具随机床主轴一起旋转，切削刀具作进给运动。

② 安装在滑板或床身上的夹具。对于某些形状不规则和尺寸较大的工件，常常把夹具安装在车床滑板上，夹具作进给运动。加工回转成形面的靠模属于此类夹具。

（2）车床典型夹具。车床上除使用顶尖、三爪自定心卡盘、四爪单动卡盘、花盘等通用夹具外，常按工件的加工需要设计一些专用夹具。

① 如图 4-61 所示为花盘角铁式车床夹具，工件 6 以两孔在圆柱定位销 2 和削边销 1 上定位，底面直接在夹具体 4 的角铁平面上定位，两螺钉压板分别在两定位销孔旁把工件夹紧。导向套 7 用来引导加工轴孔的刀具，8 是平衡块，用以消除回转时的不平衡。夹具上还设置有轴向定程基面 3，它与圆柱定位销保持确定的轴向距离，以控制刀具的轴向行程。该夹具以主轴外圆柱面作为安装定位基准。

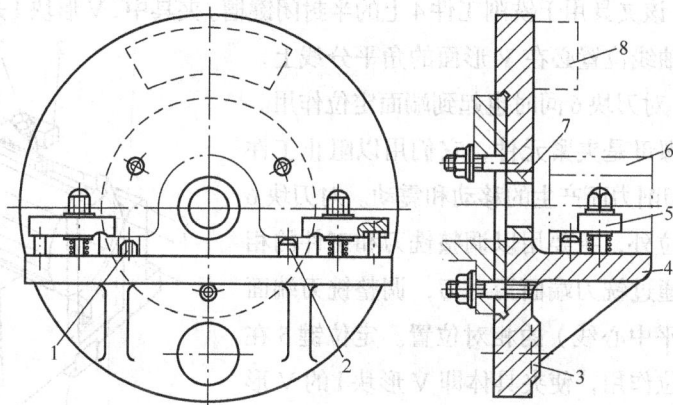

图 4-61　花盘角铁式车床夹具

1—削边销　2—圆柱定位销　3—轴向定程基面

4—夹具体　5—压块　6—工件　7—导向套　8—平衡块

② 如图 4-62 所示的夹具是用来加工气门杆的端面，由于该工件是以细的外圆柱面为基准，这就很难采用自动定心装置，于是夹具就采用半圆孔定位，所以夹具体必然成角铁状。为了使夹具平衡，该夹具采用了在重的一侧钻平衡孔的办法。

2. 铣床夹具

（1）铣床夹具的分类。铣床夹具按使用范围，可分为通用铣夹具、专用铣夹具和组合铣夹具 3 类。按工件在铣床上加工的运动特点，可分为直线进给夹具、圆周进给夹具、沿曲线进给夹具（如仿形装置）3 类。还可按自动化程度和夹紧动力源的不同（如气动、电动、液压）以及装夹工件数量的多少（如单件、双件、多件）等进行分类。其中，最常用的分类方法是按通用、专用和组合进行分类。

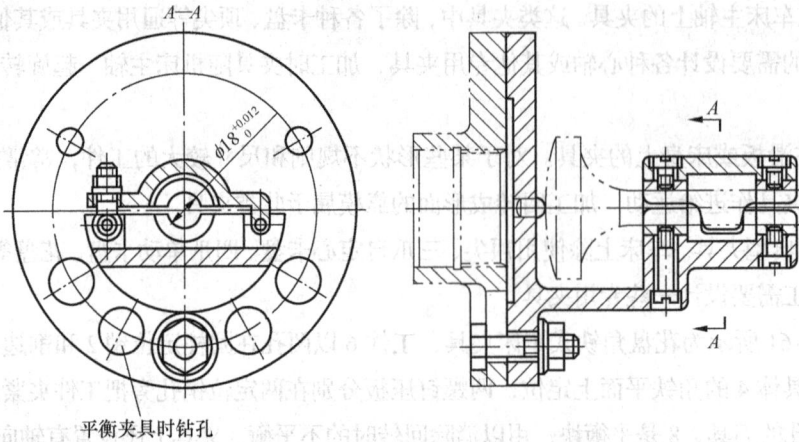

平衡夹具时钻孔

图 4-62　车气门杆的角铁式车床夹具

（2）铣床典型专用夹具。铣床常用的通用夹具主要有平口台虎钳、花盘、V 形块等，满足不了加工复杂曲面零件的批量生产需要，故经常需要设计专用夹具。

如图 4-63 所示，该夹具用于铣削工件 4 上的半封闭键槽。夹具中，V 形块 1 是夹具体兼定位件，
它使工件在装夹时轴线位置必在 V 形面的角平分线上，
从而起到定位作用。对刀块 6 同时也起到端面定位作用。
压板 2 和螺栓 3 及螺母是夹紧元件，它们用以阻止工件
在加工过程中因受切削力而产生的移动和震动。对刀块 6
除对工件起轴向定位外，主要用以调整铣刀和工件的相
对位置。对刀块 6 通过铣刀端面刃对刀，调整铣刀端面
与工件外圆（或水平中心线）的相对位置。定位键 5 在
夹具与机床间起定位作用，使夹具体即 V 形块 1 的 V 形
槽朝向与工作台纵向进给方向平行。

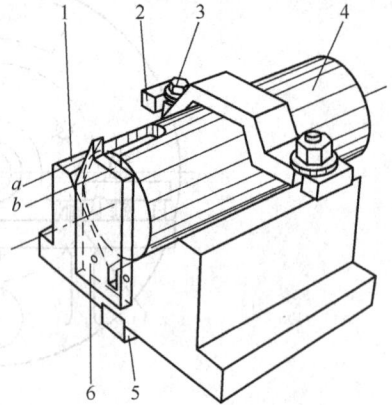

3. 钻床夹具

为保证被加工孔的定位基准及各孔之间的尺寸精度和
位置精度，提高劳动生产率，实际生产中经常用钻套引导

图 4-63　铣键槽的简易专用夹具

1—V 形块　2—压板　3—螺栓　4—工件

5—定位键　6—对刀块

刀具进行加工。这种借助钻模保证钻头与工件之间正确位置的夹具叫钻床夹具，简称钻模。一般由
外套和钻模板构成。根据被加工孔的分布和钻模板的特点，钻模一般分为固定式、回转式、移动式、
翻转式、盖板式和滑柱式等几种类型。

（1）固定式钻模。在使用过程中，钻模和工件在机床上的位置固定不动。常用于在立式钻床
上加工较大的单孔或在摇臂钻床上加工平行孔系。

在立式钻床工作台上安装钻模时，首先用装在主轴上的钻头（精度要求较高时可用心轴）插
入钻套内，以校正钻模的位置，然后将其固定。这样既可减少钻套的磨损，又可保证孔的位置精度。

如图 4-64 所示为固定式钻模，工件以其端面和键槽与钻模上的定位法兰 3 及定位键 4 相接触
而定位。转动螺母 9 使螺杆 2 向右移动时，通过钩形开口垫圈 1 将工件夹紧。松开螺母 9，螺杆 2

在弹簧的作用下向左移，钩形开口垫圈 1 松开并绕螺钉摆下即可卸下工件。

（2）回转式钻模。回转式钻模钻模体可按一定的分度要求绕某一固定轴转动。主要用于加工同一圆周上的平行孔系或分布在圆周上的径向孔。工件在一次装夹后，靠钻模体旋转，依次加工出各孔。它包括立轴、卧轴和斜轴回转 3 种基本形式。如图 4-65 所示为一套轴向分度回转式钻模，工件以其端面和内孔与钻模上的定位表面及圆柱销 7 相接触完成定位；拧紧螺母 8，通过快换垫圈 9 将工件夹紧；通过钻套引导刀具对工件上均匀分布的孔进行加工，是借助分度机构完成的。在加工完一个孔后，转动手柄 3，可将分度盘（与定位销 7 装为一体）松开，利用手柄 5 将对定销 6 从定位套中拔出，使分度盘带动工件回转至某一角度后，对定销 6 又插入分度盘上的另一定位套中即完成一次分度，再转动手柄 3 将分度盘锁紧，即可依次加工其余各孔。

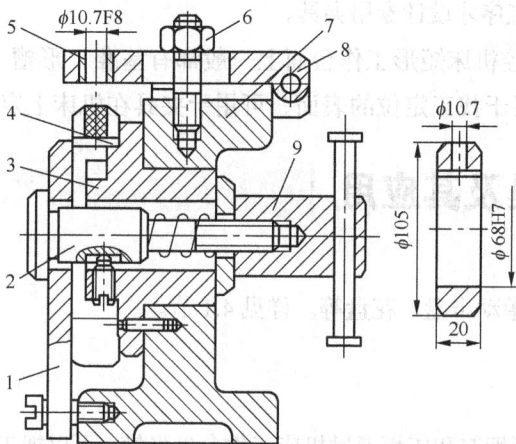

图 4-64　固定式钻模

1—钩形垫圈　2—螺杆　3—定位法兰　4—定位键

5—钻套　6—螺母　7—夹具体

8—钻模板　9—螺母

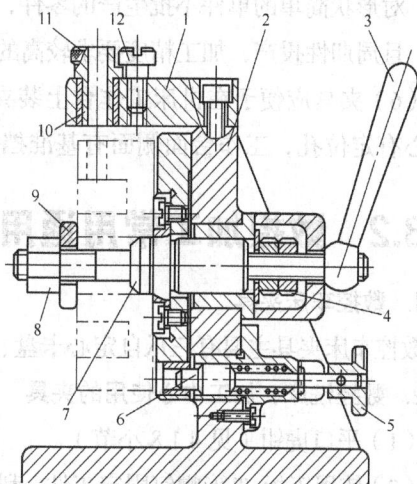

图 4-65　轴向分度回转式钻模

1—钻模板　2—夹具体　3—手柄　4、8—螺母　5—手柄

6—对定销　7—定位销　9—快换垫圈

10—衬套　11—钻套　12—螺钉

4.3　数控加工中常用夹具

4.3.1　在数控加工中对工件装夹的要求

在确定工件装夹方案时，要根据工件上已选定的定位基准确定工件的定位夹紧方式，并选择合适的夹具。此时，主要考虑以下几点。

（1）减少刀具干涉。避免夹具结构包括夹具上的组件对刀具运动轨迹的干涉。

（2）必须保证最小的夹紧变形。要防止工件夹紧变形而影响加工精度。如果采用了相应措施仍不能控制工件受力变形对加工精度的影响，则可以考虑粗、精加工采用不同的夹紧力，即在粗加工时采用大夹紧力，精加工前松开工件，用较小夹紧力重新夹紧工件，再进行精加工。

（3）要求夹具装卸工件方便，辅助时间尽量短。由于加工中心加工效率高，装夹工件的辅助时间对加工效率影响较大，所以要求配套夹具装卸工件时间短、定位可靠。数控加工夹具可使用气动、液压、电动等自动夹紧装置实现快速夹紧，缩短辅助时间。

（4）多件同时装夹，提高效率。对小型工件或加工时间较短的工件，可以考虑在工作台上多件夹紧，或多工位加工，以提高加工效率。

（5）夹具结构应力求简单。在数控机床上工件的加工部位较多，而批量较小，优先选用拼装夹具。对形状简单的单件小批生产的零件，可选用通用夹具，如三爪卡盘、平口钳等。只有对批量较大，且周期性投产，加工精度要求较高的关键工序才设计专用夹具。

（6）夹具应便于在机床工作台上装夹。数控机床矩形工作台面上一般都有基准T形槽，转台中心有定位孔，工作台面侧面有基准挡板等用于找正定位的表面，可用于夹具在机床上定位。

4.3.2 数控加工常用通用夹具及其应用

1. 数控车床夹具

数控车床夹具主要有三爪自定心卡盘、四爪单动卡盘、花盘等。详见4.1节。

2. 数控铣床、加工中心使用的夹具

（1）平口虎钳（见4.1.8小节）。

（2）使用压板-T形螺钉固定工件。利用T形螺钉和压板通过机床工作台T形槽，可以把工件、夹具或其他机床附件固定在工作台上。使用T形螺钉和压板固定工件如图4-66所示。此时应注意以下几点。

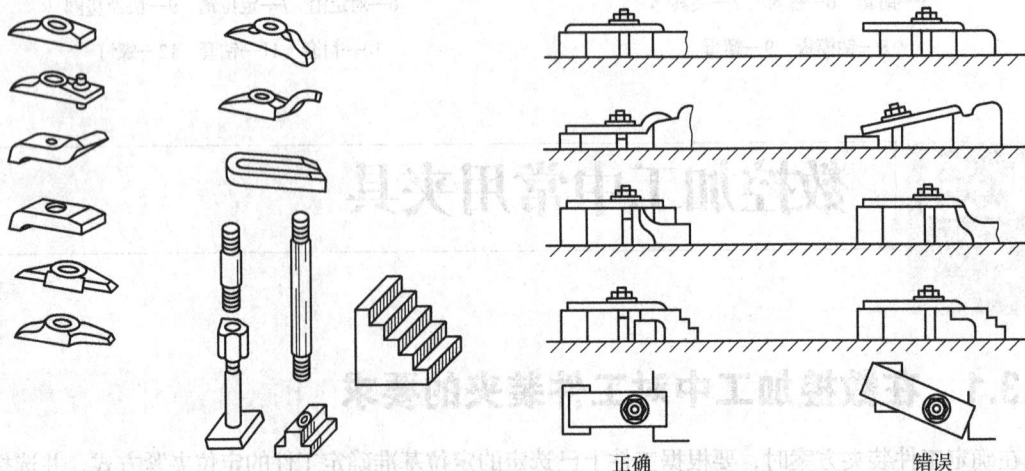

正确   错误

图4-66　压板及其使用

①压板螺钉应尽量靠近工件而不是靠近垫铁，以获得较大的压紧力。

② 垫铁的高度应与工件的被压点高度相同，并允许垫铁高度略高一些。

③ 使用压板固定工件时其压点应尽量靠近切削位置。使用压板的数目不得少于两个，而且压板要压在工件上的实处，若工件下面悬空时，必须附加垫铁（垫片）或用千斤顶支撑。

④ 根据加工特点确定夹紧力的大小，既要防止由于夹紧力过小造成工件松动，又要避免夹紧力过大使工件变形。一般精铣时的夹紧力小于粗铣时的夹紧力。

⑤ 如果压板夹紧力作用点在工件已加工表面上，应在压板与工件间加铜质或铝质垫片，防止工件表面被压伤。

（3）弯板的使用。弯板（或称角铁）主要用来固定长度、宽度较大，而且厚度较小的工件。如图 4-67 所示为利用弯板装夹工件的示例。

使用弯板时应注意如下几点。

① 弯板在工作台上的固定位置必须正确，弯板的立面必须与工作台台面相垂直。

② 工件与弯板立面的安装接触面积应尽量大。

③ 夹紧工件时，应尽可能多地使用螺栓压板或弓形夹。

（4）V 形块的使用（详见 4.2.3 小节）。

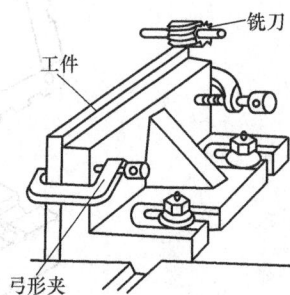

图 4-67　工件在弯板上的装夹

4.3.3　组合夹具

组合夹具是由可以循环使用的标准夹具零部件组装成容易连接和拆卸夹具。组合夹具的柔性大，适于单件小批生产，是一种标准化、系列化、通用化程度高的工艺装备。

1. 组合夹具元件组成

组合夹具元件按其用途不同，可分为以下 8 大类。

（1）基础件。包括各种规格尺寸的方形、矩形、圆形基础板和基础角铁等，基础件主要用作夹具体，如图 4-68 所示。

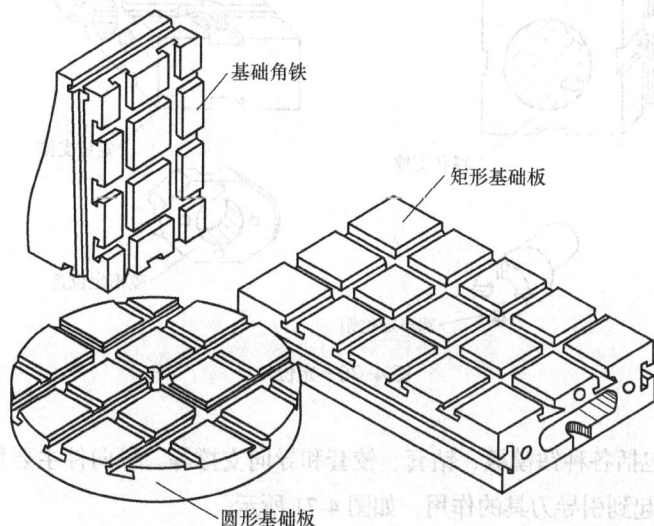

图 4-68　基础件

（2）支撑件。包括各种规格尺寸的垫片、垫板、方形和矩形支撑、角度支撑、角铁、菱形板、V形块、螺孔板、伸长板等，支撑件主要用作不同高度的支撑和各种定位支撑平面，是夹具体的骨架，如图4-69所示。

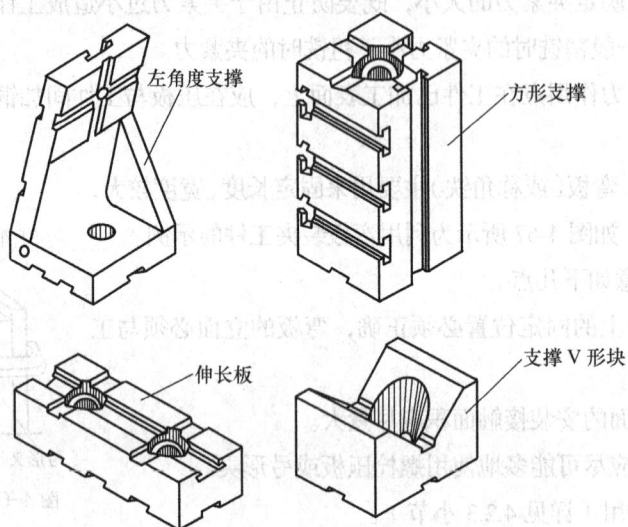

图4-69　支撑件

（3）定位件。包括各种定位销、定位盘、定位键、对位轴、各种定位支座、定位支撑、锁孔支撑、顶尖等，定位件主要用于确定元件与元件、元件与工件之间的相对位置尺寸，保证夹具的装配精度和工件的加工精度，如图4-70所示。

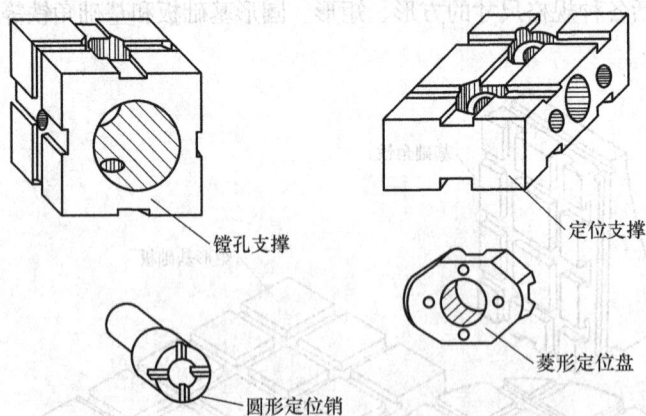

图4-70　定位件

（4）导向件。包括各种钻模板、钻套、铰套和导向支撑等。导向件主要用来确定刀具与工件的相对位置，加工时起到引导刀具的作用，如图4-71所示。

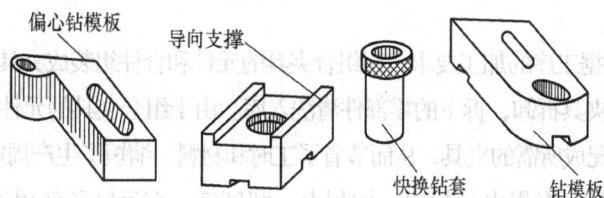

图 4-71　导向件

（5）压紧件。包括各种形状尺寸的压板，主要用来将工件夹紧在夹具上，保证工件定位后的正确位置在外力作用下不变动。由于各种压板的主要表面都经过磨光，因此也常作定位挡板、连接板或其他用途，如图 4-72 所示。

（6）紧固件。包括各种螺栓、螺钉、螺母和垫圈等，主要用来将夹具上各种元件连接紧固并成为一整体，并可通过压板把工件夹紧在夹具上，如图 4-73 所示。

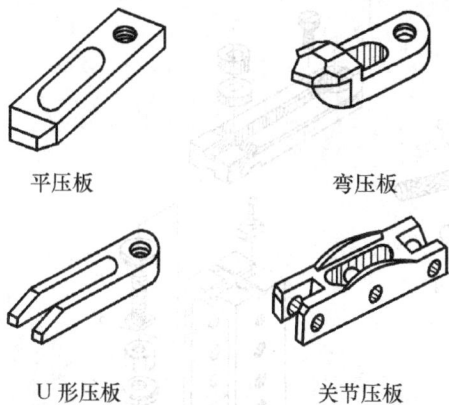

平压板　　　　弯压板

U 形压板　　　关节压板

图 4-72　压紧件

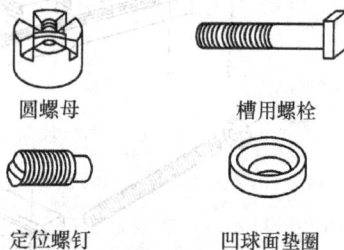

圆螺母　　　　槽用螺栓

定位螺钉　　　凹球面垫圈

图 4-73　紧固件

（7）其他件。包括除了上述 6 类以外的各种用途的单一元件，在夹具中主要起辅助作用。例如，连接板、回转压板、浮动块、各种支撑钉、支撑帽、二爪支撑、三爪支撑、平衡块等，如图 4-74 所示。

（8）合件。指在组装过程中不拆散使用的独立部件。按其用途可分为定位合件、导向合件、夹紧合件、分度合件等，如图 4-75 所示。

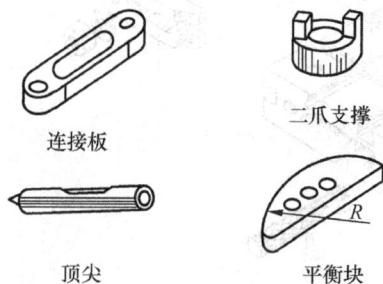

连接板　　　　二爪支撑

顶尖　　　　　平衡块

图 4-74　其他件

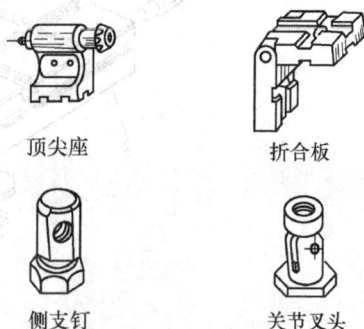

顶尖座　　　　折合板

侧支钉　　　　关节叉头

图 4-75　合件

2. 组合夹具的应用

组合夹具应用过程：根据工序的加工要求，用组合夹具的元件和合件组装成夹具，使用夹具完成工序的加工要求，完成加工后将夹具拆卸，拆下的零部件清洗入库。由于组合夹具的元件和合件是可以重复使用的，能够用较短的时间装配成所需的夹具，从而节省了工时和材料，缩短了生产周期，降低了生产成本。

组合夹具的主要缺点是与专用夹具相比，体积大、刚度低，在运输和使用过程中需避免撞击，以免破坏组装的位置精度。此外，为适应组装不同结构的夹具，必须有大量零部件的储备，一次性的基本投资较大，使组合夹具的应用受到一定的限制。

组合夹具分为槽系和孔系两类，详情可查阅《机床夹具设计手册》。如图 4-76 所示为槽系组合夹具的组装、分解图。

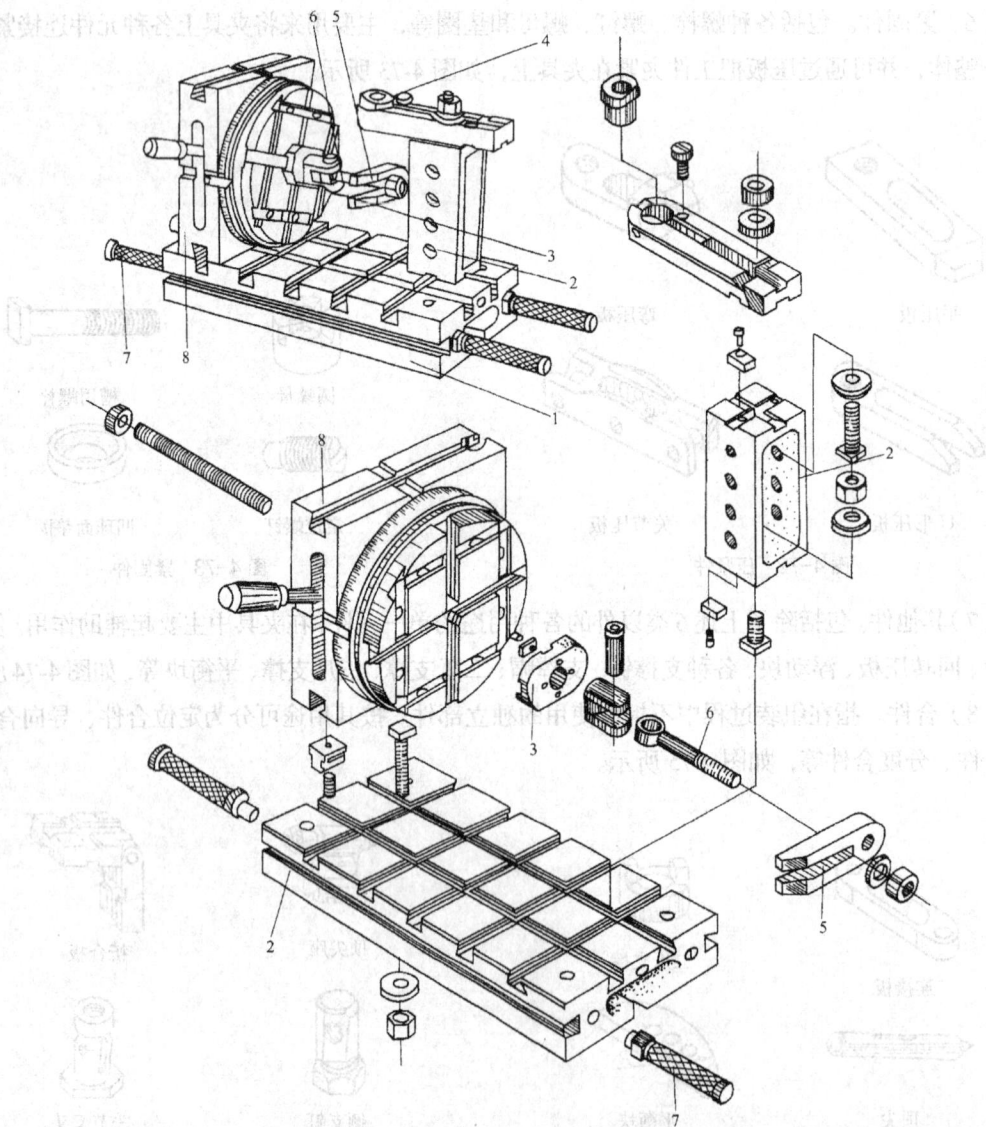

图 4-76　T 形槽系组合夹具组装图

1—基础件　2—支撑件　3—定位件　4—导向件　5—夹紧件　6—紧固件　7—手柄件　8—分度合件

小结

本章讲述了工件的定位与夹紧、常见定位方式及定位元件、数控加工中常用夹具等内容。读者应重点掌握工件定位的基本原理和夹紧的基本方法，掌握常用定位方式，了解常用定位元件的应用和数控加工中常用的夹具。本章难点是车床、铣床、镗床、磨床夹具的选择、设计和应用。

习题

1. 何谓机床夹具？夹具有哪些作用？
2. 机床夹具由哪部分组成？各起什么作用？
3. 何谓"六点定位原理"？"不完全定位"和"过定位"是否均不能采用，为什么？
4. 为什么说夹紧不等于定位？
5. 固定支撑有哪几种形式？各适用于什么场合？
6. 自位支撑有何特点？
7. 什么是可调支撑？什么是辅助支撑？它们有什么区别？
8. 使用辅助支撑和可调支撑时应注意什么问题？并举例说明辅助支撑的应用。
9. 对夹紧力的要求有哪些？
10. 简要说明典型的车床、铣床、钻床、镗床、磨床夹具的结构特点。
11. 简要说明数控机床夹具的特点及常用夹具有哪些。
12. 组合夹具有何特点？试述 T 形槽系组合夹具元件的分类、功用和组装步骤。

第5章

机械加工工艺规程

【学习目标】

1. 了解生产过程与机械加工工艺规程基本概念
2. 掌握机械加工工艺规程的步骤、方法，能拟定机械
   加工工艺过程卡和工序卡
3. 掌握工艺尺寸链的计算和应用
4. 了解典型零件机械加工工序的设计

5.1 机械加工工艺规程基本概念

机械加工工艺规程是车间中一切从事生产的人员都要严格、认真贯彻执行的工艺技术文件。按照它来组织生产，就能做到各工序科学地衔接，实现优质、高产和低消耗。

5.1.1 生产过程与机械加工工艺过程

机械产品的生产过程是将原材料转变为成品的全过程。这里的成品可以指一台机器、一个部件或某个零件。对于机械制造而言，生产过程包括原材料的运输和保存，产品的技术准备和生产准备，毛坯的制造，零件的加工及热处理，产品的装配、调试、检验，以及油漆、包装等。

工艺过程是指在生产过程中直接改变生产对象的形状、尺寸、相对位置和性质，使其成为成品或半成品的过程，如铸造、锻造、冲压、焊接、机械加工、热处理、装配等工艺过程。而机械加工工艺过程是指利用机械加工方法直接改变毛坯形状、尺寸、相对位置和表面质量，使其成为零件的过程。

| 5.1.2　机械加工工艺过程的组成 |

一个零件的工艺过程可以有多种不同的加工方法和设备。为保证被加工零件的精度和生产效率，便于工艺过程的执行和生产组织管理，通常把机械加工工艺过程划分为不同层次的单元；其中组成工艺过程的基本单元是工序，零件的机械加工工艺过程由若干工序组成；而每个工序又是由安装、工位、工步和走刀组成。

1. 工序

工序是指一个（或一组）工人在一个工作地（或一台机床上）对同一个（或同时对几个）工件所连续完成的那一部分工艺过程。

工序的 4 要素是工作地、人、工件和连续作业，其中只要有一个要素发生变化即构成了一个新的工序。例如，从连续作业这个要素上考虑，在车床上加工一批阶梯轴，可以对每一根轴连续进行粗车和精车外圆，也可以采用先对整批轴进行粗车外圆，然后再依次对它们进行精车外圆。在第 1 种情形下，加工是在连续作业中完成的，所以是在一个工序中完成的；而在第 2 种情形下，由于加工连续性中断，即使对工件的加工是在同一工作地完成的，也分为两道工序。制订机械加工工艺过程，必须确定该工件要经过几道工序以及工序进行的先后顺序。列出主要工序名称和加工顺序的简略工艺过程，称为工艺路线。

2. 工步

在一个工序中，工步是指在加工表面（或装配时的连接表面）和加工（或装配）工具不变的情况下，所连续完成的那一部分工序。工步是划分工序的单元，加工表面、加工工具和连续加工 3 个要素中有一个发生变化就是另一个工步。对于在一次安装中连续加工的若干相同工步，可写成一个工步。例如，表 5-1 中工序 40 是在工件上钻削 6 个 $\phi 10$ mm 孔，可写成：钻 $6 \times \phi 10$ mm。

用几把刀具同时切削工件的几个表面时，也把它作为一个工步，称为复合工步。如图 5-1 所示为应用复合工步的例子。

3. 走刀

在一个工步内，如果要切除的金属层很厚，需要对同一表面进行几次切削，这时刀具每切削一次称作一次走刀。

图 5-1　复合工步

4. 安装

工件（或装配单元）经一次装夹后所完成的那一部分工序内容称为安装。完成一个工序内容有时需要多次装夹工件。如图 5-2 所示为联轴器，其工艺过程如表 5-1 所示，其中工序 30 的工序内容是在车床上加工出外圆、$\phi 30$ 孔和两个端面。车端面 C、车外圆、车 $\phi 30$ 孔、倒角 $2 \times 45°$；安装二：车端面 A、车 B 面、倒角 $2 \times 45°$。

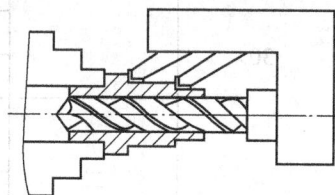

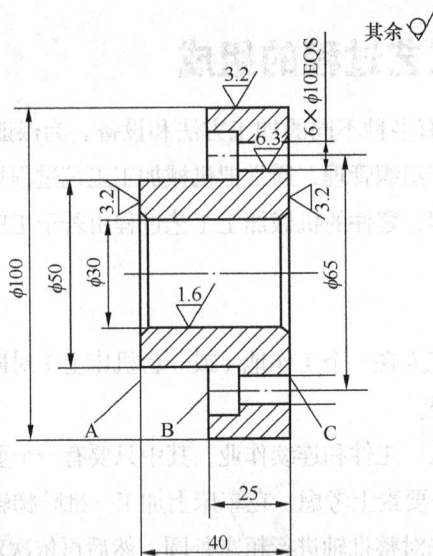

图 5-2 联轴器

表 5-1   联轴器加工工艺过程（中批生产）   单位：mm

工 序	安 装	工 步	工 序 内 容	设 备
10			铸造	
20			时效	
30	一	1	三爪卡盘夹 φ50 外圆 车端面 C	车床
		2	车外圆保证尺寸 φ100	
		3	钻 φ30 至尺寸 φ28	
		4	扩 φ30 孔至 φ30	
		5	倒角	
	二	6	调头、三爪卡盘夹 φ100 外圆 车另一端面 A	
		7	车端面 B	
		8	倒角	
40	一	1	专用夹具（盖板钻模）装夹工件 钻 6×φ10EQS	钻床
50			检验	

5. 工位

采用转位或移位夹具、回转工作台的机床上进行加工时，在一次装夹工件后，要经过若干个位置依次进行加工。工件在所占据的每一个位置上所完成的那一部分工序，称为工位。如图 5-3 所示，为完成一个工序中的装卸工件、钻孔、扩孔和铰孔 4 部分工作内容，利用回转工作台在一次装夹中占据 4 个工位。在一个工序中采用多工位加工可以减少装夹次数，提高生产率。

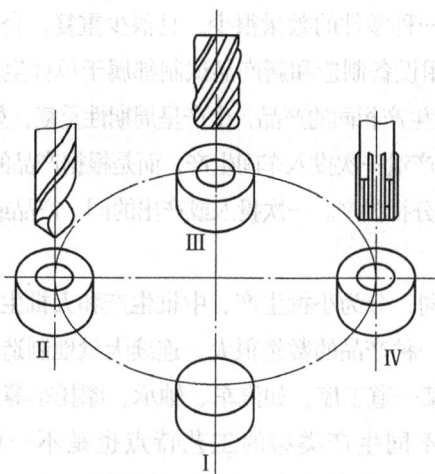

图 5-3　多工位加工

工位 I —装卸工件　工位 II —钻孔　工位 III —扩孔　工位 IV —铰孔

5.1.3　生产纲领和生产类型

1. 生产纲领

生产纲领是指在计划期内企业应当生产的产品产量和进度计划。计划期为一年，所以生产纲领也称年的总生产量。对于零件而言，产品的产量除了制造机器所需的数量外，还要包括一定的备品和废品，通常为 5% 的备品率和 2% 废品率。生产纲领 N 可按下式计算：

$$N=Qn(1+a\%)(1+b\%)（件 / 年）\tag{5-1}$$

式中：Q——产品的年产量（台 / 年）；

n——每台产品中该零件的数量；

$a\%$——备品的百分率；

$b\%$——废品的百分率。

2. 生产类型

生产类型是企业生产专业化程度的分类。一般分为单件生产、成批生产和大量生产。如表 5-2 所示为机床制造业划分生产类型的参考数据。

表 5-2　　　　　　　　　　　　划分生产类型的参考数据

生 产 类 型		零件的年生产量 / 件		
		重型零件 零件重量 > 50kg	中型零件 零件重量 15 ~ 50kg	轻型零件 零件重量 < 15kg
单件生产		< 5	< 10	< 100
成批生产	小批量	5 ~ 100	10 ~ 200	100 ~ 500
	中批量	100 ~ 300	200 ~ 500	500 ~ 5 000
	大批量	300 ~ 1 000	500 ~ 5 000	5 000 ~ 50 000
大量生产		> 1 000	> 5 000	> 50 000

　　单件生产指企业生产的同一种零件的数量很少，且很少重复，企业中各工作地点的加工对象经常改变，如重型机器制造、专用设备制造和新产品试制都属于单件生产。

　　成批生产指企业按年度分批生产相同的产品，生产呈周期性重复，如普通机床制造、纺织机械的制造等。通常，企业并不是把全年产量一次投入车间生产，而是根据产品的生产周期、销售以及车间生产的均衡情况，按一定期限分次、分批投产。一次投入或产出的同一产品或零件数量称为生产批量，简称批量。

　　成批生产中，按照批量不同，分为小批生产、中批生产和大批生产3种。

　　大量生产指企业生产的同一种产品的数量很大，连续大量地制造同一种产品。企业中大多数工作地点固定地加工某种零件的某一道工序，如汽车、轴承、摩托车等产品的制造。

　　为取得好的经济效益，不同生产类型的工艺特点也是不一样的，小批生产的工艺特点与单件生产相似，大批生产的工艺特点与大量生产相似。表 5-3 列出了各种生产类型的工艺特点。

表 5-3　　　　　　　　　　　　　各种生产类型的工艺特点

工艺特点	生产类型		
	单件小批生产	中批生产	大批量生产
零件的互换性	用修配法，缺乏互换性	多数互换，部分修配	全部互换，高精度配合采用分组装配
毛坯情况	锻件自由锻造，铸件木工手工造型，毛坯精度低	锻件部分采用模锻，铸件部分用金属模，毛坯精度中等	广泛采用锻模，机器造型等高效方法生产毛坯，毛坯精度高
机床设备及其布置形式	通用机床，机群式布置，也可用数控机床	部分通用机床，部分专用机床，机床按零件类别分工段布置	广泛采用自动机床，专用机床，按流水线、自动线排列设备
工艺装置	通用刀具、量具和夹具，或组合夹具，找正后装夹工件	广泛采用夹具，部分靠找正装夹工件，较多采用专用量具和刀具	高效专用夹具，多用专用刀具，专用量具及自动检测装置
对工人的技术要求	需要技术熟练	中等	对调整工人的技术水平要求高，对操作工人技术水平要求低
工艺文件	仅要工艺过程卡	工艺过程卡，关键零件的工序卡	详细的工艺文件，工艺过程卡、工序卡、调整卡等
生产率	较低	中等	高
加工成本	较高	中等	低

　　单件小批生产中，加工产品的品种多，各工作地点（一般为机械加工设备）的加工对象经常改变，所以广泛使用通用设备和通用工艺装备。而大批量生产时，产品是固定的，各工作地点的加工对象不变，追求的是高效率，低加工成本，所以广泛使用高效、自动化的专用设备和专用工艺装备。中批生产是既要考虑产品品种的周期性改变，又要顾及生产率，所以形成"兼顾"小批生产和大批生产两种情况的工艺特点。

5.1.4 机械加工工艺规程

1. 机械加工工艺规程

规定产品或零件制造工艺过程和操作方法等内容的工艺文件，称为机械加工工艺规程，是企业生产的指导性技术文件。实际生产中有多种工艺规程文件，常用的两种工艺规程文件是机械加工工艺过程卡片和机械加工工序卡片。数控加工中常用的工艺文件规程有数控加工工序、有数控刀具卡片、数控加工程序单、走刀路线卡等。

（1）机械加工工艺过程卡片。这种卡片是以工序为单位说明零件机械加工过程的一种工艺文件，机械加工工艺过程卡制订了零件所有的机械加工过程。工艺过程卡片中各工序的内容规定得很具体，所以在成批生产和大量生产中不能直接指导工人操作，多作为生产管理使用。但是在单件小批生产中，通常不再编制更详细的工艺文件，而以这种卡片直接指导生产。标准机械加工工艺过程卡片的格式如表 5-4 所示。

（2）机械加工工序卡片。这种卡片是在机械加工工艺过程卡的基础上，按每道工序的工序内容所编制的一种工艺文件。该卡片中一般附有工序简图，并详细说明该工序中每个工步的加工内容、工艺参数、操作要求以及所用的设备和工艺装备等。它是用于具体指导工人操作的技术文件。多用作大批量生产零件和成批生产中重要零件的工艺文件。标准机械加工工序卡片的格式如表 5-5 所示。

2. 工序简图

在机械加工工序卡片中附有工序简图，可以清楚直观地表达一道工序的工序内容，其绘制要点如下。

① 工序简图可按比例缩小，尽量用较少的投影绘出，可以略去视图中的次要结构和线条。

② 工序简图主视图应是本工序工件在机床上装夹的位置。例如，在卧式车床上加工的轴类零件的工序简图，其中心线要水平，加工端在右，卡盘夹紧端在左。

③ 工序简图中工件上本工序加工表面用粗实线表示，本工序不加工表面用细实线表示。

④ 工序简图中用规定的符号表示出工件的定位、夹紧情况。

⑤ 工序简图中标注本工序的工序尺寸及其公差，加工表面的表面粗糙度，以及其他本工序加工中应该达到的技术要求。

5.1.5 制订机械加工工艺规程的原则和步骤

1. 工艺规程设计须遵循的原则

① 应能够保证加工后零件质量达到设计图样上规定的各项技术要求。

② 设法降低生产制造成本，这也是制订工艺规程的基本原则。

③ 应使工艺过程具有较高的生产效率，使产品尽快投入市场。

④ 减轻工人的劳动强度，提供安全的劳动条件。

2. 制订零件机械加工工艺规程的步骤

① 熟知和分析制订工艺规程的技术要求，确定生产纲领，确定生产类型。

表 5-4　标准机械加工工艺过程卡片

机械加工工艺过程卡片	产品型号		零（部）件图号		共　页
	产品名称		零（部）件名称		第　页

材料牌号		毛坯种类		毛坯外形尺寸		每毛坯可制件数		每台件数		备注	

工序号	工序名称	工序内容	车间	工段	设备	工艺装备	工时	
							准终	单件

			设计（日期）	校对（日期）	审核（日期）	标准化（日期）	会签（日期）
描图							
描校							
底图号							
装订号							
标记	处数	更改文件号	签字	日期	标记	处数	更改文件号	签字	日期

表 5-5

标准机械加工工序卡片

机械加工工序卡片		产品型号		零（部）件图号		共　页　第　页
		产品名称		零（部）件名称		材料牌号

	车间	工序号	工序名称		材料牌号
（工序简图）	毛坯种类	毛坯外形尺寸	每毛坯可制件数	每台件数	
	设备名称	设备型号	设备编号	同时加工件数	
	夹具编号	夹具名称		切削液	
	工位器具编号	工位器具名称		工序工时（分）	
				准终　单件	

工步号	工步内容	工艺装备	主轴转速（r/min）	切削速度（m/min）	进给量（mm/r）	背吃刀量（mm）	进给次数	工步工时	
								机动	辅助

			设计（日期）	校对（日期）	审核（日期）	标准化（日期）	会签（日期）

描图

描校

底图号

装订号

标记	处数	更改文件号	签字	日期	标记	处数	更改文件号	签字	日期

② 审查零件图和装配图，分析零件结构的工艺性。

③ 确定毛坯种类、形状、尺寸及其制造方法。

④ 拟定工艺过程，选择定位基准，确定加工表面的加工方法。

⑤ 选择机床和工艺装备。

⑥ 确定工艺路线中每一道工序的工序内容，并提供主要工序的检验方法。

⑦ 确定加工余量、工序尺寸及其公差。

⑧ 确定切削用量、计算工时定额。

⑨ 进行技术经济分析，选择最优工艺方案。

⑩ 填写工艺文件。

零件机械加工工艺规程经上述步骤确定后，应将有关内容填入各种不同的卡片，以便贯彻执行，这些卡片总称为工艺文件。填写工艺文件是零件工艺规程编制的最后一项工作。工艺文件的种类很多，各企业可以根据生产实际的需要选择相应的工艺文件作为生产中使用的工艺规程。所以各单位选择的工艺文件格式和内容也不尽相同。

5.2 零件结构的工艺性分析及审查

5.2.1 分析、审查零件图、装配图

制订工艺规程时，首先应分析零件图及该零件所在部件的装配图。通过分析零件图样和部件的装配图，明确被加工零件在产品中的位置与作用；找出该零件上有多少主要加工表面；找出该零件主要的技术要求和加工中的关键技术问题；了解各项公差与技术要求制订的依据，在编制工艺过程中，有针对性地解决这些问题。具体内容包括如下。

（1）检查零件图、装配图的完整性和正确性。审查零件图、装配图的视图、尺寸、公差和技术条件等是否完整、正确。

（2）审查零件材料及热处理选用是否合适。零件的热处理要求与所选的零件材料有直接的关系，应按所选材料审查其热处理要求是否合理。

（3）审查各项技术要求是否合理。过高的精度要求、过小的表面粗糙度要求会使工艺过程复杂、加工困难、成本提高。

5.2.2 零件的结构工艺性分析

零件的结构工艺性是指所设计的零件在满足使用要求的前提下制造的方便性、可行性和经济

性，即零件的结构应便于加工时工件的装夹、对刀、测量，可以提高切削效率等。结构工艺性不好会使加工困难，浪费材料和工时，有时甚至无法加工，所以应该对零件的结构进行工艺性审查，如发现零件结构有不合理之处，应与有关设计人员一起分析，按规定手续对图样进行必要的修改及补充。

1. 从零件方便装夹方面进行分析

零件的结构设计要考虑加工时的装夹，装夹次数尽量少而且方便。如图 5-4（a）所示的零件只能用双顶尖加拨盘装夹，拨盘夹紧不方便，若改成如图 5-4（b）所示的结构，则可以方便地选择夹盘和顶尖。

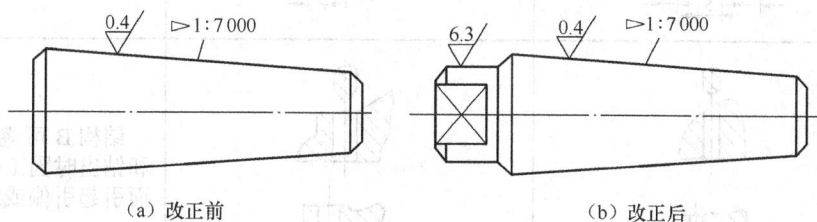

（a）改正前　　　　　　　　　　　　　　　（b）改正后

图 5-4　便于装夹的零件结构

2. 从零件加工方面进行分析

零件设计时尽量采用标准化数值，方便选择刀具和量具。同时还应考虑加工时的进退刀、加工难易程度等方面，尽量考虑一次装夹就能加工大部分工作表面。另外在加工方面要分析加工的时间和效率，尽量减少不必要的加工，既节约了材料，又减轻劳动强度。如表 5-6 列出了分析零件的结构工艺性图例。

表 5-6　　　　　　　　　　　　　　零件的结构工艺性图例

序号	（A）结构工艺性不好	（B）结构工艺性好	说　明
1			键槽的尺寸、方位相同，可以在一次装夹中加工出全部键槽，提高生产率
2			结构 B 避免了深孔加工，节约了材料，减轻质量
3			结构 B 的底面接触面积小，加工量小，稳定性好，有利于减小平面度误差

序号	（A）结构工艺性不好	（B）结构工艺性好	说　明
4	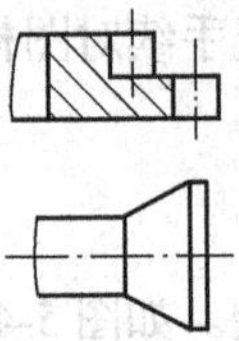	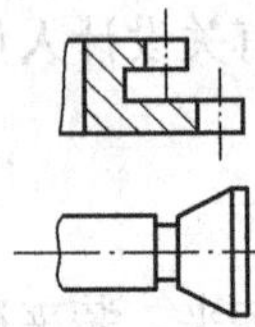	结构 B 的空刀槽（退刀槽）保证了加工的可能性，减少刀具（砂轮）的磨损
5	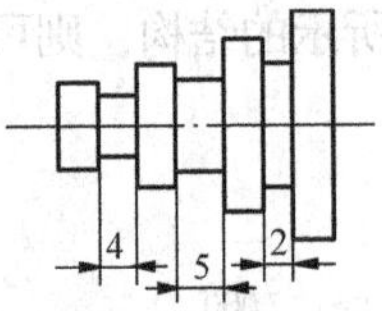 4　5　2	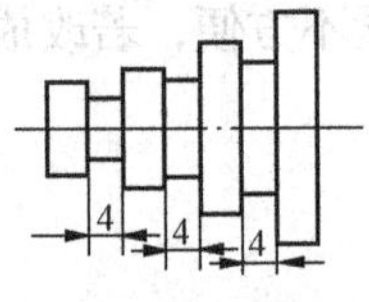 4　4　4	结构 B 采用了相同的槽宽尺寸，减少了刀具种类和换刀时间
6	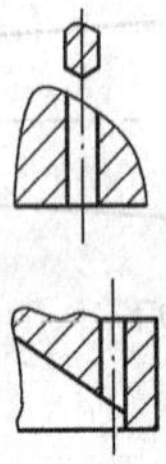	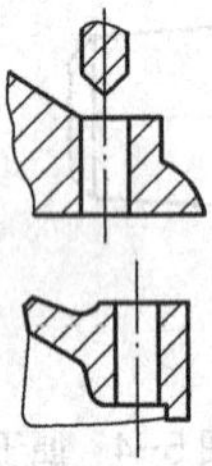	结构 B 可避免钻头钻入和钻出时因工件表面倾斜而引起引偏或断损
7	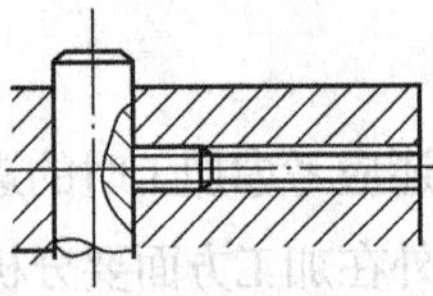	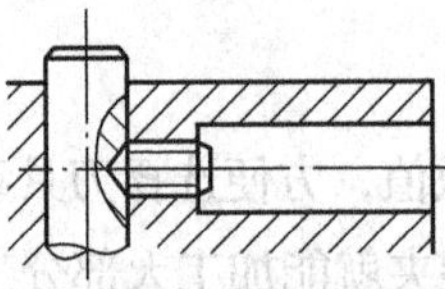	结构 B 可减少深孔的螺纹加工
8	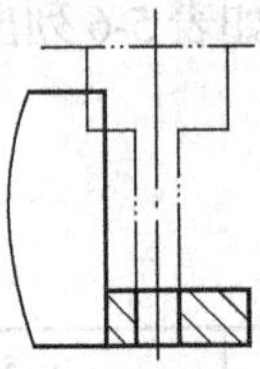	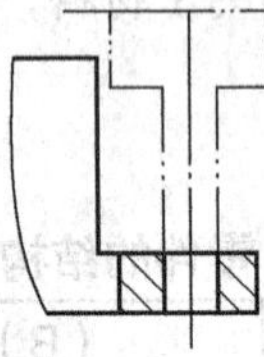	结构 A 在加工时不便于刀具引进，会发生干涉
9	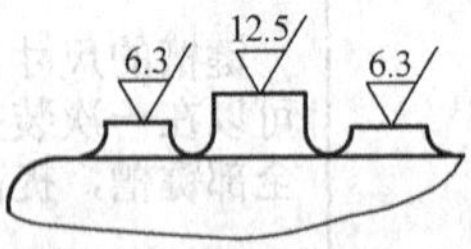 6.3　12.5　6.3	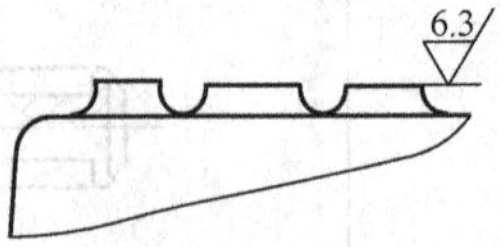 6.3	凸台等高，可以在一次工作行程中加工出所有凸台面
10	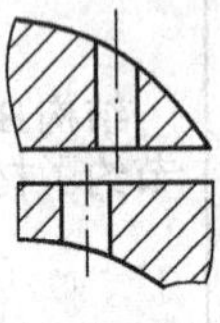	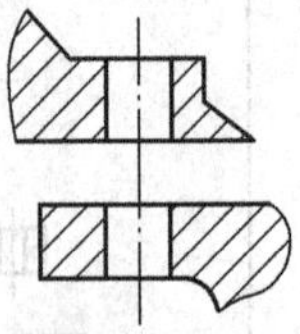	结构 A 钻孔时会使钻头偏斜或折断，应该使孔轴线与端面垂直

3．要考虑生产类型与加工方法

　　如图 5-5 所示为车床进给箱箱体零件，在单件小批生产时，其同轴孔的直径应设计成单向递减的，如图 5-5（a）所示，以便在镗床上通过一次安装就能逐步加工出分布在同一轴线上的所有孔。但在大批生产中，为提高生产率，一般用双面联动组合机床加工，这时应采用双向递减的孔径设计，用左、右两镗杆各镗两端孔，如图 5-5（b）所示，以缩短加工工时，平衡节拍，提高效率。

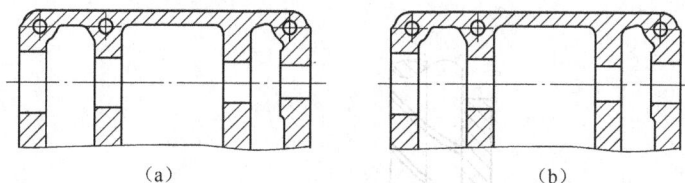

（a）   （b）

图 5-5 生产类型对零件结构工艺性的影响

4. 尽量统一零件轮廓内圆弧的有关尺寸，使数控编程更方便

零件的内腔和外形最好采用统一的几何类型和尺寸，这样可以减少刀具规格和换刀次数，使编程方便，效益提高。

轮廓内圆弧半径 R 决定着刀具直径的大小，因而内圆弧半径不应过小。如图 5-6 所示，零件工艺性的好坏与被加工轮廓的高低、转接圆弧半径的大小等有关。图 5-6（b）与图 5-6（a）相比，转接圆弧半径大，可以采用较大直径的铣刀来加工。加工平面时，进给次数也相应减少，表面加工质量也会好一些，所以工艺性较好。通常 $R < 0.2H$（H 为被加工零件轮廓面的最大高度）时，可以判定零件的该部位工艺性差。

铣削面的槽底面圆角或底板与肋板相交处的圆角半径 r 越大（如图 5-7 所示），铣刀端刃铣削平面的能力越差，效率越低。当 r 大到一定程度时甚至必须用球头铣刀加工，这是应当避免的。因为铣刀与铣削平面接触的最大直径 $d=D-2r$（D 为铣刀直径），当 D 越大而 r 越小时，铣刀端刃铣削平面的面积越大，加工平面的能力越强，铣削工艺性当然也越好。有时，当铣削的底面面积较大，底部圆弧 r 也较大时，只能用两把圆角半径不同的铣刀（一把刀的 r 小些，另一把刀的 r 符合零件图样的要求）分成两次进行铣削。

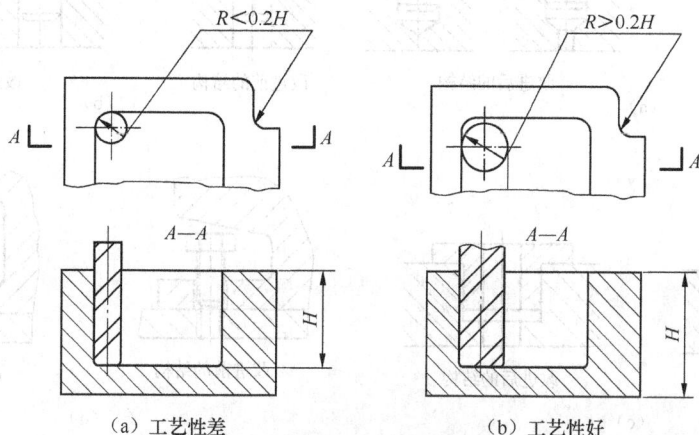

（a）工艺性差   （b）工艺性好

图 5-6 肋板的高度与内转接圆弧对工艺性的影响

　　零件上的这种凹圆弧半径在数值上的一致性对数控铣削的工艺性十分重要。一般来说，即使不能寻求完全统一，也要力求将数值相近的圆弧半径分组靠拢，达到局部统一，以尽量减少铣刀数量与换刀次数，并避免因频繁换刀而增加的零件加工面上的接刀痕迹，降低表面质量。

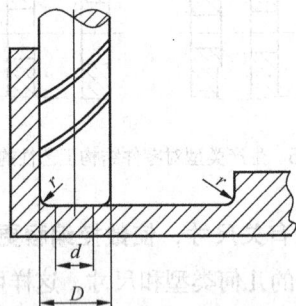

图 5-7　零件底面圆弧对工艺性的影响

5. 装配和维修对零件结构工艺性的要求

　　零件的结构设计应考虑便于装配和维修时的拆装。如图 5-8（a）左图所示的结构无透气口，销钉孔内的空气难于排出，故销钉不易装入，改进后的结构如图 5-8（a）右图所示。在图 5-8（b）中为保证轴肩与支撑面紧贴，可在轴肩处切槽或孔口处倒角。如图 5-8（c）所示为两个零件配合，由于同一方向只能有一个定位基面，故图 5-8（c）左图不合理，而右图所示为合理的结构。在图 5-8（d）中，左图所示螺钉装配空间太小，螺钉装不进，改进后的结构如图 5-8（d）右图所示。

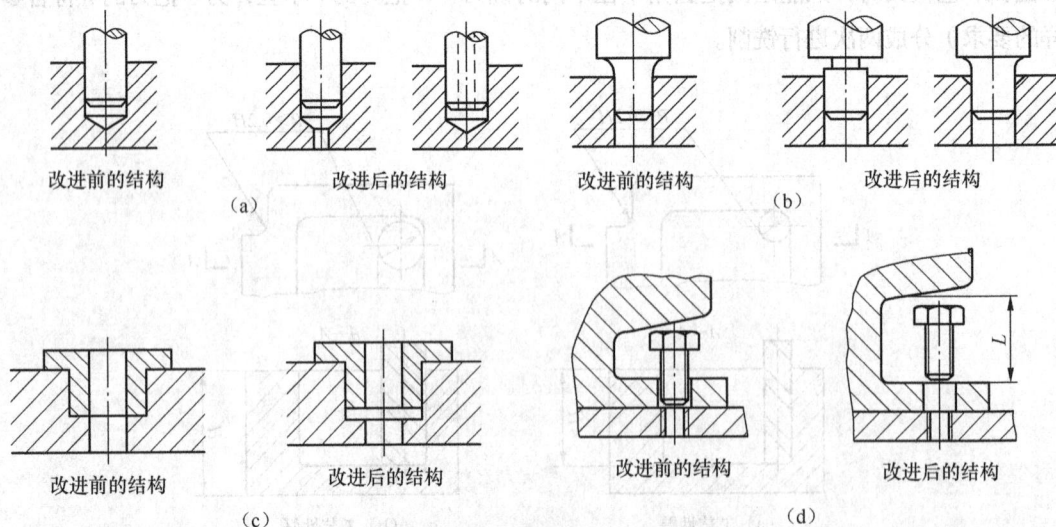

改进前的结构　　改进后的结构　　改进前的结构　　改进后的结构
　　　　（a）　　　　　　　　　　　　　　　　　（b）

改进前的结构　　改进后的结构　　改进前的结构　　改进后的结构
　　　　（c）　　　　　　　　　　　　　　　　　（d）

图 5-8　装配和维修对零件结构工艺性的要求

5.3　毛坯的选择

毛坯的选择主要是确定毛坯的种类、制造方法和制造精度等级。毛坯是根据零件所要求的形状、工艺尺寸等而制成的供进一步加工用的生产对象。毛坯的形状、尺寸越接近成品，切削余量就越小，但从加工成本考虑，切削余量越小，制造毛坯和余量加工的成本就越高。所以选择毛坯时应从制造毛坯和余量机械加工两方面来考虑。

5.3.1　毛坯的种类

（1）铸件。铸件是将熔融的金属浇入铸型，凝固后所得到的金属毛坯。适用于形状比较复杂的零件毛坯。铸件的材料可以是铸铁、铸钢或有色金属。

（2）锻件。锻件是金属材料经过锻造变形而得到的毛坯。适用于力学性能要求高，材料（钢材）又具有可锻性，形状比较简单的零件。生产批量大时，可用模锻代替自由锻。

（3）型材。型材主要通过热轧或冷拉而成。如各种热轧和冷拉的圆钢、板材、异型材等，适用于形状简单的、尺寸较小的零件。

（4）焊接件。焊接件是将各种金属零件用焊接的方法得到的结合件。在单件小批生产中，用焊接件制作大件毛坯，可以缩短生产周期。但机械加工前必须进行时效处理以消除内应力。

（5）冲压件。冲压件是通过冲压机床对薄钢板进行冷冲压加工而得到的零件。它非常接近成品要求，精度高，适用于批量较大而零件厚度较小的板材类零件。

（6）粉末冶金件。粉末冶金件是以金属粉末为原料，在高温下烧结而成。如激光熔覆技术等。主要用于成品零件的表面补修和改性。

5.3.2　毛坯的选择原则

毛坯的选择既影响到毛坯制造工艺又影响到机械加工工艺，要根据零件生产纲领、材料的工艺特性、零件对材料性能的要求和零件的结构等因素而定。

（1）生产纲领的大小。当零件生产纲领较大时，应采用精度与生产率都比较高的毛坯制造方法，以便减少材料消耗和机械加工费用。当零件产量较小时，应选用精度和生产率较低的毛坯制造方法，如自由锻造锻件和手工造型铸件等。

（2）零件材料和性能的要求。例如，材料为铸铁与青铜的零件，一般应选择铸件毛坯。重要的钢质零件为保证良好的力学性能，不论结构形状简单或复杂，均不宜直接选取轧制型材，而应选用锻件毛坯。

材料的工艺特性是指材料的可铸性、可塑性及可焊性。

① 低碳钢具有良好的可焊性，可用于电焊连接。

② 铸铁、青铜、铝等材料具有良好的可铸性，可用于铸件，但可塑性较差，不宜作锻件。

③ 钢质材料如需要有良好的力学性能时，不论其形状简单还是复杂，均宜采用锻件；对强度要求很高的铸件，也可采用铸钢替代。

④ 对形状较复杂而且以受压为主的床身、轴承座盖等零件，宜采用铸铁件。此外，铸铁件还具有较好的切削性能及自润滑性。

（3）零件的结构形状及外形尺寸。例如，台阶直径相差不大的阶梯轴，可直接选取圆棒料；直径相差较大时，为减少材料消耗和机械加工劳动量，则宜选择锻件毛坯。一些非旋转体的板条形钢质零件，多为锻件。尺寸大的零件，目前只能选取毛坯精度和生产率都比较低的自由锻造和砂型铸造，而中小型零件则可选用模锻、精锻、熔模铸造及压力铸造等先进的毛坯制造方法。

（4）现有的生产条件。选择毛坯时，要考虑毛坯制造的实际水平、生产能力、设备情况及外协的可能性和经济性。

5.3.3　毛坯的形状与尺寸

毛坯余量指某一表面毛坯尺寸与零件设计尺寸之差，亦称毛坯总余量，包括毛坯的尺寸公差与机械加工余量。最常用的铸件和锻件毛坯的尺寸公差与机械加工余量已有国家标准，按照标准即可确定。生产中可参阅有关机械加工工艺手册选取。

确定毛坯的形状与尺寸的步骤如下。

首先选取毛坯加工余量和毛坯公差。其次将毛坯加工余量叠加在零件的相应加工表面上，从而计算出毛坯尺寸。最后标注毛坯的尺寸与公差。

在决定毛坯形状时，还需要考虑加工工艺对毛坯形状的影响。例如，有时为使零件在加工中装夹方便，在其毛坯上做出工艺凸台。所谓工艺凸台是为了满足工艺的需要而在工件上增设的凸台，如图 5-9（a）所示，零件加工后一般应将其切除。有时将分离的零件做成一个毛坯，使其易于加工，并确保加工质量，如图 5-9（b）所示，机床丝杠的开合螺母，将其毛坯做成整体，待加工到一定阶段后才切割分离。

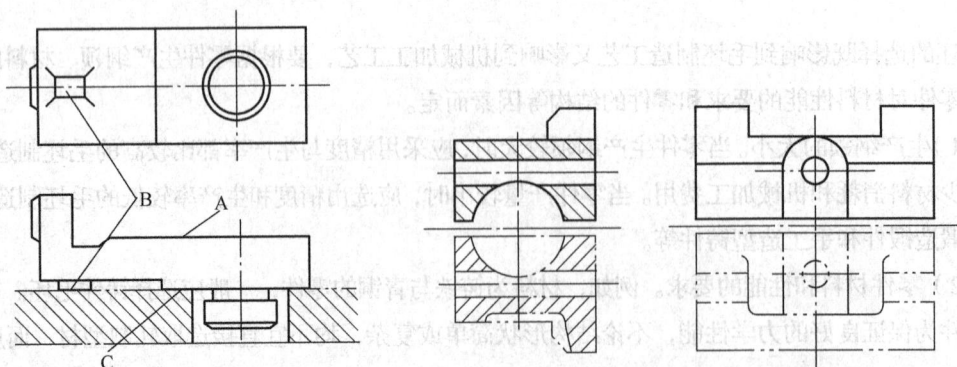

(a) 工艺凸台　　　　　　　　　　　(b) 丝杠的开合螺母

图 5-9　毛坯形状

5.3.4　毛坯选择实例

例 5-1　铸件毛坯的选择方法。如图 5-10 所示的支座，材料为 HT200，年产量 3 000 件。

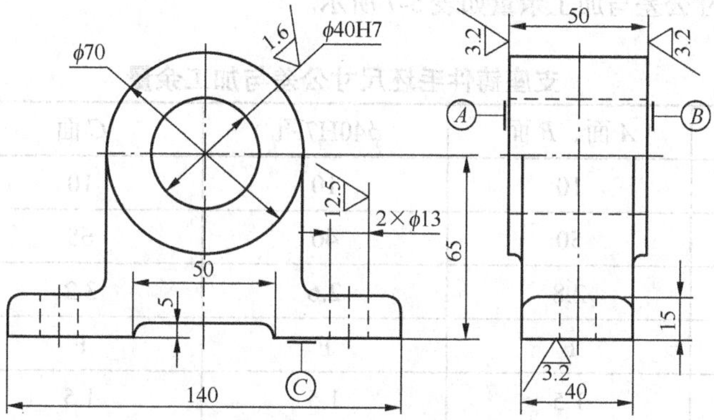

图 5-10　支座

解：

（1）选择毛坯。

该支座零件材料为 HT200，根据零件材料和性能的要求一般选择铸件。由于零件年产量为 3 000 件，属大批量生产，为提高生产率，采用机械砂型铸造。

（2）确定各加工表面的尺寸公差与加工余量。

按《铸件尺寸公差与机械加工余量》（摘自 GB/T 6414—1999）确定，步骤如下。

① 求最大轮廓尺寸。根据零件图计算轮廓尺寸，长 140mm，宽 50mm，高 100mm，故最大轮廓尺寸为 140mm。

② 选取公差等级 CT。查机械加工工艺手册中《大批量生产毛坯铸件的公差等级》表，铸造方法按机器造型，铸件材料按灰铸铁，确定公差等级 CT 范围为 8～12 级，取为 10 级。

③ 求铸件尺寸公差。根据加工面的基本尺寸和铸件公差等级 CT，查机械加工手册《铸件尺寸公差》表，查得公差带相对于基本尺寸对称分布。基准 A、B 面基本尺寸 50，公差为 2.8；同理 $\phi40H7$ 孔的公差为 2.6；基准 C 面公差为 3.2。

④ 求机械加工余量等级。查机械加工手册《毛坯铸件典型的机械加工余量等级》表，铸造方法按机器造型，铸件材料按灰铸铁，确定机械加工余量等级范围 E～G 级，取为 F 级。

⑤ 求 RMA（要求的机械加工余量）。对所有加工表面取同一个数值，查机械加工手册《要求的铸件机械加工余量》表，按最大轮廓尺寸为 140mm，机械加工余量等级为 F 级，得 RMA 数值为 1.5mm。

⑥ 求毛坯基本尺寸。$2\times\phi13$ 孔较小，铸成实心；A、B 面属双侧加工，应由公式 $R=F+2RMA+CT/2$ 求出，式中 R 为铸件毛坯的基本尺寸；F 为最终机械加工后的尺寸；CT 为公差。即

$$R=F+2RMA+CT/2=50+2\times1.5+2.8/2=54.4mm$$

ϕ40H7 孔属于内腔加工，应由公式求出，即

$$R=F-2RMA-CT/2=40-2\times1.5-2.6/2=35.7\text{mm}$$

C 面为单侧加工，毛坯基本尺寸由公式 $R=F+2RMA+CT/2$ 求出，即

$$R=F+2RMA+CT/2=65+1.5+3.2/2=68.1\text{mm}$$

支座铸件毛坯尺寸公差与加工余量如表 5-7 所示。

表 5-7　　　　　　　　　　支座铸件毛坯尺寸公差与加工余量

项　　目	A 面、B 面	ϕ40H7 孔	C 面	2×ϕ13 孔
公差等级	10	10	10	—
加工面基本尺寸	50	40	65	—
铸件尺寸公差	2.8	2.6	3.2	—
机械加工余量等级	F	F	F	—
RMA	1.5	1.5	1.5	—
毛坯基本尺寸	54.4	35.7	68.1	0

（3）毛坯图的绘制。

① 毛坯图的表示。毛坯总余量确定以后，便可绘制毛坯图。如图 5-11 所示为例 5-1 中的支座铸件毛坯图，其表示方法如下。

- 实线表示毛坯表面轮廓，以双点划线表示经切削加工后的表面，在剖视图上可用交叉线示加工余量。

- 毛坯图上的尺寸值，包括加工余量在内，可在毛坯图上注明成品尺寸（基本尺寸）但应加括号，如图 5-11 中的 ϕ40H7。

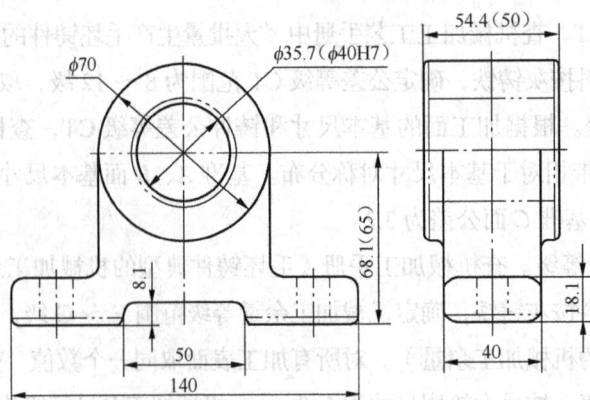

图 5-11　支座铸件毛坯图

- 在毛坯图上可用符号表示出机械加工工序的基准。

- 在毛坯图上注有零件检验的主要尺寸及其公差，次要尺寸可不标注公差。

- 在毛坯图上注有材料规格及必要的技术要求。如材料及规格、毛坯精度、热处理及硬度、

圆角半径、分模面、起模斜度、内部质量要求（气孔、缩孔、夹砂）等。

② 毛坯图的绘制方法如下。

- 用粗实线表示毛坯表面形状，以双点划线表示经切削加工后的表面。

- 用双点划线画出简化了次要细节的零件图的主要视图，将确定的加工余量叠加在各相应被加工表面上，即得到毛坯轮廓，用粗实线表示。注意画出某些特殊余块，如热处理工艺夹头、机械加工用的工艺搭子等。比例 1 ∶ 1。

- 和一般零件图一样，为表达清楚某些内部结构，可画出必要的剖视图、剖面图。对于由实体上加工出来的槽和孔，不必专门剖切，因为毛坯图只要求表达清楚毛坯的结构。

5.4　定位基准的选择

5.4.1　定位基准分类

机械加工中，工件在机床或夹具上定位时所依据的点、线、面统称为定位基准。按工件上定位表面的不同，定位基准分为粗基准、精基准，以及辅助基准。

1. 粗基准和精基准

用毛坯上未经加工的表面作为定位基准，称为粗基准。而利用工件上已加工过的表面作为定位基准面，称为精基准。

2. 辅助基准

零件设计图中某个不要求加工的表面，有时为了工件装夹的需要而专门将其加工作为定位用；或者为了定位需要，加工时有意提高了零件设计精度的表面，这种表面不是零件上的工作表面，只是由于工艺需要而加工的基准面，称为辅助基准或工艺基准。例如，加工过程中使用的中心孔定位、图 5-9（a）所示零件的工艺凸台、活塞加工中使用的止口定位（如图 5-12 所示）等均属于辅助基准。

在制订工艺规程时，首先选择出精基准面，采用粗基准定位，加工出精基准表面；然后采用精基准定位，加工零件的其他表面。

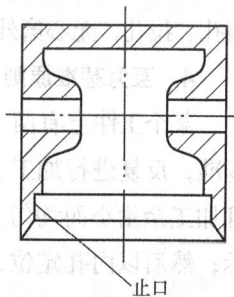

止口

图 5-12　活塞的止口

5.4.2　精基准的选择

选择精基准应从保证工件的位置精度和装夹方便这两方面来考虑。精基准的选择原则如下。

1. 基准重合原则

应尽量选择加工表面的设计基准作为定位基准，这一原则称为基准重合原则。用设计基准作为定位基准可以避免因基准不重合而产生的定位误差。如图 5-13（a）、（b）、（c）所示，采用调整法铣削 C 面，则工序尺寸 c 的加工误差 T_C 不仅包含本工序的加工误差 Δj，而且还包含基准不重合带来的误差 T_a。如果采用图 5-13（d）所示的方式安装，则可消除基准不重合误差。

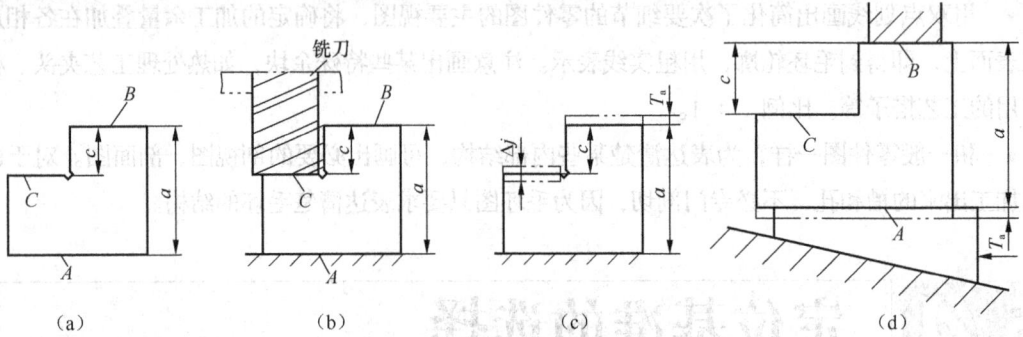

图 5-13　基准重合原则示意图

2. 基准统一原则

尽可能采用同一个定位基准来加工工件上的各个加工表面，这称为基准统一原则。例如，一般轴类零件加工的多数工序以中心孔定位；在图 5-12 活塞加工的工艺过程中，多数工序以活塞的止口和端面定位；箱体零件采用一面两孔定位，齿轮的齿坯和齿形加工多采用齿轮的内孔及一端面为定位基准，均符合基准统一原则。基准统一有利于保证工件各加工表面的位置精度，避免或减少因基准转换而带来的加工误差，又简化夹具的设计和制造。

3. 自为基准原则

某些加工表面余量较小而均匀的精加工工序选择加工表面本身作为定位基准，称为自为基准原则。如图 5-14 所示，磨削车床导轨面用可调支撑定位床身，在导轨磨床上用百分表找正导轨本身表面作为定位基准，然后磨削导轨，可以满足精磨导轨面的余量小且均匀。还有浮动镗刀镗孔、珩磨孔、拉孔、无心磨外圆等，也都是自为基准定位。

4. 互为基准原则

某个工件上有两个相互位置精度要求很高的表面，采用工件上的这两个表面互相作为定位基准，反复进行加工，称为互为基准。互为基准可使两个加工表面间获得较高的相互位置精度，且加工余量小而均匀。如加工精密齿轮中的磨齿工序，先以齿面为基准定位磨孔，如图 5-15 所示；然后以内孔定位，磨齿面，使齿面加工余量均匀，保证齿面与内孔之间的相互位置精度。

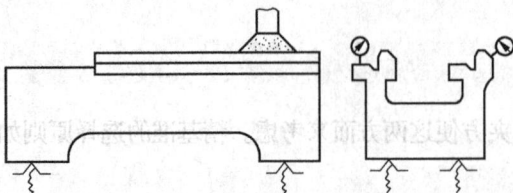

图 5-14　自为基准原则示意图

图 5-15　互为基准定位的磨齿轮孔

1—推销　2—钢球　3—齿轮

5. 准确可靠，便于装夹的原则

所选精基准应保证工件定位准确，安装可靠，装夹方便，夹具结构简单适用、操作方便。

5.4.3 粗基准的选择

粗基准对加工工件的影响可以用一实例说明。如图 5-16 所示，铸件毛坯的外圆与内孔不同轴，其壁厚不均匀，比较两个粗基准定位的方案。

方案一：以 A 面（不加工表面）为粗基准定位（用三爪卡盘夹住外圆），车削内孔。则加工出的孔与外圆 A 面同轴，保证了内、外圆表面的同轴度，经加工后工件壁厚均匀。

方案二：选内孔为粗基准（用四爪单动卡盘夹持外圆，然后按内孔找正）定位，则车削的加工余量是均匀的，但是加工后的孔与外圆（不加工表面）不同轴，工件的壁厚不均匀。

所以粗基准的选择对工件主要有两个方面的影响，一是影响工件上加工表面与不加工表面的相互位置，二是影响加工余量的分配。粗基准的选择原则如下。

1. 保证工件加工表面与不加工表面的相互位置精度，选择不加工表面作为粗基准

对于同时具有加工表面和不加工表面的零件，必须保证其不加工表面与加工表面的相互位置时，选择不加工表面作为粗基准。如果零件上有多个不加工表面，应选择其中与加工表面相互位置要求高的表面作为粗基准。如图 5-16 所示零件一般要求壁厚均匀，所以加工中的粗基准选择方案一是正确的。

图 5-17 所示拨杆上有多个不加工表面，但保证加工 $\phi20$mm 孔与不加工表面 $\phi40$mm 外圆的同轴度是主要的，因此加工 $\phi20$mm 孔时应选 $\phi40$mm 外圆为粗基准。

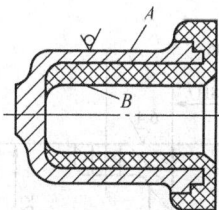

图 5-16 粗基准选择对加工工件的影响　　　　图 5-17 拨杆粗基准的选择

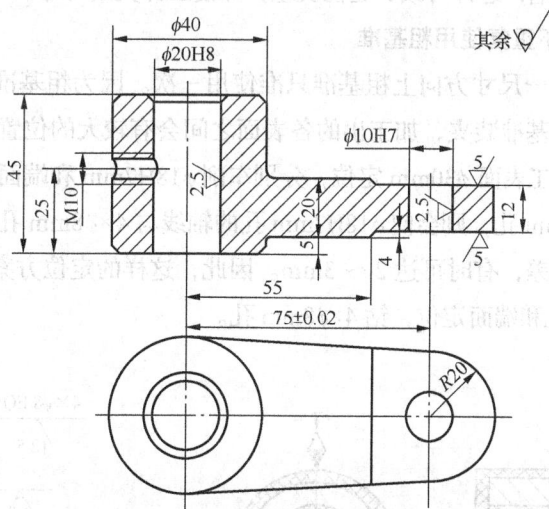

2. 保证重要表面的余量均匀

工件必须首先保证某重要表面的余量均匀，选择该表面为粗基准。如床身的加工，床身上的导轨面是重要表面，要求导轨面的加工余量均匀。若精磨导轨时，先以床脚平面作为粗基准定位，磨削导轨面，如图 5-18（b）所示，导轨表面上的加工余量不均匀，切去的又太多，会露出较疏松的、不耐磨的金属层，达不到导轨要求的精度和耐磨性。若选择导轨面为粗基准定位，先加工床脚底面，然后以床脚底面定位加工导轨面，如图 5-18（a）所示，就可以保证导轨面加工余量均匀。

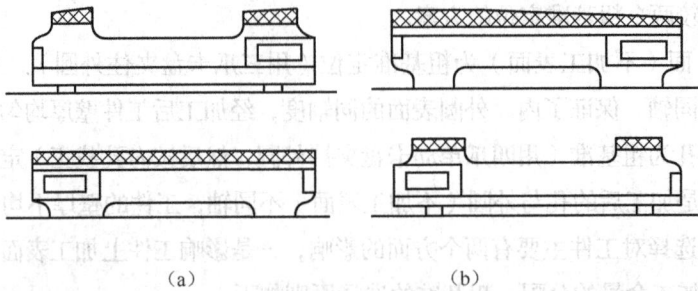

（a）　　　　　　　　　　　　（b）

图 5-18　床身的加工

3. 选择余量最小的表面为粗基准

选择毛坯加工余量最小的表面作为粗基准，以保证各加工表面都有足够的加工余量，不至于造成废品。如图 5-19 所示，加工铸造或锻造的轴套，通常加工余量较小，并且孔的加工余量较大，而外圈表面的加工余量较小，这时就应该以外圈表面作为粗基准来加工孔。

4. 选择平整光洁的表面作为粗基准

应该选择毛坯上尺寸和位置可靠、平整光洁的表面作为粗基准，表面不应有飞边、浇口、冒口及其他缺陷，这样可减少定位误差，并使工件夹紧可靠。

5. 不重复使用粗基准

在同一尺寸方向上粗基准只准使用一次。因为粗基准是毛坯表面，定位误差大，两次以上使用同一粗基准装夹，加工出的各表面之间会有较大的位置误差。图 5-20 所示零件加工中，如第一次用不加工表面 $\phi30$mm 定位，分别车削 $\phi18$H7mm 和端面；第二次仍用不加工表面 $\phi30$mm 定位，钻 $4\times\phi8$mm 孔，则会使 $\phi18$H7mm 孔的轴线与 $4\times\phi8$mm 孔位置即 $\phi46$mm 的中心线之间产生较大的同轴度误差，有时可达 $2\sim3$mm。因此，这样的定位方案是错误的。正确的定位方法应以精基准 $\phi18$mm 孔和端面定位，钻 $4\times\phi8$mm 孔。

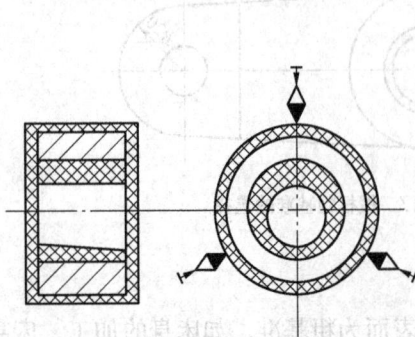

图 5-19　轴套内孔加工基准的选择

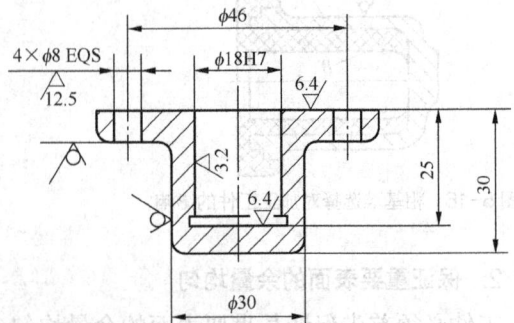

图 5-20　重复使用粗基准

5.4.4　定位基准选择实例

例 5-2　如图 5-21 所示，轴座零件加工工艺过程如表 5-8 所示，表中列出各工序的定位基准以及定位基准的选择依据。

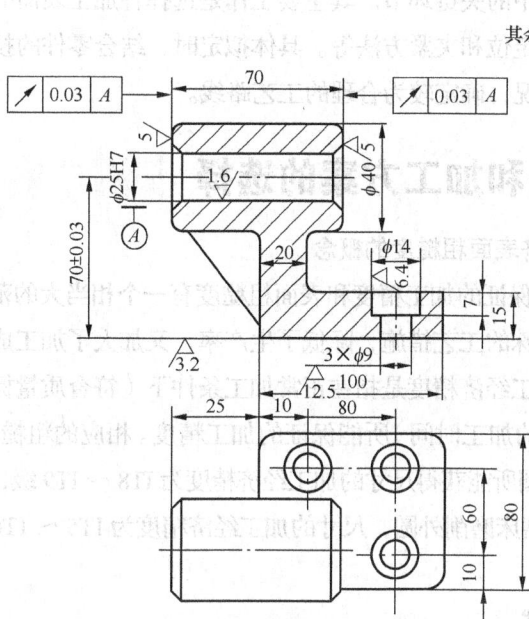

图 5-21　轴座零件定位基准

表 5-8　　　　　　　　　　　　　　　轴座机械加工工艺过程

工序号	工序内容	设备	定位基准(括弧内数字为限制自由度数)	简述原因
10	铣底面	铣床	粗基准为 $\phi40$ 外圆（4）及底面侧面（1）	保证不加工表面 $\phi40$ 外圆与加工面（底面）的位置精度
15	车端面，钻、车 $\phi25H7$ 孔	车床	精基准为底面（3）、$\phi40$ 外圆侧面（2）	基准重合，即定位基准与设计基准重合
20	车另一端面	车床	$\phi25H7$ 孔	基准重合
25	钻 3-$\phi9$、锪 $\phi14$ 孔	钻床	底面（3）及底面边侧（3）	基准重合

注：粗基准可以用划线基准体现。例如，表中在 10 工序前安排划线工序，以 $\phi40$ 轴线为基准，划出底面加工线，在 10 工序中按线加工底面，则可以认为划线基准（$\phi40$ 外圆的轴线）是粗基准。

5.5 机械加工工艺路线的拟定

机械加工工艺路线是指零件由毛坯到成品过程中加工各工序的先后顺序。拟定机械加工工艺路线是制订机械加工工艺过程中的关键环节。其主要工作是选择各加工表面的加工方法，确定工序数目和内容，选择加工方案、定位和夹紧方法等。具体拟定时，结合零件的技术要求、生产批量、经济效益及生产实际装备等情况，确定较为合理的工艺路线。

5.5.1 加工方法和加工方案的选择

1. 加工经济精度和经济表面粗糙度的概念

任何一种加工方法能够保证的加工精度和表面粗糙度有一个相当大的范围，但如果要求它保证的加工精度过高，需采取特殊的工艺措施，降低了生产率，又加大了加工成本。因此只有在一定的精度范围内才是经济的。加工经济精度是指在正常加工条件下（符合质量标准的设备、工艺装备和标准技术等级的工人，合理的加工时间）所能保证的加工精度。相应的粗糙度称为经济表面粗糙度。例如，在普通车床上加工外圆所能获得尺寸的加工经济精度为 IT8 ～ IT9 级，加工经济表面粗糙度 R_a 为 1.6 ～ 6.3 μm。普遍外圆磨床磨削外圆，尺寸的加工经济精度为 IT5 ～ IT6 级，加工经济表面粗糙度 R_a 为 0.16 ～ 0.32 μm。

2. 典型表面的加工路线

机械零件都是由外圆、孔、平面及成型表面等组合而成的，因此零件的工艺路线就是这些表面加工路线的恰当组合，表 5-9、表 5-10 和表 5-11 分别是外圆柱、孔、平面的典型加工路线，供选用时参考。

表 5-9　　　　　　　　　　　　外圆柱面的加工路线

序号	加工方法	公差等级	粗糙度 R_a 值（μm）	适用范围
1	粗车	IT11 ～ IT13	12.5 ～ 50	适用于淬火钢以外的各种金属
2	粗车—半精车	IT8 ～ IT10	3.2 ～ 6.5	
3	粗车—半精车—精车	IT7 ～ IT8	0.8 ～ 1.6	
4	粗车—半精车—精车—滚压（抛光）	IT6 ～ IT7	0.08 ～ 0.2	
5	粗车—半精车—磨削	IT6 ～ IT7	0.4 ～ 0.8	主要用于淬火钢，也可以用于未淬火钢，不宜加工有色金属
6	粗车—半精车—粗磨—精磨	IT5 ～ IT7	0.1 ～ 0.4	
7	粗车—半精车粗磨—精磨—超精加工	IT5	0.012 ～ 0.1	
8	粗车—半精车—精车—精细车（金刚石车）	IT5 ～ IT6	0.025 ～ 0.4	主要用于精度高的有色金属加工
9	粗车—半精车—粗磨—精磨—超精磨	IT5	0.006 ～ 0.025	极高精度的外圆加工
10	粗车—半精车粗磨—精磨—研磨	IT5	0.006 ～ 0.1	

表 5-10 孔的加工路线

序号	加 工 方 法	公差等级	粗糙度 R_a 值(μm)	适 用 范 围
1	钻	IT11 ~ IT13	12.5	加工未淬火钢及铸铁。也可用于加工有色金属。孔径 < φ20
2	钻—铰	IT8 ~ IT10	1.6 ~ 6.3	
3	钻—粗铰—精铰	IT7 ~ IT8	0.8 ~ 1.6	
4	钻—扩	IT10 ~ IT11	6.3 ~ 12.5	加工未淬火钢及铸铁。也可用于加工有色金属。孔径 > φ15 但一般 < φ80
5	钻—扩—铰	IT8 ~ IT9	1.6 ~ 3.2	
6	钻—扩—粗铰—精铰	IT7	0.8 ~ 1.6	
7	钻—扩—机铰—手铰	IT6 ~ IT7	0.1 ~ 0.4	
8	钻—扩—拉	IT7 ~ IT9	0.1 ~ 1.6	大批量生产通孔，孔径 > φ30，但一般 < φ80
9	粗镗（扩）	IT11 ~ IT13	6.3 ~ 12.5	除淬火钢以外的各种材料，毛坯有铸出或锻出孔，孔径 > φ30
10	粗镗（粗扩）—半精镗（精扩）	IT9 ~ IT10	1.6 ~ 3.2	
11	粗镗（粗扩）—半精镗（精扩）—精镗（铰）	IT7 ~ IT8	0.8 ~ 1.6	
12	粗镗（粗扩）—半精镗（精扩）—精镗—浮动镗刀镗孔	IT6 ~ IT7	0.4 ~ 0.8	
13	粗镗（扩）—半精镗—磨	IT7 ~ IT8	0.2 ~ 0.8	主要用于淬火钢，也可用于未淬火钢，不宜用于有色金属
14	粗镗（扩）—半精镗—粗磨—精磨	IT6 ~ IT7	0.1 ~ 0.2	
15	粗镗—半精镗—精镗—精细镗	IT6 ~ IT7	0.05 ~ 0.4	主要用于高精度有色金属加工
16	粗镗—半精镗—精镗—珩磨	IT6 ~ IT7	0.025 ~ 0.2	用于加工精度很高的孔
17	以研磨代替上述方法的珩磨	IT5 ~ IT6	0.006 ~ 0.1	

表 5-11 平面的加工路线

序号	加 工 方 法	公差等级	粗糙度 R_a 值(μm)	适 用 范 围
1	粗车	IT11 ~ IT13	12.5 ~ 5.0	端面
2	粗车—半精车	IT8 ~ IT10	3.2 ~ 6.3	
3	粗车—半精车—精车	IT7 ~ IT8	0.8 ~ 1.6	
4	粗车—半精车—磨削	IT6 ~ IT8	0.2 ~ 0.8	
5	粗刨（或粗铣）	IT11 ~ IT13	6.3 ~ 25	一般不淬硬平面（端铣表面粗糙度 R_a 值较小）
6	粗刨（粗铣）—精刨（精铣）	IT8 ~ IT10	1.6 ~ 6.3	
7	粗刨（粗铣）—精刨（精铣）—刮研	IT6 ~ IT7	0.1 ~ 0.8	精度高的不淬硬平面
8	以宽刃刨刀精刨代替 7 中刮研	IT7	0.2 ~ 0.8	
9	粗刨（粗铣）—精刨（精铣）—磨削	IT7	0.2 ~ 0.8	精度高的淬硬平面或不淬硬平面
10	粗刨（粗铣）—精刨（精铣）—粗磨—精磨	IT6 ~ IT7	0.025 ~ 0.4	
11	粗铣—拉	IT7 ~ IT9	0.2 ~ 0.8	大量生产，较小平面
12	粗铣—精铣—磨削—研磨	IT5 以上	0.006 ~ 0.1	高精度平面

以上表格所列都是生产实际中的统计资料，随着工艺水平的提高，相同加工方法的加工经济精度会逐步提高，加工经济表面粗糙度会逐步减小。实际加工时可根据被加工零件的精度和表面粗糙度要求、零件结构工艺性和车间的具体条件选取最经济合理的加工方案。例如，淬火钢淬火后的精加工应采用磨削，而有色金属因其磨削加工性能不好，常采用高速精细车进行精加工。再如回转体零件上加工较大直径的孔可采用车削或磨削。加工箱体上IT7级的孔常用镗削或铰削，当箱体孔的孔径较小时，适宜用铰削；孔径较大的短孔适宜用镗削。

5.5.2　加工阶段的划分

1. 加工阶段的划分

在加工较高精度的工件时，如工序数较多，可把整个工艺路线分成如下几个加工阶段。

（1）粗加工阶段。高效率地去除各加工表面上的大部分余量。粗加工阶段所能达到的精度较低，表面粗糙度大，主要任务是如何获得高的生产率。

（2）半精加工阶段。目的是消除主要表面上经粗加工后留下的加工误差，使其达到一定的精度，为进一步精加工做准备（保证精加工余量），同时完成一些次要表面的加工（钻孔、攻螺纹、铣键槽等）。

（3）精加工阶段。该阶段中的加工余量和切削用量都很小，其主要任务是保证工件主要表面的尺寸、形状、位置精度和表面粗糙度。

（4）光整加工阶段。对精度要求高、表面粗糙度要求小（公差等级≤6、表面粗糙度R_a≤0.32μm）的零件，还要有专门的光整加工阶段。包括珩磨、超精加工、镜面磨削等方法，其加工余量极小，主要目的是进一步提高尺寸精度和减小表面粗糙度，一般不能用于提高形状精度和位置精度。

2. 划分加工阶段的原因

（1）保证加工质量。粗加工时切除的余量大，切削力和夹紧力大，切削热多，产生的加工误差大。两个加工阶段之间的工件周转期间长，要有充分的时间使工件冷却并使内应力重新分布，可以确保精加工阶段纠正粗加工的加工误差和精加工后的质量稳定。

（2）合理使用机床设备。粗加工可使用功率大、精度较低的机床，以获得较大的生产率。精加工切削力小，可使用高精度的机床加工，既确保加工质量，又有利于长期保护机床精度。

（3）充分发挥热处理工序的效果。可以在机械加工工序中插入必要的热处理工序，使热处理发挥充分的效果。如材料预备热处理前安排粗加工，有利于消除粗加工产生的内应力，最终热处理后再安排精加工可以去除淬火后的工件变形。

此外，由于划分了加工阶段，带来了两个有利条件：第一是粗加工完各表面后，可及时发现毛坯的缺陷，及时报废或修补；第二是精加工表面的工序安排在最后，可保护已加工表面少受损伤。

但将工艺路线划分为几个加工阶段会增加工序数目，从而增加加工成本。因此在工件刚度高、工艺路线不划分阶段也能够保证加工精度的情况下，就不应该划分加工阶段，即在一个工序内连续完成某一表面的粗、半精和精加工工步。如重型零件的加工中，为减少工件的运输和装夹，常在一次装夹中完成某些表面的加工。数控加工中因其设备的刚度高、功率大、精度高，常不划分加工阶段，通常加工中心一次装夹可以完成工件多个表面的粗加工、半精加工和精加工工步，达到零件的设计尺寸要求。

5.5.3　加工顺序的安排

复杂零件的机械加工常常要经过切削加工、热处理和辅助工序，拟定工艺路线时要合理安排加工顺序，结合三者统筹考虑，常见加工顺序的安排应该遵循下述原则。

1. 切削加工顺序安排的原则

（1）先粗后精。先安排粗加工工序，中间安排半精加工，最后安排精加工和光整加工工序。

（2）先主后次。零件的主要表面是加工精度和表面质量要求高的表面，它的工序较多，其加工质量对零件质量影响大，因此先加工。一些次要表面如紧固用的螺孔、键槽等，可穿插在主要表面加工之间和加工之后进行。

（3）先基准，后其他。先用粗基准定位加工精基准表面，为其他表面的加工提供可靠的定位基准，然后再用精基准定位加工其他表面。如轴类零件一般以中心孔为精基准，所以先以外圆为粗基准加工中心孔，然后再以中心孔定位加工外圆柱面。

（4）先面后孔。这是上一条原则的特例，因为对于箱体类零件，它的平面的轮廓尺寸大，用平面为精基准加工孔定位可靠，也容易实现，而先加工孔、再以内孔定位加工平面则比较困难。所以箱体零件一般先以主要孔为粗基准加工平面，再以平面为精基准加工孔系。

2. 热处理工序的安排

热处理是用来提高材料的力学性能，消除残余内应力，改善金属的加工性能。一般按使用目的的不同可分为如下几种。

（1）预备热处理。预备热处理的目的是改善材料的切削性能，消除毛坯制造时产生的内应力和为最终热处理准备良好的金相组织。其热处理工艺有退火、正火和调质。退火和正火通常安排在机械加工之前进行；调质安排在粗加工之后、半精加工之前进行。由于调质使得材料的综合力学性能较好，对于某些硬度和耐磨性要求不高的零件，也可以作为最终热处理工序。

（2）时效处理。分为人工时效和自然时效两种，目的都是为了消除毛坯制造和机械加工中产生的内应力，一般安排在粗加工之后，可同时消除铸造和粗加工所产生的内应力。有时为减少运输工作量，也可将时效处理放在粗加工之前进行。精度要求高的零件，应该在半精加工后安排第二次甚至多次时效。

（3）最终热处理。包括淬火、渗碳淬火、渗氮等。常安排在半精加工之后、磨削加工之前进行，其目的是提高材料的硬度、耐磨性和强度等力学性能。

热处理的方法、次数和时间应根据材料和热处理的目的而定，某些表面还需做电镀、涂层、发蓝、氧化等处理。常见的安排如表 5-12 所示。

表 5-12　　　　　　　　　　　　　　热处理工序的安排

热处理种类、名称	预备热处理	表面处理	时效处理	最终热处理	
	退火、正火、调质等	电镀、涂层、发蓝、氧化等	人工时效、自然时效	淬火、回火、渗碳、冰冷等	氮化
目　的	改善材料加工性能	提高表面耐磨性、耐腐蚀性、美观	消除内应力	提高材料硬度和耐磨性	
工　序　安　排	机械加工之前	工艺过程最后	粗加工之前或之后	半精加工之后、精加工之前	精加工之后

3. 辅助工序的安排

辅助工序是指不直接加工也不改变工件尺寸和性能的工序。包括去毛刺、倒棱、清洗、防锈、检验等工序。

（1）检验工序。除各工序安排自检外，下列场合可单独安排检验工序：粗加工全部结束后，重要工序前后，零件从一个车间转到另一个车间时，零件全部加工结束后。特种检验如用于检验工件内部质量的超声波检验、X射线检查，一般安排在机械加工开始阶段进行。用于检验工件表面质量的磁力探伤、荧光检验通常安排在精加工阶段进行。

（2）去毛刺及清洗。毛刺对机器装配质量影响很大，切削加工之后，应安排去毛刺工序。装配零件之前，一般都安排清洗工序。工件内孔、箱体内腔容易存留切屑，研磨、珩磨等光整加工工序之后，微小磨粒易附着在工件表面上，也需要清洗。

（3）特殊需要的工序。在用磁力夹紧工件的工序之后，例如，在平面磨床上用电磁吸盘夹紧工件，要安排去磁工序，不让带有剩磁的工件进入装配线。平衡试验、检查渗漏等工序应安排在精加工之后进行。其他特殊要求应根据设计图样上的规定，安排在相应的位置。

5.5.4　工序的组合（集中与分散）

1. 工序的集中与分散原则

工序集中原则就是将工件的加工集中在少数几道工序内完成。每道工序的加工内容较多。工序集中又可分为：采用技术措施的机械集中，如采用多刀、多刃、多轴或数控机床加工等；采用人为组织措施的组织集中，如卧式车床的顺序加工。

工序分散原则是将工件的加工分散在较多的工序内完成。每道工序的加工内容很少，有时甚至每道工序只有一个工步。

2. 工序集中与工序分散的特点

（1）工序集中的特点。

① 采用高效率的专用设备和工艺装备，生产效率高。

② 减少了装夹次数，易于保证各表面间的相互位置精度，还能缩短辅助时间。

③ 工序数目少，机床数量、操作工人数量和生产面积都可减少，节省人力、物力，还可简化生产计划和组织工作。

④ 加工装备和工艺装备投资大，调整、维修较为困难，生产准备工作量大，产品更新换代较麻烦。

（2）工艺分散的特点。

① 加工设备和工艺装备简单、调整方便、工人便于掌握，容易适应产品的转换。

② 可以采用最合理的切削用量，减少基本时间。

③ 对操作工人的技术水平要求较低。

④ 设备和工艺装备数量多、操作工人多、生产占地面积大。

3. 工序的集中与分散的依据

一个零件的加工是由多个工序组成的，每个工序又分为一个或多个工步。怎样把这些工步组合在一起，主要取决于生产类型、机床设备、零件结构和技术要求等。究竟如何组合，主要从以下几个方面考虑。

（1）生产类型。单件小批量生产时，为简化生产流程，缩短在制品生产周期，减少工艺装备，应采用工序集中原则。大批量生产中，若使用由专用机床和专用工艺装备组成的生产线，则应按工序分散的原则组织生产，这有利于专用设备的结构简化和按节拍组织流水生产。若使用多刀多轴的自动机床、加工中心，可按工序集中组织生产；成批生产时，两种原则均可采用，具体采用哪种原则，要考虑其他条件（如零件的技术要求、工厂的生产条件等）而定。

（2）零件的结构、大小和质量。对于尺寸和质量较大、形状又复杂的零件，应采用工序集中的原则，以减少安装与运送次数。对于刚性差且精度高的精密工件，为减少夹紧力和加工中的变形，工序应适当分散。

（3）零件的技术要求及现场的条件。零件上有技术要求高的表面，需采用高精度的设备来保证质量时，可采用工序分散的原则。对采用数控加工的零件，应考虑如何减少装夹次数，尽量在一次定位装夹中加工出全部待加工表面，应采用工序集中的原则。

由于生产需求的多变性，对生产过程的柔性要求越来越高，现代生产的发展多趋向于工序集中。

5.6 机械加工工序设计与实施

工艺路线拟定之后，就要对其中的每一道工序进行详细设计，决定其工序内容。工序设计的主要工作如下。

5.6.1 确定加工余量

1. 加工余量的基本概念

加工余量是指零件加工前后从加工表面切除的材料层厚度。加工余量分为工序余量和加工总余量。工序尺寸是指本工序加工后应达到的尺寸。

（1）工序余量。相邻两工序的工序尺寸之差称为工序余量。即在一道工序中所切除的金属层厚度，所以余量是正值。对于非对称的加工表面，如图 5-22（a）、（b）所示的加工余量称为单边余量，其工序余量计算式如下。

$$对于外表面：Z_b = A - B \tag{5-2}$$
$$对于内表面：Z_b = B - A \tag{5-3}$$

式中：Z_b——单边加工余量；

　　A——上工序的工序尺寸；

　　B——本工序的工序尺寸。

回转体表面的工序尺寸以直径计算，如图 5-22（c）、（d）所示回转体表面的加工余量称为双边余量，其工序余量计算式为：

$$轴：2Z_b=A-B \tag{5-4}$$
$$孔：2Z_b=B-A \tag{5-5}$$

式中：$2Z_b$——双边（直径方向的）加工余量；

A——上工序的工序尺寸（直径）；

B——本工序的工序尺寸（直径）。

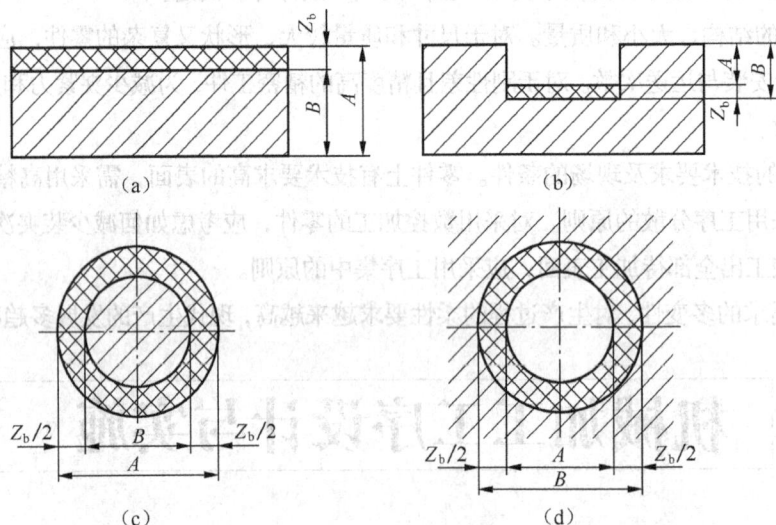

图 5-22　加工余量

当加工零件表面的一道工序中包含几个工步时，相邻两工步尺寸之差就是工步余量，即在一个工步中从加工表面切除的材料层厚度。

（2）加工总余量（也称毛坯余量）。加工总余量是指各个工序余量的总和，也就是从毛坯变为成品的整个加工过程中，某一加工表面上所切除的金属总厚度，即

$$Z_\Sigma=\sum_{i=1}^{n}Z_i \tag{5-6}$$

式中：Z_Σ——总加工余量；

Z_i——第 i 道工序的工序加工余量；

n——该表面总共加工的工序次数。

2. 工序加工余量与工序尺寸的关系

由于毛坯制造和各个工序尺寸都不可避免地存在误差，因而无论总加工余量还是工序加工余量都是一个变动量。即有最大加工余量和最小加工余量之分，只标基本尺寸的加工余量称为基本余量或公称余量，如图 5-23 表示了工序加工余量与工序尺寸的关系。

从图中可以看出，工序公称加工余量是相邻两工序基

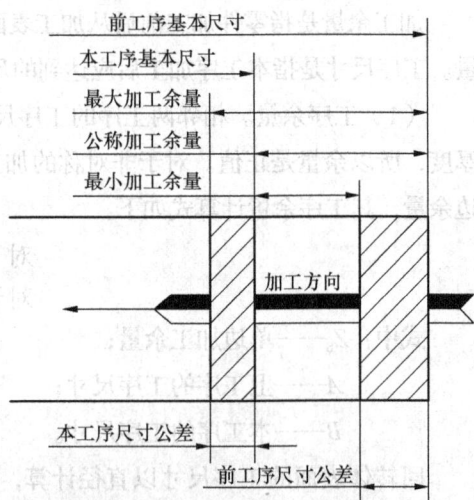

图 5-23　工序加工余量与工序尺寸关系

本尺寸之差；工序最小加工余量是前工序最小工序尺寸和本工序最大工序尺寸之差；工序最大加工余量是前工序最大工序尺寸和本工序最小工序尺寸之差。工序加工余量的变动范围等于前工序与本工序两工序尺寸公差之和。

　　工序尺寸的公差带一般采用"入体原则"标注，故对于被包容面（轴），基本尺寸即最大工序尺寸（上偏差等于零）；对于包容面（孔），基本尺寸则是最小工序尺寸（下偏差等于零），如图 5-24 所示。毛坯尺寸的公差一般采用"对称原则"。

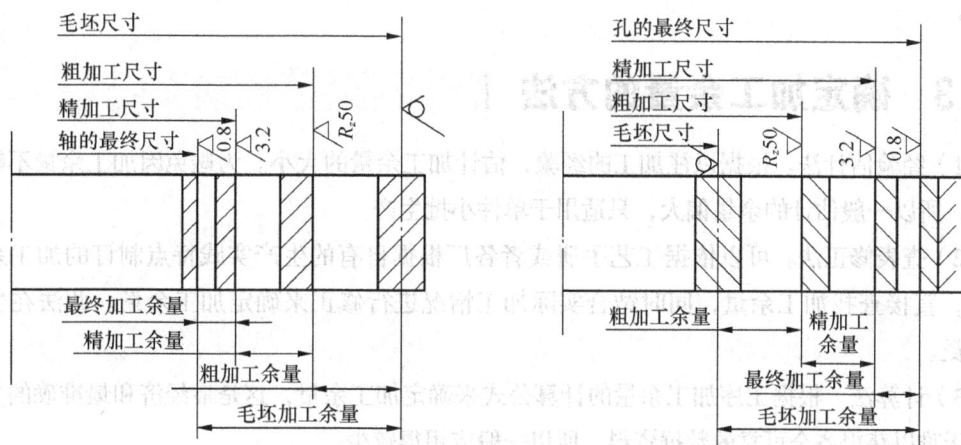

图 5-24　加工余量和加工尺寸分布图

5.6.2　影响加工余量的因素

　　加工余量的大小对零件的加工质量、生产效率和生产成本有较大影响，应合理确定，过大的余量会浪费材料，增加机床和刀具的磨损，提高了生产成本。余量过小，不能全部消除上道工序的误差和表面缺陷，可能造成废品。因此加工余量应合理确定，影响加工余量的因素如下。

　　（1）前工序的表面粗糙度高度 H_a 和表面缺陷层厚度 D_a。为使加工后的表面没有前工序留下的加工痕迹，应将前工序形成的 H_a 和 D_a 层切除。H_a 和 D_a 应包括在加工余量内。

　　（2）前工序的尺寸公差 T_a。由于工序尺寸的公差是按"入体原则"标注，因此 T_a 值在工序尺寸的入体方向，如图 5-23 所示，所以公差值 T_a 应包括在加工余量内。

　　（3）前工序的位置误差 ρ_a。是指不由尺寸公差 T_a 所控制的形位公差，如采用独立原则或最大实体原则时，本工序通过切削加工修正前工序形成的这种误差，所以 ρ_a 值应包括在加工余量内。

　　（4）工序的装夹误差 ε_b。用来补偿装夹误差对加工的影响。由于位置误差和装夹误差是有方向性的，因此它们的合成应是向量和，记为 $|\rho_a + \varepsilon_b|$。因此加工余量的组成可以由下式表示。

加工平面（取单边余量）：

$$Z_b=T_a+(H_a+D_a)+\mid \rho_a+\varepsilon_b\mid \qquad (5\text{-}7)$$

加工回转面（轴或孔）：

$$2Z_a=T_a+2(H_a+D_a)+2\mid \rho_a+\varepsilon_b\mid \qquad (5\text{-}8)$$

上述计算式应根据不同工序的具体情况进行修正，如采用浮动铰刀铰孔、拉孔等加工，采用的是自为基准定位，它不能修正位置误差，也没有装夹误差，可以在上式中去掉 $\mid \rho_a+\varepsilon_b\mid$。而某些光整加工（如抛光）工序，工序余量仅与表面粗糙度高度 H_a 有关，工序余量仅含 H_a 值就可以。

5.6.3　确定加工余量的方法

（1）经验估计法。根据以往加工的经验，估计加工余量的大小。为避免因加工余量不够而产生废品，所以一般估计的余量偏大，只适用于单件小批生产。

（2）查表修正法。可以依据工艺手册或者各厂根据自有的生产实践特点制订的加工余量技术资料，直接查找加工余量，同时结合实际加工情况进行修正来确定加工余量。此法在生产中应用广泛。

（3）计算法。根据工序加工余量的计算公式来确定加工余量，这是最经济和最准确的方法，但是由于难以获得齐全可靠的数据资料，所以一般应用得较少。

5.6.4　基准重合时工序尺寸及公差的确定

零件表面经最后一道工序加工后，应该达到其设计要求，所以零件某表面最后一道工序的工序尺寸及公差应为零件上该表面的设计尺寸和公差，而中间工序的工序尺寸需要由计算确定。

当加工某表面的各道工序都采用同一个定位基准，并与设计基准重合时，工序尺寸计算只需考虑工序余量。运算步骤如下。

① 确定毛坯总余量和各工序余量。

② 确定各工序的工序尺寸。最后一道工序的工序尺寸等于零件图样上设计尺寸，并由最后工序向前逐道工序推算出各工序的工序尺寸。

③ 确定各工序的尺寸公差。最后一道工序的工序尺寸公差等于零件图样上设计尺寸公差，中间工序尺寸公差取加工经济精度。各工序应该达到的表面粗糙度以相同方法确定。

④ 标注各工序、尺寸公差和表面粗糙度值。各工序尺寸的上、下偏差按"入体原则"确定。即对于孔，下偏差取零，上偏差取正值；对于轴，上偏差取零，下偏差取负值。

例 5-3　如图 5-25（a）所示为某法兰盘零件上的一个孔，孔径为 $\phi60^{+0.03}_{0}$ mm，表面粗糙度值为 $R_a0.8\mu m$，毛坯采用铸钢件，需要淬火热处理。试确定其各工序尺寸及公差。

解　根据题意要求，$\phi60$mm 的孔径可以直接铸出，零件精度为 IT7 级，查表 5-10，孔加工方法确定工艺路线为：粗镗孔—半精镗孔—磨孔。从机械加工工艺手册查出各工序的基本余量、加工经济精度和经济粗糙度，填入表 5-13 所示的第 2～4 列内；计算各工序基本尺寸并填入表 5-13 所示的第 5 列内；再按入体原则和对称原则确定各工序尺寸的上下偏差，填入表 5-13 所示的第 6 列内。标注如图 5-25（a）、（b）、（c）、（d）所示。

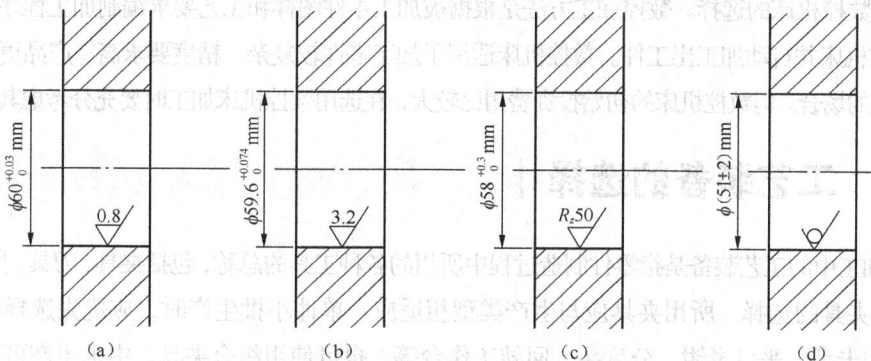

图 5-25　工艺基准与设计基准重合时工序尺寸及公差计算

表 5-13　　　　　　　　　　　　工序尺寸及其公差的计算

工序名称	工序余量（mm）	工序基本尺寸（mm）	加工经济精度（mm）	工序尺寸标注（mm）	表面粗糙度（μm）
磨	0.4	60	IT7($^{+0.03}_{0}$)	$\phi 60^{+0.03}_{0}$	R_a 0.8
半精镗	1.6	60-0.4=59.6	IT9($^{+0.074}_{0}$)	$\phi 59.6^{+0.074}_{0}$	R_a 3.2
粗镗	7	59.6-1.6=58	IT12($^{+0.3}_{0}$)	$\phi 58^{+0.3}_{0}$	R_z 50
毛坯	9	58-7=51	±2	$\phi 51\pm2$	—

例 5-4　某箱体上孔的设计尺寸为 $\phi(100\pm0.011)$(Js6)mm，表面粗糙度 R_a 为 0.8 μm，工艺路线为：粗镗—半精镗—精镗—浮动镗。工序尺寸的计算方法如表 5-14 所示。

表 5-14　　　　　　　　　　　　工序尺寸及其公差的计算

工序名称	工序余量（mm）	工序基本尺寸（mm）	加工经济精度（mm）	工序尺寸标注（mm）	表面粗糙度（μm）
浮动镗	0.1	100	Js6(±0.011)	$\phi(100\pm0.011)$	R_a 0.8
精镗	0.5	100-0.1=99.9	IT7($^{+0.035}_{0}$)	$\phi 99.9^{+0.035}_{0}$	R_a 1.6
半精镗	2.4	99.9-0.5=99.4	IT10($^{+0.14}_{0}$)	$\phi 99.4^{+0.14}_{0}$	R_a 3.2
粗镗	5	99.4-2.4=97	IT12($^{+0.44}_{0}$)	$\phi 97^{+0.44}_{0}$	R_a 6.4
毛坯	8	97-5=92	±1.5	$\phi(92\pm1.5)$	—

以上是基准重合时工序尺寸及公差的计算，当基准不重合时必须用尺寸链原理计算工序尺寸，请见 5.7 节。

5.6.5　机床的选择

（1）普通机床的选择。选择机床要考虑以下几个方面。

① 机床的主要规格尺寸应与工件的外形轮廓尺寸相适应，即小工件应选小型机床加工，大工

件应选大型机床加工，合理使用设备。

②机床的精度应与工序要求的加工精度相适应。

③机床的生产率应与零件的生产类型相适应，尽量利用工厂现有的机床设备。

（2）数控机床的选择。数控加工方法是根据被加工零件图样和工艺要求编制加工程序，由加工程序控制数控机床并自动加工出工件。数控机床适用于加工零件较复杂、精度要求高、产品更新快、生产周期要求短的场合。但数控机床的初始投资费用比较大，在选用数控机床加工时要充分考虑其经济效益。

5.6.6　工艺装备的选择

机械加工中的工艺装备是指零件制造过程中所用的各种工具的总称，包括夹具、刀具、量具和辅具。

（1）夹具的选择。所用夹具应与生产类型相适应。单件小批生产时，应优先选择通用夹具，如各种通用卡盘、平口虎钳、分度头、回转工作台等。也可使用组合夹具。中批生产可以选用通用夹具、专用夹具、可调夹具、组合夹具。大批量生产应尽量使用高产效率的专用夹具，如气动、液动、电动夹具。此外夹具的精度应能满足加工精度的要求。

（2）刀具、辅具的选择。一般应优先选用标准刀具，必要时也可选用高效率的复合刀具和专用刀具。所用刀具的类型、规格和精度应能满足加工要求。机床辅具是用以联结刀具与机床的工具，如刀柄、接杆、夹头等。一般要根据刀具和机床结构选择辅具，尽量选择标准辅具。

（3）量具的选择。单件小批生产应选用通用量具，如游标卡尺、千分尺等。大批生产时尽量选用极限量规、高效专用检具。

5.6.7　机械加工工序实施——金属切削加工工艺守则

机械加工工序的实施需要车、钳、铣、刨、磨等切削加工，工艺守则总则是切削加工中共同遵守的基本操作规程，下面简要介绍切削加工通用工艺守则中的总则。

1. 加工前的准备

操作者接到加工任务后，首先检查加工所需的产品图样、工艺规程和有关的技术资料是否齐全。要看懂、看清这些技术资料，有疑问处应找有关人员问清楚再进行加工。

按照工艺规程要求准备好加工所需的工艺装备，对新夹具要先熟悉其使用要求和操作方法。加工所用的工艺装备应放在规定的位置，不得乱放，更不能放在机床导轨上。

检查所用机床设备，准备所用的各种附件。加工前机床要按规定进行润滑和空运转。

2. 刀具与工件的装夹

（1）刀具的装夹。安装各种刀具前，一定要把刀柄、刀杆、刀套等擦拭干净。刀具装夹后，应该使用对刀装置或试切等方法，检查刀具装夹是否完好。

（2）工件的装夹。

①在机床工作台上安装夹具时要擦净其定位面，并找正夹具定位面与刀具的相互位置。

②工件装夹前应将工件、夹具和垫铁的定位面、夹紧面擦干净，并不得有毛刺。

③对不使用专用夹具的工件，装夹时应找正工件，其找正原则是对划线工件应按线进行找正；

对在本工序加工到成品尺寸的表面，其找正精度应小于尺寸和位置公差的 1/3。

④ 夹紧工件时，夹紧力的作用点应通过支撑点或支撑面。

⑤ 夹持精加工面和软材质工件时，应垫以软垫，如紫铜皮等。

⑥ 用压板压紧工件时，压板支撑点应略高于被压工件表面，并且压紧螺栓应尽量靠近工件，以保证压紧力。

3. 加工时的要求

① 加工有公差要求的尺寸时，应尽量按其平均尺寸加工。

② 本工序以后没有去毛刺工序时，本工序产生的毛刺应由本工序去除。

③ 粗、精加工在同一台机床上进行时，粗加工后一般应松开工件，待其冷却后重新装夹。

④ 在切削过程中若机床、刀具、工件发出不正常的声音，应立即停车，退刀检查。

⑤ 在批量生产中，加工完第一个工件必须进行首件检查，合格后方能继续加工。在加工过程中操作者必须对工件进行自检。

⑥ 检测工件时，应正确使用测量器具。

4. 加工后的处理。

① 工件在各工序加工后应做到无屑、无水、无脏物，在规定的器具上摆放整齐，以免磕、碰、划伤等。

② 各工序加工完的工件经检查员检查合格后方能转往下道工序。

5. 其他要求

工艺装备用完后要擦干净（涂好防锈油），放到规定位置或交还工具库。产品图样、工艺规程和所使用的其他技术文件要保持整洁，严禁涂改。

5.6.8　机械加工工艺规程卡片的制作实例

例 5-5　如图 5-26 所示为齿轮轴，工件材料为 30CrMnSi，加工数量为 30 件。其加工工艺规程卡片如表 5-15 所示。

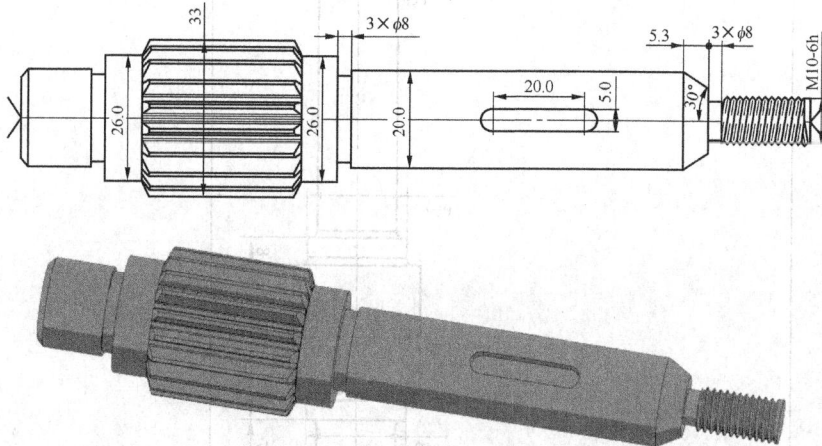

图 5-26　齿轮轴

表 5-15

齿轮轴加工工艺规程卡片

共 4 页

第 1 页

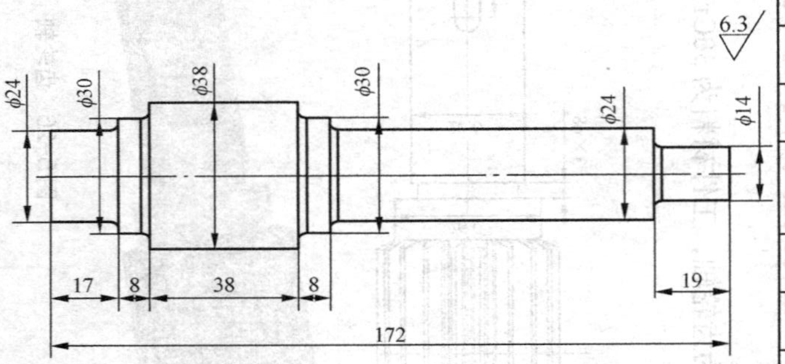

工序号	工序名称	工 序 内 容			工时定额	工人姓名	验收数量	检验员
			数量	30	备件			
			基准					
05	下料	30CrMnSi 棒料 φ40×178						
10	粗车	按左图完成，尖边倒角 1×45°，转角 R₃						
15	热处理	调质 HB220～240，全长直线度不大于 1mm						

职责	姓名	日期		名称	齿轮轴	图号	A003
编制			更改次	工艺员		校对	
校对				材料	30CrMnSi	比例	1：1
审查							
会签						日期	

×××公司

技术部

工序图表

续表

工序号	工序名称	工序内容	数量	备件	工时定额	工人姓名	验收数量	检验员
			30				共 4 页	
			基准				第 2 页	
20	精车	按左图完成						
25	外磨	磨左图：两处外圆 $\phi21^{0}_{-0.1}$ 到尺寸 $\phi20.5^{0}_{-0.05}$；外圆 $\phi34^{0}_{-0.1}$ 到尺寸 $\phi33.5^{0}_{-0.05}$						

工序图表

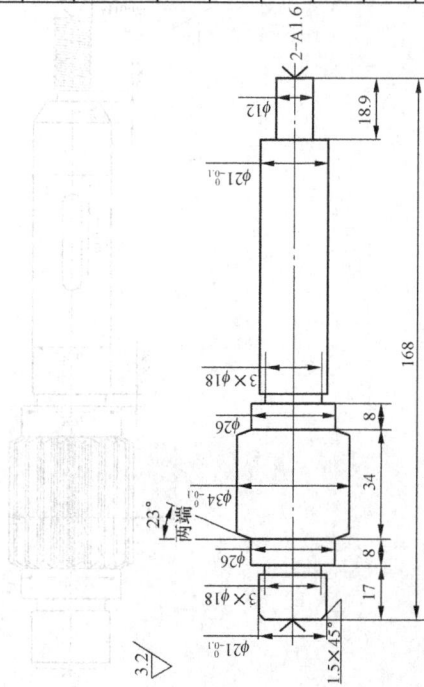

职责	姓名	日期				
编制			名称	齿轮轴	图号	A003
校对			材料	30CrMnSi	比例	1：1
审查			更改次			
会签			工艺员	校对	日期	

×××公司
技术部

续表

工序图表

工序号	工序名称	工序内容	数量	备件	工时定额	工人姓名	验收数量	检验员
			30					
			基准				共 4 页	
							第 3 页	
30	滚齿	留磨滚刀滚齿 $m=1.5$; $Z=20$; $\alpha=20°$ $w_3=11.89\pm0.1$						
35	钳	去尽齿部毛刺						
40	高频	齿部高频 HRC40~45						
45	车	（1）修研两端顶尖孔，外圆跳动不大于0.03 （2）砂光外圆 2-ϕ26；23°斜面 （3）按图车右半部：ϕ18，锥面，M10-6h 及空刀槽						
50	钳	划线键槽						
55	铣	键槽						

职责	姓名	日期		更改次			
会签							
审查							
校对			工艺员		校对		
编制						图号	A003

名称	齿轮轴	比例	1：1	×××公司 技术部
材料	30CrMnSi			

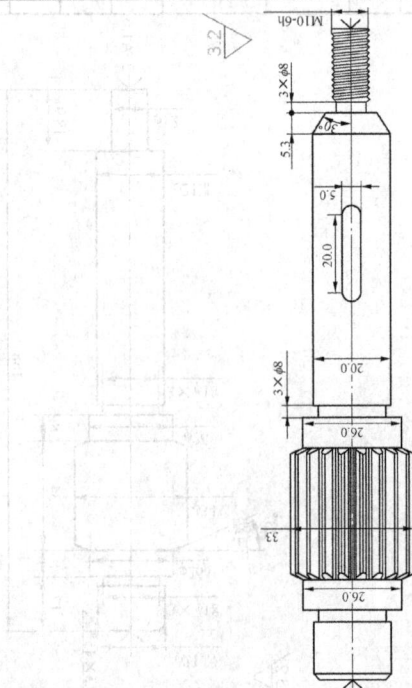

M10-6h
3×ϕ8
3×ϕ8
3.2

续表

数量	30			备件		共 4 页
基准						第 4 页

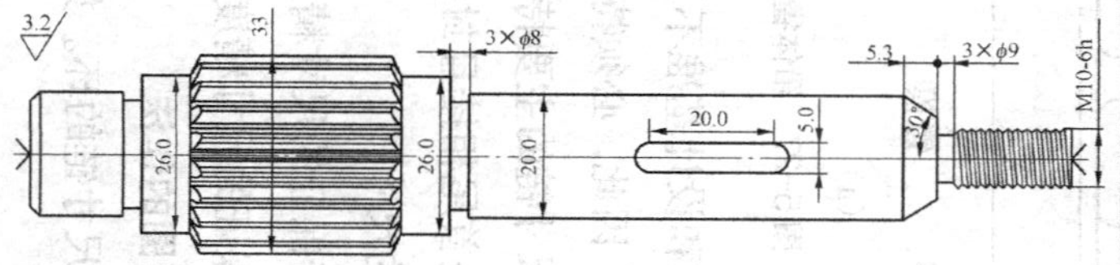

工序号	工序名称	工 序 内 容	工时定额	工人姓名	验收数量	检验员
60	钳	去毛刺				
65	外磨	按图磨：两处外圆到尺寸，齿部外圆直径 $\phi33$				
70	磨齿	磨齿：$m=1.5$；$Z=20$；$\alpha=20°$；$W_3=11.49_{-0.10}^{-0.07}$				
75	钳	清洗零件				

职责	姓名	日期	更改次	名称	齿轮轴	工艺员	××× 公司
编制				材料	30CrMnSi	校对	技术部
校对						图号	A003
审查						比例 1：1	日期
会签							

工序图表

5.7 工艺尺寸链

5.7.1 工艺尺寸链的定义和特征

1. 尺寸链的定义和特征

在零件的加工过程或机器的装配过程中，经常会遇到一些相互联系的尺寸组合，这些相互联系且按一定顺序排列的封闭尺寸组合称为尺寸链。在零件的加工过程中，由有关工序尺寸组成的尺寸链称为工艺尺寸链。

如图 5-27（a）所示为主轴箱箱体镗孔，图中尺寸 a、b、c 的关系可简单地用图 5-27（b）中 A_1、A_0、A_2 分别表示。从图中可以看出，A_1、A_0、A_2 形成一个封闭的图形。这种互相联系且按一定顺序首尾相接构成封闭形式的一组尺寸组合就定义为尺寸链。在镗孔加工过程中尺寸 A_1、A_0、A_2 所形成的尺寸链称为工艺尺寸链。

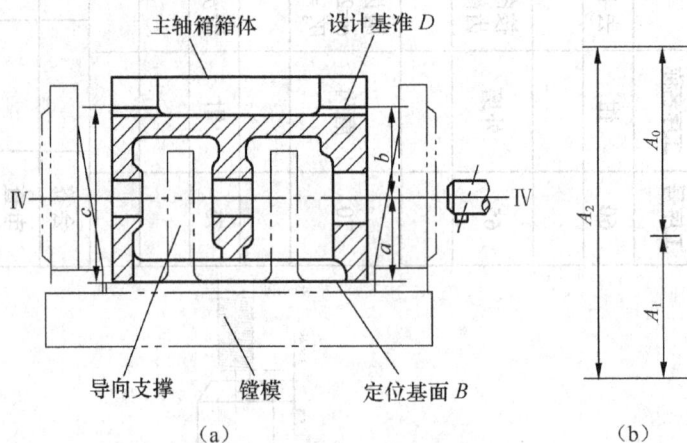

图 5-27　箱体镗孔工艺形成的尺寸链

如图 5-27 所示，当定位基准和设计基准不重合，往往必须同时提高尺寸 a 和 c 的加工精度，以间接地保证尺寸 b 的加工精度。因此，必须特别注意尺寸 a 和 c 是在加工过程中直接获得的，尺寸 b 是间接保证的。由此可见，尺寸链的主要特征如下。

（1）封闭性。尺寸链必须是首尾相接且封闭的尺寸组合。其中，应包含一个间接保证的尺寸和若干个对此有影响的直接获得的尺寸。

（2）关联性。尺寸链中间接保证的尺寸精度是受这些直接获得的尺寸精度所支配的，彼此间具有特定的函数关系，并且间接保证的尺寸精度必然低于直接获得的尺寸精度。

2. 尺寸链的组成和尺寸链简图的作法

组成尺寸链的各个尺寸称为尺寸链的环。如图 5-27 所示的尺寸 a、b、c 都是尺寸链的环。这些环又可分为如下几种。

（1）封闭环。在尺寸链中最后形成或间接保证的尺寸成为封闭环。一个尺寸链中，封闭环只能有一个，用 A_0 表示，如图 5-27 所示的尺寸 b 就是封闭环。在机器的装配过程中，凡是在装配后才形成的尺寸（例如，通常的装配间隙或装配后形成的过盈），就称为装配尺寸链的封闭环，它是由两个零件上的表面（或中心线等）构成的。

（2）组成环。除封闭环以外的其他环都称为组成环。如图 5-27 所示的尺寸 a 和 c 就是组成环。根据组成环对封闭环的影响，可将其分成如下两类。

① 增环。在尺寸链中，当其余各组成环不变，而该环增大使封闭环也增大的，称为增环。如图 5-27 所示的尺寸 c 就是增环。为明确，可加标一个正向的箭头，如 $\vec{c}$。

② 减环。在尺寸链中，当其余各组成环不变，而该环增大使封闭环减小的环，称为减环。如图 5-27 所示的尺寸 a 就是减环，记为 $\overleftarrow{a}$。

（3）尺寸链简图的作法。常采用标箭头的方法来判断增减环，特别是当尺寸链的环数较多时，这样判断既方便又不易出错。建立工艺尺寸链时，应首先对工艺过程和工艺尺寸进行分析，确定间接保证精度（或最后形成）的尺寸，将其定为封闭环。然后从封闭环出发，用首尾相接的单箭头顺序表示各组成环。在组成环当中，与封闭环箭头方向相同的环为减环，与封闭环箭头方向相反的环为增环。如图 5-28 中，（$\vec{A}_1$、$\vec{A}_3$、$\vec{A}_4$）为增环，（$\overleftarrow{A}_0$、$\overleftarrow{A}_2$、$\overleftarrow{A}_5$）为减环。

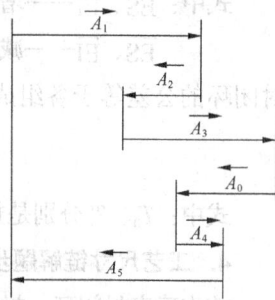

图 5-28　工艺尺寸链简图

5.7.2　尺寸链的基本计算

计算工艺尺寸链的常用方法有极值法、竖式法和概率法等，此处介绍极值法和竖式法。

1. 封闭环的基本尺寸

封闭环的基本尺寸等于所有增环基本尺寸之和减去所有减环基本尺寸之和，即

$$A_0 = \sum_{i=1}^{m} \vec{A}_i - \sum_{j=m+1}^{n} \overleftarrow{A}_j \tag{5-9}$$

式中：A_0——封闭环的基本尺寸；

$\vec{A}_i$——增环的基本尺寸；

$\overleftarrow{A}_j$——减环的基本尺寸；

m——增环的数量；

n——组成环的总数（不包括封闭环）。

2. 封闭环的极限尺寸

封闭环的最大极限尺寸等于所有增环最大极限尺寸之和，减去所有减环最小极限尺寸之和；而封闭环的最小极限尺寸等于所有增环最小极限尺寸之和，减去所有减环最大极限尺寸之和。即

$$A_{0\max} = \sum_{i=1}^{m} \vec{A}_{i\max} - \sum_{j=m+1}^{n} \overleftarrow{A}_{j\min} \tag{5-10}$$

$$A_{0\min} = \sum_{i=1}^{m} \overrightarrow{A}_{i\min} - \sum_{j=m+1}^{n} \overleftarrow{A}_{j\max} \tag{5-11}$$

3. 封闭环的上、下偏差和公差

封闭环的上偏差等于所有增环上偏差之和减去所有减环下偏差之和，封闭环的下偏差等于所有增环下偏差之和减去所有减环上偏差之和。即

$$\text{ES}_0 = \sum_{i=1}^{m} \overrightarrow{\text{ES}}_i - \sum_{j=m+1}^{n} \overleftarrow{\text{EI}}_j \tag{5-12}$$

$$\text{EI}_0 = \sum_{i=1}^{m} \overrightarrow{\text{EI}}_i - \sum_{j=m+1}^{n} \overleftarrow{\text{ES}}_j \tag{5-13}$$

式中：$\overrightarrow{\text{ES}}$、$\overrightarrow{\text{EI}}$——增环的上、下偏差；

$\overleftarrow{\text{ES}}$、$\overleftarrow{\text{EI}}$——减环的上、下偏差。

封闭环的公差等于各组成环的公差和，即

$$T_0 = \sum_{i=1}^{n} T_i \tag{5-14}$$

式中：T_0、T_i 分别是封闭环、组成环的公差。

4. 工艺尺寸链解题步骤

首先确定封闭环。封闭环是在加工过程中间接获得的尺寸。

其次查明全部组成环。尺寸链中直接获得的若干尺寸是组成环。画出尺寸链简图。

再次判明增、减环。用符号（箭头）标明增、减环。

最后利用尺寸链计算公式求解。

例 5-6　加工如图 5-29（a）所示的零件，设 1 面已加工好，现以 1 面定位加工 3 面和 2 面，其工序简图如图 5-29（b）所示，试求工序尺寸 A_1 与 A_2。

解　由于加工 3 面时定位基准与设计基准重合，因此工序尺寸 A_1 就等于设计尺寸，$A_1 = 30^{\ 0}_{-0.2}$ mm。而加工 2 面时，定位基准与设计基准不重合，这就导致在用调整法加工时，只能以尺寸 A_2 为工序尺寸，但这道工序的目的是为了保证零件图上的设计尺寸 A_0，即（10 ± 0.3）mm。因此 A_0 与 A_1、A_2 构成尺寸链，如图 5-29（c）所示。根据尺寸链特性，A_0 是封闭环；A_1 和 A_2 为组成环，其中 A_1 为增环，A_2 为减环。

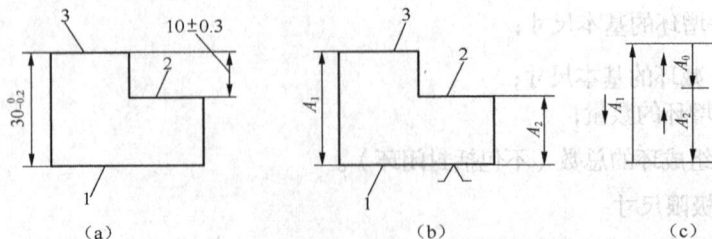

图 5-29　工序尺寸公差计算

由该尺寸链可以计算 A_2。由式（5-9）可知：

$$A_0 = A_1 - A_2，\text{所以 } A_2 = A_1 - A_0 = 30 - 10 = 20\text{mm}$$

由式（5-12）可知：$ES_0=ES_1-EI_2$

$$EI_2=ES_1-ES_0=0-0.3=-0.3mm$$

再由式（5-13）可知：$EI_0=EI_1-ES_2$

$$ES_2=EI_1-EI_0=-0.2-(-0.3)=0.1mm$$

所以，$A_2=20^{+0.1}_{-0.3}$ mm，按入体原则表示为 $A_2=20.1^{\ 0}_{-0.4}$ mm。

5.7.3　基准不重合时工序尺寸及公差的计算

1. 定位基准与设计基准不重合时的工序尺寸及公差的计算

采用调整法加工零件时，若所选的定位基准与设计基准不重合，那么该加工表面的设计尺寸就不能由加工直接得到，需要对加工表面的设计尺寸进行换算以求得工序尺寸及公差，再按换算后的工序尺寸及其公差加工，也可以保证工件的设计要求。

例5-7　加工如图5-30所示的零件，A、B、C 面在镗孔前已经过加工，镗孔时为方便工件装夹，选择 A 面为定位基准来进行加工，而孔的设计基准为 C 面，显然，属于定位基准与设计基准不重合。加工时镗刀需按定位 A 面来进行调整，故应先计算出工序尺寸 A_3。

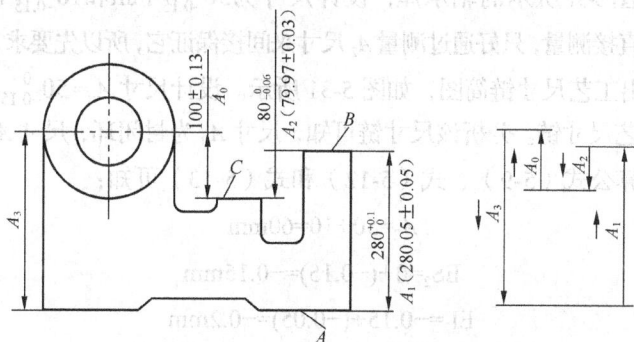

图 5-30　镗孔工序尺寸计算

解　根据题意作出工艺尺寸链简图，如图5-30所示。由于面 A、B、C 在镗孔前已加工，故 A_1、A_2 在本工序前就已被保证精度，A_3 为本道工序直接保证精度的尺寸，故三者均为组成环；而 A_0 为本工序加工后得到的尺寸，故 A_0 为封闭环。由工艺尺寸链简图可知，组成环 A_2 和 A_3 是增环，A_1 是减环。下面用列竖式法来求 A_3 的工序尺寸及公差。

列竖式法解尺寸链时，必须用口诀对增环、减环及上、下偏差进行处理，填表计算。方法：求组成环各项之和等于封闭环。口诀是：封闭环、增环照抄；减环取反，上下偏差对调。例如，例5-6求 A_2 可填表如下（括号内表示待求值）：

尺寸链（环）	基本尺寸	上偏差 ES	下偏差 EI
A_1	30	0	−0.2
A_2	（−20）	（+0.3）	（−0.1）
A_0	10	+0.3	−0.3

可得 $A_2=20^{+0.1}_{-0.3}$ mm，按入体原则表示为 $A_2=20.1^{\ 0}_{-0.4}$ mm。注意 A_2 为减环，求得结果要取反变号，

上下偏差对调。

对于本例，为使计算方便，现将各尺寸都换算成平均尺寸。由此列竖式计算如下（括号内表示待求值）：

尺寸链（环）	基 本 尺 寸	上偏差 ES	下偏差 EI
A_1	−280.05	+0.05	−0.05
A_2	79.97	+0.03	−0.03
A_3	(300.08)	(+0.05)	(−0.05)
A_0	100	+0.13	−0.13

所以得 $A_3=(300.08 \pm 0.05)$ mm $= 300^{+0.13}_{+0.03}$ mm。即镗孔时只要按 $A_3 = 300^{+0.13}_{+0.03}$ mm进行加工就可以间接保证设计尺寸 A_0(100±0.13)mm 合格。

本题中，若用面 C 定位镗孔则符合基准重合原则，可以直接保证设计尺寸的精度。

2. 测量基准与设计基准不重合时的工艺尺寸链计算

有时会遇到工件某个加工表面的设计尺寸不便测量，需要在工件上另选一个容易测量的测量基准，为此需要换算出以该基准测量的测量尺寸。通过对测量尺寸的检测，能够间接保证加工表面的设计尺寸要求。

例 5-8 加工如图 5-31 所示的轴承座，设计尺寸为 $50^{0}_{-0.15}$ mm 和 $10^{-0.05}_{-0.15}$ mm。由于设计尺寸 $50^{0}_{-0.15}$ mm加工时无法直接测量，只好通过测量 A_2 尺寸来间接保证它，所以先要求 A_2 的工序尺寸和公差。

解 根据题意作出工艺尺寸链简图，如图 5-31 所示。设计尺寸 $A_0= 50^{0}_{-0.15}$ mm、$A_1=10^{-0.05}_{-0.15}$ mm 和 A_2 就形成了一个工艺尺寸链。分析该尺寸链可知，尺寸 A_0 为封闭环，尺寸 A_1 为减环，A_2 为增环。

利用尺寸链的计算公式（5-9）、式（5-12）和式（5-13）可知：

$$A_2=50+10=60\text{mm}$$

$$ES_2=0+(-0.15)=-0.15\text{mm}$$

$$EI_2=-0.15+(-0.05)=-0.2\text{mm}$$

因此，$A_2= 60^{-0.15}_{-0.2}$ mm。

计算上面的尺寸链，由于环数少，利用尺寸链解算公式比较简便。

3. 从尚需继续加工的表面标注工序尺寸时工艺尺寸链的计算

例 5-9 一带有键槽的内孔要淬火及磨削，其设计尺寸如图 5-32（a）所示，内孔及键槽的加工顺序是：

（1）镗内孔至 $\phi 39.6^{+0.1}_{0}$ mm；

（2）插键槽至尺寸 A_1；

（3）热处理：淬火；

（4）磨内孔。

要求磨内孔后同时保证内孔直径 $\phi 40^{+0.05}_{0}$ mm 和键槽深度 $43.6^{+0.34}_{0}$ mm两个设计尺寸。现在要确定工艺过程中的工序尺寸 A_1 及其偏差（假定热处理后内孔没有胀缩）。

解 根据以上加工工序，可以知道磨孔后必须保证内孔直径 $\phi 40^{+0.05}_{0}$ mm 和键槽深度 $43.6^{+0.34}_{0}$ mm，因此必须计算镗孔后加工的键槽深度的工序尺寸 A_1。解算这个工序尺寸链，可以作出两种不同的尺寸链图。如图 5-32（b）所示为 4 个环尺寸链，它表示了 A_1 和其他 3 个工序尺寸的关系，其中$43.6_0^{+0.34}$是磨孔后最后形成的，故为封闭环，这里还看不到工序余量与尺寸链的关系。图 5-32（c）是把图 5-32（b）的尺寸链分解成两个三环尺寸链，并引进了半径余量 Z/2。在图 5-32（c）的上面图中，Z/2 是封闭环；下面图中$43.6_0^{+0.34}$是封闭环，Z/2 是组成环。由此可见，为保证$43.6_0^{+0.34}$ mm，就要控制工序余量 Z 的变化，而要控制这个余量的变化，就又要控制它的组成环$A_2 = 19.8_0^{+0.05}$ mm 和$A_3 = 20_0^{+0.025}$ mm 的变化。工序尺寸A_1可以由图 5-32（b）解出，也可由图 5-32（c）解出。前者便于计算，后者利于分析。

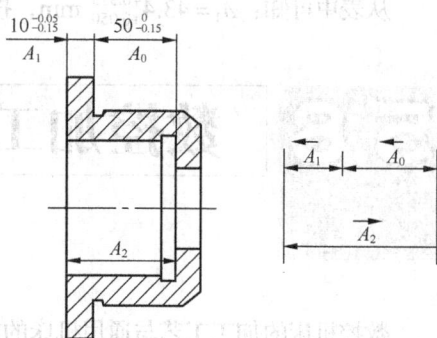

图 5-31　测量基准与设计基准不重合的工序计算

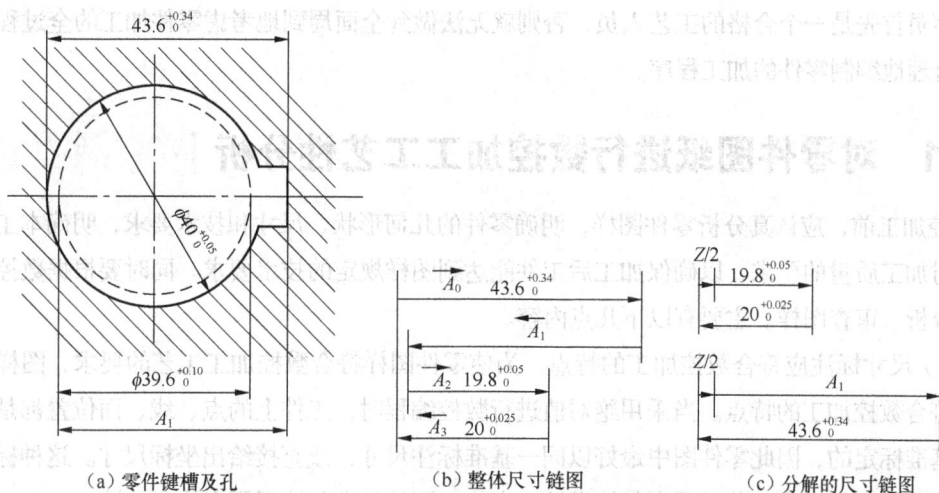

（a）零件键槽及孔　　　　（b）整体尺寸链图　　　　（c）分解的尺寸链图

图 5-32　内孔及键槽的工序尺寸链

在图 5-32（b）所示尺寸链中，A_1、A_3是增环，A_2是减环，由式（5-9）、式（5-12）和式（5-13）可求得：

$$A_1 = 43.6 - 20 + 19.8 = 43.4 \text{mm}$$

$$ES_1 = 0.34 - 0.025 + 0 = 0.315 \text{mm}$$

$$EI_1 = 0 - 0 + 0.05 = 0.05 \text{mm}$$

所以，$A_1 = 43.4_{+0.050}^{+0.315}$ mm，按入体原则标注为$A_1 = 43.45_0^{+0.265}$ mm。

下面对本例按列竖式计算，A_1、A_3是增环，A_0是封闭环，照抄填表；A_2是减环，基本尺寸、上下偏差取反，上下偏差对调填表，具体如下（括号内表示待求值）。

尺寸链（环）	基 本 尺 寸	上偏差 ES	下偏差 EI
A_1	（43.4）	（+0.315）	（+0.05）
A_2	-19.8	0	-0.05
A_3	20	+0.025	0
A_0	43.6	+0.34	0

从表中可知：$A_1 = 43.4^{+0.315}_{+0.050}$ mm，按入体原则标注为 $A_1 = 43.45^{+0.265}_{0}$ mm。

5.8 数控加工工序设计

数控机床的加工工艺与通用机床的加工工艺有许多相同之处，但在数控机床上加工零件比通用机床加工零件的工艺规程要复杂得多。在数控加工前，要将机床的运动过程、零件的工艺特点、刀具的形状、切削用量和走刀路线等都编入程序，这就要求程序设计人员具有多方面的知识基础。合格的程序员首先是一个合格的工艺人员，否则就无法做到全面周到地考虑零件加工的全过程，以及正确、合理地编制零件的加工程序。

5.8.1 对零件图纸进行数控加工工艺性分析

数控加工前，应认真分析零件图样，明确零件的几何形状、尺寸和技术要求，明确本工序加工范围和对加工质量的要求，以确保加工后工件能达到图样规定的技术要求。同时要根据数控加工的特点，分析、审查图样。主要有以下几点内容。

（1）尺寸标注应符合数控加工的特点。为使零件图样符合数控加工工艺的要求，图样的尺寸标注应符合数控加工的特点。当采用绝对值进行数控编程时，工件上的点、线、面位置都是以编程原点为基准标定的，因此零件图中最好以同一基准标注尺寸，或直接给出坐标尺寸。这种标注方法既便于编程，也便于在工艺过程中保持设计、定位、测量基准与编程原点的一致性。

（2）组成零件形状的几何要素的条件应准确、完整。编程人员必须充分掌握构成零件轮廓的几何要素的尺寸及各几何要素间的关系。几何要素的参数不全或不准确会直接造成编程错误，特别是手工编程，要计算出每个节点的坐标，无论哪一点不明确或不确定，编程都无法进行。应该认真审查，发现问题及时更正。

（3）零件技术要求分析。零件的技术要求主要指尺寸精度、形状精度、位置精度、表面粗糙度及热处理等，这些要求在保证零件使用性能的前提下，应经济合理。

（4）零件材料分析。在满足零件功能的前提下，应选用廉价、切削性能好的材料。

5.8.2 数控加工工序内容及工艺路线设计

1. 定位基准选择

在数控加工中，加工工序往往较集中，以同一基准定位十分重要，否则可能因基准转换引起定位误差。对于箱体类工件最好选一面两孔为定位基准，如工件上没有合适的定位孔，可以设置工艺孔。如果无法设置工艺孔，也一定要以精基准作为重新装夹的定位基准。

2. 工序的划分

确定零件在加工过程中采用数控机床后，拟定其工艺路线时，要尽量采用工序集中原则，针对数控加工的特点，对零件加工工序的划分还应考虑下述因素。

（1）按工件的定位方式划分工序。数控加工常常是粗加工和精加工在一次装夹下完成，工序内容较多，要求夹紧力大。为了保证数控加工中定位夹紧的可靠性，一般需要精基准定位，拟定工艺路线要遵循基准先行的原则，在工艺过程中首先用普通机床完成工件精基准的加工，然后用精基准定位，采用数控机床加工零件的主要表面。例如，如图 5-33 所示的盘状凸轮的工艺路线一般是由两个加工阶段完成的，第一阶段采用普通机床完成上下两个平面、中心孔 $\phi22H7$mm 及另一个工艺孔 $\phi4H7$mm 的加工；第二阶段采用数控机床，由一面两孔定位，加工凸轮的曲线轮廓表面。再如，加工箱体零件的工艺路线也可分为两个阶段，即在数控加工工序前安排工序，用普通机床加工箱体工件上的精基准表面；之后才宜采用数控加工中心机床尽可能多地加工其他表面，这样使数控加工中装夹可靠，有利于保证加工精度，充分利用了数控机床的设备优势。

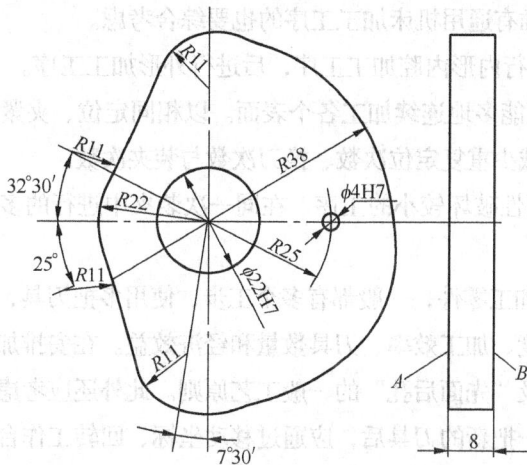

图 5-33　凸轮

（2）按粗、精加工分开的原则划分工序。如果粗加工和精加工安排在同一工序中的做法不能满足工件的加工精度要求，例如，对粗加工后需要短期时效（如时效 8 小时以上）的工件，或粗加工后可能引起变形、需要矫形（校正）的工件，为了确保加工精度，粗加工和精加工应分成两个工序完成。

（3）按使用刀具不同划分工序。为减少换刀次数，缩短空行程，在一个工序中，用同一把刀具尽可能加工完工件上需用该刀加工的所有表面，尽量避免在其他工序中再一次使用该刀具，避免多次换用同一把刀具，无谓增加换刀次数，消耗换刀时间。

（4）以加工部位划分工序。对于加工内容很多的工件，可按其结构特点将加工部位分成几个部分，如内腔、外形、曲面或平面，并将每一部分的加工作为一道工序。

3. 工步的划分

确定了数控加工工序内容后，应合理安排一个工序中的工步顺序。工步的划分应遵循下列原则。

（1）先粗后精。数控加工经常是将加工表面的粗、精加工安排在一个工序完成，为了减少热变形和切削力引起的变形对加工精度的影响，粗加工时能加工的表面尽量一次连续加工完成，将工件各加工表面的粗加工工步集中安排在一起，先加工完，然后再依次进行精加工。

（2）先面后孔。对箱体类工件，为保证孔的加工精度，应先加工工件上的平面，而后安排孔的加工工步。

（3）按所用刀具划分工步。某些机床工作台回转时间比换刀时间短，可以按使用刀具不同划分工步，以减少换刀次数，减少辅助时间，提高加工效率。

（4）基准面先行原则。用作精基准的表面应先加工。任何零件的加工过程总是先对定位基准进行粗加工和精加工，例如，轴类零件总是先加工中心孔，再以中心孔为精基准加工外圆和端面；箱体类零件总是先加工定位用的平面及两个定位孔，再以平面和孔为精基准加工孔和其他平面。

4. 顺序的安排

顺序的安排应根据零件的结构和毛坯状况，以及定位与夹紧的需要来考虑，重点是使工件的刚性不被破坏。顺序安排一般应按下列原则进行。

（1）上道工序的加工不能影响下道工序的定位与夹紧。上道工序的加工内容不能影响下道工序的定位与夹紧，中间穿插有通用机床加工工序的也要综合考虑。

（2）先内后外。先进行内形内腔加工工序，后进行外形加工工序。

（3）一次安装，尽可能多地连续加工各个表面。以相同定位、夹紧方式或同一把刀具加工的工序，最好连续进行，以减少重复定位次数、换刀次数与装夹次数。

（4）先安排对工件刚性破坏较小的工序。在同一次装夹中进行的多道工序，应先安排对工件刚性破坏较小的工序。

另外，在加工中心上加工零件，一般都有多个工步、使用多把刀具，因此加工顺序安排得是否合理，直接影响到加工精度、加工效率、刀具数量和经济效益。在安排加工顺序时同样要遵循"基面先行"、"先粗后精"及"先面后孔"的一般工艺原则。此外还应考虑减少换刀次数，节省辅助时间。一般情况下，每换一把新的刀具后，应通过移动坐标、回转工作台等方法将由该刀具切削的所有表面全部完成。每道工序尽量减少刀具的空行程移，按最短路线安排加工表面的加工顺序。

5. 做好数控加工工序与普通加工工序的衔接

数控加工工序前后一般都穿插有其他普通加工工序，如衔接得不好就容易产生矛盾。因此在熟悉整个加工工艺内容的同时，要清楚数控加工工序与普通加工工序各自的技术要求、加工目的、加工特点，如要不要留加工余量、留多少；定位面与孔的精度要求及形位公差；对毛坯的热处理状态等，这样才能使各工序达到相互满足加工需要且质量目标及技术要求明确，交接验收有依据。

6. 选择合理的走刀路线

数控加工过程中刀具相对工件的运动轨迹和运动方向称为走刀路线。走刀路线反映了工序的全部加工过程。可按工步顺序初步确定走刀路线，此外走刀路线的选择还应考虑下面几个因素。

（1）切入工件的进刀量、切出工件的退刀量。刀具走刀中的进给运动，开始时要加速，快接近停止时要减速，在加速和减速的过程中刀具运动不平稳，所以在加速和减速过程中不应切削工件，而应在刀具达到匀速进给时再切削工件。为此，刀具进入切削前要安排进刀量和退刀量，即为避开加速和减速过程必须附加一小段行程长度，使刀具在切入过程中完成加速，达到匀速状态，而在离开工件后的切出中减速停止。例如，在已加工面上钻孔、镗孔，进刀量取 1 ～ 3mm；在未加工面上钻孔、镗孔，进刀量取 5 ～ 8mm 等。

（2）沿工件加工表面切向进刀和退刀。铣削过程中，用立铣刀侧刃精加工曲面时，如果刀具沿工件曲面法向切入，则必须在切入点转向，此时进给运动有短暂停顿，使加工表面的切入点处产生明显刀痕。沿工件加工表面切向进刀切入工件时，刀具的切入运动与切削进给运动连续，可避免在加工表面产生刀痕。同样，切出工件进给也是如此。

所以精铣削轮廓表面时，应避免沿加工表面法向切入工件和法向切出工件，而应沿加工表面切向进刀和退刀。这样可以使进给运动连续，能保证加工表面光滑连接。

（3）直线进刀、退刀路线。采用与工件轮廓曲面相切的直线段路线进刀、退刀，刀具轨迹如图 5-34（a）所示。

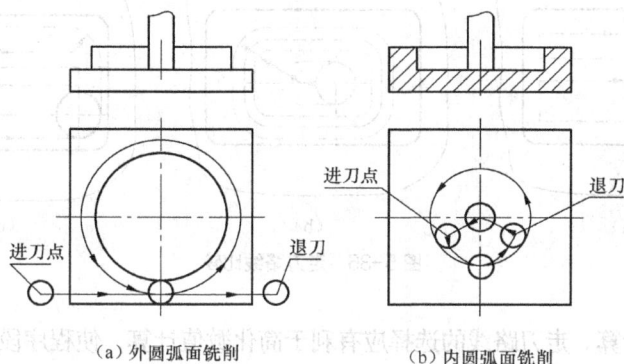

图 5-34　圆弧铣削的进刀与退刀

（4）沿 1/4 圆弧段进、退刀路线。避免加工表面在刀具转向处留下刀痕的另一种进刀方法，是采用与工件轮廓曲面相切的 1/4 圆的圆弧段进刀和退刀，使圆弧段与切削轨迹相切。刀具轨迹如图 5-34（b）所示。此时要求进、退刀的圆弧段半径大于铣刀直径的 2 倍。

（5）走刀路线应使加工后工件的变形最小。如对截面小的细长零件或薄板零件应采取分几次走刀加工的方法，或对称去除余量的方法安排走刀路线。

（6）寻求最短加工路线。加工图 5-35（a）所示的零件上的孔系。如图 5-35（b）所示的走刀路线为先加工完外圈孔后，再加工内圈孔。若改用图 5-35（c）的走刀路线，减少空刀时间，则可节省定位时间近 1/2，提高了加工效率。

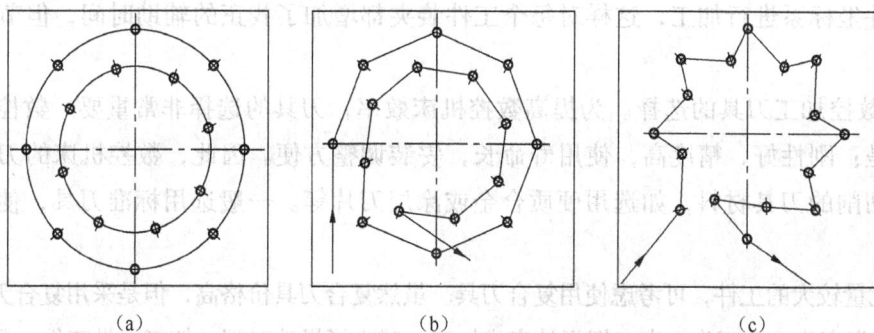

图 5-35　孔系加工路线

（7）最终轮廓一次走刀完成。为保证工件轮廓表面加工后的粗糙度要求，最终轮廓应安排在最后一次走刀中连续加工出来。如图5-36所示为3种不同走刀路线加工凹形腔，其中图5-36（a）中的走刀路线称为行切法；图5-36（b）中的走刀路线称为环切法；图5-36（c）中的走刀路线是先用行切法切除大部分余量，最后用环切法连续进给一刀，精切内轮廓表面。图5-36（a）所示走刀路线较短，但因加工表面切削不连续，接刀太多，表面粗糙度太大，是最差的方案；图5-36（b）所示虽能满足加工表面连续切削，可获得较好的表面粗糙度，但走刀路线长，生产率低；图5-36（c）所示兼顾图5-36（a）、（b）方案中的优点，是最好的方案。

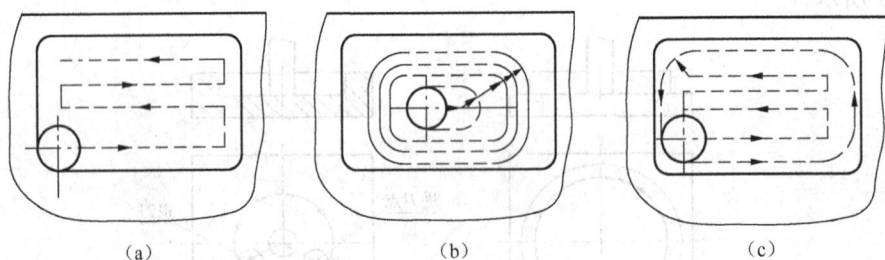

（a）　　　　　　　　　　（b）　　　　　　　　　　（c）

图5-36　走刀路线比较

（8）利于数值计算。走刀路线的选择应有利于简化数值计算，使程序段数量少，程序短。

5.8.3　数控加工工序的设计

在选择了数控加工工艺内容并确定了加工路线后，即可进行数控加工工序的设计。数控加工工序设计的主要任务是进一步把本工序的加工内容、切削用量、工艺装备、定位夹紧方式及刀具运动轨迹确定下来，为编制加工程序做好准备。

（1）数控加工夹具的选择。为缩短生产准备时间，应优先考虑使用通用夹具、组合夹具，必要时可设计制造专用夹具。尤其应注意的是，为了减少辅助时间，提高生产率，夹具应能快速完成工件的定位和夹紧。

对装夹中要求定位精度高而批量又很小的工件，可以在机床工作台上直接找正工件，然后设定工件坐标系进行加工，这样对每个工件装夹都增加了找正的辅助时间，但节省了夹具费用。

（2）数控加工刀具的选择。为提高数控机床效率，刀具的选择非常重要。数控加工对刀具的要求是：刚性好，精度高，使用寿命长，安装调整方便。因此，数控机床的刀具应选用适合高速切削的刀具材料，如选用硬质合金或涂层刀片等。一般选用标准刀具，使用可转位刀片。

对于批量较大的工件，可考虑使用复合刀具。虽然复合刀具价格高，但是采用复合刀具加工，可把多个工步变为一个工步，由一把刀具完成加工，减少了机动时间。加工一批工件，只要能减少几十个小时工时，就可考虑采用复合刀具。

刀具确定好以后，要把刀具规格、专用刀具代号和该刀所要加工的内容列表记录下来，供编程时使用。记录刀具的工艺文件有刀具卡片、工具卡片，工艺人员应根据数控加工工艺和加工程序，填写工具卡片。操作者根据工具卡安装和调整刀具。

（3）正确选择工件坐标原点。对于数控机床来说，在加工开始时，确定刀具与工件的相对位置是很重要的，这一相对位置是通过确认对刀点来实现的。对刀点是数控加工时刀具相对零件运动的起点，可以设置在被加工零件上，也可以设置在夹具上与零件定位基准有一定尺寸联系的某一位置。对刀点的选择原则为：对刀点应选择在容易找正、便于确定零件加工原点的位置；对刀点应选在加工时检验方便、可靠的位置。

在使用对刀点确定工件坐标原点时，就需要进行对刀操作，所谓对刀是指使刀具刀位点与对刀点准确定位的操作。每把刀具的半径与长度尺寸都是不同的，刀具装在机床上后，应在控制系统中设置刀具的基本位置。刀位点是指刀具的定位基准点。如图 5-37 所示，圆柱铣刀的刀位点是刀具中心线与刀具底面的交点；球头铣刀的刀位点是球头的球心点或球头顶点；车刀的刀位点是刀尖或刀尖圆弧中心；钻头的刀位点是钻头顶点。

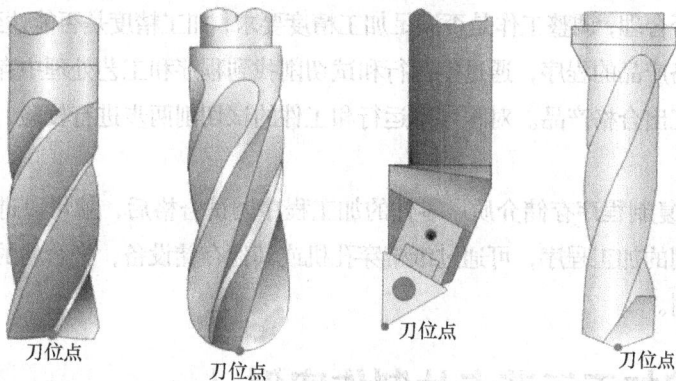

图 5-37　数控刀具的刀位点

（4）确定切削用量。对于高效率的金属切削机床加工来说，被加工材料、切削刀具、切削用量是 3 大主要要素。这些条件决定了加工时间、刀具寿命和加工质量。经济的、高效的加工方式，必须正确确定数控加工的切削用量（背吃刀量、主轴转速和进给量）。具体选择详见本书 2.8 节，并结合实际经验来确定切削用量。

由于加工中频繁换刀会影响加工效率，在确定刀具耐用度时应保证刀具至少能加工 1 ～ 2 个工件，或工作半个到一个班次。同时切削用量的选取还应考虑机床的动态刚度，为了适应数控机床的动态特性，应取较高的切削速度和较低的进给量。

5.8.4　数控加工操作

数控加工操作的一般步骤如下。

① 回机床参考点。机床参考点的位置是厂家设定的，在机床说明书中会注明。回机床参考点目的是建立机床坐标系。数控机床坐标系用来描述刀具运动，数控机床开机后，刀具位置是随机的，数控系统不知道刀具的位置，无法建立机床坐标系，所以开机后首先必须执行"机床返回参考点"操作，使刀具定位在参考点，数控系统得以确认刀具位置，建立起机床坐标系。返回参考点可以手动操作，也可以用返回参考点指令将编程轴自动返回到参考点。

② 找正、安装夹具。夹具在机床上安装完毕，应测量工件原点到机床原点的距离，作为原点偏置量输入到数控系统。

③ 将刀具装入刀库并检查刀号。通过对刀设定刀补值。

④ 输入刀补值、原点偏置等参数。

⑤ 程序输入到数控系统。

⑥ 机床锁定，检查加工程序，检查程序的语法是否有错误。加工程序空运行，空运行是刀具按快速速率移动而与程序中指令给定的进给速度无关，该功能用来在机床不装工件时检查刀具的运动轨迹。

⑦ Z 轴锁定运行程序，检查刀具运行轨迹是否正确。

⑧ 试切削。程序空运行无法确定加工后工件的加工精度，而通过试切削，可以检查加工工艺和有关切削参数是否合理，调整工作是否满足加工精度要求，加工精度是否能达到零件的设计要求。对于不能加工出合格产品的程序，通过空运行和试切削找到程序和工艺处理中存在的问题，以便进一步改正，直到加工出合格产品。对程序空运行和工件的试切削两步进行校验，这是调试加工程序的最后两环节。

⑨ 加工生产和复制程序存储介质。零件的加工程序调试合格后，就可以进行加工生产。对调试合格但又暂时不用的加工程序，可通过纸带穿孔机或其他存储设备，把合格的零件加工程序存储起来，以备以后使用。

5.8.5 数控加工工艺卡片制作实例

例 5-10　如图 5-38 所示为轴承套零件，试分析其数控车削加工工艺（小批量生产），所用机床为 CJK6240。

1. 零件图样工艺分析

该零件表面由内外圆柱面、内圆锥面、顺圆弧、逆圆弧及外螺纹等表面组成，其中多个直径尺寸与轴向尺寸有较高的尺寸精度和表面粗糙度要求。零件图尺寸标注完整，符合数控加工尺寸标注要求；轮廓描述清楚完整；零件材料为 45 钢，切削加工性能较好，无热处理和硬度要求。

通过上述分析，制订工艺时采取以下几点措施。

（1）零件图样上带公差的尺寸。编程时一般取其平均值。

（2）基准先行。左右端面均为多个尺寸的设计基准，加工时，应该先将左右端面车出来。

（3）内孔加工。尺寸较小，镗 1∶20 锥孔与镗 ϕ32 孔及 15° 斜面时需掉头装夹。

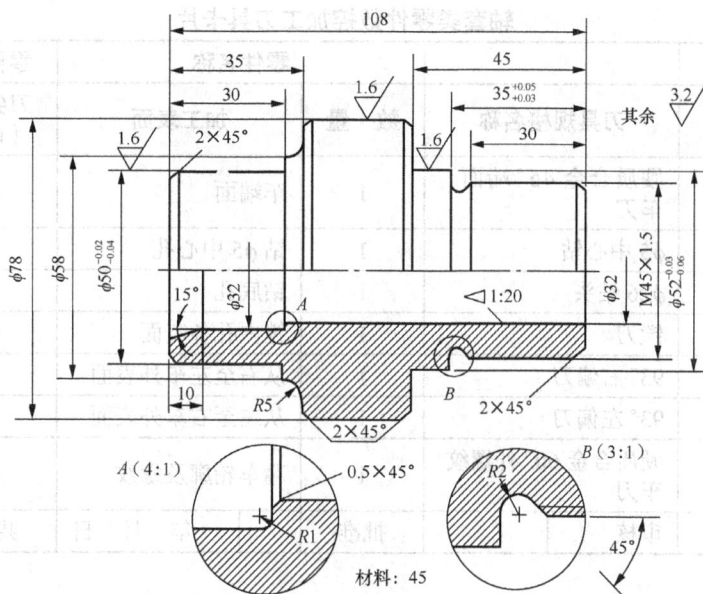

图 5-38　轴承套

2. 装夹方案的确定

内孔加工时以外圆定位，用三爪自动定心卡盘夹紧。加工外轮廓时，为保证一次安装加工出全部外轮廓，需要设计一个圆锥心轴装置，如图 5-39 所示的双点划线部分。用三爪卡盘夹持心轴左端，心轴右端留有中心孔并用尾座顶尖顶紧，以提高工艺系统的刚性。

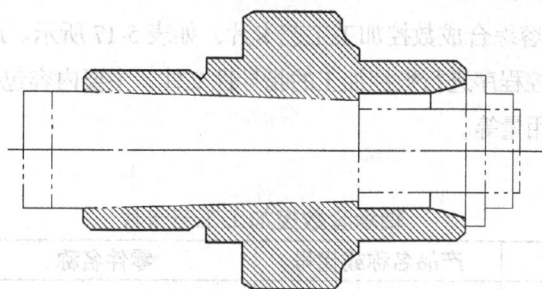

图 5-39　外轮廓车削装夹方案

3. 加工顺序及走刀路线的确定

加工顺序的确定按由内到外、由粗到精、由近到远的原则确定，在一次装夹中尽可能加工出较多的工件表面。结合本零件的结构特征，可先加工内孔各表面，然后加工外轮廓表面。由于该零件为小批量生产，走刀路线设计不必考虑最短进给路线或最短空行程路线，外轮廓表面车削走刀路线可沿零件轮廓顺序进行。

4. 刀具选择

刀具及其参数如表 5-16 所示的数控加工刀具卡片。注意，车削外轮廓时，为防止副后刀面与工件表面发生干涉，应选择较大的副偏角，必要时可作图检验。本例中选 $K_r'=55°$。

表 5-16　　　　　　　　　　　　　　　　　轴套类零件数控加工刀具卡片

产品名称或代号			零件名称		零件图号	
序　号	刀具号	刀具规格名称	数　量	加工表面	刀尖半径（mm）	备注
1	T01	硬质合金 45°端面车刀	1	车端面	0.5	25×25
2	T02	ϕ5 中心钻	1	钻 ϕ5 中心孔		
3	T03	ϕ26 钻头	1	钻底孔		
4	T04	镗刀	1	镗内孔各表面	0.4	20×20
5	T05	93°右偏刀	1	从右至左车外表面	0.2	25×25
6	T06	93°左偏刀	1	从左至右车外表面	0.2	25×25
7	T07	硬质合金 60°外螺纹车刀	1	精车轮廓及螺纹	0.1	25×25
编制		审核		批准	年　月　日	共　页　　第　页

5. 切削用量选择

根据被加工表面质量要求、刀具材料和工件材料，参考切削用量手册或有关资料选取切削速度与每转进给量。

背吃刀量的选择因粗、精加工而有所不同。粗加工时，在工艺系统刚性和机床功率允许的情况下，尽可能取较大的背吃刀量，以减少进给次数；精加工时，为保证零件表面粗糙度要求，背吃刀量一般取 0.1 ~ 0.4mm 较为合适。

6. 数控加工工艺卡片的拟定

将前面分析的各项内容综合成数控加工工艺卡片，如表 5-17 所示。此表是编制加工程序的主要依据和操作人员配合数控程序进行数控加工的指导性文件，主要内容包括工步顺序、工步内容、各工步所用的刀具及切削用量等。

表 5-17　　　　　　　　　　　　　　　　　轴承套数控加工工艺卡片

单位名称		产品名称或代号		零件名称		零件图号	
工序号	程序编号	夹具名称		使用设备		车　　间	
001		三爪卡盘和自制心轴		CJK6240		数控中心	
工步号	工步内容	刀具号	刀具规格	主轴转速（r/mm）	进给速度（m/min）	背吃刀量（mm）	备注
1	平端面	T01	25×25	320		1	
2	钻中心孔	T02	ϕ5	950			
3	钻底孔	T03	ϕ26	200			
4	粗镗 ϕ32 内孔、15°斜面及倒角	T04	20×20	320	40	0.8	
5	精镗 ϕ32 内孔、15°斜面及倒角	T04	20×20	400	25	0.2	

续表

工步号	工 步 内 容	刀具号	刀具规格	主轴转速 （r/mm）	进给速度 （m/min）	背吃刀量 （mm）	备注
6	调头装夹粗镗 1∶20 锥孔	T04	20×20	320	40	0.8	
7	精镗 1∶20 锥孔	T04	20×20	400	20	0.2	
8	从右至左粗车轮廓	T05	25×25	320	40	1	
9	从左至右粗车轮廓	T06	25×25	400	40	1	
10	从右至左精车轮廓	T05	25×25	400	20	0.1	
11	从左至右精车轮廓	T06	25×25	400	20	0.1	
12	粗车 M45 螺纹	T07	25×25	320	480	0.4	
13	精车 M45 螺纹	T07	25×25	320	480	0.1	
编制		审核		批准		年　月　日	共　页　第　页

5.9 加工工艺过程的生产率

在制订工艺规程时，要在保证产品质量的前提下，提高劳动生产率、降低成本。机械加工劳动生产率是指工人在单位时间内制造合格产品的数量。

经济性一般指生产成本的高低。生产成本不仅要计算工人直接生产产品所消耗的价值，还要计算设备、工具、材料、动力等消耗的价值。

5.9.1 时间定额

工艺设计中的内容之一是确定时间定额，时间定额是在一定生产条件下，规定生产一件产品或完成一道工序所消耗的时间。时间定额是安排生产计划，核算产品成本的重要依据之一。对于新建工厂（或车间），它又是计算设备数量、工人数量、车间布置、生产组织的依据。

工艺文件中的时间定额是单件时间，在机械加工中完成零件加工工艺过程中的一道工序所规定的时间，称为单件时间 T_d，它包括下列组成部分。

（1）基本时间 T_j。基本时间是指直接改变生产对象的尺寸、形状、相互位置、表面状态或材料性质等工艺过程所消耗的时间。对切削加工而言，就是直接用于切除余量所消耗的时间（包括刀具的切出、切入时间），可以由计算确定。

（2）辅助时间 T_f。辅助时间是指为实现工艺过程所必须进行的各种辅助动作所消耗的时间。它包括在机床上装卸工件，开、停机床，进刀、退刀操作，测量工件等所用的时间，基本时间和辅助时间之和称为作业时间 T_z。显然作业时间是直接用于制造零件所消耗的时间。

（3）布置工作地点时间 T_b。布置工作地点时间是指为使加工正常进行，工人照管工作地（如更换刀具、润滑机床、清理切屑、收拾工具等）所消耗的时间。一般可按作业时间的 2% ~ 7% 计算。

（4）休息与生理需要时间 T_x。休息与生理需要时间是指工人在工作班内为恢复体力和满足生理上的需要所消耗的时间。一般可按作业时间的 2% ~ 4% 计算。

综上所述，单件时间 T_d 用公式表示为：

$$T_d = T_j + T_f + T_b + T_x$$

（5）准备与终结时间 T_e。对成批生产来说，准备与终结时间是工人为加工一批工件进行准备和结束工作所消耗的时间。如熟悉工艺文件、领取毛坯、借取和安装刀具和夹具、调整机床、归还工艺装备、送交成品等。准备与终结时间对一批工件只消耗一次，如每批工件数（批量）记为 N，则分摊到每个工件上的准备与终结时间为"T_e/N"。所以成批生产时的单件时间为：

$$T_d = T_j + T_f + T_b + T_x + T_e/N$$

5.9.2　提高机械加工劳动生产率的工艺途径

在制定工艺规程时，要在保证产品质量的前提下，提高劳动生产率、降低成本。机械加工生产率是指在单位时间内工人制造合格产品的数量。经济性一般指生产成本的高低。生产成本不仅要计算工人直接生产产品所消耗的价值，还要计算设备、工具、材料、动力等消耗的价值。

提高劳动生产率涉及产品的设计、制造工艺、生产管理等多方面因素。仅就机械加工而言，提高劳动生产率的工艺途径是缩短单件工时和采用自动化加工等现代化生产方法。

1. 缩短单件时间

采取合理的工艺措施以缩短各工序的单件时间，是提高劳动生产率的有效措施之一，下面从单件时间的组成进行分析。

（1）缩短基本时间。

① 提高切削用量。提高切削用量是缩短基本时间的有效方法。目前广泛采用的是高速车削和高速磨削，高速切削中采用硬质合金车刀的切削速度一般达到 200m/min，陶瓷刀具的切削速度达 500m/min，人造金刚石车刀在切削普通钢材时的切削速度达到 900m/min，而在切削 HRC60 以上的淬火钢时，切削速度达到 90m/min。高速滚齿机的切削速度可达 65 ~ 75m/min。在磨削方面，高速磨削达到 60m/s 以上。此外，采用强力磨削的磨削深度可达 6 ~ 12mm，金属去除率比普通磨削提高数倍。

② 减少工作行程。在切削加工过程中可以采用多刀切削、多件加工、合并工步等方法来减少工作行程，如图 5-40 所示。

（a）合并工步　　　　　　　　　（b）多刀车削　　　　　　　（c）横向切入法车削

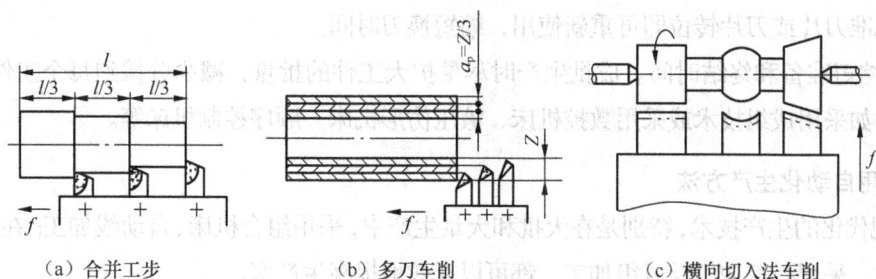

图 5-40　减少工作行程的方法

③ 采用多件加工，如图 5-41 所示。

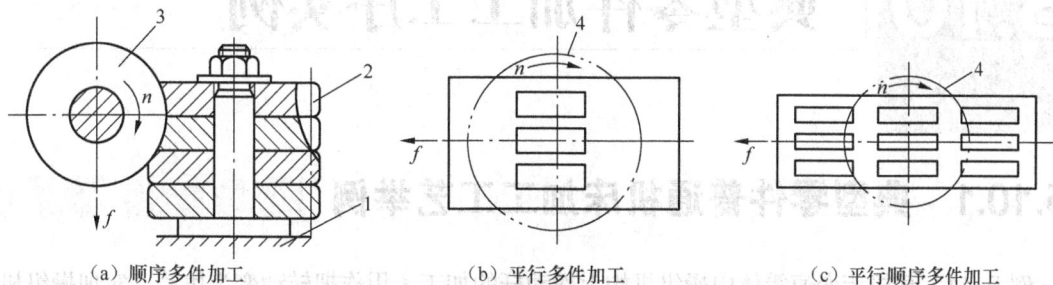

（a）顺序多件加工　　　　　　　（b）平行多件加工　　　　　　（c）平行顺序多件加工

图 5-41　多件同时加工方法

（2）缩短辅助时间。当辅助时间为单件时间的 50% ～ 70% 以上时，若用提高切削用量来提高生产率，不会取得大的效果，此时应考虑缩减辅助时间的方法。

① 采用高效夹具。如气动、液压、电动及多件夹紧等夹具，可减少装夹工件的时间。

② 采用主动检验或数字显示自动测量装置，减少加工中的停机测量时间。

③ 将辅助时间与基本时间全部或部分地重合，如采用多工位夹具、回转工作台等措施。如图 5-42 所示为转位（双工位）夹具加工，如图 5-43 所示为立式铣床采用回转工作台进行连续加工，这样使工件的装卸时间完全和基本时间重合，可以间接减少辅助时间。

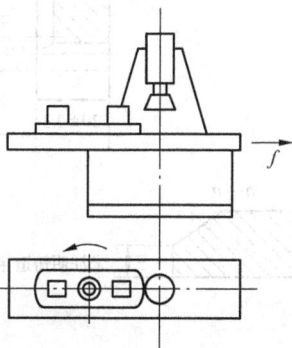

图 5-42　双工位夹具加工　　　　　　　　　图 5-43　立式铣床采用回转工作台连续加工

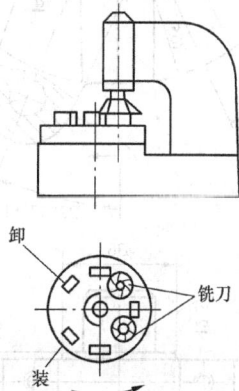

（3）缩短布置工作地点时间。主要的措施有提高刀具或砂轮的耐用度以减少换刀次数；采用刀具微调装置、专用对刀样板等减少刀具调整时间；数控机床上也可采用机外对刀仪进行机外调刀，省去了在数控机床上的对刀时间；使用不重磨刀片，当刀刃磨损需换切削刀时只要通过松紧螺

钉，更换标准刀片或刀片转位即可重新使用，缩短换刀时间。

（4）缩短准备和终结时间。成批生产时尽量扩大工件的批量，减少分摊到每个工件上的准备终结时间。如采用成组技术或采用数控机床、液压仿形机床、顺序控制机床等。

2．采用自动化生产方法

采用现代化的生产技术，特别是在大批和大量生产中，采用组合机床、自动线加工；在单件小批、中批生产中，采用数控加工及成组加工，都可以有效地提高生产率。

5.10 典型零件加工工序实例

5.10.1　典型零件普通机床加工工艺举例

例5-11　某机床变速箱体中操纵机构上拨动杆的加工，用作把转动变为拨动，实现操纵机构的变速功能。本零件生产类型为中批生产，普通机床加工。如图5-44所示。

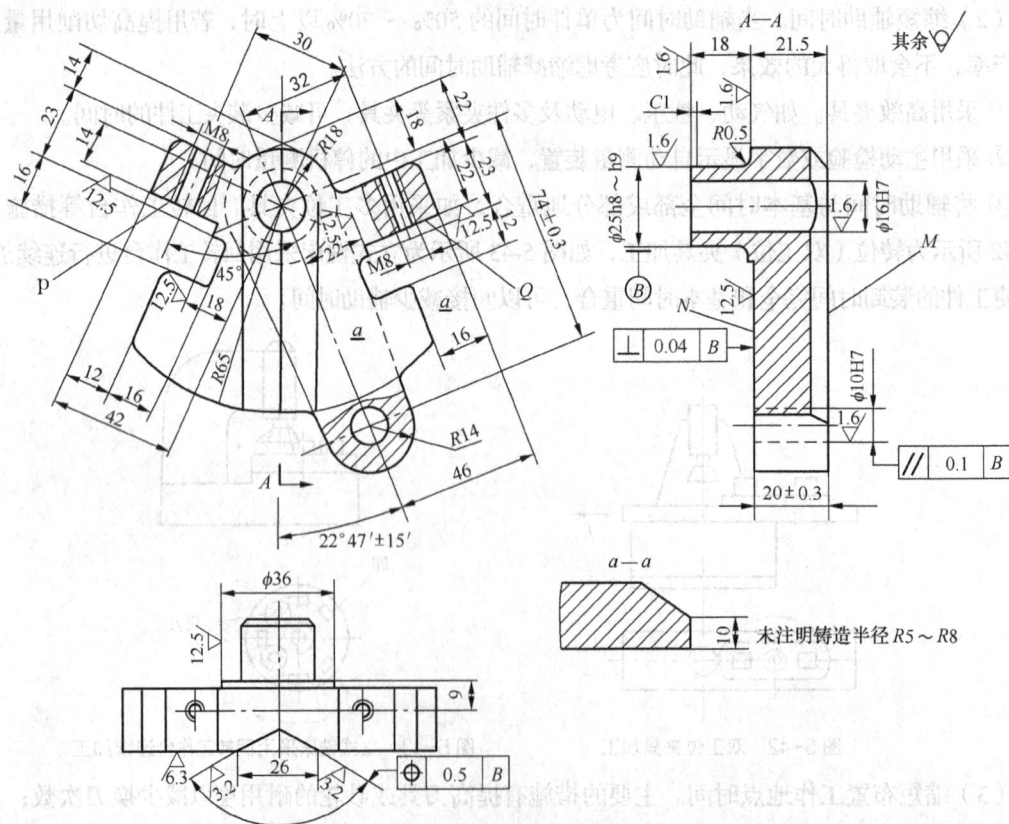

图5-44　拨动杆零件简图

1. 零件的工艺分析

对于形状和尺寸（包括形状公差、位置公差）较复杂的零件，一般采取化整体为部分的分析方法，即把一个零件看做由若干组表面及相应的若干组尺寸组成的，然后分别分析每组表面的结构及其尺寸、精度要求，最后再分析这几组表面之间的位置关系。由图 5-44 零件图中可看出，该零件上有 3 组加工表面，这 3 组加工表面之间有相互位置要求，具体分析如下。

（1）三组加工表面中每组的技术要求。

①组：以尺寸 ϕ16H7mm 为主的加工表面，包括 ϕ25h8mm 外圆、端面，及与之相距（74±0.3）mm 的孔 ϕ10H7mm。其中 ϕ16H7mm 孔中心与 ϕ10H7mm 孔中心的连线，是确定其他各表面方位的设计基准，以下简称为两孔中心连线。

②组：粗糙度 R_a6.3μm 平面 M，以及平面 M 上的角度为 130° 的槽。

③组：P、Q 两平面，及相应的 2-M8mm 螺纹孔。

（2）对这 3 组加工表面之间主要的相互位置要求。

第①组和第②组为零件上的主要表面。第①组加工表面垂直于第②组加工表面，平面 M 是设计基准。第②组面上的槽的位置度公差 ϕ0.5mm，即槽的位置（槽的中心线）与 B 面轴线垂直且相交，偏离误差不大于 ϕ0.5mm。槽的方向与两孔中心连线的夹角为 22° 47'±15'。

第③组及其他螺孔为次要表面。第③组上的 P、Q 两平面与第①组的 M 面垂直，P 面上螺孔 M8mm 的轴线与两孔中心连线的夹角为 45°。Q 面上的螺孔 M8mm 的轴线与两孔中心连线平行，而平面 P、Q 位置分别与 M8 的轴线垂直，因此 P、Q 位置也就确定了。

2. 毛坯的选择

此拨动杆形状复杂，其材料为铸铁，因此选用铸件毛坯。

3. 定位基准的选择

（1）精基准的选择。选择基准的思路是：首先考虑以什么表面为精基准定位加工工件的主要表面，然后考虑以什么面为粗基准定位加工出精基准表面，即先确定精基准，然后选出粗基准。由零件的工艺分析可以知道，此零件的设计基准是 M 平面与 ϕ16mm 和 ϕ10mm 两孔中心的连线，根据基准重合原则，应选设计基准为精基准，即以 M 平面和两孔为精基准。由于多数工序的定位基准都是一面两孔，也符合基准同一原则。

（2）粗基准的选择。根据粗基准选择应合理分配加工余量的原则，应选 ϕ25mm 外圆的毛坯面为粗基准（限制 4 个自由度），以保证其加工余量均匀；选平面 N 为粗基准（限制 1 个自由度），以保证其有足够的余量；根据要保证零件上加工表面与不加工表面相互位置的原则，应选 R14mm 圆弧面为粗基准（限制 1 个自由度），保证 ϕ10mm 孔轴线在 R14mm 圆心上，使 R14mm 处壁厚均匀。

4. 工艺路线的拟定

（1）表面加工方法的选择。根据典型表面加工路线，M 平面的粗糙度为 R_a6.3μm，采用面铣刀铣削；130° 槽采用"粗刨—精刨"加工；平面 P、Q 用三面刃铣刀铣削；孔 ϕ16H7mm、ϕ10H7mm 可采用"钻—扩—铰"加工；ϕ25mm 外圆采用"粗车—半精车—精车"，N 面也采用车端面的方法加工；螺孔采用"钻底孔—攻丝加工"。

（2）加工顺序的确定。虽然零件某些表面需要粗加工、半精加工、精加工，由于零件的刚度较好，不必划分加工阶段。根据基准先行、先面后孔的原则，以及先加工主要表面（M 平面与 ϕ25mm 外圆和 ϕ16mm 孔）、后加工次要表面（P、Q 平面和各螺孔）的原则，安排机械加工路线如下。

① 以 N 面和 ϕ25mm 毛坯面为粗基准，铣 M 平面。

② 以 M 平面定位，同时按 ϕ25mm 毛坯外圆面找正，"粗车—半精车—精车" ϕ25mm 外圆到设计尺寸，"钻—扩—铰" ϕ16mm 孔到设计尺寸，车端平面 N 到设计尺寸。

③ 以 M 面（3 个自由度）、ϕ16mm（2 个自由度）和 R14mm（1 个自由度）为定位基准，"钻—扩—铰" ϕ10mm 孔到设计尺寸。

④ 以 N 平面和 ϕ16mm、ϕ10mm 两孔为基准，"粗刨—精刨" 130°槽。

⑤ 铣 P、Q 平面（一面两孔定位）。

⑥ "钻—攻丝" 加工螺孔（一面两孔定位）。

5. 确定加工余量及工序尺寸（略）

6. 填写工艺文件

该零件的"机械加工工艺过程卡片"如表 5-18 所示，其中第 30 工序的"机械加工工序片"如表 5-19 所示。

其余略。

表 5-18   机械加工工艺过程卡片

机械加工工艺过程卡片		产品型号		零件图号		共 1 页	
		产品名称		零件名称	拨动杆	第 1 页	
材料牌号	HT200	毛坯种类	铸件	毛坯外形尺寸	每毛坯可制件数	每件台数	备注
序号	工序名称	工 序 内 容	车间	工段	设备	工艺装备	工　时
							准终	单件
10	铣	铣 M 平面	机加		X62	V 口虎钳、面铣刀		
20	车	车 ϕ25mm 外圆成，钻—扩—铰 ϕ16H7mm 孔成，车 N 面，倒角	机加		C6140	车夹具、锥柄钻头等		
30	钻	钻—扩—铰 ϕ10H7mm 孔	机加		Z35	钻夹具、钻头等		
40	刨	粗刨—精刨 130°槽	机加		B665	刨夹具、成型刨刀		
50	铣	铣 P、Q 面	机加		X62	铣夹具、三面刃铣刀		
60	钻	钻 2-M8mm 底孔 2-ϕ6.5mm	机加		Z35	回转钻模、钻头		
70	钻	攻丝 2-M8mm	机加		Z35	回转钻模、M8 丝锥		

表 5-19　　　　　　　　　　　　　　　　　机械加工工序卡片

机械加工工序卡片	产品型号		零件图号		共 1 页
	产品名称		零件名称	拨动杆	第 1 页

车间	工序号	工 序 名 称	材料牌号
	30	钻—扩—铰孔 ϕ10H7mm	HT200

毛坯种类	毛坯外形尺寸	每毛坯可制件数	每台件数
铸件		1	1

设备名称	设备型号	设备编号	同时加工件数
摇臂钻床	Z35		1

工步号	工 步 内 容	工艺装备	主轴转速（r/min）	切削速度（m/min）	进给量（mm/r）	切削深度（mm）	进给次数	工步工时 机动	工步工时 辅助
1	钻孔ϕ10H7mm 至尺寸ϕ9mm	钻夹具、ϕ9mm 钻头	195	13.5	0.3		1		
2	扩孔ϕ10H7mm 至尺寸 ϕ9.8mm	扩孔刀 ϕ9.8mm	68	6.2			1		
3	铰孔ϕ10H7mm	铰刀 ϕ10H7mm	68	7.5	0.18		1		

5.10.2　典型零件数控机床加工工序举例

例 5-12　某机床变速箱体中操纵机构上拨动杆加工，用作把转动变为拨动，实现操纵机构的变速功能。本零件生产类型为中批生产，数控机床加工。如图 5-44 所示。

1. 数控加工工艺分析与工艺处理

采用数控机床加工拨动杆零件（如图 5-44 所示），零件的工艺分析、毛坯的选择、定位基准的选择、确定各表面加工方法等与普通机床加工工艺相同，详见 5.10.1 小节分析。当该零件用普通机床加工时，工艺过程如表 5-18 所示，工序分散，工序数目多。如采用数控铣床加工，可以将表 5-18 所示工艺过程中的 10、30、40、50 工序集中在一个工序完成，提高了生产率，降低了生产成本。数控加工工序的工艺路线安排如下。

（1）第一道工序。以 ϕ25mm 外圆（4 个自由度）、N 面（1 个自由度）、R14mm（1 个自由度）为粗基准定位，采用立式加工中心（或数控铣床）加工，依据先面后孔、先粗后精的原则，工步如下（如表 5-20 所示）。

① 铣 M 面，"粗铣—精铣"尺寸为 130° 的槽。

② 钻孔 ϕ16 到尺寸 ϕ15、ϕ10 孔尺寸到 ϕ9。

③铣 P、Q 面到尺寸（为消除粗加工时钻孔所产生的力变形及热变形对精加工的影响，在钻孔后，插入铣 P、Q 面的工步，以使钻孔后的表面有短暂的时效时间）。

④扩孔 $\phi16$ 孔到尺寸 $\phi15.85$、$\phi10$ 孔到尺寸 $\phi9.8$。

⑤铰孔 $\phi16H7mm$、$\phi10H7mm$ 两孔，保证加工精度。

（2）第二道工序。以 M 面、$\phi16H7mm$ 和 $\phi10H7mm$（一面两孔）定位，车 $\phi25mm$ 外圆到尺寸，车 N 面到尺寸。

（3）第三道工序。定位同上序，"钻—攻丝"加工 $2\times M8mm$ 螺孔。

由以上可以看到，只需 3 道工序就可完成零件的加工，工序集中，极大地提高了生产率。充分反映了采用数控加工的优越性、先进性。

2. 数控加工工艺文件

机械加工工艺过程卡片（略）；数控加工工序卡片（第一序）如表 5-20 所示；数控加工刀具卡片如表 5-21 所示；数控加工走刀路线卡片（略）；数控加工程序单（略）。

表 5-20　　　　　　　　　　数控加工工序卡片

（工厂名）	数控加工工序卡片		产品名称及代号		零件名称	零件图号	材料
					拨动叉	N-530-05	HT200
工序号	程序编号	夹具名称	夹具编号		使用设备	车间	
10	O0507	组合夹具	98 - 0303		加工中心	50	

工步号	工步内容	刀具		辅具	切削用量			备注
		T 码	规格		主轴转速（r/min）	进给量（mm/r）	切削深度（mm）	
1	铣 M 面	T01	面铣刀 $\phi120$	JT50-XM32-105	300	60	2	
2	粗铣 130° 槽，留余量 0.5	T02	成型铣刀	JT40-MW4-85	100	60		
3	精铣 130° 槽	T02	同上	JT40-MW-85	100	30		
4	钻 $\phi16$ 中心孔	T03	中心钻 Ⅰ 34-4	JT50-M2-50	1 000	80		
5	钻 $\phi10$ 中心孔	T03	同上	JT50-M2-50	1 000	80		
6	钻 $\phi16$ 孔至尺寸 $\phi15$	T04	麻花钻 $\phi15$	JT50-M2-50	500	60		
7	钻 $\phi10$ 孔至尺寸 $\phi9$	T05	麻花钻 $\phi9$	JT50-M2-50	500	60		
8	铣 P 面到尺寸	T06	立铣刀	JT50-M2-50	300	60		
9	铣 N 面到尺寸	T06	立铣刀	JT50-M2-50	300	60		
10	扩 $\phi16$ 孔至尺寸 $\phi15.85$	T07	扩孔钻头 $\phi15.85$	JT50-M2-50	300	60		

续表

（工厂名）	数控加工工序卡片		产品名称及代号	零件名称	零件图号	材料
				拨动叉	N-530-05	HT200
工序号	程序编号	夹具名称	夹具编号	使用设备	车间	
10	O0507	组合夹具	98－0303	加工中心	50	

工步号	工步内容	刀具		辅具	切削用量			备注
		T码	规格		主轴转速（r/min）	进给量（mm/r）	切削深度（mm）	
11	扩 φ10 孔至尺寸 φ9.8	T08	扩孔钻 φ9.8	JT50-M2-50	300	60		
12	铰 φ16H7 孔	T09	铰刀 φ16H7	JT50-M2-50	100	50		
13	铰 φ10H7 孔	T10	铰刀 φ10H7	JT50-M2-50	100	50		
…								

表 5-21　　　　　　　　　数控加工刀具卡片

产品型号		零件号	N-530-05	程序编号	O0507	制表	
工步号	T码	刀具型号	刀柄型号	刀具		补偿量（D、H）	备注
				直径（mm）	长度		
1	T01	面铣刀 φ120	JT50-XM32-105	φ120	实测	H01	长度补偿
2、3	T02	成型铣刀	JT40-MW4-85		实测	H02	长度补偿
4、5	T03	中心钻 I 34-4	JT50-M2-50		实测	H03	长度补偿
6	T04	麻花钻 φ15	JT50-M2-50	φ15	实测	H04	长度补偿
7	T05	麻花钻 φ9	JT50-M2-50	φ9	实测	H05	长度补偿
8、9	T06	立铣刀	JT50-M2-50	φ15	实测	H06	长度补偿
10	T07	扩孔钻 φ15.85	JT50-M2-50	φ15.85	实测	H07	长度补偿
11	T08	扩孔钻 φ9.8	JT50-M2-50	φ9.8	实测	H08	长度补偿
12	T09	铰刀 φ16H7	JT50-M2-50	φ16H7	实测	H09	长度补偿
13	T10	铰刀 φ10H7	JT50-M2-50	φ10H7	实测	H10	长度补偿
…							

5.10.3　典型零件综合加工工序举例

例 5-13　如图 5-45 所示，某飞机液压系统密封跑道零件实体。要求安排其加工工艺。

该零件加工工艺精度要求高，产品密封性能好、耐磨性强，使用中不允许有任何外漏。如有侵入系统中的微小灰尘颗粒，会引起或加剧液压元件摩擦副的磨损，进一步导致泄漏，则会造成工作介质的浪费，污染机器和环境，会引起机械操作失灵及设备人身事故。所以该零件材料难加工，且工艺复杂。

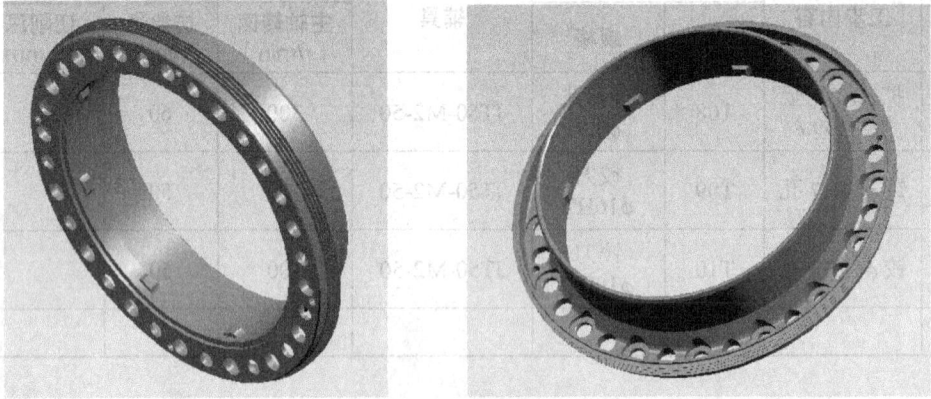

图 5-45　密封跑道零件加工实体

零件图如图 5-46 所示。材料为 40CrNiMoA，生产数量是单件生产，共 10 件。

技术要求如下。

（1）锻件，按 HB50245—89 验收（允许用棒料加工）。

（2）Ⅱ类检验。

（3）硬度 d=3.40～3.15。

（4）表面 S 镀硬铬，镀层厚度为 0.05～0.15。

（5）其余表面镀镍，厚度为 0.003～0.008；允许表面 J、V、W、X 有铬层。

（6）磁力探伤检查，按 S10.JT.131 中的要求验收。

（7）允许在限制状态下检查径向尺寸。

工艺分析如下。

由于该零件工序较多，且是薄壁零件，车削时工件的刚性差，在车削中受切削力和夹紧力的作用极易产生变形，影响工件的尺寸精度和形状精度。因此，合理地选择装夹方法、夹具、刀具几何角度、切削用量及充分地进行冷却润滑，都是保证加工薄壁工件精度的关键。特别是 4 个密封齿的加工，尺寸精度要求非常高，要分粗车、细车、精车多工序进行。

具体的工艺规程和工序内容如表 5-22 所示。

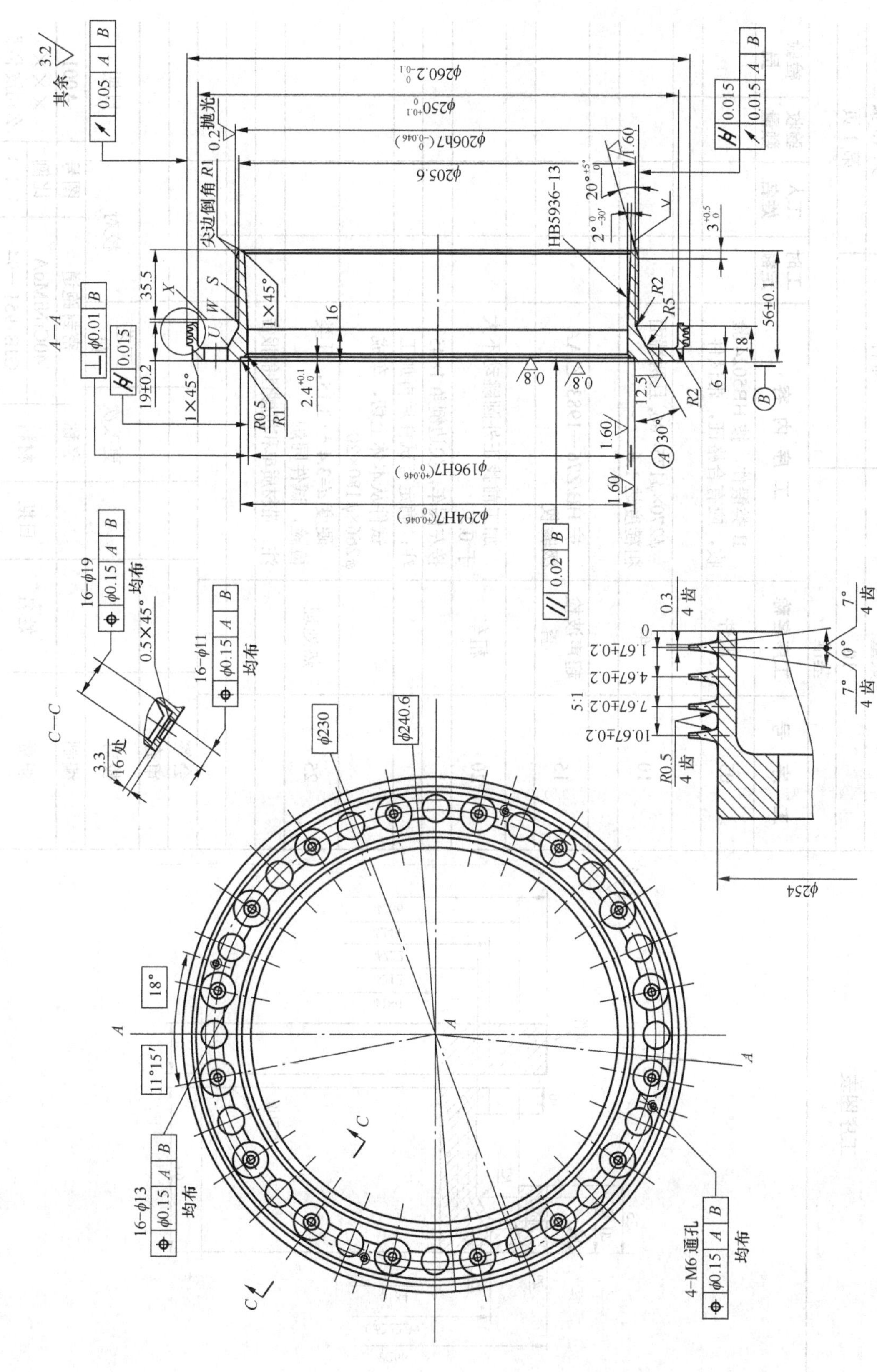

图 5-46 密封跑道零件图

表 5-22

密封跑道零件加工工艺规程卡

数量 10	备件		共 13 页
基准			第 1 页

工序号	工序名称	工序内容	工时定额	工人姓名	验收数量	检验员
05	锻件	II 类锻件，按 HB5024 验收，应有合格证，带试件 φ270×φ175×86，且两端面粗糙度达 1.6				
10	车	按 HB/Z76—1983 之 AA 级验收				
15	超声波检查	加工前找正外圆跳动不大于 0.2				
20	粗车	按左图车，尖边倒角 1×45° 注：确定有试件后再加工，试件从本体上切，车成 φ266×φ180×20				
25	热处理	硬度 d=3.4～3.15，II 类检验，试件同炉 注：带材质单和机械性能报告				

职责	姓名	日期		更改次	名称	密封跑道	工艺员	校对	图号	A001
编制					材料	40CrNiMoA			比例	1：1
校对						GJB1951—94				
审查								日期		×××
会签									公司技术部	

工序图表

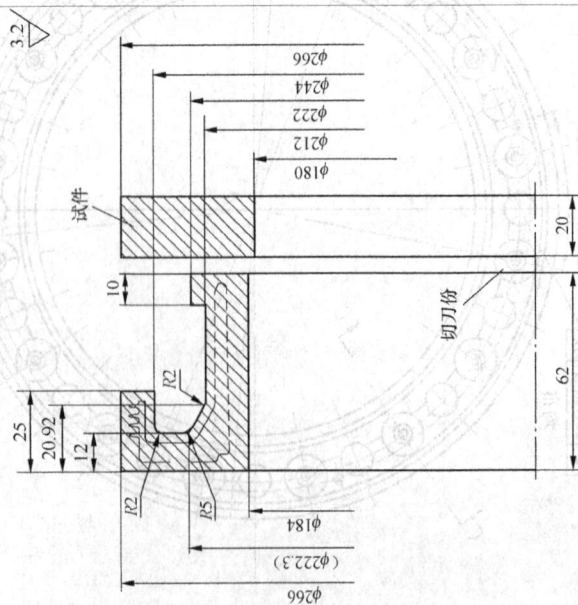

续表

工序图表

数量 10	基准	基准	备件			共 13 页 第 2 页	
工 序 号	工序名称	工 序 内 容		工时定额	工人姓名	验收数量	检验员
30	立车	按左图平基准					

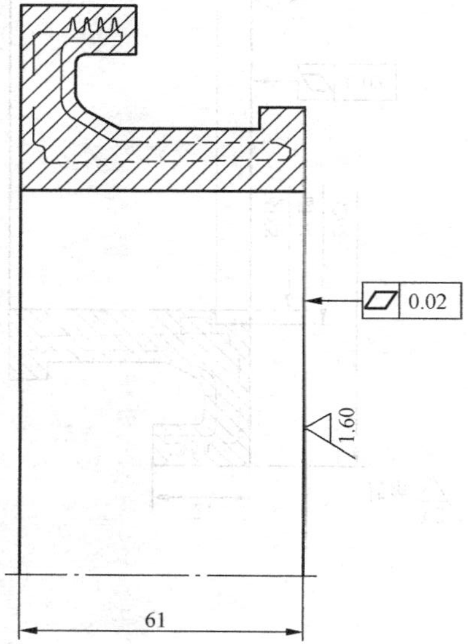

职责	姓名	日期		更改次	名称	密封跑道	日期
编制					材料	40CrNiMoA	A001
校对						GJB1951—94	×××
审查				工艺员	校对	图号	公司技术部
会签						比例 1∶1	

续表　共 13 页　第 3 页

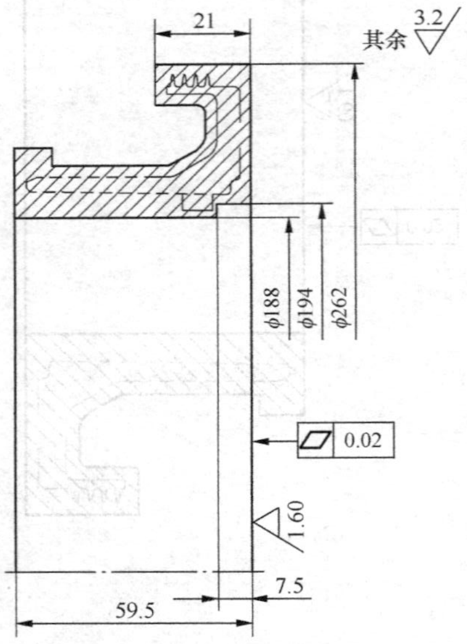

工序号	工序名称	工序内容	工时定额	工人姓名	验收数量	检验员
35	细车	支靠左图左端面，轴向压紧，按左图车。垫盘：S10.07.3232L 用 1				

数量　10　基准　　备件

工序图表

其余 3.2

φ262　φ194　φ188　21　7.5　59.5　1.60　0.02

职责	姓名	日期				
编制			名称	密封跑道	图号	A001
校对			材料	40CrNiMoA	比例	1：1
审查				GJB1951—94		
会签			更改次数		工艺员	校对

公司技术部　×××

续表

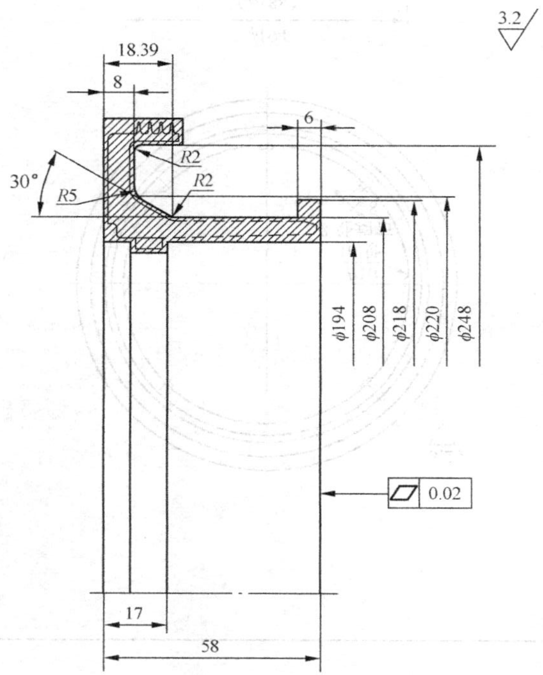

工序号	工序名称	工序内容	数量 10	基准	备件	共 13 页 图序 第 4 页	检验员 验收数量 工人姓名 工时定额
40	细车	支靠左图左端面，轴向压紧，按左图车 垫盘：S10.07.3232L 用 1					

工序图表

3.2 ▽

φ248　φ220　φ218　φ208　φ194

6　58　17　18.39　8　R2　R2　R5　30°

◻ 0.02

职责	姓名	日期		
编制			更改次	
校对			名称	密封跑道
审查			材料	40CrNiMoA GJB1951—94
会签				
工艺员	校对		图号 A001	比例 1 : 1
		日期	×××公司技术部	

续表

工序图表

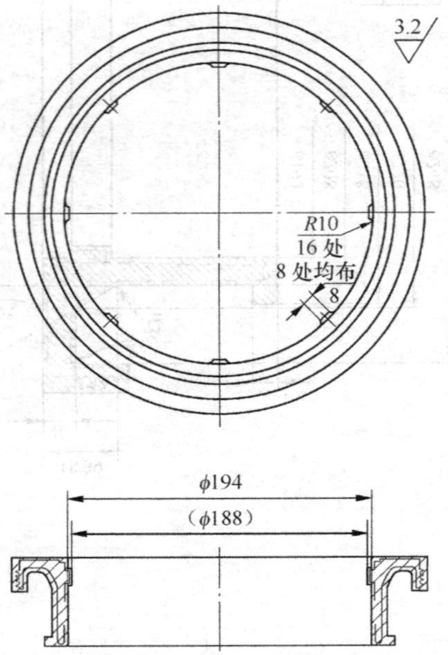
3.2
R10
16 处
8 处均布
8
ϕ194
（ϕ188）

数量		备件		共 13 页		
10				第 5 页		
基准						
工 序 号	工序名称	工 序 内 容	工时定额	工人姓名	验收数量	检验员
45	数控铣	支靠左图下端面，轴向压紧，按左图加工				
		垫盘：S10.07.3232L 用 1				
50	钳	去毛刺				
55	热处理	稳定尺寸处理				

会签							
审查							
校对			更改次	工艺员	校对		日期
编制			名称	密封跑道	图号	A001	
职责	姓名	日期	材料	40CrNiMoA	比例	×××公司技术部	
				GJB1951—94	1 ∶ 1		

续表

工序图表

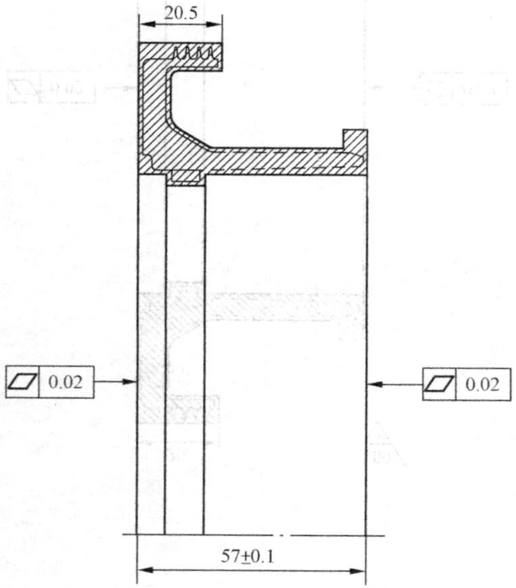

工　序　号	工序名称	工　序　内　容	工时定额	工人姓名	验收数量	检验员
60	立车	按左图车两端面				

数量　10

基准

备件　　共 13 页　第 6 页

职责	姓名	日期
编制		
校对		
审查		
会签		

名称	密封跑道	工艺员	校对	日期
材料	40CrNiMoA			
	GJB1951—94	图号	A001	
		比例　1 : 1		

更改次

×××　公司技术部

57±0.1

20.5

0.02

0.02

续表

共 13 页　第 7 页

工序图表

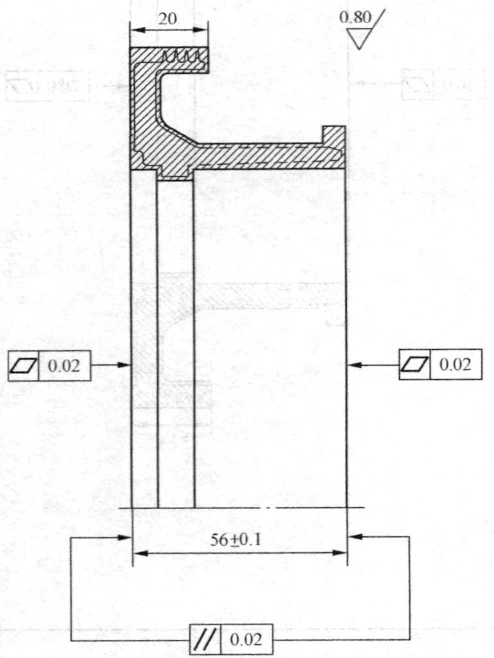

工 序 号	工序名称	工 序 内 容	工时定额	工人姓名	验收数量	检验员
65	圆平磨	按左图磨厚度两端面，两面均匀去除余量				

数量 10　基准　备件

0.80

56±0.1

20

⌀ 0.02　// 0.02

更改次	名称	密封跑道	图号	A001
	材料	40CrNiMoA　GJB1951—94	比例	1：1

职责	姓名	日期			
编制			工艺员	校对	日期
校对					
审查					×××
会签					公司技术部

工序图表

续表

数量	10	备件		共 13 页
基准				第 8 页

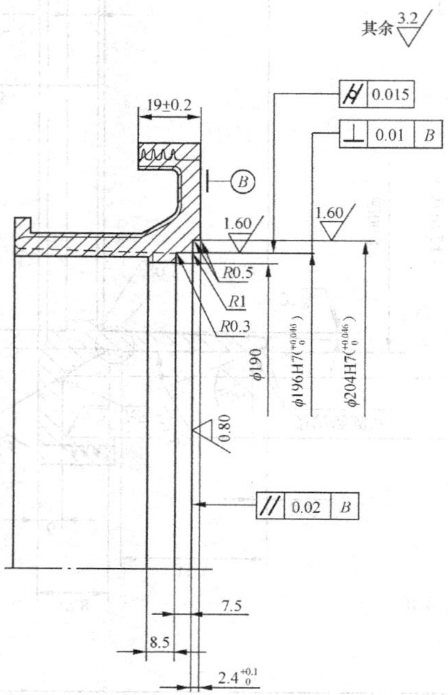

工序号	工序名称	工序内容	工时定额	工人姓名	验收数量	检验员
70	精车	支靠左图左端面，轴向压紧，找正已加工表面至 0.05 按左图加工 尺寸 $\phi196^{+0.046}_{0}$、$\phi204^{+0.046}_{0}$ 在机床上检 垫盘：S10.07、3232L 用 1				

职责	姓名	日期		工艺员	密封跑道	校对		图号	GJB1951—94	日期	A001
编制				名称	密封跑道			比例	1 : 1		
校对				材料	40CrNiMoA						
审查				更改次						×××公司技术部	
会签											

续表

工序图表	数量	备件	共 13 页
	10		第 9 页
	基准		

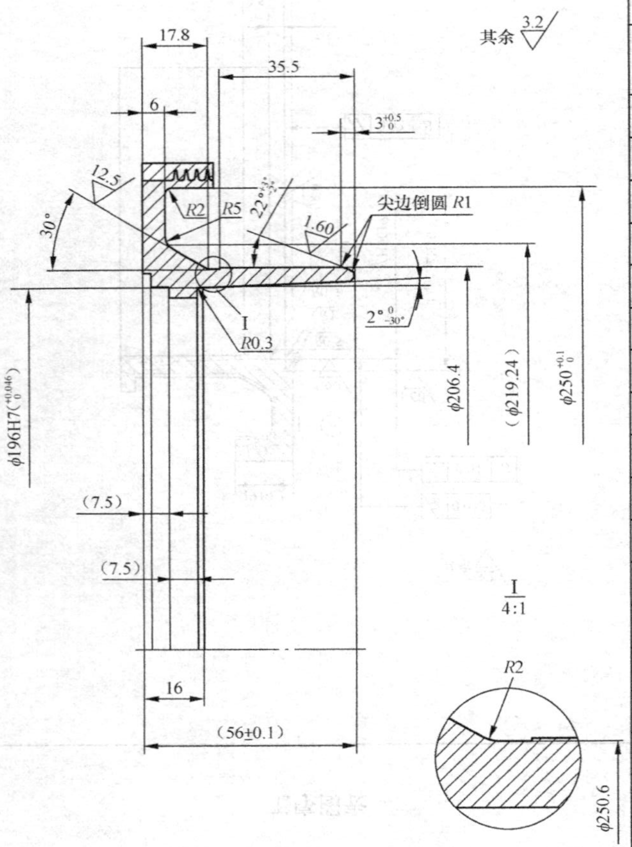

其余 3.2
17.8
35.5
6
3+0.5 0
12.5
30°
R2
R5
22°
尖边倒圆 R1
1.60
2° 0 -30°
I
R0.3
φ196H7(+0.046 0)
φ206.4
(φ219.24)
φ250+0.1 0
(7.5)
(7.5)
16
(56±0.1)
I
4:1
R2
φ250.6

工序号	工序名称	工序内容	工时定额	工人姓名	验收数量	检验员
75	精车	支靠左图左端面，轴向压紧，找正上工序加工表面至 0.02				
		按左图加工				
		尺寸$\phi196^{+0.046}_{0}$在机床上检				
		垫盘：S10.07、3232L 用 1				

会签								
审查								
校对				更改次	工艺员	校对		日期
编制				名称	密封跑道		图号	A001
职责	姓名	日期		材料	40CrNiMoA		比例	×××公司技术部
					GJB1951—94		1 ∶ 1	

工序图表

续表

工 序 号	工序名称	工 序 内 容	工时定额	工人姓名	验收数量	检验员
					数量 10	
					基准	
					备件	共 13 页 第 10 页
80	钳	在大端面划下道、数控铣找正十字线				
85	数控铣	支靠左图下端面、轴向压紧，按左图加工				
90	钳	去毛刺				
		划16—φ13、4—M6				
		划 C—C 视图中的 16—φ11、16—φ19				
95	卧镗	加工 16—φ13、4—M6 底孔 加工 C—C 视图 C—C: 16—φ11、16—φ19、倒角 0.5°×45°				
100	钳	攻 4—M6，去除所有毛刺				

职责	姓名	日期	名称	密封跑道	图号	A001
编制			材料	40CrNiMoA GJB1951—94	比例	1：1
校对			更改次	工艺员	校对	日期
审查						×××公司技术部
会签						

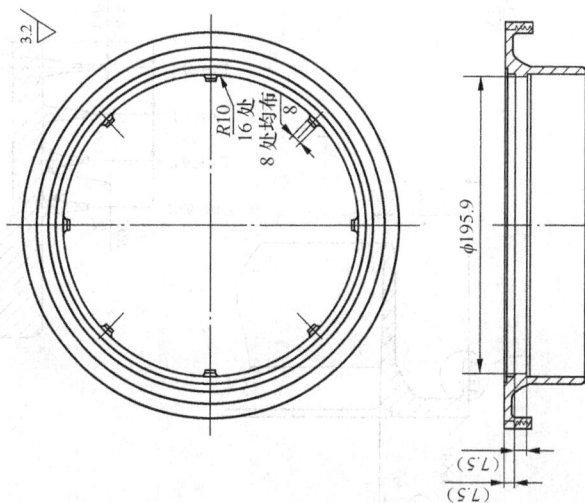

续表

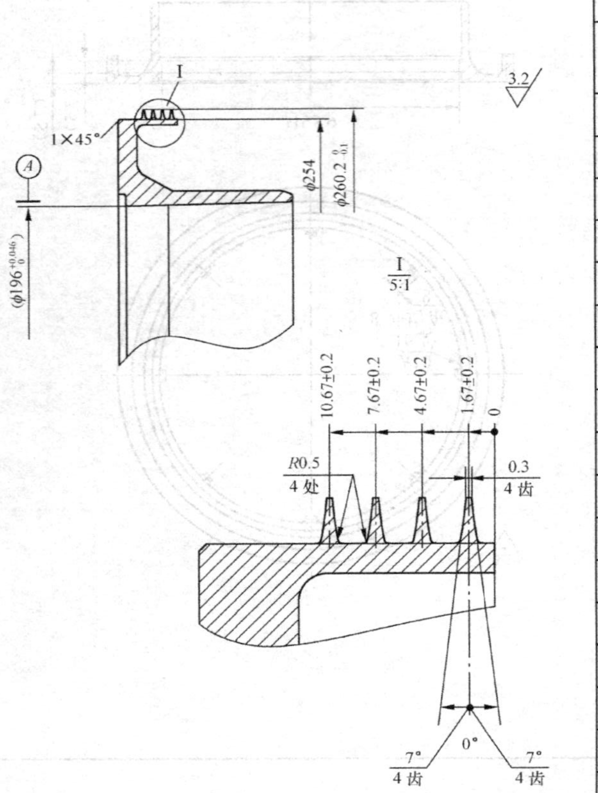

工序号	工序名称	工序内容	备件	工人姓名	验收数量	检验员
			数量 10		共 13 页	
	基准				第 11 页	
105	车	支章左图左端面，轴向压紧，找正基准 A 至 0.02 尺寸 $\phi260.2^{\ 0}_{-0.1}$ 在机床上上检 垫盘：S10.07.3232L 用 2		工时定额		

职责	编制	校对	审查	会签		
姓名						
日期						

名称	密封跑道	更改次		工艺员		
材料	40CrNiMoA GJB1951—94		校对	日期		
图号	A001	比例 1：1	×××公司技术部			

工序图表

$\sqrt{3.2}$

$\phi254$　$\phi260.2^{\ 0}_{-0.1}$　$\frac{1}{5L}$

$1\times45°$　$\phi196(^{+0.046}_{\ 0})$　R0.5 4处

0.3 4齿　1.67±0.2　4.67±0.2　7.67±0.2　10.67±0.2

7° 4齿　0°　7° 4齿

续表

数量	10		备件		共 13 页
基准					第 12 页

工序号	工序名称	工序内容		备件	工时定额	工人姓名	验收数量	检验员
110	外磨	支靠左图左端面，轴向压紧，找正基准 A 至 0.02，按左图磨	垫盘：S10.07.3232L 用 2					
115	磁力探伤	按 S10.JT.131 中的 S10.07.3232F 的要求验收						
120	外委	表面处理，表面 S 镀硬铬，镀层厚度 ≥ 0.12 允许表面 U、V、W、X 有铬铝层						

		职责	校对	编制	审查	会签			
姓名							名称	密封跑道	工艺员	校对	图号	A001
日期							材料	40CrNiMoA			比例	1：1
								GJB1951—94	更改次		日期	×××

公司技术部

工序图表

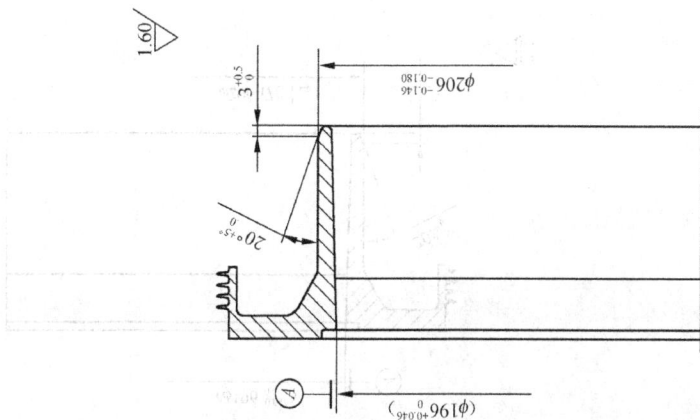

1.60

$\phi 206^{+0.146}_{-0.180}$

$3^{+0.5}_{0}$

$20^{+0.45°}_{0}$

$(\phi 196^{+0.046}_{0})$

A

续表

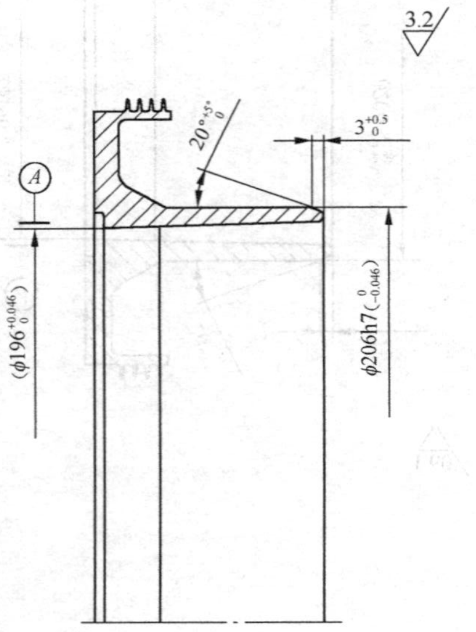

工序号	工序名称	工 序 内 容	工时定额	工人姓名	检验员
		数量 10　　备件		共 13 页	
		基准		第 13 页	
				验收数量	
125	外磨	支靠左图左端面，轴向压紧，找正基准 A 至 0.02，按左图磨 垫盘：S10.07.3232L 用 2			
130	车	抛光表面 S 至表面粗糙度为 0.20			
135	外委	除镀铬面外，其余表面镀镍，厚度 0.003～0.008			
140	钳	在图示位置震动标记图号及批次号			
145	终检	开合格证			
150	入库				

职责	会签	审查	校对	编制
姓名				
日期				

更改次	工艺员	校对		
名称 密封跑道		图号 A001		
材料 40CrNiMoA GJB1951—94	日期	比例 1：1	公司技术部 ×××	

工序图表

3.2

$\phi 206h7\,(^{\ 0}_{-0.046})$

$3^{+0.5}_{\ 0}$

$20^{\ 0}_{+0.15}$

$(\phi 196^{+0.046}_{\ 0})$

A

本章讲述了机械加工工艺的基础知识，生产过程、工艺过程、机械加工工艺规程及相关的基本概念，重点介绍了普通机械加工和数控加工工艺内容、工序设计与实施、工艺尺寸链、工艺系统的组成、典型零件机械加工工艺过程和机械加工工艺过程的技术经济分析等内容。让学生了解机械加工工艺的基本过程，掌握机械加工工艺系统的装备及其应用。其中定位基准的选择、机械加工工艺路线的拟定、工序设计与实施、工艺尺寸链求解工序尺寸的计算、典型零件的机械、数控加工工艺卡的制作是本章的难点，也是本章的重点所在。

1. 名词解释：机械制造工艺；生产过程、工艺过程、工艺规程；工序、工步、走刀；生产纲领、生产类型、生产批量；工序尺寸、工序余量、毛坯余量；粗基准、精基准；工序集中、工序分散；时间定额；零件结构工艺性。

2. 不同生产类型各有什么工艺特点？

3. 粗基准选择原则是什么？举例说明。

4. 精基准选择原则是什么？举例说明。

5. 选择如图 5-47 所示端盖零件的加工粗基准，材料为 HT150。

6. 如图 5-48 所示，零件毛坯为 $\phi35\text{mm}$ 棒料，批量生产时其机械加工过程如下所述：在锯床上切断下料，车一端面钻中心孔，调头，车另一端面钻中心孔，在另一台车床上将整批工件一端外圆都车至 $\phi30\text{mm}$ 及 $\phi20\text{mm}$，调头再用车刀车削整批工件的 $\phi18$ 外圆，又换一台车床，倒角，车螺纹。最后在铣床上铣两平面，转 90° 后，铣另外两平面。试制定工艺规程卡和工序卡。

7. 机械加工工艺过程为什么要划分加工阶段？各加工阶段的主要作用是什么？

8. 试说明安排机械加工工序顺序的原则。

9. 影响加工余量的因素有哪些？

10. 机械加工工序的内容有哪些？

11. 时间定额由哪几部分组成？

12. 大批生产主轴箱，如图 5-49 所示，镗主轴孔时平面 A、B 已加工完，并以 A 面定位，试求工序尺寸及极限偏差。

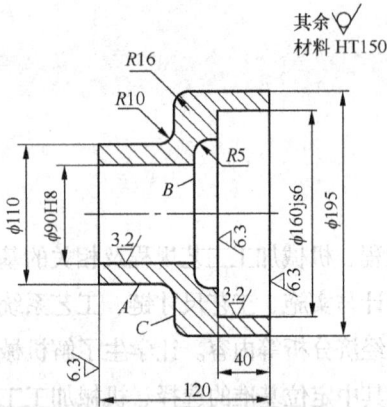

图 5-47 端盖（题 5-5 图）

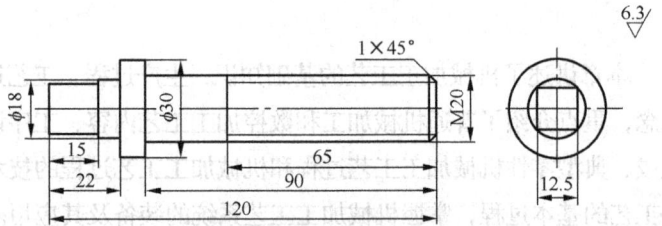

图 5-48 轴类零件（题 5-6 图）

13. 如图 5-50 所示，零件若以 A 面定位，用调整法铣削平面 C、D 及槽 E 面。已知 $L_1=60\pm0.2\text{mm}$，$L_2=20\pm0.4\text{mm}$，$L_3=40\pm0.8\text{mm}$，试确定工序尺寸及极限偏差。

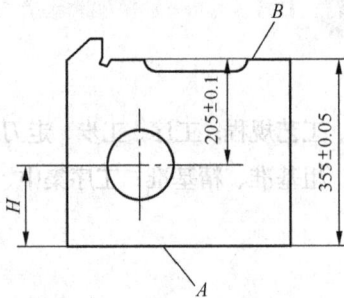

图 5-49 主轴箱（题 5-12 图）

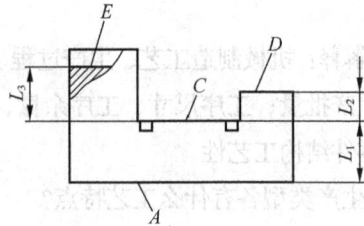

图 5-50 铣削平面（题 5-13 图）

14. 如图 5-51 所示，零件 $A_1=70_{-0.05}^{-0.025}\text{ mm}$，$A_2=60_{-0.025}^{0}\text{ mm}$，$A_3=20_{0}^{+0.15}\text{ mm}$，$A_3$ 尺寸不便测量，试给出新的测量尺寸及其极限偏差。

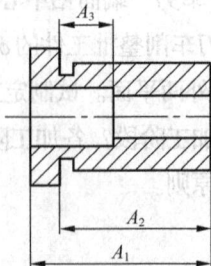

图 5-51 测量尺寸（题 5-14 图）

第6章

| 机械加工质量分析 |

【学习目标】

1. 了解机械加工精度和机械加工表面质量的概念
2. 了解影响加工精度的因素及其分析
3. 了解影响表面质量的工艺因素
4. 掌握控制表面质量的工艺途径
5. 了解提高生产效率的方法

产品质量是指用户对产品的满意程度。它有3层含义，一是产品的设计质量；二是产品的制造质量；三是服务。通常企业质量管理中，强调较多的往往是制造质量，它主要指产品的制造与设计的符合程度。零件的机械制造质量包括两个方面，一方面指宏观的零件几何参数，即机械加工精度；另一方面指零件表面层的物理机械性能，即机械加工表面质量。

6.1 机械加工精度

| 6.1.1 机械加工精度概述 |

1. 加工精度的基本概念

加工精度是指零件加工后的几何参数（尺寸、形状、位置）与图纸要求的理想几何参数相符合的程度。符合程度越高，加工精度也越高。所以说机械加工精度包含尺寸精度、形状精度和位置精度3项内容。

零件实际加工过程中不可能把零件制造得绝对精确，不可避免地会产生与理想几何参数偏差，这种偏差即为加工误差。

实际生产中加工精度的高低用加工误差的大小来表示。加工精度用公差等级衡量，等级值越小，其精度就越高；加工误差用数值表示，加工误差越小，加工精度高，但随之而来的加工成本也会越高，生产效率相对越低。要保证零件的加工精度，只要保证加工误差控制在零件图纸允许的偏差范围内即可。

2. 影响加工精度的因素

在机械加工中机床、夹具、刀具和工件构成了一个完整的机械加工系统，称为工艺系统。工艺系统的各个部分——机床、夹具、刀具和工件都存在误差，统称为工艺系统误差。由于它是原始存在的，故也叫原始误差。工艺系统误差在加工过程中必然影响工件和刀具相对运动关系，使工件产生加工误差。所以说工艺系统的误差是影响工件加工精度的主要因素。工艺系统误差分类如图 6-1 所示。

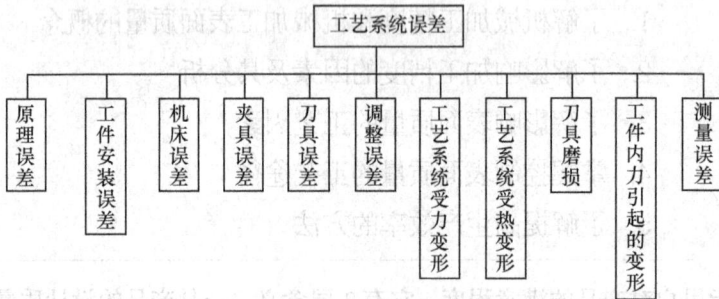

图 6-1 工艺系统误差

3. 机械加工精度获得的方法

（1）尺寸精度的获得方法。

① 试切法。通过试切工件—测量—比较—调整刀具—再试切—……—再调整，直至获得要求的尺寸的方法。

② 调整法。是用试切好的工件尺寸、标准件或对刀块等调整刀具相对工件定位基准的准确位置，并在保持此准确位置不变的条件下，对一批工件进行加工的方法。

③ 定尺寸刀具法。在加工过程中采用具有一定尺寸的刀具或组合刀具，保证被加工零件尺寸精度的一种方法。

④ 自动控制法。通过由测量装置、进给装置和切削机构以及控制系统组成的控制加工系统，把加工过程中的尺寸测量、刀具调整和切削加工等工作自动完成，从而获得所要求的尺寸精度的一种加工方法。

（2）形状精度的获得方法。

① 轨迹法。此法利用刀尖的运动轨迹形成要求的表面几何形状。刀尖的运动轨迹取决于刀具与工件的相对运动，即成形运动。这种方法获得的形状精度取决于机床的成形运动精度。

② 成形法。此法利用成形刀具代替普通刀具来获得要求的几何形状的表面。机床的某些成形运动被成形刀具的刀刃所取代，从而简化了机床结构，提高了生产效率。用这种方法获得的表面形状精度既取决于刀刃的形状精度，又有赖于机床成形运动的精度。

③ 范成法。零件表面的几何形状是在刀具与工件的啮合运动中，由刀刃的包络面形成的。因而刀刃必须是被加工表面的共轭曲面，成形运动间必须保持确定的速比关系，加工齿轮常用此种方法。

（3）位置精度的获得方法。

① 一次装夹法。工件上几个加工表面是在一次装夹中加工出来的。

② 多次装夹法。即零件有关表面间的位置精度是由刀具相对工件的成形运动与工件定位基准面（或工件在前几次装夹时的加工面）之间的位置关系保证的。有如下几种。

a. 直接装夹法。即通过在机床上直接装夹工件的方法。

b. 找正装夹法。即通过找正工件相对刀具切削成形运动之间的准确位置的方法。

c. 夹具装夹法。即通过夹具确定工件与刀具切削刃成形运动之间的准确位置的方法。

6.1.2　加工原理误差

加工原理误差是由于采用了近似的成形运动或近似的刀刃轮廓进行加工所产生的误差。在实践中，完全精确的加工原理常常很难实现，或者效率低，或者使机床或刀具的结构极为复杂，难以制造。有时由于连接环节多，机床传动链中的误差增加，或机床刚度和制造精度很难保证。

如用滚刀切削渐开线齿轮时，滚刀应为一渐开线蜗杆。而实际上为了使滚刀制造方便，通常采用阿基米德基本蜗杆或法向直廓基本蜗杆代替渐开线蜗杆，从而在加工原理上产生了误差。另外由于滚刀刀刃数有限，齿形是由于各个刀齿轨迹包络线形成的，所切出的齿形实际上是一条近似渐开线的折线而不是光滑的渐开线。又如用模数铣刀成形铣削齿轮，对于每种模数只用一套（8～26 把）铣刀来分别加工一定齿数范围内的所有齿轮，由于每把铣刀是按照一种模数的一种齿数设计制造的，因此加工其他齿数的齿轮时齿形就有了误差。

采用近似的成形运动或近似的刀刃轮廓虽然会带来加工原理误差，但往往因可简化机床或刀具的结构，反而能得到需求的加工精度。因此，只要其误差不超过规定的精度要求，在生产中仍能得到广泛的应用。

6.1.3　机床的几何误差

机床误差是由机床的制造误差、安装误差和磨损等引起的。机床误差的项目很多，下面着重分析对工件加工精度影响较大的误差，如导轨导向误差、主轴回转误差和传动链误差。

1. 导轨误差

机床导轨是机床各主要部件相对位置和运动的基准，它的精度直接影响机床成形运动之间的相互位置关系，因此它是产生工件形状误差和位置误差的主要因素之一。导轨误差可分为直线度误差、扭曲误差、相互位置误差3种形式。

（1）机床导轨在水平面内的直线度误差。如图6-2所示，导轨在y方向产生了直线度误差，使车刀在被加工表面的法线方向产生了位移Δy，从而造成工件半径上的误差$\Delta R=\Delta y$。当车削长外圆时，则产生圆柱度误差。

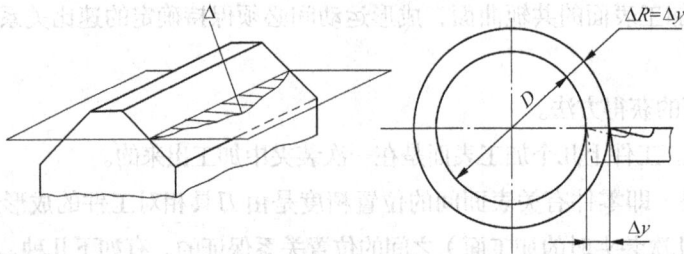

图6-2　导轨在水平面内的直线度误差引起的加工误差

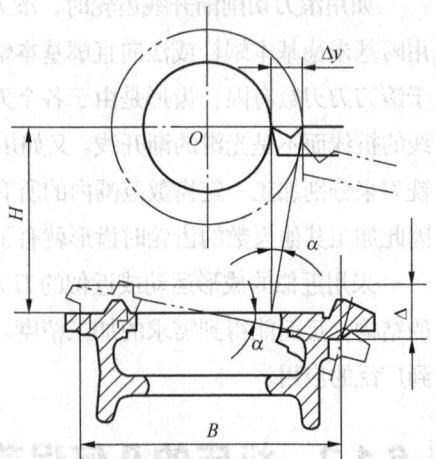

（2）机床导轨在垂直面内的直线度误差。如图6-3所示，导轨在垂直方向存在误差Δ，使车刀在被加工表面的切线方向产生位移，造成半径上的误差ΔR，该误差影响不大。但对平面磨床、龙门刨床、铣床等将引起工件相对砂轮或刀具的法向位移，其误差将直接反映到被加工表面，造成形状误差。

（3）导轨面间的平行度误差。如图6-4所示，车床两导轨的平行度误差（扭曲）使床鞍产生横向倾斜，刀具产生位移，因而引起工件形状误差。由图示几何关系可求出$\Delta R\approx\Delta y=(H/B)\Delta$。一般车床的$H/B\approx2/3$，外圆磨床$H\approx B$，故$\Delta$对加工精度的影响不容忽视。由于沿导轨全长上$\Delta$的不同，将使工件产生圆柱度误差。

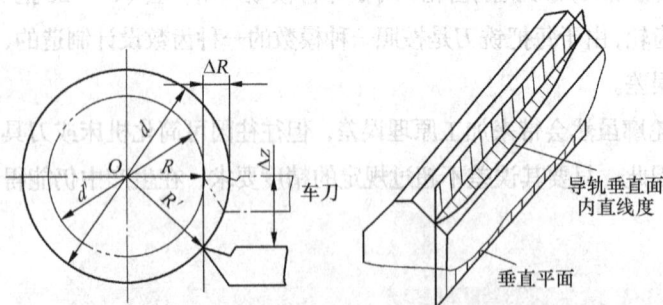

图6-3　导轨在垂直面内的直线度误差引起的加工误差　　图6-4　导轨的扭曲对加工精度的影响

（4）机床导轨对主轴轴心线平行度误差的影响。在车床或磨床上加工，如导轨与主轴轴心线不平行，会引起工件的几何形状误差。以数控车床为例，当床身导轨在水平面内出现弯曲（前凸）时，工件可能形成腰鼓形的圆柱度，如图6-5（a）所示。当床身导轨与主轴轴心在水平面内不平行时，工件可能产生锥形的圆柱度误差，如图6-5（b）所示。当床身导轨与主轴轴线在垂直面内不平行时，工件可能产生马鞍形的圆柱度误差，如图6-5（c）所示。

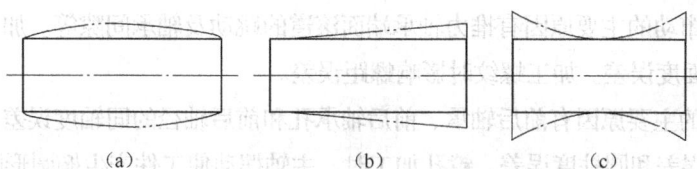

图 6-5 机床导轨误差对工件精度的影响

机床的安装对导轨精度影响较大，尤其是床身较长的机床，因床身刚度较差，经常由于自重引起基础下沉而造成导轨变形。因此，机床在安装时应有良好的基础，并严格进行测量和校正，而且在使用期还应定期复校和调整。

2. 主轴的回转运动误差

（1）主轴回转误差定义。当主轴工作时，理论上其回转轴心线在空间的位置应该稳定不变，实际上其位置总有些变动。所谓主轴的回转运动误差是指主轴的实际回转轴线相对于其理论回转轴线的偏移值。偏移值越小，主轴回转精度越高，反之越低。

机床主轴的回转运动误差可分为 3 种基本形式：径向跳动、轴向窜动和角度摆动，分别如图 6-6（a）、（b）、（c）所示。实际上主轴回转误差的 3 种基本形式是同时存在的，如图 6-6（d）所示。

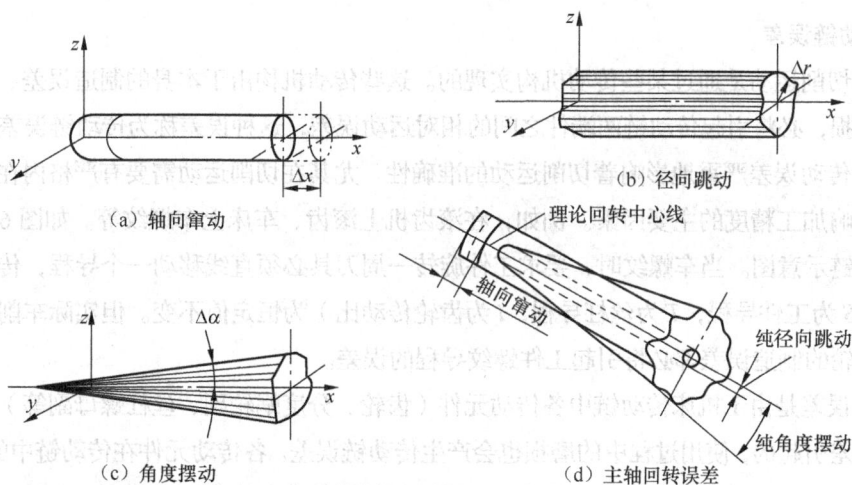

（a）轴向窜动

（b）径向跳动

（c）角度摆动

（d）主轴回转误差

图 6-6 主轴回转误差的基本形式

（2）产生主轴回转误差的因素及主轴回转误差对工件加工误差的影响。影响主轴回转精度的主要因素是主轴的制造误差、轴承间隙、与轴承相配合的零件（主轴、箱体孔等）的精度及主轴系统的径向不等刚度和热变形等。主轴转速对主轴回转误差也有一定影响。

产生主轴回转误差的因素集中在主轴的轴承部位，应从主轴轴径的精度、轴承的精度及安装轴承所用箱体孔的精度等方面寻找原因。

产生主轴径向跳动的主要原因有轴径与箱体孔圆度误差，轴承间隙、轴承滚道和滚动体的形状误差，轴与孔安装后同轴度误差等。加工时，主轴的径向跳动影响工件的圆度误差。

产生主轴轴向窜动的主要原因有推力轴承端面滚道的跳动及轴承间隙等。加工时主轴轴向窜动影响工件的端面平面度误差。加工螺纹时影响螺距误差。

产生主轴摆动的主要原因有前后轴承、前后轴承孔和前后轴径的同轴度误差。主轴的角度摆动会使工件产生圆度误差和圆柱度误差。镗孔加工时，主轴摆动使工件产生椭圆形圆度误差。

综上所述，主轴回转精度影响工件加工表面的形状误差，尤其是在精加工时，机床主轴的回转误差是影响工件圆度的主要因素。

（3）提高主轴回转精度的措施。

① 提高机床主轴回转精度。主要通过提高机床主轴组件的设计、制造和安装精度，采用高精度的轴承等方法提高机床的精度。

② 避开主轴回转精度对加工的影响。采用工件的定位基准或被加工面本身与夹具定位元件之间组成的回转副来实现工件相对于刀具的转动，避开主轴回转精度对加工的影响。如磨削外圆时，在磨床上采用死顶尖定位，回转运动的基准是两个顶尖孔，避免了机床主轴回转误差对工件加工的影响。

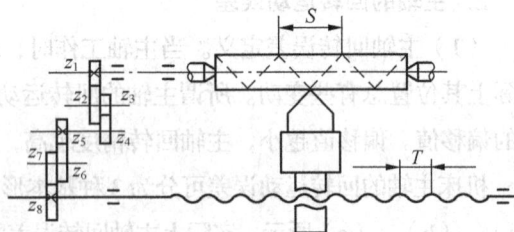

图 6-7　车削螺纹传动链

3. 传动链误差

机床的切削运动是通过某些传动机构实现的。这些传动机构由于本身的制造误差、安装误差和工作中的磨损，必将引起传动链两端件之间的相对运动误差，这种误差称为传动链误差。

机床的传动误差严重地影响着切削运动的准确性。尤其在切削运动需要有严格内在联系的情况下，它是影响加工精度的主要因素。例如，在滚齿机上滚齿、车床上车螺纹等。如图 6-7 所示为车削螺纹传动链示意图。当车螺纹时，要求工件旋转一周刀具必须直线移动一个导程，传动时必须保持 $S = iT$（S 为工件导程，T 为丝杠导程，i 为齿轮传动比）为恒定值不变。但实际车削中车床丝杠导程和各齿轮的制造误差都必将引起工件螺纹导程的误差。

传动链误差是由于机床传动链中各传动元件（齿轮、分度蜗轮副、丝杠螺母副等）存在制造误差和装配误差引起的，使用过程中的磨损也会产生传动链误差。各传动元件在传动链中的位置不同，其影响程度不同。通过传动误差的谐波分析，可以判断误差来自传动链中的哪一个传动元件，并可根据其大小找出影响传动链误差的主要环节。

减少传动链误差的措施主要有减少传动链中的元件数目，缩短传动链；提高传动元件中制造、装配精度；消除间隙；采用误差校正系统等。

6.1.4　工艺系统受力变形引起的误差及改善措施

切削加工时，由机床、刀具、夹具和工件组成的工艺系统，在切削力、夹紧力以及重力等力的作用下，将产生相应的变形，使刀具和工件在静态下调整好的相互位置和切削时成形运动的正确几何关系发生变化，从而造成加工误差。

1. 现场加工中工艺系统受力变形的现象

在车床上加工一根细长轴时，可以看到在纵向走刀过程中切屑的厚度起了变化，越到中间切屑层越薄，加工出来的工件出现了两头细中间粗的腰鼓形误差。根据力学知识很容易判断，这是由于工件的刚性太差，因而一旦受到切削力就会朝着与刀具相反的方向变形，越到中间变形越大，实际背吃刀量也就越小，所以产生腰鼓形的加工误差。在另外一些场合下，工件的刚性很好，在切削力的作用下工件并没有变形，却也产生了"让刀"的现象。例如，在旧车床上加工刚性很好的工件时，经过粗车一刀后，再要精车的话，有时候不但不把刀架横向进给一点，反而要把它反向退回一点，才能保证精车时切去极薄的一层以满足加工精度和表面粗糙度的要求，否则可能使实际背吃刀量过多而达不到加工质量，如图 6-8 所示。

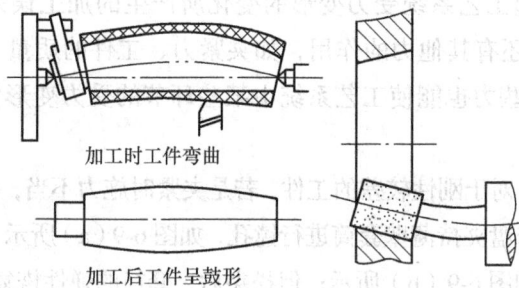

加工时工件弯曲

加工后工件呈鼓形

图 6-8 工艺系统受力变形引起的加工误差

从上面细长轴的弹性变形思路出发，可以想象，产生这种现象的原因是由于使用时间长，工艺系统中机床的某些与加工尺寸有关的部分（如头架、尾架或刀架），在切削力作用下产生了受力变形。粗车时的切削力大，则受力变形也大，引起了刀具相对于工件的退让——让刀。粗车完毕后，受力变形恢复，这时候即使不进刀，甚至把刀架稍稍后退一点再走刀的话，刀尖仍然可以切到金属。因此，在这种情况下控制加工精度的问题，实际上主要就是控制工艺系统受力变形的问题。

2. 工艺系统的刚度

工艺系统变形通常是弹性变形。工艺系统反抗变形的能力越大，工件的加工精度越高。工艺系统抵抗变形的能力用刚度来描述。所谓工艺系统刚度是指作用于工件加工表面法线方向上的切削分力 F_n，与刀具在切削力作用下相对于工件在该方向上的位移之比，即

$$k = F_n/y$$

式中：k——静刚度（N/mm）；

F_n——法向作用力（N）；

y——法向位移（mm）。

工艺系统刚度应包括机床刚度、刀具刚度、夹具刚度和工件刚度。因此，必须先分别求出机床、刀具、夹具和工件的刚度，才能求出工艺系统的刚度。但部件刚度问题比较复杂，迄今没有合适的

计算方法，只能用实验的方法加以测定。

3. 工艺系统受力变形对加工精度的影响

（1）切削力作用点位置的变化引起的加工误差。切削过程中工艺系统的刚度会随切削力作用点位置的变化而变化，这将直接影响工件的几何形状误差。例如，在车床上用两顶尖夹持刚性好的工件，此时主要考虑工件和夹具的变形，加工出来的工件呈两端粗、中间细的菱形，而用两顶尖夹持细长轴时，工件刚度最小、变形最大，加工后的工件呈鼓形。

（2）切削力变化引起的加工误差。在切削加工中，由于工件毛坯加工余量或材料的硬度不均匀引起切削力变化，从而引起切削和工艺系统受力变形的变化，造成工件尺寸误差和形状误差。当毛坯误差较大，一次进给不能满足加工精度要求时，需要多次进给来消除误差，使误差减小到公差允许的范围内。

（3）其他作用力引起工艺系统受力变形的变化所产生的加工误差。机械加工中除了切削力作用于工艺系统之外，还有其他力的作用，如夹紧力、工件的质量、机床移动部件的质量、传动力以及惯性力等，这些力也能使工艺系统中某些环节的受力变形发生变化，也会产生加工误差。

如夹紧力引起的影响。对于刚性较差的工件，若是夹紧时施力不当，也常引起工件的形状误差。最常见的是用三爪自定心卡盘夹持薄壁套筒进行镗孔，如图6-9（a）所示，夹紧后套筒成为棱圆状；虽然镗出的孔成正圆形，如图6-9（b）所示；但松夹后，套筒的弹性恢复使孔产生了三角棱圆形，如图6-9（c）所示。所以在生产中采用在套筒外加上一个厚壁的开口过渡环，如图6-9（d）所示，使夹紧力均匀地分布在薄壁套筒上，从而减少了变形。

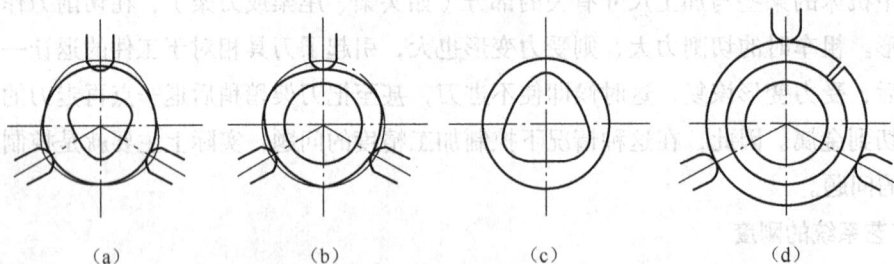

| (a) | (b) | (c) | (d) |

图6-9 夹紧力引起工艺系统受力变形

4. 减小工艺系统受力变形的主要措施

减少工艺系统的受力变形是机械加工中保证产品质量和提高生产效率的主要途径之一。根据生产的实际，可采取以下措施。

（1）提高接触刚度。提高接触刚度常用的方法是改善机床部件主要零件接触面的配合质量。如对机床导轨及装配基面进行刮研，提高顶尖锥体同主轴和尾座套筒锥孔的接触质量，多次修研加工精密零件用的中心孔等。通过刮研可改善配合表面的粗糙度和形状精度，使实际接触面积增加，从而有效提高接触刚度。

提高接触刚度的另一措施是在接触面预加载荷，这样可消除配合面间的间隙，增加接触面积，减少受力后的变形量。如在一些轴承的调整中就采用此项措施。

（2）提高工件、部件刚度，减少受力变形。对刚度较低的叉架类、细长轴等工件，其主要措施是减小支撑间的长度，如设置辅助支撑、安装跟刀架或中心架。加工中还常采用一些辅助装置提高机床部件刚度。

（3）采用合理的装夹方法。在夹具设计或工件装夹时都必须尽量减少弯曲力矩。夹紧时必须特别注意选择适当的夹紧方法，否则会引起很大的形状误差，如图 6-9 所示。

6.1.5 工艺系统热变形及改善措施

在机床上进行加工时，工艺系统因受热而引起的变形称为工艺系统热变形。工艺系统的热变形破坏了工件与刀具相对运动的正确性，改变已调整好的加工尺寸，引起了背吃刀量和切削力的改变等。特别是在精密加工中，热变形引起的加工误差会占总加工误差的 40% ~ 70%。

1. 工艺系统的热源

引起热变形的根源是工艺系统在加工过程中出现的各种"热源"。这些热源大体上可分为如下 4 类。

（1）切削和磨削加工时产生的切削热。

（2）机床运动副。例如，轴与轴承、齿轮副、摩擦离合器、工作台与导轨、丝杠与螺母等所产生的摩擦热和动力源（如电动机、油马达、液压系统、冷却系统）工作时所发出的热。

（3）周围环境通过空气对流而传来的热。例如，气温变化、室内局部温差、热风、冷风、空气流动、地基温度变化等。

（4）日光、灯光、加热器等产生的辐射热。例如，靠近窗口受日光照射的机床，上、下午照射的情况不同变形不同。

2. 工艺系统热变形产生的误差及改善措施

（1）机床的热变形。机床受各种热源的影响，各部件将产生不同程度的热变形，不仅破坏了机床的几何关系，而且还影响各成形运动的位置关系和速度关系，从而降低了机床的加工精度。由于各类机床的结构和工作条件相差很大，所以引起机床热变形的热源和变形形式也是多种多样的。如图 6-10 所示为几种机床在工作状态下热变形的趋势。

从图 6-10 中可以看出，机床床身、主轴、工作台、导轨等部件是易发生热变形的部位。对于车床、铣床、镗床类机床，其主要热源是主轴箱和主轴轴承及齿轮的摩擦热与主轴箱中油池的发热，使箱体和床身产生变形和翘曲，从而造成主轴的位移和倾斜；磨床类机床的主要热源为砂轮主轴轴承和液压系统的发热，引起砂轮架位移、工件头架位移和导轨的变形。

为了减小机床热变形对加工精度的影响，通常在机床大件的结构设计上采取对称结构或采用主动控制方式均衡关键部件温度，以减少其因受热出现的弯曲或扭曲变形对加工的影响；在结构连接设计上，其布局应使关键部件的热变形位于对加工精度影响较小的方向上；对发热量较大的部件，应采取足够的冷却措施或采取隔离热源的方法。

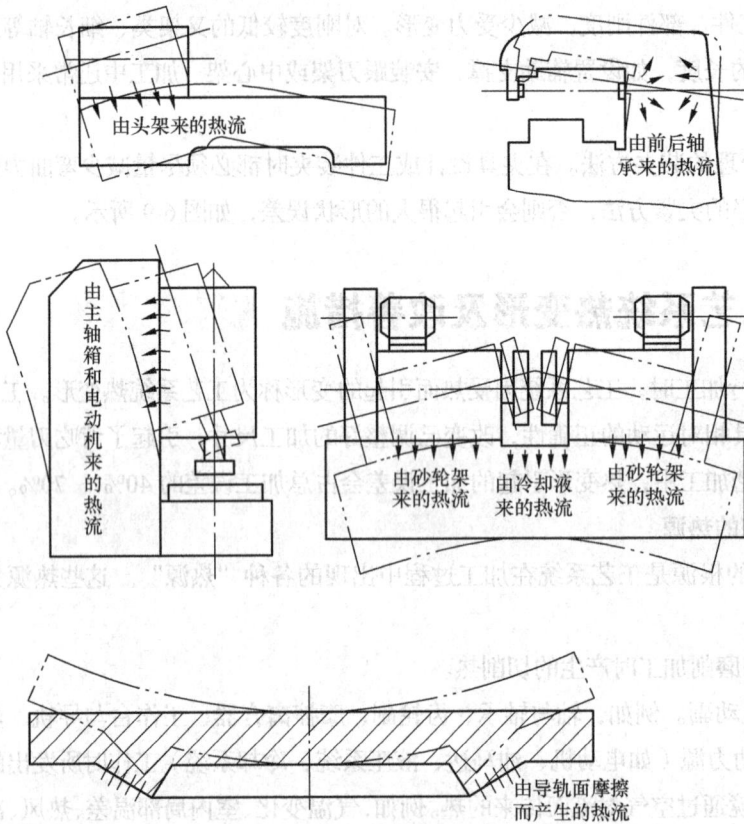

图 6-10　几种机床热变形的趋势

在工艺措施方面，机床开机后可让机床空运转一段时间，使其达到或接近热平衡（传入热与散出热相等）时再进行加工，精密机床应安装在恒温室中使用。

（2）工件的热变形。工件在加工过程中产生热变形主要来自切削热的作用，因其热膨胀影响了尺寸精度和形状精度。由于加工方式的不同，传给工件热量就不等，加上工件受热的体积不同，所以工件加工前后温度有变化；工件的受热均匀与否，对热变形的影响也很大。如轴类零件，在切削加工过程中均匀受热，当精加工时热变形影响很大，主要影响尺寸精度；当细长工件在顶尖间加工时，切削热引起的工件热伸长会导致轴向力不断增加，致使工件弯曲变形，加工后的工件呈鼓形，形成圆柱度和直径尺寸的误差。

零件在单面加工时，由于工件单面受热，上下两表面之间形成温差，平板翘曲，产生弯曲变形，形成平面度误差。

为了减小热变形对加工精度的影响，常常采用在切削区施加充足的切削液；提高切削速度或进给量，以减少传入工件的热量；粗、精加工分开，使粗加工的余热不带到精加工工序中；刀具和砂轮应在过分磨钝前就进行刃磨和修正，以减少切削热和磨削热；对大型或较长的工件，在夹紧状态下应使其能自由伸缩（如采用弹簧后顶尖等）。

（3）刀具的热变形。切削时产生的切削热大部分被切屑带走，传给刀具的热量不多，但因为刀具工作部分质量小、热容量小，所以变形也较大，从而影响工件的加工精度。

刀具的热变形一般会影响工件的尺寸精度。但在加工某些工件时，也会影响工件的几何形状精度，如车削长轴外圆，或在立式车床上车削大型平面。

一般情况下，在合理选择切削用量或刀具几何角度并给予充分冷却和润滑的情况下，刀具的热变形对加工精度的影响并不明显。

3. 减小工艺系统热变形的主要途径

（1）减少热源的发热。

① 分离热源。凡是可能分离出去的热源，如电机、变速箱、液压系统、切削液系统等尽可能移出。对于不能分离的热源，如主轴轴承、丝杠螺母副、高速运动的导轨副等则可从结构、润滑等方面改善其摩擦特性，减少发热。例如，采用静压轴承、静压导轨，改用低黏度润滑油、锂基润滑脂，或循环冷却润滑、油雾润滑等措施。

② 减少切削热或磨削热。通过控制切削用量、合理选择和使用刀具来减少切削热。当零件精度高时，应注意粗加工和精加工分开进行。

③ 减少散热能力。使用大流量切削液，或喷雾等方法冷却，可带走大量切削热或磨削热。大型数控机床、加工中心机床普遍采用冷冻机，对润滑油、切削热进行强制冷却，提高冷却效果。

（2）保持工艺系统的热平衡。由热变形规律可知，在机床刚开始运转的一段时间内，温升较快，热变形大。当达到热平衡状态后，热变形趋于稳定，加工精度才易保证。因此，对于精密机床特别是大型机床，可预先高速运转，或设置控制热源，人为地给机床加热，使之较快达到热平衡状态，然后进行加工。精密机床尽可能连续加工，避免中途停车。

（3）均匀温度场。当机床零部件温升均匀时，机床本身就呈现一种热稳定状态，从而使机床产生不影响加工精度的均匀热变形。

（4）控制环境温度。精密机床一般安装在恒温车间。一般精密级在 ±1℃，精密级为 ±0.5℃，超精密级为 ±0.1℃。恒温车间平均温度一般为 20℃，但可根据季节和地区调整。如冬季可取 17℃，夏季可取 23℃，以节省能源。

6.1.6 工件内应力引起的误差及改善措施

内应力是指当外部载荷去除后，仍残存在工件内部的应力，也称残余应力。

工件经铸造、锻造或切削加工后，内部存在的各个内应力互相平衡，可以保持形状精度的暂时稳定。但是它的内部组织有强烈的要求恢复到一种稳定的没有内应力的状态，一旦外界条件产生变化，如环境温度的改变、继续进行切削加工、受到撞击等，内应力的暂时平衡就会被打破而重新分布，这时工件将产生变形，从而破坏原有的精度。

1. 产生内应力的原因

（1）毛坯制造中产生的内应力。在铸、锻、焊及热处理等加工工艺过程中，由于工件各部分冷热收缩不均匀以及金相组织转变时的体积变化，毛坯内部产生了很大的内应力。毛坯的结构越复杂，各部分壁厚越不均匀，散热的条件差别越大，毛坯内部产生的内应力也越大。

（2）冷校直带来的内应力。细长轴类零件车削后，常因棒料在轧制中产生的内应力要重新分布，而使其产生弯曲变形。为了纠正这种弯曲变形，有时采用冷校直。其方法是在与变形相反的方向加力，使工件反向产生塑性变形，以达到校直的目的。

（3）切削加工产生的内应力。在切削加工过程中，由于刀具刃口半径不能为零，因而切屑的形成存在着剧烈的撕裂和摩擦，加上后刀面的挤压，使工件表面组织产生塑性变形。晶格被扭曲、拉长、体积膨胀，比重减小，比容增大。膨胀受到里层组织的阻力，使表面残留压应力，里层产生与其平衡的拉应力。因此，对于精度要求高的零件，在粗加工、半精加工之后都要安排低温时效工序以消除表面内应力。

2. 减少或消除内应力的措施

（1）合理设计零件结构，在零件结构设计中，应尽可能简化结构，使壁厚均匀、减小壁厚差、增大零件刚度。

（2）进行时效处理。自然时效处理，是把毛坯或经粗加工后的工件放于露天下，利用温度的自然变化，经过多次热胀冷缩，使工件内部组织发生微观变化，从而逐渐消除内应力。这种方法一般需要半年至五年时间，会造成再制品和资金的积压，但效果较好。

人工时效处理是将工件进行热处理，分高温时效和低温时效。前者是将工件放在炉内加热到500℃～680℃，保温4～6h，再随炉冷却至100℃～200℃出炉，在空气中自然冷却。低温时效是加热到100℃～160℃，保温几十小时出炉，低温时效效果好，但时间长。

震动时效是工件受到激振器的敲击，或工件在大滚筒中回转互相撞击，一般震动30～50min即可消除内应力。这种方法节省能源、简便、效率高，近几年来发展很快。此方法适用于中小零件及有色金属件等。

（3）合理安排工艺。机械加工时，应注意粗、精加工分开；注意减小切削力，如减小余量、减小切削深度并进行多次走刀，避免工件变形。

尽量不采用冷校直工序，对于精密零件，严禁进行冷校直。

6.2　机械加工表面质量

6.2.1　机械加工表面质量概述

零件的机械加工质量除了加工精度之外，还包括加工表面质量。产品的工作性能，尤其是它的可靠性、耐久性，在很大程度上取决于其主要零部件的表面质量。它是零件加工后表面层状态完整性的表征。机械加工后的表面，总存在一定的微观几何形状的偏差，表面层的物理力学性能也会发生变化。因此，机械加工表面质量包括加工表面的几何特征和表面层物理力学性能两个方面的内容。

（1）加工表面的几何特征。机械加工的表面不可能是理想的光滑表面，而是存在着表面粗糙度、波度等表面几何形状以及划痕、裂纹等缺陷。加工表面的微观几何特征主要包括表面粗糙度和表面波度两部分，如图 6-11 所示。表面粗糙度是波距 L 小于 1mm 的表面微小波纹；表面波度是指波距 L 在 $1 \sim 20$mm 之间的表面波纹。通常情况下，当 L/H（波距/波高）< 50 时为表面粗糙度，$L/H = 50 \sim 1\,000$ 时为表面波度。

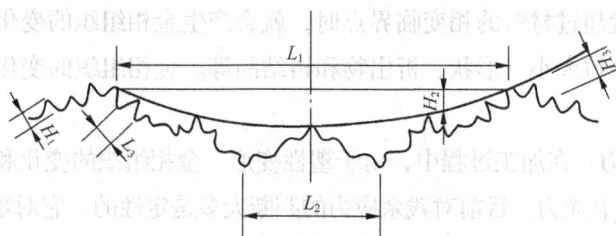

图 6-11　表面粗糙度与表面波度

① 表面粗糙度。表面粗糙度主要是指已加工表面的微观几何形状误差，是由刀具的形状以及切削过程中塑性变形和震动等因素引起的。

② 表面波度。主要是由加工过程中工艺系统的低频振动引起的周期性形状误差（如图 6-11 所示的 L_2/H_2），介于形状误差（$L_1/H_1 > 1\,000$）与表面粗糙度（$L_3/H_3 < 50$）之间。

（2）加工表面层的物理力学性能。表面层的物理力学性能包括表面层的加工硬化、残余应力和表面层的金相组织变化。机械零件在加工中由于受切削力和热的综合作用，表面层金属的物理力学性能相对于基本金属的物理力学性能发生了变化。该层总称为加工变质层。如图 6-12（a）所示为零件表面层沿深度方向的变化。最外层生成有氧化膜或其他化合物，并吸收、渗进气体粒子，称为吸附层。该层的总厚度一般不超过 8nm。压缩层是由于切削力的作用造成的塑性变形区，其上部是由于刀具的挤压摩擦而产生的纤维层。如淬火、回火一样，切削热的作

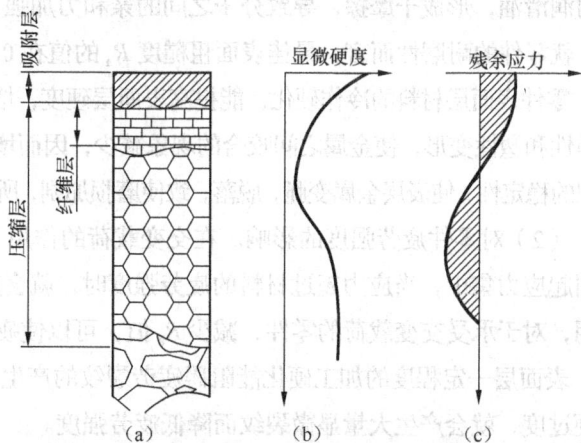

图 6-12　加工表面层的性质变化

用也会使工件表面层材料产生相变及晶粒大小变化。具体如下。

① 加工表面层的冷作硬化。切削过程中表面层产生的塑性变形使晶体间产生剪切滑移，晶格严重扭曲，并产生晶格的拉长、破碎和纤维化，引起材料的强化，这时它的强度和硬度都提

高了，这就是冷作硬化现象。

表面层的冷作硬化一般用硬化层的深度和硬化程度 N 来评定：

$$N= [(H-H_0)/H_0] \times 100\%$$

式中：H—— 加工后表面层的显微硬度；

H_0—— 原材料的显微硬度。

表面层的冷作硬化程度决定于产生塑性变形的力、变形速度以及变形时的温度。切削力越大，塑性变形越大，因而硬化程度也就越大；变形速度越大，塑性变形越不充分，硬化程度也就减少。变形时的温度在（0.25 ~ 0.3）$t_{熔}$ 范围内，会产生变形后的金相组织的恢复现象，也就是会部分消除冷作硬化。

② 表面层金相组织的变化——热变质层。在加工过程（特别是磨削）中的高温作用下，工件表层温度升高，当温度超过材料的相变临界点时，就会产生金相组织的变化，大大降低零件使用性能，这种变化包括晶粒大小、形状、析出物和再结晶等。金相组织的变化主要通过显微组织观察来确定。

③ 表面层残余应力。在加工过程中，由于塑性变形、金相组织的变化和温度造成的体积变化的影响，表面层会残留有应力。目前对残余应力的判断大多是定性的，它对零件使用性能的影响大小取决于它的方向、大小和分布状况。

6.2.2　表面质量对零件使用性能的影响

（1）对零件耐磨性的影响。零件的耐磨性主要与摩擦副的材料、热处理状态及润滑条件有关，但在这些条件已经确定的情况下，零件的表面质量就起决定作用。一般来说，零件表面粗糙度值越小，零件表面就越光滑，耐磨性越好。但并不是粗糙度越小越耐磨，过于光滑的表面会挤出接触面间的润滑油，形成干摩擦，导致分子之间的亲和力加强，从而产生表面咬焊、胶合，反而使磨损加剧。就零件的耐磨性而言，最佳表面粗糙度 R_a 的值在 0.8 ~ 0.2μm。

零件表面层材料的冷作硬化，能提高表面层硬度，增强表面层的接触刚度，减少摩擦副接触部分的弹性和塑性变形，使金属之间咬合的现象减少，因而增强了耐磨性。但当硬化过度时，会降低金属组织的稳定性，使表层金属变脆，脱落，致使磨损加剧，所以硬化的程度和深度应控制在一定的范围内。

（2）对零件疲劳强度的影响。在交变载荷的作用下，零件表面粗糙度、划痕和裂纹等缺陷容易引起应力集中，当应力超过材料的疲劳强度时，就会产生和扩展疲劳裂纹，造成疲劳损坏。试验证明，对于承受交变载荷的零件，减少 R_a 值，可以使疲劳强度提高30% ~ 40%。

表面层一定程度的加工硬化能阻碍疲劳裂纹的产生和已有裂纹的扩展，能提高疲劳强度。但若冷硬过度，就会产生大量显微裂纹而降低疲劳强度。

表面层的残余压应力能够部分抵消工作载荷引起的拉应力，延缓疲劳裂纹的产生和扩展，提高零件的疲劳强度。而残余拉应力使表面裂纹扩大，降低零件的疲劳强度。

（3）对零件配合精度的影响。对间隙配合表面，如表面粗糙，磨损后会使配合间隙增大，改变原配合性质。在过盈配合中，轴压入孔中时表面的凸峰将被挤平，而使实际过盈量比预定的小，降低了配合的可靠性。所以，配合精度要求越高，配合表面的 R_a 值应该越小。

（4）对零件抗腐蚀性的影响。当零件在潮湿的空气中或在有腐蚀性的介质中工作时，会发生化学腐蚀或电化学腐蚀。腐蚀性物质沉积于粗糙表面的凹谷处而发化学反应，最后使粗糙的突出部分腐蚀掉，特别是当腐蚀作用和摩擦作用同时存在时，已被腐蚀的突出处将因摩擦作用而很快被磨掉，从而加速其腐蚀过程。表面光洁的零件，凹谷较浅，沉积腐蚀介质的条件差，腐蚀不太容易。

零件表面层的残余压应力和一定程度的强化都有利于提高零件的抗腐蚀能力，因为表面层的强化和压应力都有利于阻碍表面裂纹的产生和扩展。

（5）表面质量对零件的其他性能也有影响。例如，降低零件的表面粗糙度可以提高密封性能、提高零件的接触刚度、降低相对运动零件的摩擦系数，提高运动的灵活性，从而减少发热和功率消耗、减少设备的噪声等。

6.2.3　影响加工表面粗糙度的因素及改善措施

机械加工时，表面粗糙度形成的原因主要有几何因素，物理因素，机床、刀具和工艺系统的震动几方面。

1. 几何因素

在理想的切削条件下，刀具相对于工件作进给运动时，在加工表面上遗留下来的切削层残留面积形成理论的粗糙度，如图 6-13 所示。H 为残留面积最大高度，f 为进给量。

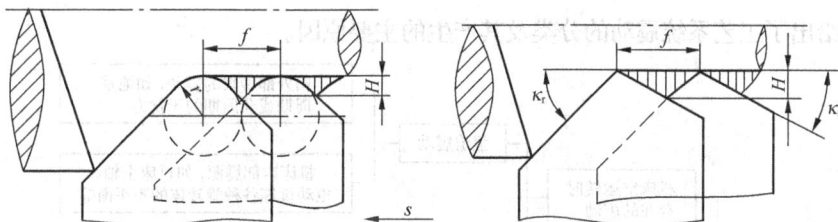

图 6-13　切削层残留面积

2. 物理因素

在切削时，刀具的刃口圆角及刀具后刀面引起的挤压变形与摩擦使金属材料发生塑性变形，增大了表面粗糙度。另外在切削过程中出现的刀瘤与鳞刺，会使表面粗糙度严重地恶化，在加工塑性材料（如低碳钢、铬钢、不锈钢、铝合金等）时，常是影响粗糙度的主要因素。

刀瘤是切削过程中切屑底层与前刀面发生冷焊的结果，刀瘤形成后并不是稳定不变的，而是不断地形成、长大，然后粘附在切屑上被带走或留在工件上，图 6-14（a）说明了这种情况。由于刀瘤有时会伸出切削刃之外，其轮廓也很不规则，因而使加工表面上出现深浅和宽窄都不断变化的刀痕，大大增加了表面粗糙度。

鳞刺是已加工表面上出现的鳞片状毛刺般的缺陷。加工中出现鳞刺是由于切屑在前刀面上的摩擦和冷焊作用造成周期性地停留，代替刀具推挤切削层，造成切削层与工件之间出现撕裂现象，如图 6-14(b)所示。如此连续发生，就在加工表面上出现一系列的鳞刺，构成已加工表面的纵向粗糙度。鳞刺的出现并不依赖于刀瘤，但刀瘤的存在会影响鳞刺的生成。

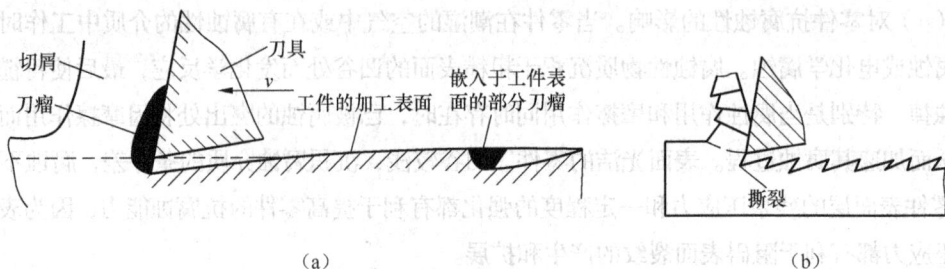

图 6-14　刀瘤和鳞刺的产生

3. 机械加工过程中的震动

（1）机械加工中的震动的产生和影响。机械加工中的震动使刀具与工件之间产生相对位移，严重破坏了工件和刀具之间正常的运动轨迹，震动不仅恶化加工表面质量、缩短了刀具和机床的使用寿命，而且震动严重时加工无法进行。常常为了避免震动，不得不降低切削用量，从而降低了生产率。同时由于震动发出刺耳的噪声，不仅使劳动者容易疲劳、身心受到损害、工作效率降低，而且污染了环境。

根据机械加工中震动的特性，工艺系统震动的性质可以分为如下几种。

自由震动——工艺系统受初始干扰力或原有干扰力取消后产生的震动。

强迫震动——工艺系统在外部激振力作用下产生的震动。

自激震动——工艺系统在输入输出之间有反馈特性，并有能源补充而产生的震动，在机械加工中也称为"颤震"。

图 6-15 给出了工艺系统震动的分类及其产生的主要原因。

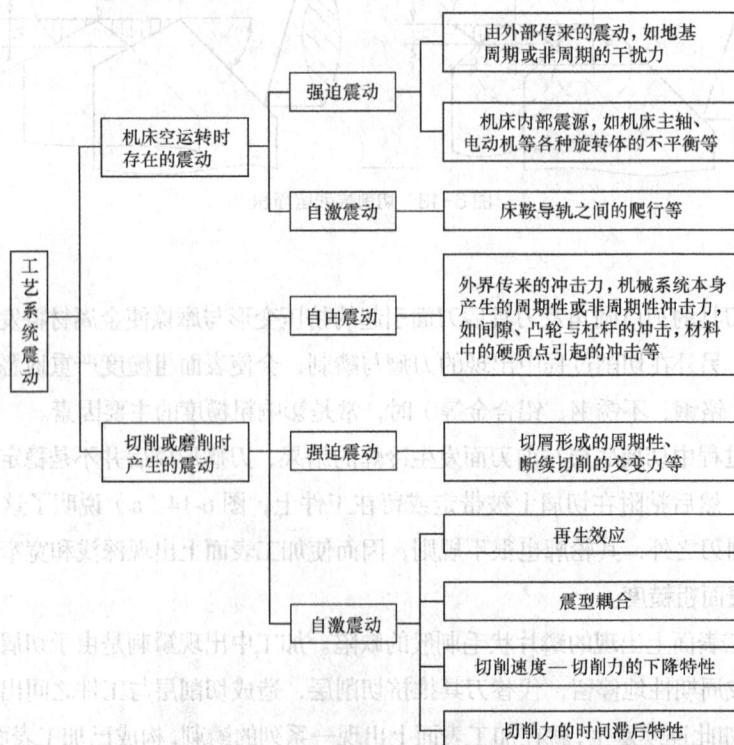

图 6-15　工艺系统震动的分类及产生原因

（2）减少机械加工震动的途径。当机械加工过程中出现影响加工质量的震动时，首先应该判别这种震动是强迫震动还是自激震动，然后再采取相应措施来消除或减小震动。消减震动的途径有三：消除或减弱产生震动的条件；改善工艺系统的动态特性；采用消震减震装置。

① 消除或减弱产生震动的条件。首先，减小机内外干扰力。机床上高速旋转的零部件（例如，磨床的砂轮、车床的卡盘以及高速旋转的齿轮等），必须进行平衡，使质量不平衡量控制在允许范围内。尽量减小传动机构的缺陷，提高带传动、链传动、齿轮传动及其他传动装置的稳定性。对于高精度机床，尽量不用或少用齿轮、平带等可能成为震源的传动元件，并使电动机、液压系统等动力源与机床本体分离。其次，调整震源频率。当干扰力的频率接近系统某一固有频率时，就会发生共振。因此，可通过改变电动机转速或传动比，使激振力的频率远离机床加工薄弱环节的固有频率，避免共振。再者采取隔震措施。使震源产生的部分震动被隔震装置所隔离或吸收。常用的隔震材料有橡皮、金属弹簧、空气弹簧、泡沫乳胶、软木、矿渣棉、木屑等。

② 改善工艺系统的动态特性。提高工艺系统薄弱环节的刚度，可以有效地提高机床加工系统的稳定性。增强连接结合面的接触刚度，对滚动轴承施加预载荷，加工细长工件外圆时采用中心架或跟刀架，镗孔时对镗杆设置镗套等措施，都可以提高工艺系统的刚度。

③ 采用各种消震减震装置。如动力减震器通过一个弹性元件和阻尼元件将附加质量连接到主震系统上，当主震系统震动时，利用附加质量的动力作用，使加到主振系统上的附加作用力与激振力大小相等、方向相反，从而达到抑制主振系统震动的目的。

4. 降低表面粗糙度的措施

由几何因素引起的粗糙度过大，可通过减小切削层残留面积来解决。减小进给量和刀具的主、副偏角，增大刀尖圆角半径，均能有效地降低表面粗糙度。

由物理因素引起的粗糙度过大，主要应采取措施减少加工时的塑性变形，避免产生刀瘤和鳞刺，对此影响最大的是切削速度和被加工材料的性能。

（1）加工材料。一般韧性较大的塑性材料，加工后表面粗糙度较大，而韧性较小的塑性材料加工后易得到较小的表面粗糙度。对于同种材料，其晶粒组织越大，加工表面粗糙度越大。因此，为了减小加工表面粗糙度，常在切削加工前对材料进行调质或正火处理，以获得均匀细密的晶粒组织和较好的硬度。

（2）切削用量。进给量越大，残留面积高度越高，零件表面越粗糙。因此，减小进给量可有效地减小表面粗糙度。

切削速度对表面粗糙度的影响也很大。在中低速切削塑性材料时，由于容易产生积屑瘤，且塑性变形较大，因此加工后零件表面粗糙度较大。通常采用低速或高速切削塑性材料，可有效地避免积屑瘤的产生，这对减小表面粗糙度有积极作用。

（3）刀具的几何形状、材料、刃磨质量的影响。刀具的前角对切削过程的塑性变形有很大影响。前角值增大时，塑性变形程度减小，粗糙度也减小。前角为负值时，塑性变形增大，粗糙度也增大。后角过小会增加摩擦。刃倾角的大小又会影响刀具的实际前角，因此都会影响加工表面的粗糙度。刀具的材料与刃磨质量对产生刀瘤、鳞刺等现象影响很大，如用金刚石车刀精车铝合金时，由于摩擦系数较小，刀面上就不会产生切屑的黏附、冷焊现象，因此能减小粗糙度。

（4）切削液。切削液的冷却和润滑作用能减小切削过程中的界面摩擦，降低切削区温度，使切削层金属表面的塑性变形程度下降，抑制刀瘤、鳞刺的生成，因此可大大减小表面粗糙度。

以上分析了影响切削加工表面粗糙度的两个主要因素，实际加工中究竟以哪个因素为主，还要根据加工方法以及加工表面的实际轮廓形状进行具体分析。

6.2.4　影响冷作硬化的工艺因素

由于切削力的作用，使被加工表面产生塑性变形，加工表面层晶格间剪切滑移，晶粒拉长、破碎，阻碍金属进一步变形，造成加工表面层材料强化和硬度增加，称为加工硬化。切削力越大，塑性变形越大，硬化程度就越大。表面强化层的深度有时可达 0.5mm，硬化层的硬度比基体金属硬度高 1～2 倍。

表面层的硬化程度除了与产生塑性变形的力有关外，还与变形速度以及变形时的温度有关。变形速度越大，塑性变形越不充分，则硬化程度降低。表层金属在塑性变形时，还产生一定数量的热，使金属表面层温度升高，当温度达到一定范围时，就会产生冷硬回复，回复作用的速度取决于温度的高低和冷硬程度的大小。

减小刀具前角和增大刀尖圆弧半径都将增大已加工表面层的塑性变形，从而使冷硬层的深度和硬化程度也随之增加。

切削速度增大，硬化层深度和硬化程度都随之减小。因为切削速度增大，则切削温度升高，从而有利于冷硬回复。另外，切削速度增大，使刀具与工件接触时间短，塑性变形程度减小。

进给量增大，使切削厚度增加，切削力和材料的塑性变形都随之增大，因此硬化现象增强。但进给量太小时，因形成薄层切屑使表面层受挤压的作用增加，塑性变形也增加，故冷硬作用也随之增加。

被加工工件材料的硬度越低，塑性越好，则切削时的塑性变形也越大，冷硬现象就越严重。

6.2.5　影响残余应力的工艺因素

工件经机械加工后，其表面层均存在残余应力。残余压应力可提高工件表面的耐磨性和疲劳强度，残余拉应力则使耐磨性和疲劳强度降低。若拉应力值超过工件材料的疲劳强度时，则使工件表面产生裂纹，加速工件损坏。引起残余应力的原因有下述 3 个方面。

（1）冷塑变形的影响。在机械加工过程中，因切削力的作用使工件表面受到强烈的塑性变形，尤其是切削刀具对已加工表面的挤压和摩擦，使表面层产生冷态塑性变形，表面体积趋向增大，但受基体金属的牵制而产生了残余应压力，与里层残余应力相平衡。

（2）热塑变形的影响。切削加工时，表面层受到切削热的作用使局部温度远高于里层，因此表面层金属产生的热膨胀变形也大于里层。当切削过程结束时，表层温度下降较快，故收缩变形也大于里层。由于受到里层的限制，于是工件表面产生残余拉应力。切削温度越高，则残余拉应力越大，甚至出现裂纹。

（3）金相组织的影响。在机械加工过程中产生的高温会引起表面层的相变。由于不同的金相组织有不同的密度，表面层金相变化的结果造成了体积的变化。表面层体积膨胀时，因为受到基体的限制，产生了应压力，反之则产生拉应力。例如，磨削淬火钢时，原来工件表面是马氏体比热容最大，当表层出现回火结构（回火烧伤），即回火托氏体或索氏体（密度接近珠光体）时，体积收缩受里层金属的阻碍，故工件表面产生残余拉应力。若表层产生二次淬火层（淬火烧伤），即原表面层的残余奥氏体变为马氏体，比热容增大，体积膨胀受阻，工件表面就形成残余压应力。

实际上，已加工表面残余应力是以上 3 方面综合作用的结果。在一定条件下，其中某一种或两种原因起主导作用。如切削加工中，当切削温度不高时，起主导作用的往往是冷塑性变形，表面层常产生残余压应力而使表面强化。而磨削时，磨削温度较高，相变和热塑性变形占主导地位，所以表层产生残余拉应力而使表面弱化。

6.2.6　影响金相组织变化的工艺因素

一般切削加工时，切削热大部分被切屑带走，加工表面温度不高，故不影响工件表面层的金相组织。而磨削时，磨粒在高速下以很大的负前角切削薄层金属，在工件表面引起很大的摩擦和塑性变形，其单位切削功率消耗远远大于一般切削加工。因为消耗的功率大部分转化为热能，故工件表面温度很高，有时高达 1 000℃左右，引起表面层金相组织发生变化，使表面硬度下降，并伴随出现残余拉应力甚至产生细微裂纹，从而降低零件的物理、力学性能，这种现象称为磨削烧伤。

烧伤严重时，还会在工件表面出现黄、褐、紫、青等高温下产生的氧化膜颜色。不同的烧伤颜色表示表面层金属经历的不同温度和不同的烧伤深度，它表明工件表面已经受到热损伤的程度。但并非无色就等于没有烧伤，有时通过多次光磨磨掉了表面烧伤的氧化膜，却并未完全去掉烧伤层，给工件带来隐患。

磨削烧伤使零件的使用寿命和性能大大降低，有些零件甚至因此而报废，所以磨削时应尽量避免烧伤。引起磨削烧伤直接的因素是磨削温度，大的磨削深度、过高的砂轮线速度是引起零件表面烧伤的重要因素。此外，零件材料也是不容忽视的一个方面，一般而言，导热系数低、比热容小、密度大的材料，磨削时容易烧伤。使用硬度太高的砂轮，也容易发生烧伤。

小结

本章讲述了机械加工质量的基本概念及其控制方法。主要包括机械加工精度、机械加工表面质量的基本概念，工艺系统误差对加工精度的影响，影响机械加工表面质量的因素，提高机械加工表面质量的措施等内容。重点掌握机械加工精度和机械加工表面质量的成因和提高加工精度和表面质量的改进措施。难点在于工艺系统误差对零件加工质量的影响及其改善措施。

习题

1. 零件的加工质量指哪两方面内容？
2. 机械加工精度、加工误差的概念，以及它们之间的区别是什么？
3. 加工误差是怎样形成的？在工艺系统中产生加工误差的原因有哪些？
4. 什么是加工原理误差？举例说明造成加工原理误差的因素有哪些？
5. 什么是误差？主轴回转分为哪几种基本形式？对工件加工精度影响如何？
6. 机床导轨误差有哪几种，机床导轨误差怎样影响加工精度？
7. 何为工艺系统刚度？影响机床部件刚度的因素有哪些？
8. 在机械加工中的工艺系统热源有哪些？试分析这些热源对机床、刀具、工件热变形的影响如何？
9. 何为工件的内应力？工件产生内应力的原因及减少和消除内应力的措施有哪些？
10. 机械零件加工表面质量包括哪些内容？表面质量对零件使用性能有哪些影响？
11. 工件表面冷作硬化的影响因素有哪些？
12. 试述切削加工过程中影响表面粗糙度的因素。

第7章

机械装配工艺基础

【学习目标】

1. 了解装配的概念、装配精度的内容
2. 掌握保证装配精度的方法及其特点
3. 具备选用合理装配方法的初步能力

装配是整个机械制造工艺过程中的最后一个环节。装配工作对产品质量影响很大。若装配不当，即使所有零件都合格，也不一定装配出合格的、高质量的机械产品。反之，若零件制造精度并不高，而在装配中采用适当的工艺方法，如进行选配、修配、调整等，也能使产品达到规定的技术要求。

7.1 机械装配概述

1. 零件、部件与机器

机械产品是由许多零件和部件组成。零件是机器组成的最小单元，部件是两个或两个以上零件结合成为机器的一部分，部件是个通称，直接进入产品总装的部件称为组件。

装配时机器是由零件单元逐一装配而成，但在设计的时候却是从整台机器开始的。一种新产品（机器）的开发内容包括概念设计、方案设计、详细设计、样机试制与评审、工艺设计、新产品鉴定、试销、生产准备、批量生产等。在详细设计阶段，是从绘制产品（机器）的总装图开始，再进行拆画零件图，在零件图上除标注正确的几何尺寸外，还要根据机器的性能要求标注出零件的精度要求。可见零件的精度要求来自于机器。而在制造过程中，先加工出合格的零件，然后再通过装配工艺将零件装配成满足一定功能的机器。

2. 装配的概念

任何机器都是由许多零件、组件和部件组成的。将加工好的各个零件（或部件）根据一定的技术条件连接成完整的机器（或部件）的过程，称为机器（或部件）的装配。装配不仅是将合格零件简单地连接起来的过程，而且要经过一系列的装配工艺过程，包括清洗、调整、检验、配作、平衡验收试验、油漆、包装等内容。

3. 装配的精度

一台机器制造时，不仅要求保证各组成零件具有规定的精度，而且还要保证机器装配后能达到规定的装配技术要求，即达到规定的装配精度。装配精度既与各组成零件的尺寸精度和形状精度有关，也与各组成部件和零件的相互位置精度有关。尤其是作为装配基准面的加工精度，对装配精度的影响最大。

例如，为了保证机器在使用中工作可靠，延长零件的使用寿命以及尽量减少磨损，应使装配间隙在满足机器使用性能要求的前提下尽可能小。这就要求提高装配精度，即要求配合件的规定尺寸参数同装配技术要求的规定参数尽可能相符合。此外，形状和位置精度也尽可能同装配技术要求中所规定的各项参数相符合。装配精度是产品设计时根据使用性能要求规定的装配时必须保证的质量指标。

（1）距离精度。相关零部件间的距离尺寸精度，包括间隙、过盈等配合要求。

（2）相互位置精度。指产品中相关零部件间的平行度、垂直度、同轴度及各种跳动等。

（3）相对运动精度。指产品中相对运动的零部件间在运动方向和相对运动速度上的精度，主要表现为运动方向的直线度、平行度和垂直度，相对运动速度的精度即传动精度。

（4）接触精度。指相互配合表面、接触表面间接触面积的大小和接触点的分布情况。

7.2　装配方法及选择

装配方法与解装配尺寸链的方法是密切相关的。为了达到规定的装配技术要求，解尺寸链确定部件或机器装配中各个零件的公差时，必须保证它们装配后所形成的积累误差不大于部件或机器按其工作性能要求所允许的数值。

装配方法有完全互换装配法、不完全互换装配法、选择装配法、修配法、调整法等5种。

1. 完全互换装配法

以完全互换为基础来确定机器中各个零件的公差，零件不需要作任何挑选、修配或调整，装配成部件或机器后就能保证达到预先规定的装配技术要求。

用完全互换装配法时，解尺寸链的基本要求是各组成环的公差之和不得大于封闭环的公差。可用下式来表示：

$$\sum_{i=1}^{n-1} T_i \leqslant T_0$$

为了实现上述装配方法，应将每个零件的制造公差预先给予规定，实践中常采用等公差法和等精度法来解决这个问题。

用完全互换装配法的主要优点如下。

（1）可以保证完全互换性，装配过程较简单。

（2）可以采用流水装配作业，生产率较高。

（3）不需要技术水平高的工人。

（4）机器的部件及其零件的生产便于专业化，容易解决备件的供应问题。

但是，这种方法也有一定的缺点：对零件的制造精度要求较高，当环数较多时有的零件加工显得特别困难。因此，这种方法只适用于生产批量较大、装配精度较高而环数少的情况，或装配精度要求不高的多环情况中。

2．不完全互换装配法

不完全互换装配法又称部分互换装配法。考虑到组成环的尺寸分布情况，以及其装配后形成的封闭环的尺寸分布情况，可以利用概率论给组成环的公差规定得比用完全互换装配法时的公差大些，这样在装配时，大部分零件不需要经过挑选、修配或调整就能达到规定的装配技术要求，但有很少一部分零件要加以挑选、修配或调整才能达到规定的装配技术要求。换句话说，用这种装配方法时，有很少一部分尺寸链的封闭环的公差将超过规定的公差范围，不过可将这部分尺寸链控制在一个很小的百分数之内，此百分率称为"危率"（或"冒险率"）。这样，根据封闭环的公差计算组成环的公差时，必须考虑到危率和组成环的尺寸分布曲线的形状。

该方法在大批量生产中，装配精度要求高和尺寸链环数较多的情况下使用，显得更优越。

3．选择装配法

选择装配法就是将尺寸链中组成环（零件）的公差放大到经济可行的程度，然后从中选择合适的零件进行装配，以达到规定的装配技术要求。用此法装配时，可在不增加零件机械加工的困难和费用情况下，使装配精度提高。

选择装配法在实际使用中又有两种不同的形式：直接选配法和分组装配法。

（1）直接选配法。所谓直接选配就是从许多加工好的零件中任意挑选合适的零件来配套。一个不合适再换另一个，直到满足装配技术要求为止。这种方法的优点是不需要预先将零件分组，但挑选配套零件的时间较长、装配工时较长，而且装配质量在很大程度上取决于装配工人的经验和技术水平。

（2）分组装配法。是将加工好的零件按实际尺寸的大小分成若干组，然后按对应组中的一套零件进行装配，同一组内的零件可以互换，分组数越多，则装配精度就越高。零件的分组数要根据使用要求和零件的经济公差来决定。部件中各个零件的经济公差数值，可能是相同的，也可能是不相同的。

利用这种方法，可不减小零件的制造公差而显著地提高装配精度，但它也有一些缺点。例如，增加了检验工时和费用，在对应组内的零件才能互换，因而一些组级可能剩下多余的零件不能进行装配等。因此，分组装配法主要用以解决装配精度要求高、环数少（一般不超过四个环）的尺寸链的部件装配问题。例如，柴油机制造中的活塞销和活塞销孔、燃油设备的柱塞副、针阀副、齿轮油泵等的装配中，已广泛采用。

4. 修配法

当装配尺寸链中封闭环的精度要求很高且环数较多，可采用修配法。修配法的实质是为使零件易于加工，有意地将零件的公差加大。在装配时则通过补充机械加工或手工修配的方法，改变尺寸链中预先规定的某个组成环的尺寸，以达到封闭环所规定的精度要求。这个预先被规定要修配的组成环称为"补偿环"。

修配法的优点是可以扩大组成环的制造公差，并且能够得到较高的装配精度，对于装配技术要求很高的多环尺寸链，更为显著。

修配法的缺点是没有互换性，装配时增加了钳工的修配工作量，需要技术水平较高的工人，由于修配工时难以掌握，不能组织流水生产等。因此，修配法主要用于单件小批量生产中且精度高的装配尺寸链装配。在通常，应尽量避免采用修配法，以减少装配中钳工工作量。

5. 调整法

调整法与修配法基本类似，也是应用补偿件的方法。调整法的实质是装配时不是切除多余金属，而是改变补偿件的位置或更换补偿件来改变补偿环的尺寸，以达到封闭环的精度要求。

例如，柴油机的配气机构中所采用的一种螺钉补偿件，用以调整进气门和摇臂之间的装配间隙。利用此补偿件后，不但能使机构中各零件的制造变得容易，而且在气门间隙增大的情况下，可以及时进行调整，保证机器正常运转，并延长了机构的使用寿命。

用调整法装配时，常用的补偿件有螺钉、垫片、套筒、楔子以及弹簧等。

调整法装配有如下优点。

（1）可加大组成环的尺寸公差，使组成环各个零件易于制造。

（2）用可调整的活动补偿件（如上例所述调整螺钉）使封闭环达到任意精度。

（3）装配时不用钳工修配，工时易掌握，易于实现流水生产。

（4）在装配过程中，通过调整补偿件的位置或更换补偿件的方法来保证机器正常工作性能。

但是用调整法解装配尺寸链也有其缺点，例如，增加了尺寸链的零件数（补偿件），即增加了机器的组成件数。

调整法适用于封闭环精度要求高的尺寸链，或者在使用中零件因温升及磨损等原因其尺寸有变化的尺寸链。

7.3 典型部件的装配

1. 装配工艺规程的内容及其拟定步骤

（1）装配操作标准的内容。装配操作要有正确的装配工作方法，每一步装配操作都要被每一个装配技术人员所理解，以下为部分装配标准操作的介绍。

① 熟悉任务（orientation）。装配之前应当先阅读与装配有关的资料。包括图样、技术要求、产品说明书等，以熟悉装配任务。

② 整理工作场地（arrange working area）。是为了确保装配顺利开始，且不会受到干扰，必须准备一块装配场地并对其进行认真整理、整顿、清扫，将必需的工具和附件备齐，定位放置。

③ 清洗（clean）。去除那些影响装配或零件功能的污物，如油，油脂或污垢。

④ 采取安全措施（take safely measures）。是为了确保操作的安全。它既包含个人安全措施，也包含预防损坏装配件的措施（如静电放电的安全工作）。

⑤ 定位（position）。是将零件或工具放在正确的位置上以进行后续的装配操作。

⑥ 调整（set-up/adjust）。是为了达到参数上的要求而采取的操作，如距离、时间、转速、温度、频率、电流、电压、压力等的调整。

⑦ 夹紧（clamp）。是利用压力或推力使零件固定在某一位置上，以便进行某项操作。

⑧ 按压（压入 / 压出）（press(pressing-in/pressing-out)）。按压是利用压力工具或设备使装配或拆卸的零件在一个持续的推力作用下移动，如轴承的压入或压出。

⑨ 选择工具（select-tool）。是指有几种工具都可操作时，要选择其中适合的工具。

⑩ 测量（measure）。借助测量工具进行量的测定，如长度、温度、电流和压力等的测量。

⑪ 初检（initial inspection）。是着重于装配开始前，对装配准备工作的完备情况进行检查。它包括必需的文件，如图样和说明书，还有零件和标准件的检查等。

⑫ 过程检查（process inspection）。是确定装配过程或操作是否依照预定的要求进行。

⑬ 最后检查（final inspection）。是在装配结束时检查操作的结果是否符合说明书的要求。

⑭ 紧固（fasten）。是通过紧固件来连接两个或多个零件的操作，如用螺栓连接零件或者是用弹性挡圈固定滚动轴承。

⑮ 拆松（detach）。拆松是与紧固相反的操作。

⑯ 固定（fix）。固定是紧固那些在装配中用手拧紧的零件，其目的是防止零件的移动。

⑰ 密封（seal）。密封是为了防止气体或液体的渗漏，或是预防污物的渗透。

⑱ 填充（fill）。填充是指用糊状物，粉或液体来完全或部分地填满一个空间。

⑲ 腾空（empty）。腾空是从一个空间中除去填充物，是填充的相反操作。

⑳ 标记（mark）。标记是指在零件上做记号。例如，在装配时可以利用标记使装配人员按照零件原有方向和位置进行装配。

㉑ 贴标签（label）。贴标签是指用标签来给出设备有关数据、标识等。

（2）装配工艺规程的拟定步骤。掌握了必要的装配标准操作后，就可以着手进行装配工艺规程的拟定工作。拟定装配工艺规程的步骤大致如下。

① 分析研究装配图及技术要求。从中了解机器的结构特点，查明尺寸链和确定装配方法。

② 确定产品或部件的装配方法。例如，大批生产的中、小型机器，可采用移动式装配流水线，小批量生产的中型机器，可采用固定装配流水线。

③ 确定装配顺序（即装配过程）。装配顺序基本上是由机器的结构特点和装配形式决定的。装配顺序总是先确定一个零件作为基准件，然后将其他零件依次地装到基准件上面。例如，多数机器的总装顺序总是以机座为基准件，其他零件（或部件）逐次装配。可以按照由下部到上部、由固定件→运动件→固定件、由内部到外部等规律来安排装配顺序。

④ 划分工序和确定工序内容。前一工序的活动应保证后一工序能顺利地进行，应避免有妨碍后一工序进行的情况，采用移动式流水线装配时，工序的划分必须符合装配节拍的要求。

⑤ 选择装配工艺所需的设备和工夹具。应根据产品的结构特点和生产规模，尽可能地选用最先进的合适的装配工夹具和设备。

⑥ 确定装配质量的检验方法及检验工具。

⑦ 确定工序的时间定额。应根据工厂具体情况和实际经验及统计资料来确定工时定额。

⑧ 确定产品、部件和零件在装配过程中的起重运输方法。

⑨ 编写装配工艺文件。装配工艺文件有装配工艺过程卡（装配工序卡）和装配操作指导卡等。过程卡是为整台机器编写的，它包括完成装配工艺过程所必须的一切资料。操作指导卡是为某一个较复杂的装配工序或检验工序而编写的，它包括完成此工序的详细操作指示。

⑩ 确定产品的试验方法并拟定试验大纲。

2. 装配技术与典型实例

在机器装配过程中，各零件的安装与连接除采用螺栓紧固外，通常还采用单配技术、粘接技术和过盈配合等装配技术。

（1）单配技术。当零件批量生产时，由于零件的分布误差符合正态分布规律，所以只要保证零件间配合性质按公差要求选配，就可以满足零件间配合的要求，这样做是经济的；但在机械制造和装配中，有时会遇到一些需要现场加工，并且装配精度要求较高的零件。这些零件数目较少，而且有些零件的加工精度很难保证，不可能用选的办法达到配合要求，这样，就出现了单配的技术，即根据已经生产出的零件的尺寸生产与之相配的零件。单配后的零件配合精度高，经济性较好。

一般单配技术的应用范围较小，主要用在一些配对定位的场合，例如，在凸轮轴传动机构中，中间齿轮（或链轮）轴与机架之间的圆柱定位销、栏杆接头处的圆锥定位销、气缸体与链箱拼装定位的紧配螺栓、活塞填料函法兰与气缸体的定位销孔、盘车轮与曲轴的紧配螺栓等。

这些定位销或螺栓大多采用圆柱形，也有少量采用圆锥形。圆柱配合面的优点是加工方便，缺点是定位销或螺栓与孔的配合精度要求较高。否则不能达到必须的紧密配合要求，且经多次拆装后，孔与定位销或螺栓之间的配合精度不能保持，容易松动。

圆锥形配合面的特点正好相反，虽然加工圆锥形配合面比加工圆柱形配合面困难一些，但却容易达到紧密配合，经多次装拆，配合面也不易松动。

（2）粘接技术。粘接技术是使用粘接剂将零件粘接在一起，使零件之间具有一定的接合强度和密封性。由于化工技术的发展，粘接剂具有越来越好的性能，优良的粘接强度、耐水、耐热、耐化学药品、不易发霉、具有密封性。这就为粘接剂的广泛使用创造了条件。

在机械制造与装配中，在很多需要密封或需要一定的接合强度的位置使用粘接技术。例如，盖板的平面或螺栓螺纹处涂粘接剂密封；机架道门的橡胶密封圈的制作，需要将橡胶条按实际长度下料后，粘接成橡胶圈，并粘接在道门上；双头螺柱种紧时，通常将种入的螺纹处涂粘接剂，使种入的螺柱不容易松动。

粘接剂分有机粘接剂和无机粘接剂两种，其中有机粘接剂使用较为普遍。粘接剂大多由专业厂家提供，胶合时应注意以下问题。

① 表面处理。是针对胶粘物和被粘物两方面的特性，对被粘物表面进行处理，从而达到与胶粘剂完全相适应的最佳状态，这样才能发挥出胶粘剂的最大效能。

表面处理分表面清洗、机械处理和化学处理三种。不同材料经脱脂去污、机械处理，再经化学处理，能不同程度的提高粘接强度。在粘接的表面处理中，不管何种方法处理后，都不得用手去接触被粘面，以免被粘面重新被粘污。

② 涂胶。涂胶应在表面处理后 8h 以内进行，有时要涂上底胶来保护清洗过的表面。涂胶的方法很多，常用的有涂刷法、喷涂法、灌注法。涂胶要均匀，胶层要薄，厚薄要一致，要防止产生缺胶和漏胶，同时在胶合时要防止胶层内产生夹空或气泡。

③ 固化。涂胶粘合后，就可进行固化。若用室温固化工艺，则放置 2 ～ 4h 后，即开始凝胶，24h 后基本固化。

（3）过盈配合技术。在安装过程中，有许多零件间需要紧密配合，用以防止连接脱落或需要传递大的扭矩，于是产生了过盈配合技术。过盈配合就是利用材料的弹性使孔扩大、变形、套在轴上，当孔复原时，产生对轴的箍紧力，使两零件连接。当金属在弹性限度内变形时，总有一个恢复变形的力存在，恢复力形成作用在两配合面上的正压力。正压力越大，两配合件就越不容易脱落，可传递较大的扭矩。过盈技术在柴油机安装过程中应用很广泛，如大型低速柴油机活塞冷却芯管与法兰装配、燃油和排气凸轮与凸轮轴的装配、链轮与凸轮轴装配、燃油和排气滚轮装配中销轴与滚轮套筒的装配、柴油机的各凸轮轴段连接等。

过盈连接的配合面多为圆柱面，也有圆锥形式的配合面。采用圆柱面过盈配合时，如果过盈量较小或零件较小，一般用压入法装配；当过盈量较大或零件尺寸较大时，常用温差法装配。

采用温差法装配时，可加热包容件或冷却被包容件，也可同时加热包容件和冷却被包容件，以形成装配间隙，由于这个间隙，零件配合面的不平度不致被擦平，因而连接的承载能力比用压入法装配高。压入法过盈连接拆卸时，配合面易被擦伤，不易多次装拆。

圆锥面过盈连接利用包容件与被包容件相对轴向位移获得过盈配合。可用螺纹连接件实现相对位移。近年来，利用液压装拆的圆锥面过盈连接应用日渐广泛。圆锥面过盈连接的压合距离短，装拆方便，装拆时配合面不易擦伤，可用于多次装拆的场合。

① 热过盈装配。热过盈装配就是通过加热包容件，使之膨胀，尺寸变大，然后进行安装，这种工艺亦称红套。

例如，MAN B&W 柴油机活塞冷却芯管与法兰的装配、燃油和排气凸轮以及链轮与凸轮轴的装配等均采用红套的方法进行。红套时应注意以下几点。

a. 加热温度的控制。红套加热的温度应保证红套时的装配间隙。红套装配的间隙一般取：

$$\Delta = \delta \text{ 或 } \Delta = 0.001D$$

式中：Δ——红套装配的间隙（mm）；

δ——孔与轴配合的过盈量（mm）；

D——轴径（mm）。

按照这个要求，红套装配时的加热温度应为：

$$t = \frac{\Delta + \delta}{\lambda D} + t_0 \text{ 或 } t = \frac{2\delta}{\lambda D} + t_0$$

式中：λ——加热零件的线膨胀系数，铜质：$\lambda = 1.8 \times 10^{-5}$（1/℃），

钢质：$\lambda = 1.1 \times 10^{-5}$（1/℃）；

t_0——装配时的环境温度。

例如，MAN B&W S46MC-C 型柴油机燃油凸轮与凸轮轴的装配，凸轮轴的直径为 $\phi 200_{-0.029}^{0}$ mm，燃油凸轮的孔径为 $\phi 200_{-0.240}^{-0.194}$ mm，其装配过盈量 $\delta = 0.165 \sim 0.24$mm，取红套的装配间隙为 $\Delta = 0.001D = 0.2$mm（近似等于平均过盈量），为保证精度，过盈量取最大值，即 $\delta = 0.24$mm，设环境温度 $t_0 = 25$℃，则红套时的加热温度为：

$$t = \frac{\Delta + \delta}{\lambda D} + t_0 = \frac{0.2 + 0.24}{1.1 \times 10^{-5} \times 200} + 25 = 225 \text{（℃）}$$

应当注意的是，以上计算得出的加热温度，前提是要求加热均匀，并应防止零件变形，因此通常采用烘箱电热或油煮等加热方式，且达到加热温度后，需再保温一段时间，才能进行装配。对于一些尺寸和重量较大的零件，采用气割火焰加热时，由于加热温度不均匀，零件各处的膨胀量不一样，则应适当提高加热温度。

b. 事先备好内径测量样棒。为确保红套时的装配间隙，使装配能顺利完成，事先准备好加热零件内径测量的样棒，装配前，用样棒检查零件的内孔直径，确认达到要求后，再进行装配。

样棒可用 10 ～ 15mm 圆钢做成，两端磨光磨尖，其长度为套合处的孔径应该膨胀到的预定套合尺寸，装配时只要样棒能通过，就可以进行套合。

c. 红套定位工具。在红套时，零件安装的具体位置是有严格规定的，而红套过程要求迅速准确，因此红套时一般要用定位工具来定位。如凸轮红套在凸轮轴上时，凸轮的轴向位置和圆周方向的位置均匀需要精确定位，为了操作方便，如图 7-1 所示，一般采用定位环来定位，其操作过程如下。

● 在凸轮轴上划线，标记出凸轮的轴向和圆周方向的位置。

● 将凸轮轴在 V 形铁上固定好，并使需安装凸轮所对应的刻线朝上，在凸轮轴相应的位置安装定位环，并使定位环上的刻线对准凸轮轴上的刻线，这样可将凸轮轴上的刻线引至定位环上，以方便检查和调整。为方

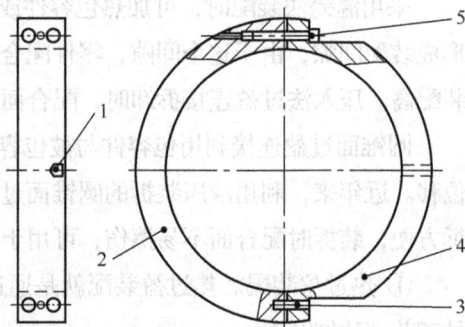

图 7-1　凸轮红套定位环

1—刻线槽及刻线　2—定位环下半块　3—定位销
4—定位环上半块　5—内六角螺栓

便拆装，定位环一般设计成哈夫式。

● 将凸轮加热到所需的温度后，迅速套入凸轮轴，并与定位环靠死，然后调整凸轮，使凸轮上规定的角度线与定位环上的刻线对准，等凸轮稍稍冷却后，便可以在凸轮轴上固定，这时即可拆下定位环。

红套操作时的注意事项：红套操作时首先应注意安全保护，零件较小，用手拿时，一定要戴石棉手套；零件较大时，需用吊具吊起，也应戴石棉手套操作，以免烫伤；加热后一定要用量棒检查后才能装配，套入时应迅速，一旦发现有问题时，应果断拆下重新加热红套。

② 冷过盈装配。冷过盈装配也叫冷套，其方法是将被包容零件冷却，使其收缩，尺寸变小，然后立即将其装配，待恢复到常温后，则与配合的零件形成过盈配合。

冷过盈装配中，通常采用液氮作为冷却剂来冷却零件。液氮为低温液化气体，在标准大气压力下，其液氮沸点为 -195.65℃。

在柴油机的装配中，经常使用冷套技术。例如，燃油、排气滚轮的装配中，销轴和滚轮导筒的配合为过盈配合，采用冷套装配；在排气阀驱动油缸的装配过程中，密封衬套与泵座是过盈配合，采用冷套装配。

冷套装配时应注意以下问题。

a. 冷却容器的选择。因为液氮是低温液化气体，温度非常低，很多材料在低温下会脆裂，因此选择冷却容器的材料应保证在这种低温下不发生脆裂，通常选用钢质材料做成的容器。另外，由于液氮在常温下就会气化，所以为节省液氮的使用量，对冷却容器还应适当的保温。

b. 安全问题。在冷套的操作过程中，应注意安全保护。在往冷却容器里加入液氮或将零件放进液氮过程中，由于温差非常大，液氮会迅速沸腾和飞溅，应注意避免液氮飞溅到皮肤上，造成冻伤，尤其是在夏天，穿着较少时，应更加小心。

c. 零件冷却时的放入和取出。零件在放进和取出时，应考虑好放入和取出的方法。由于冷套时，冷却的零件一般很小，可用细铁丝缠好后放进液氮中，细铁丝则露在外面，等冷却好后，戴上石棉手套，用细铁丝将零件取出，解下细铁丝后再安装。

d. 冷却情况检查。冷套时，被冷却的零件必须达到所需的冷却温度才能进行装配，和红套不同的是被冷却零件的温度是不便于测量检查的，只能通过观察零件与液氮的反应情况来判断零件的温度，一般当液氮不再沸腾时，说明零件的温度已接近液氮的温度，可以取出进行装配。因为液氮沸腾后即气化蒸发，当冷却容器较小时，一次装入的液氮量不足以将零件冷却到所需的温度，可分几次加入液氮，直到零件不再沸腾为止。

e. 冷却前应检查零件表面是否有伤痕，以免在冷却时，由于低温脆硬和热应力而产生裂纹。

实际工作中，零件的装配是采用红套还是冷套，应当从成本等诸多方面来选择，一般选择尺寸和重量较小的零件进行加热或冷却。

③ 液压过盈装配。当过盈配合的表面是锥面时，多采用液压扩孔装配的方法进行安装。例如，柴油机的燃油、排气凸轮装配以及凸轮轴段的联轴器安装等，均匀采用液压扩孔装配。如图 7-2 所示为 RTA52U 型柴油机凸轮轴的 SKF 联轴器，其安装过程如下。

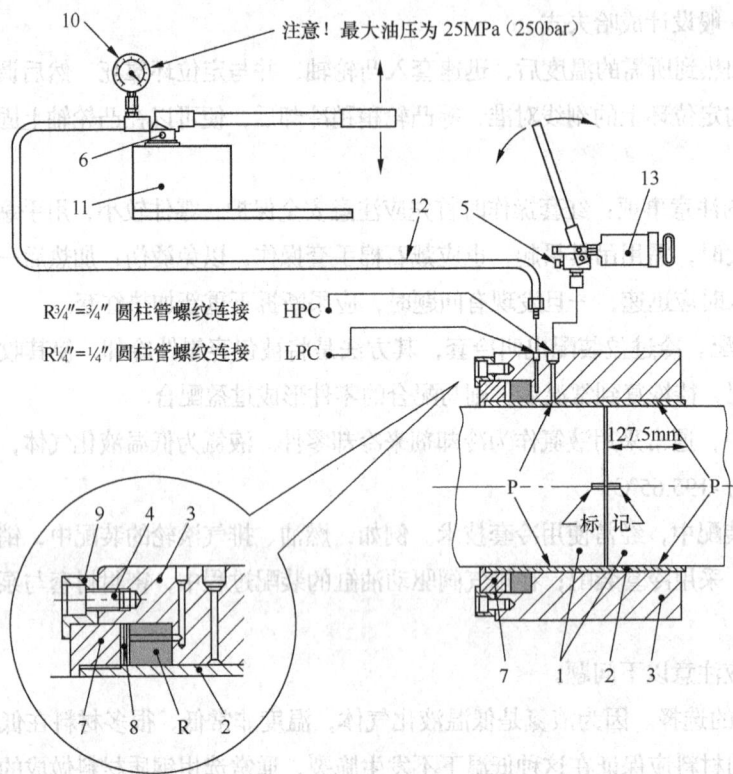

图7-2　凸轮轴联轴器安装

1—凸轮轴　2—联轴器内套　3—联轴器外套　4—螺栓　5—旋塞　6—放泄阀　7—螺母　8—密封环　9—锁紧板
10—油压表　11—高压油泵　12—高压软管　13—手摇泵　P—安装间隙　R—环形空间
HPC—高压油接头　LPC—低压油接头

　　a. 将所有待装零件去毛刺，清洗干净。在联轴器的配合锥面上涂一层干净的润滑油。

　　b. 将两段凸轮轴段的标记对准。

　　c. 连接两轴段时，两凸轮轴段之间的轴向间隙如超过1mm，并且两轴段的圆周方向位置必须正确，可通过检查燃油凸轮的排列来确认。

　　d. 将联轴器推入凸轮轴，按图7-2所示的轴向位置，将联轴器内套2定位。

　　e. 将高压油软管12与高压油泵11以及联轴器外套3上的R环形空间接口连接好，打开接头附近的旋塞。

　　f. 将手摇泵13安装在联轴器外套3上的HPC接头上，往安装间隙P处泵入液压油，直到安装间隙被挤压到联轴器内套2的厚端。用高压油泵11向环形空间R泵油，直到油从放气旋塞溢出。

　　g. 关闭放气旋塞，用高压油泵11向环形空间R加压，驱使联轴器外套3向联轴器内套2的厚端移动，注意油泵的压力绝对不能超过25MPa。在装配过程中，应不断地用手摇泵13向安装间隙泵油，确保联轴器内套2与联轴器外套3之间始终有一层油膜存在。当联轴器外套3的外径增大量达到所需的数值后，可认为安装到位。

　　h. 打开旋塞5，释放安装间隙中的油压，使安装间隙中的液压油流回手摇泵13中，然后打开放泄阀 6，释放环形空间 R 中的油压。

i. 拆除高压软管 12。用旋塞堵住油孔，并保证环形空间的中剩余的油不会漏掉。

j. 用螺栓 4 将锁紧板安装妥。注意，在首次安装时，必须先将螺母 7 拧紧，再用螺栓 4 安装好锁紧板 9。

联轴器安装完毕后，应测量联轴器内套 2 厚端伸出联轴器外套 3 的长度，并做记录，在以后的安装过程中，可不再测量联轴器外套 3 外圆的增大量，而直接测量联轴器内套 2 厚端伸出联轴器外套 3 的长度与记录尺寸相符即可。

7.4　常用装配工具

机械装配离不开工具，除了使用一些通常用的工具外，还经常用一些专用的工夹具，如双头螺栓紧固器、液压拉伸器、活塞环扩张器等。

1. 紧固工具

很多零件装配经常采用螺纹连接，因此经常用到紧固工具。常用装配通用工具有梅花扳手、开口扳手、开口—梅花扳手、冲击梅花扳手、内六角扳手、右角改锥、扭力扳手等。如图 7-3 所示的是各种用来拧紧螺栓、螺母的扳手。

对于一些有力矩要求的紧固件，紧固时需要用力矩扳手，如图 7-4 所示的即为力矩扳手。图中扭力扳手、接杆、套筒组合起来使用，通过使用不同型号的套筒可适应不同螺栓、螺母紧固的需要；而开口扭力扳手则只能适应某一种型号的螺栓或螺母。

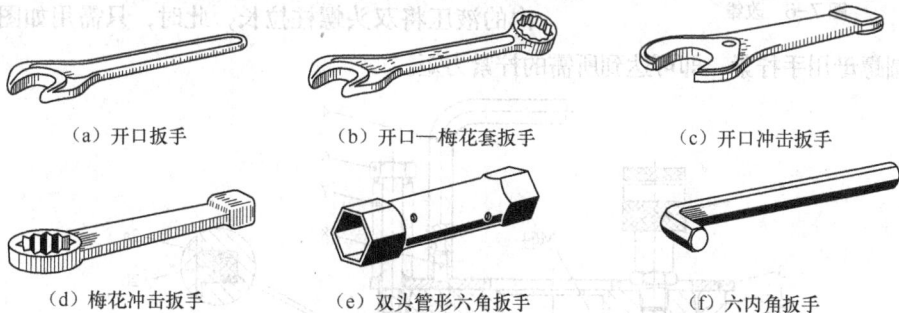

（a）开口扳手	（b）开口—梅花套扳手	（c）开口冲击扳手
（d）梅花冲击扳手	（e）双头管形六角扳手	（f）六内角扳手

图 7-3　各种扳手

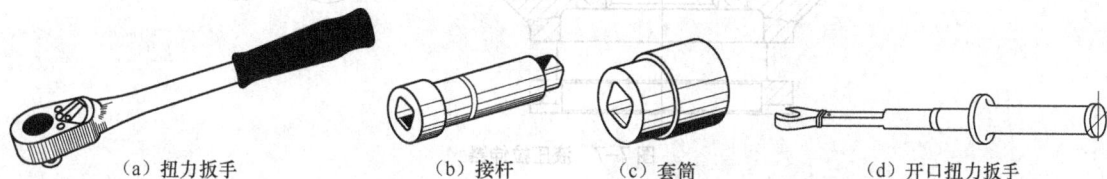

（a）扭力扳手	（b）接杆	（c）套筒	（d）开口扭力扳手

图 7-4　扭力扳手

　　在选择紧固用的工具时，应尽可能使用梅花扳手或套筒，因为它们的刚性较好，不易造成损伤，而开口扳手的刚度相对差一些，应尽可能少使用。

　　在种紧双头螺柱时，为紧固方便，一般采用双头螺柱紧固器来拧紧，其结构如图 7-5 所示。双头螺柱紧固器由紧固螺母 2 和自锁螺钉 1 两个零件组成，两零件用左牙螺纹（反螺纹）连接，紧固螺母 2 下部的螺纹与所需种紧的双头螺柱相配，紧固螺母 2 和自锁螺钉 1 的上方都铣有六角，以便使用梅花扳手或套筒来拧紧或松开。

　　种紧双头螺柱时，先将自锁螺钉 1 拧到适当位置，然后将紧固螺母 2 拧入双头螺柱，当自锁螺钉 1 的圆头顶住双头螺柱的端面时，由于自锁螺钉 1 与紧固螺母 2 是反螺纹，所以紧固螺母 2 会使自锁螺钉 1 与双头螺柱顶紧，从而带动双头螺柱转动，将其种紧。要拆除双头螺柱紧固器时，只需将自锁螺钉 1 顺着双头螺柱拧紧的方向转动，自锁螺钉 1 就会与双头螺柱的端面脱离，再用手反向转动紧固螺母 2，即可将双头螺柱紧固器拆下。

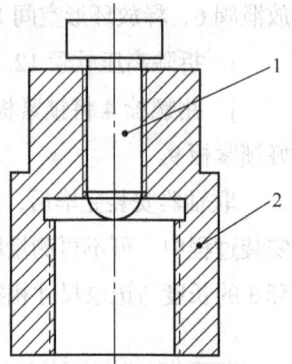

图 7-5　双头螺柱紧固器

1—自锁螺钉　2—紧固螺母

　　对于一些开槽的螺钉，安装时通常使用如图 7-6 所示的改锥来紧固。

　　在大型机器的配合中，很多零件尺寸重量都很大，紧固件的拧紧力矩也非常高，人力无法达到要求，因此通常采用液压拉伸的方法来紧固，液压拉伸器的结构如图 7-7 所示。液压拉伸器就是一个液压油缸，当液压拉伸器内充入高压油时（液压压力可达 150MPa），油缸内的液压将双头螺柱拉长，此时，只需用如图 7-8 所示的圆棒将圆螺母用手拧紧，即可达到所需的拧紧力矩。

（a）一字改锥

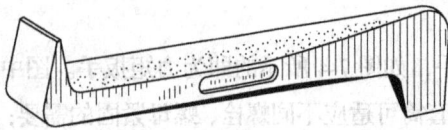

（b）右角改锥

图 7-6　改锥

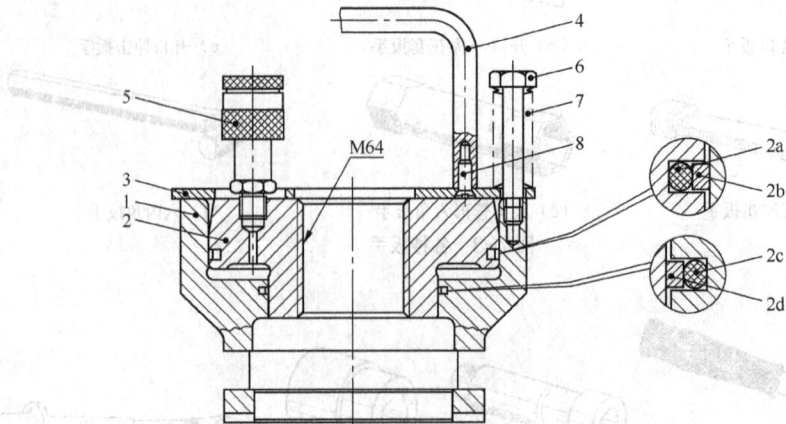

图 7-7　液压拉伸器

1—液压缸　2—活塞　2a—O 形密封环　2b—滑环　2c—O 形密封环　2d—滑环

3—盖　4—把手　5—液压油接头　6—螺钉　7—弹簧　8—沉头螺钉

在柴油机的零件部件安装时，液压拉伸器一般不是单独使用，而是成组使用，即几个液压拉伸器同时使用，将所需拧紧的螺柱同时泵压拉伸，然后拧紧圆螺母，这样可使各个螺柱受力均匀。根据不同的要求，每组的数量不一样，如图 7-9 所示，某气缸盖安装时，是六个液压拉伸器一起使用，将六个气缸盖螺栓同时泵紧。

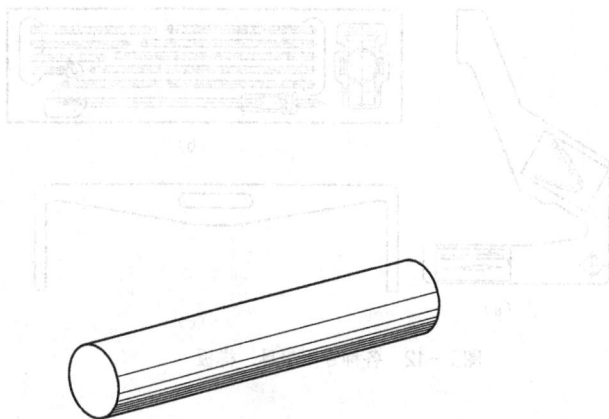

图 7-8　圆棒

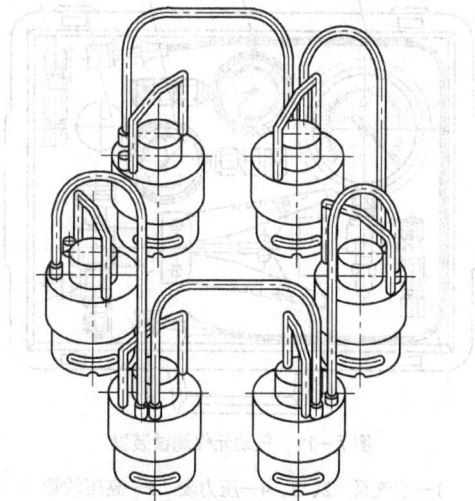

图 7-9　气缸盖安装

2. 测量工具

在机械装配过程中，经常要做各种测量，除了常用的外径千分尺、游标卡尺外，还使用如图 7-10 所示的各种通用测量工具。

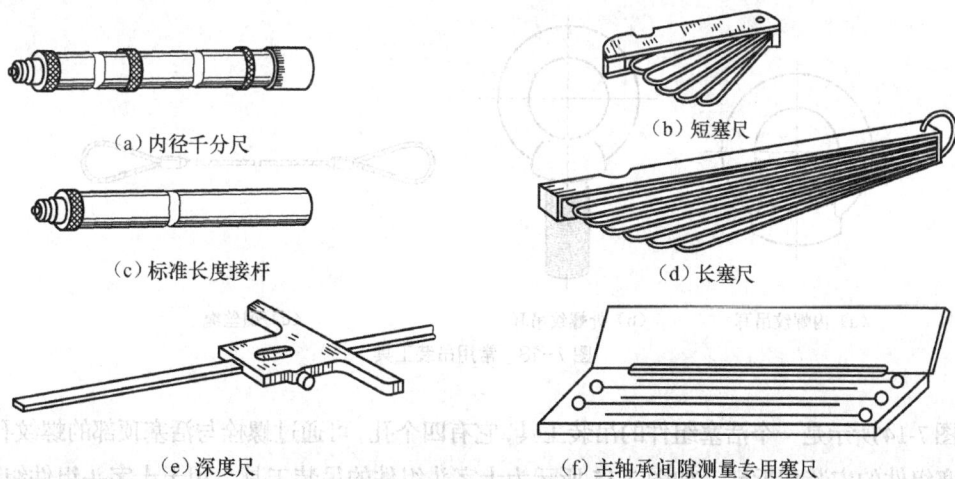

（a）内径千分尺

（b）短塞尺

（c）标准长度接杆

（d）长塞尺

（e）深度尺

（f）主轴承间隙测量专用塞尺

图 7-10　常用测量工具

除此之外，还有很多专用的测量工具或模板，如图 7-11 和图 7-12 所示。

图 7-11 是一套用于测试气动元件的装置，包括空气泵 1，压力表 2、3、4，高压软管 5，调整工具 6 和测量接头 7、8 等。

图7-12中，（a）是测规，用于检查排气阀杆盘的磨损；（b）是臂档表，用于检查曲柄臂的臂距差；（c）是样板，用于测量活塞头部形状。

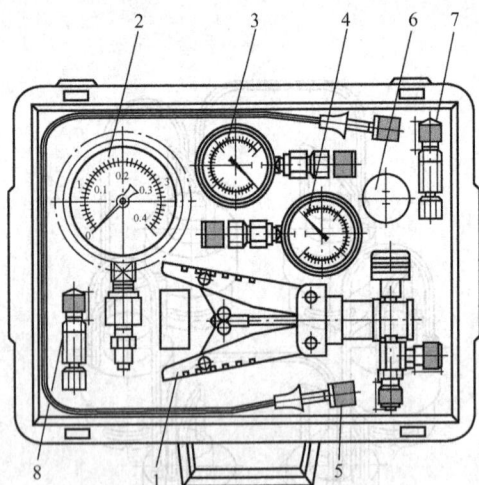

图7-11　气动元件测试装置

1—空气泵　2、3、4—压力表　5—高压软管

6—调整工具　7、8—测量接头

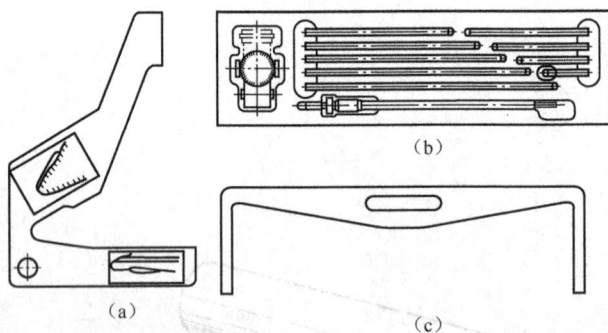

图7-12　各种专用量具、样板

3. 起吊工具

有些机械零件较大，人力难以搬动和装配，很多情况下采用行车起吊，因此运用的起吊工具也很多。如图7-13所示的是常用的吊耳和钢丝绳。

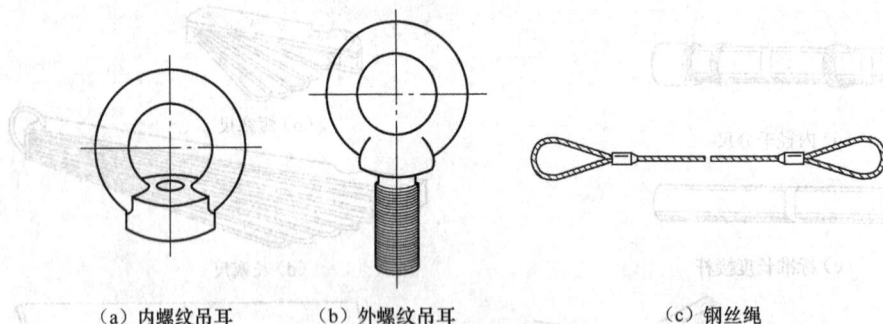

（a）内螺纹吊耳　　　　（b）外螺纹吊耳　　　　　　（c）钢丝绳

图7-13　常用吊装工具

如图7-14所示是一个活塞组件的吊装工具，它有四个孔，可通过螺栓与活塞顶部的螺纹孔相连，用于活塞组件的安装和拆卸。如图7-15所示为十字头组件的吊装工具，用于十字头组件组装时的起吊，也可用于十字头连杆组件在总装时的起吊。

4. 其他专用工具

专用装配工具很多，这里只介绍几项。如图7-16所示，是两种卡环钳，专用于各种卡环的安装。

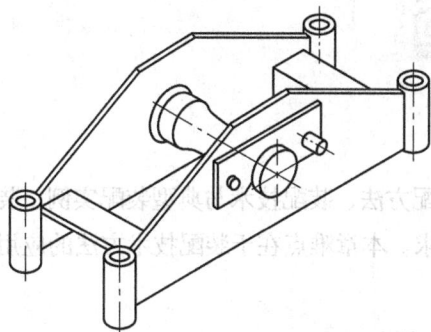

图 7-14　活塞组件吊装工具

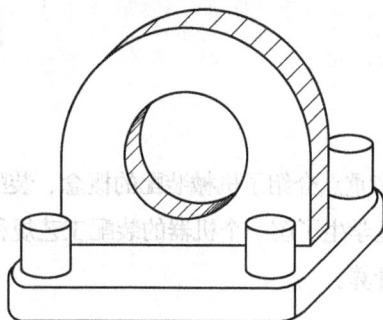

图 7-15　十字头组件吊装工具

（a）内卡环钳

（b）外卡环钳

图 7-16　卡环钳

如图 7-17 所示为一组活塞组件的安装工具，图 7-17（a）是活塞环扩张器，专用于活塞环的安装和拆卸，当摇动摇把，使丝杆转动时，丝杆上一正一反的螺纹，就会带动杠杆及杠杆上的卡爪移动，使两卡爪之间的距离增大，从而将活塞环张开，将活塞环装入活塞环槽后，再反向转动丝杆，即可将活塞环安装好。

图 7-17（b）是活塞环导入套，用于在活塞组件装入气缸套时，将活塞环导入气缸套。

图 7-17（c）是活塞杆填料函的刮环安装规，活塞杆填料函安装时首先将各道刮环用弹簧箍紧在活塞杆上，然后用几个安装规将各道刮环的轴向位置定好，可方便地将活塞杆填料函本体装好。

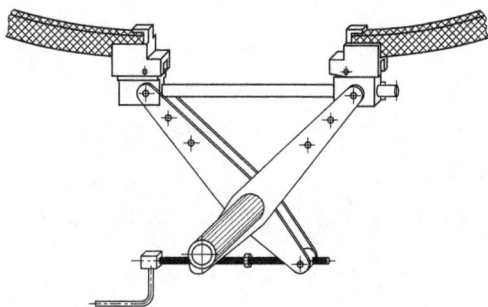

（a）活塞环扩张器

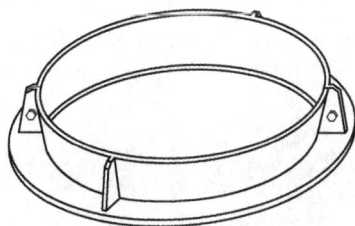

（b）活塞环导入套

（c）活塞杆填料函的
　　刮环安装规

图 7-17　活塞组件安装工具

小结

本章重点介绍了机械装配的概念、装配精度及装配方法、装配技术与典型装配实例、装配常用工具，让学生了解一个机器的装配工艺规程步骤和要求。本章难点在于装配技术方法的应用和装配精度的计算。

习题

1. 简述机器、零件、装配的概念。装配精度包括哪些内容？
2. 阐述制定装配工艺规程的意义、内容、方法和步骤。
3. 常用的装配技术方法有哪些？举例说明。

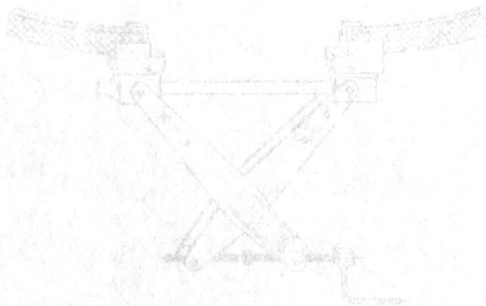

第8章

机械制造工艺学课程设计

【学习目标】

1. 了解机械专业课程设计的内容
2. 了解机械专业课程设计的过程和步骤
3. 了解课程设计方法

本章提供了一个机械加工工艺与装备课程设计的实例，以便学生能系统了解机械加工工艺过程。具体如下。

8.1 课程设计任务书

×××× 学院

机械加工工艺与装备课程设计任务书

题　　目：离合器齿轮零件机械加工工艺规程设计

所属系部：＿＿＿＿＿＿＿＿＿＿

专业班级：＿＿＿＿＿＿＿＿＿＿

学生姓名：＿＿＿＿＿＿＿＿＿＿

指导教师：＿＿＿＿＿＿＿＿＿＿

年　　月　　日

机械加工工艺与装备课程设计任务书

设计者：	班级学号：	所在系部：

题　　目：设计离合器齿轮零件机械加工工艺规程及装备

任务内容

1. 绘制离合器齿轮零件的二维及三维图形并完整地标注尺寸	2 张	
2. 离合器齿轮零件毛坯 - 零件合图	1 张	
3. 离合器齿轮零件机械加工工艺规程卡片	1 张	
4. 离合器齿轮零件机械加工工序卡	1 套	
5. 离合器齿轮零件夹具设计图	1 张	
6. 课程设计说明书	1 份	

技术参数和撰写要求

　　离合器齿轮零件图样附后，技术参数：齿轮模数 2.25；齿数 50；精度 8FL；公法线长度 38.11mm；公法线公差 $^{-0.086}_{-0.289}$。技术要求：未注圆角为 R1；硬度 207～241HBS；材料为 45 钢；重量 1.36kg。年产量 2 000 件。

　　设计说明书撰写要求：说明书重点要对工艺方案进行论证和分析，充分表达在制订过程中考虑各种问题的出发点和最后选择的依据以及有关的计算和说明。具体应有以下几部分内容：目录、设计任务书、零件的分析、工艺路线的制订、加工余量的确定与工序尺寸计算、切削用量与工时定额的确定、指定夹具的定位、夹紧方案分析、夹具工作原理的简单说明、附参考书和参考资料目录。

时间安排

　　　　年　月　日——　　年　月　日，大致要求如下。

　　第一周：准备设计资料、熟悉零件图，绘制零件和毛坯合图（图纸、CAD 图）。

　　第二周：确定工艺路线，撰写机械加工工艺规程卡片和工序卡片（图纸及工艺文件）。

　　第三周：编写设计说明书（WORD 文件）及演示文稿（PPT 文件），准备答辩。

技术手册参考资料

　　《金属机械加工工艺人员手册》　　上海科学技术出版社

　　《机械制造工艺课程设计指导书》　　哈尔滨工业大学出版社

　　《机械制造课程设计手册》　　哈尔滨工业大学出版社

　　《机械制造工艺课程设计手册》　　哈尔滨电机制造学校

　　指导教师签字：　　　　　　　　教研室主任签字：

　　　　　　　　　　　　　　　　　　　　年　　　月　　　日

8.2　课程设计指导书

××××　学　院

机械加工工艺与装备课程设计

指　导　书

××××学院机械工程系编制
年　　月　　日

一、设计目的

机械加工工艺与装备课程设计是机械类专业教学过程中极为关键的一个环节。该教学环节的实施，应使学生在机械绘图、机械制造工艺、夹具设计等方面进行一次较为全面的系统性训练，使学生掌握各种机床装备应用的基本技能，加强对机械制造技术的认识，熟悉机械零件从毛坯到成品的生产过程，具备在生产第一线从事机械类加工技术的中等应用型人才的能力。

二、考核内容与要求

考核内容包括下述部分。

1. 编制零件机械加工工艺规程

（1）分析零件三维立体结构，进行工艺分析，确定生产类型。

（2）选择毛坯并确定其总余量，绘制零件 - 毛坯综合图。

（3）拟定机械加工工艺规程。

（4）计算和填写机械加工工艺卡片。

2. 绘制机械加工工序简图

3. 选择机床工艺装备

4. 确定切削用量及工时定额

5. 填写机械加工工艺工序卡片

6. 撰写机械加工工艺及装备课程设计说明书

7. 答辩

三、设计步骤

学生在接到机械加工工艺与装备课程设计任务书后必须明确题意，然后进行下列工作。

1. 分析零件图样，明确零件的结构形状，用计算机绘制零件图

2. 根据零件图样，分析零件的工艺特点及主要加工表面和主要技术要求

3. 计算生产纲领

确定生产类型，从而初步认识本零件工艺安排的基本倾向，即工序分散还是集中，所需要设备，工装是采用通用的还是专用的。

4. 选择毛坯

其程序如下。

（1）确定毛坯基本性质，即选择铸件、锻件还是型材等。

（2）确定毛坯形状。

（3）规定毛坯精度等级。

（4）确定毛坯余量（查表法）。

（5）给出毛坯技术要求。

（6）绘制零件 - 毛坯综合图（存盘并出图）。

5. 确定零件上各加工表面的加工方法

6. 正确选择定位基准

要求分析选择依据和对加工精度的影响，同时确定各工件的定位、夹紧方式。

7. 安排各表面加工顺序，拟订工艺路线

8. 选择加工设备（机床）和工艺装备

9. 确定工序余量、工序尺寸及公差

表面的工序余量可用"查表法"确定。

10. 确定各工序的切削用量

在机床、刀具加工余量确定的基础上，各工序的切削用量可采用"查表法"确定。

11. 绘制各工序的工序简图

对绘制工序简图的要求。

（1）工序简图中工件的位置应是工件在本工序加工中的装夹位置。

（2）简图可按比例缩小，并可简化零件细节，尽量用较少投影画出。

（3）简图中本工序需加工表面用粗实线绘制，不加工表面用细实线绘制。

（4）标注本工序的工序尺寸及公差、表面粗糙度、技术要求。

（5）定位、夹紧按标准用规定符号表明画出。

12. 夹具设计，绘制夹具零件图

13. 确定工时定额

工时定额确定内容包括：定额中的基本时间由计算确定；辅助时间通过查表并查考现场实际操作确定；基本时间与辅助时间之和称为操作时间；工作地点服务时间以其对操作时间的百分数确定（一般可取 5% 左右）；休息时间取操作时间的 2%；准备终结时间参考现场确定。

14. 填写机械加工工艺规程卡和工序卡

此卡片用 0 号或 1 号图纸绘制，其规格见有关参考资料。

15. 撰写课程设计说明书

课程设计书写规范与打印要求按照本式样。

（1）课程设计书写要求。课程设计说明书要求统一使用 Microsoft Word 软件进行文字处理，统一采用 A 4 页面（210mm × 297mm）复印纸，单面打印，左侧装订，由 2 个书钉完成，书钉距左侧 7 ～ 10cm，距离上下边各为总高度的 1/4。页面设置：上边距 30、下边距 30、左边距 30、右边距 20、页眉 15、页脚 15。字间距为标准，行间距为固定值 22 磅。

页眉内容统一为"机械加工工艺与装备课程设计"，宋体五号字居中排写。页码在下边线下居中放置，小五号字体。摘要、关键词、目录等文前部分的页码用罗马数字（Ⅰ、Ⅱ、……）编排，正文以后的页码用阿拉伯数字（1、2、……）编排。

字体和字号要求如下。

课程设计题目：二号黑体

一级标题：三号黑体

二级标题：四号黑体

三级标题：小四号黑体

正文：小四号宋体

页码：小五号宋体

（2）目录。

目录题头用三号黑体字居中排写，隔行书写目录内容。

目录为三级标题，按（1、1.1、1.1.1）的格式编写。

（3）课程设计正文。

① 标题。课程设计正文新的"一级标题"应另起一页。标题以三号黑体居中打印，下空一行为内容，二级标题以四号黑体左起打印，换行后以小四号宋体打印正文。

标题要突出重点、简明扼要。字数一般在 15 字以内，不得使用标点符号。

② 层次。层次以少为宜，根据实际需要选择。正文层次的编排和代号要求统一，层次"一"、"（一）"或"1、"。

（4）参考文献书写格式。

参考文献题头用黑体四号字居中排写。其后空一行编写文献条目。

参考文献书写格式：按课程设计引用顺序编排，文献编号顶格书写，加括号"[]"，其后空一格写作者名等内容。文字换行时与作者名第一个字对齐。常用参考文献编写规定如下：

图书类文献——［序号］ 作者. 书名. 译者. 版次. 出版者，出版年：

学术刊物类文献——［序号］ 作者. 文章名. 学术刊物名. 年，卷（期）：

课程设计类文献——［序号］ 学生姓名. 学位课程设计题目. 学校：

四、考核作业组成

1. 绘制三维零件 - 毛坯合图（出图并存盘）

2. 编写设计零件机械加工工艺文件

按机械加工工艺与装备课程设计内容，编写设计零件机械加工工艺文件，主要是机械加工工艺规程卡片和工序卡片。

3. 撰写说明书

学生应在答辩前 3 天将所完成的上述作业交给指导教师审阅，通过后方允许参加答辩。

8.3　课程设计说明书实例

目　录

1　前言

2　零件的分析

离合器齿轮零件的工艺规程及夹具设计

1　前言

机械加工工艺与装备课程设计是在我学完了大学的全部基础课、专业技术基础课以及大部分专业课之后进行的。这是我在进行毕业设计之前对所学各课程的一次深入的综合性的总复习，也是一次理论联系实际的训练。因此，它在我的大学学习中占有重要的地位。

就我个人而言，我希望能通过这次课程设计对自己未来将从事的工作进行一次适应性训练，从中锻炼自己分析问题、解决问题的能力，为今后参加工作打下一个良好的基础。

由于能力所限，设计尚有许多不足之处，恳请各位老师给予指导。

2　零件的工艺分析及生产类型的确定

2.1　零件的作用

题目所给定的零件是 CA6140 车床主轴箱中运动输入轴 I 轴上的一个离合器齿轮，如图 8-1 所示。

它位于Ⅰ轴上，用于接通或断开主轴的反转传动路线，与其他零件一起组成摩擦片正反转离合器，如图8-2（M₁右侧）所示。主运动传动链由电机经过带轮传动副ϕ130mm/ϕ230mm传至主轴箱中的轴Ⅰ。在轴Ⅰ上装有双向多片摩擦离合器M₁，使主轴正转、反转或停止。当压紧离合器左部的摩擦片时，轴Ⅰ的运动经齿轮副56/38或51/43传给轴Ⅱ，使轴Ⅱ获得2种转速。压紧右部摩擦片时，经齿轮50、轴Ⅷ上的空套齿轮34传给轴Ⅱ上的固定齿轮30。这时轴Ⅰ至轴Ⅱ间多一个中间齿轮34，故轴Ⅱ的转向相反，反转转速只有1种。当离合器处于中间位置时，左、右摩擦片都没有被压紧，轴Ⅰ运动不能传至轴Ⅱ，主轴停转。此零件借助两个滚动轴承空套在Ⅰ轴上，只有当装在Ⅰ轴上的内摩擦片和装在该齿轮上的外摩擦片压紧时，Ⅰ轴才能带动该齿轮转动。该零件ϕ68K7mm的孔与两个滚动轴承的外圈相配合，ϕ71mm沟槽为弹簧挡圈卡槽，ϕ94mm的孔容纳内、外摩擦片，4～16mm槽口与外摩擦片的翅片相配合使其和该齿轮一起转动，6×1.5mm沟槽和4×ϕ5mm的孔用于通入冷却润滑油。

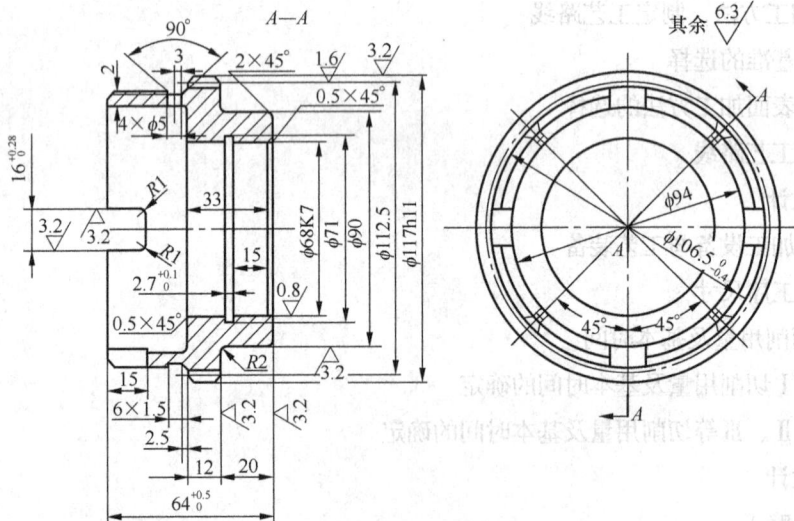

图8-1　离合器齿轮零件图

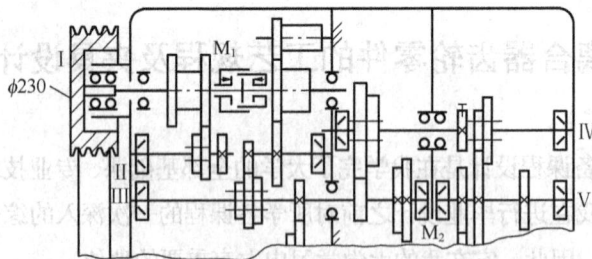

图8-2　CA6140车床Ⅰ轴离合器传动示意图

2.2　零件的工艺性分析

通过对该零件图的重新绘制，知原图样的视图正确、完整，尺寸、公差及技术要求齐全。该零件属圆盘类回转体零件，切削加工表面较多，各表面的加工精度和表面粗糙度较易获得，但ϕ68K7的孔表面粗糙度要求R_a0.8有些高，是加工难点。16mm宽槽口相对ϕ68K7孔的轴线成90°均匀分布，其径向设计基准是ϕ68K7mm孔的轴线，轴向设计基准是ϕ106.5mm外圆柱的左端平面。4×ϕ5mm孔在6×1.5mm沟槽内，孔中心线距沟槽一侧面的距离为3mm。由于加工时不能选用沟槽的侧面为定位基准，故要精确地保证上述要求比较困难，但这些小孔为油孔，位置要求不高，只要钻到沟槽之内接通油路就可，加工不难。总体来说，这个零件的工艺性较好。

2.3　零件的生产类型

根据设计题目可知：$Q = 2\ 000$ 台 / 年，$n = 1$ 件 / 台；结合生产实际，备品率 a 和废品率 b 分别取为 5% 和 2%。代入公式（4-1）得该零件的生产纲领：

$$N = 2000×1×（1 + 5\%）×（1 + 2\%）= 2\ 142\ 件 / 年$$

零件是机床上的齿轮，质量为 1.36kg，查表 4-2 可知其属轻型零件，生产类型为中批量生产。

3　选择毛坯，确定毛坯尺寸，设计毛坯 - 零件合图

3.1　选择毛坯

该零件材料为 45 钢，而且属于薄壁的圆盘类中小型零件，考虑加工工序较多，会经常承受交变载荷及冲击载荷，因此应该选用锻件，可得到连续和均匀的金属纤维组织，保证零件工作可靠。又由于零件年产量为 2 142 件，属中批量生产，而且零件的轮廓尺寸不大，故可采用模锻成形，可获得较好的尺寸精度和较高的生产率。

3.2　确定机械加工余量、毛坯尺寸和公差

查《金属机械加工工艺人员手册》，可知钢质模锻的公差及机械加工余量按 GB/T 12362—2003 确定。要确定毛坯的尺寸公差及机械加工余量，先确定如下参数。

（1）锻件公差等级。由该零件的功用和技术要求，确定其锻件公差等级为普通级。

（2）锻件质量 m。根据零件成品质量 1.36kg，估算为 $m_f = 2.5$kg。

（3）锻件形状复杂系数 S。

$$S = m_f/m_N$$

由于该零件为圆形，假设其最大直径为 ϕ121mm，长为 68mm，则由圆形锻件计算质量公式 $m_N = \dfrac{\pi}{4}d^2h\rho$（$\rho$ 为钢材密度，7.85 g/cm³）可知：锻件外廓包容体质量 $m_N = \dfrac{\pi}{4} ×121^2×68×7.85×10^{-6} = 6.135$kg。所以，$S = m_f/m_N = 2.5/6.135 = 0.407$。

由于 0.407 介于 0.32 和 0.63 之间，故该零件的形状复杂系数 S 属 S_2 级。

（4）锻件材质系数 M。由于该零件材料为 45 钢，是碳的质量分数小于 0.65% 的碳素钢，故该锻件的材质系数属 M_1 级。

（5）零件表面粗糙度。由零件图知，除 ϕ68K7mm 孔为 R_a0.8 以外，其余各加工表面为 $R_a \geq 1.6$。

3.3　确定机械加工余量

根据锻件质量、零件表面粗糙度、形状复杂系数查《金属机械加工工艺人员手册》中锻件内外表面加工余量表，查得单边余量在厚度方向为 1.7 ～ 2.2mm，水平方向为 1.7 ～ 2.2mm。锻件中心两孔的单面余量按手册中锻件内孔直径的单面机械加工余量表，可查得为 2.5mm。

3.4　确定毛坯尺寸

根据查得的加工余量适当选择稍大点即可，只有 ϕ68K7mm 孔，因为表面粗糙度要求达到 R_a 0.8，考虑磨削孔前的余量要大，可确定精镗孔单面余量为 0.5mm。其他槽、孔随所在平面锻造

成实体。具体加工余量的选择大小如表 8-1 所示。

3.5　确定毛坯尺寸公差

毛坯尺寸公差根据锻件质量、材质系数、形状复杂系数从手册中查锻件的长度、宽度、高度、厚度公差表可得。具体如表 8-1 所示。

表 8-1　　　　　　　　　　　离合器齿轮毛坯（锻件）尺寸及公差　　　　　　　　（单位：mm）

零件尺寸	单面加工余量	锻件尺寸	偏　差
$\phi117h11$	2	$\phi121$	+1.7 / −0.18
$\phi106.5^{\ 0}_{−0.4}$	2	$\phi110$	+1.5 / −0.7
$\phi94$	2	$\phi90$	+0.7 / −1.5
$\phi90$	2	$\phi94$	+1.5 / −0.7
$\phi68K7$	3	$\phi62$	+0.6 / −1.4
$64^{+0.5}_{0}$	2	68	+1.7 / −0.5
孔深 31mm	1.8	29.2	±1.0
20	1	21	±1.0
12	1.8	13.8	±1.0

3.6　绘制毛坯图

根据确定的毛坯尺寸和加工余量，可绘制毛坯 - 零件合图，外圆角半径为 $R6$，内圆角半径为 $R3$；内、外模锻斜度分别为 7°、5°，如图 8-3 所示。

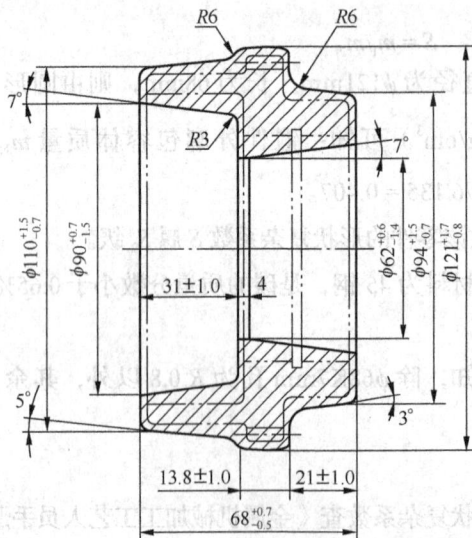

图 8-3　离合器齿轮毛坯 - 零件合图

技术要求
1. 正火，硬度 207～241HBS。
2. 未注圆角 $R2.5$。
3. 外模锻斜度 5°。

材料：45钢
重量：2.2kg

4　选择加工方法，制定工艺路线

4.1　定位基准的选择

本零件是带圆盘状齿轮，孔是其设计基准（也是装配基准和测量基准），为避免由于基准不重合而产生的误差，应选孔为定位基准，即遵循"基准重合"的原则，即精基准选 $\phi68K7$mm 的孔及其端面。

由于离合器齿轮所有表面都要加工，而孔作为精基准应先进行加工，因此应选 ϕ94 外圆及其端面为粗基准。但因为外圆 ϕ121mm 上有分模面，表面不平整，有飞边等缺陷，定位不可靠，故不能选为粗基准。

4.2　零件表面加工方法的选择

该零件的主要加工表面有外圆、内孔、端面、齿面、槽及孔，其加工方法选择如表 8-2 所示。

表 8-2　　　　　　　　　　离合器齿轮零件加工精度及加工方法

序号	零件加工表面	精度等级	表面粗糙度（µm）	加 工 方 法	备　注
1	ϕ90 外圆	IT14	R_a3.2	粗车和半精车	为未注公差尺寸
2	齿圈外圆面	IT11	R_a3.2	粗车和半精车	
3	ϕ106.5 $_{-0.4}^{0}$ 外圆	IT12	R_a6.3	粗车	
4	ϕ68K7 内孔	IT7	R_a0.8	粗镗、半精镗、精镗	
5	ϕ94 内孔	IT14	R_a6.3	粗镗	为未注公差尺寸
6	端面		R_a3.2 或 R_a6.3	粗车或粗车、半精车	
7	齿面	8FL	R_a1.6	A 级单头滚刀滚齿	模数 2.25，齿数 50
8	槽（槽宽、槽深）	IT13、IT14	R_a3.2、R_a6.3	三面刃铣刀，粗铣、半精铣	槽宽、槽深
9	小孔		R_a6.3	复合钻头，钻削	一次完成

4.3　制订工艺路线

齿轮的加工工艺路线一般是先进行齿坯的加工，再进行齿面加工。齿坯加工包括各圆柱表面及端面的加工。按照先基准及先粗后精的原则，该零件加工工艺路线如表 8-3 所示。

表 8-3　　　　　　　　　　离合器齿轮零件加工工序内容

工序号	工 序 内 容
Ⅰ	ϕ106.5 $_{-0.4}^{0}$ 外圆以其端面定位，粗车另一端面、ϕ90 外圆及台阶面、ϕ117 外圆、粗镗 ϕ68 孔
Ⅱ	粗车后 ϕ90 外圆及端面定位，粗车另一端面、ϕ106.5 $_{-0.4}^{0}$ 外圆及台阶面、车 6×1.5 沟槽、粗镗 ϕ94mm 孔、倒角、半精镗 ϕ68 孔、倒角
Ⅲ	粗车后 ϕ106.5 $_{-0.4}^{0}$ 外圆及端面定位，半精车另一端面、ϕ90 外圆及台阶面、ϕ117 外圆达到加工要求精度
Ⅳ	半精车后 ϕ90 外圆及端面定位，精镗 ϕ68 孔、倒角，粗车孔内的沟槽
Ⅴ	以 ϕ68K7 内孔（心轴）及端面定位，滚齿
Ⅵ	以 ϕ68K7 内孔及端面定位，粗铣 4 个槽
Ⅶ	以 ϕ68K7 内孔、端面及粗铣后的一个槽定位，半精铣 4 个槽
Ⅷ	以 ϕ68K7 内孔、端面及一个槽定位，钻 4 个小孔
Ⅸ	去毛刺
Ⅹ	终检
Ⅺ	清洗、入库

5 工序设计

5.1 选择加工设备与工艺装备

根据不同的工序选择机床、刀具、检验量具，如表8-4所示。

表8-4   离合器齿轮零件加工设备及工艺装备

工序号	加工方法	加工机床	刀　具	夹具	量　具
Ⅰ	粗车、粗镗	CA6140卧式车床	YT类硬质合金，粗加工用YT5，半精加工用YT15，精加工用YT30。切槽刀选用高速钢	三爪卡盘	测量范围0～150游标卡尺
Ⅱ	粗车、粗镗、半精镗	CA6140卧式车床		三爪卡盘	测量范围0～150游标卡尺
Ⅲ	粗车、半精车	CA6140卧式车床		三爪卡盘	测量范围0～150游标卡尺、测量范围50～125外径千分尺
Ⅳ	半精车、精镗孔	CA6140卧式车床		三爪卡盘	测量范围0～150游标卡尺、测量范围50～125外径千分尺、测量范围50～100内径百分表或极限量规
Ⅴ	滚齿	Y3150滚齿机	A级单头滚刀	心轴	测量范围25～50公法线千分尺
Ⅵ	粗铣	X62卧式铣床	镶齿三面刃铣刀	专用夹具	测量范围0～150游标卡尺
Ⅶ	半精铣	X62卧式铣床	镶齿三面刃铣刀	专用夹具	测量范围0～150游标卡尺
Ⅷ	钻孔	Z525立式钻床	复合钻头	专用夹具	测量范围0～150游标卡尺

5.2 确定工序尺寸

（1）确定圆柱面的工序尺寸。圆柱表面多次加工的工序尺寸只与加工余量有关。前面已确定各圆柱面的总加工余量（毛坯余量），应将毛坯余量分为各工序加工余量，然后由后往前计算工序尺寸。中间工序尺寸的公差按加工方法的经济精度确定。

该零件各圆柱表面的工序加工余量、工序尺寸及公差、表面粗糙度如表8-5所示。

表8-5   圆柱表面的工序加工余量、工序尺寸及公差、表面粗糙度

加工表面	工序双边余量（mm）			工序尺寸及公差（mm）			表面粗糙度（μm）		
	粗	半精	精	粗	半精	精	粗	半精	精
$\phi117h11$	2.5	1.5	—	$\phi118.5_{-0.54}^{0}$	$\phi117_{-0.22}^{0}$	—	$R_a6.3$	$R_a3.2$	—
$\phi106.5_{-0.4}^{0}$	4	—	—	$\phi106.5_{-0.4}^{0}$	—	—	$R_a6.3$		
$\phi94$	4	—	—	$\phi94$	—	—	$R_a6.3$		
$\phi90$	2.5	1.5	—	$\phi91.5$	$\phi90$	—	$R_a6.3$	$R_a3.2$	—
$\phi68K7$	3	2	1	$\phi65_{0}^{+0.19}$	$\phi67_{0}^{+0.074}$	$\phi68_{-0.021}^{+0.009}$	$R_a6.3$	$R_a3.2$	$R_a0.8$

（2）确定轴向工序尺寸。本零件各工序的轴向尺寸如图 8-4 所示。

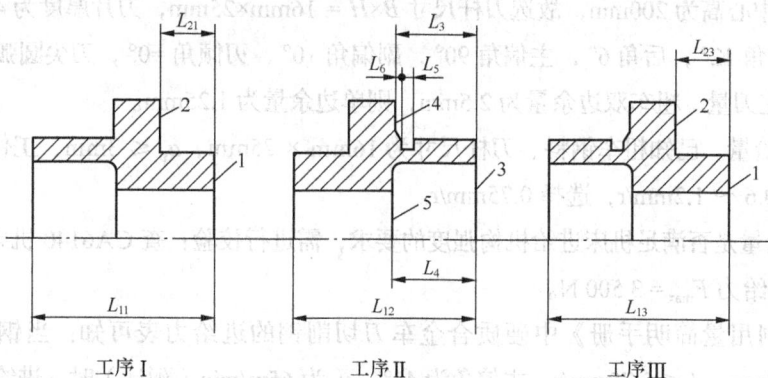

图 8-4　工序轴向工序尺寸

① 确定各加工表面的工序加工余量。该零件各端面的工序加工余量如表 8-6 所示。

表 8-6　（图 8-4）端面工序加工余量

工　序	加工表面（图 8-4）	总加工余量	工序加工余量
I	1	1.0	$Z_{11}=0.6$
	2	2.0	$Z_{12}=1.4$
II	3	1.8	$Z_{32}=1.8$
	4	1.8	$Z_{42}=1.8$
	5	1.8	$Z_{52}=1.8$
III	1	1.0	$Z_{13}=0.4$
	2	2.0	$Z_{23}=0.6$

② 确定工序尺寸 L_{13}、L_{23}、L_5 及 L_6。该尺寸在工序中应达到零件图样的要求，则 $L_{13}=64^{+0.5}_{0}$ mm，$L_{23}=20$mm，$L_5=6$mm，$L_6=2.5$mm。

③ 确定工序尺寸 L_{12}、L_{11} 及 L_{21}。该尺寸只与加工余量有关，则

$$L_{12}=L_{13}+Z_{13}=64+0.4=64.4\text{mm}$$

$$L_{11}=L_{12}+Z_{32}=64.4+1.8=66.2\text{mm}$$

$$L_{21}=L_{23}+Z_{13}+Z_{23}=20+0.4+0.6=21\text{mm}$$

（3）确定铣槽的工序尺寸。由于半精铣即可达到零件图样的要求，则该工序尺寸：槽宽为 16mm，槽深 15mm。粗铣时，为半精铣留有加工余量，槽宽双边余量为 3mm，槽深余量为 2mm。则粗铣工序的尺寸：槽宽为 13mm，槽深为 13mm。

6　确定切削用量及基本时间

切削用量包括背吃刀量 a_p、进给量 f 和切削速度 v_c。确定顺序是先确定 a_p、f 再确定 v_c。

6.1　工序 I 切削用量及基本时间的确定

本工序为粗车（车端面、外圆及镗孔）。已知加工材料为 45 钢，锻件，有外皮；机床为

CA6140 卧式车床，工件装卡在三爪自定心卡盘中。

（1）确定粗车外圆 $\phi118.5_{-0.54}^{\ 0}$ mm 的切削用量。所选刀具为 YT5 硬质合金可转位车刀。由于 CA6140 车床的中心高为 200mm，故选刀杆尺寸 $B×H=16mm×25mm$，刀片厚度为 4.5mm。选择车刀几何形状为前角 12°，后角 6°，主偏角 90°，副偏角 10°，刃倾角 =0°，刀尖圆弧半径 0.8mm。

① 确定背吃刀量。粗车双边余量为 2.5mm，则单边余量为 1.25mm。

② 确定进给量。已知粗车钢料、刀杆尺寸为 16mm × 25mm、$a_p \leq 3mm$、工件直径为 100～400mm 时，$f=0.6\sim1.2mm/r$，选择 0.75mm/r。

确定的进给量是否满足机床进给机构强度的要求，需进行校验：查 CA6140 机床手册，车床进给机构允许的进给力 $F_{max}=3\,500$ N。

根据《切削用量简明手册》中硬质合金车刀切削钢的进给力表可知：当钢料 σ_b 为 570～670MPa、$a_p \leq 2mm$、$f \leq 0.75mm/r$、主偏角为 45°、v_c 为 65m/min（预计）时，进给力 $F_f=760N$。再加工 F_f 的修正系数设为 1.5，故实际进给力为 $F_f=760×1.5=1\,140N$。

因为 $F_f<F_{max}$，所以进给量 $f=0.75mm/r$ 没问题。

③ 选择车刀磨钝标准及耐用度，车刀后刀面最大磨损量取为 1mm，可转位车刀耐用度 $T=30min$。

④ 确定切削速度。根据《切削用量简明手册》，当用 YT15 硬质合金车刀加工 $\sigma_b=600\sim700MPa$ 钢料、$a_p \leq 2mm$、$f \leq 0.75mm/r$ 时，切削速度 $v_c=109m/min$。若不计切削速度的修正系数则主轴转速 $n=1\,000v_c/\pi d=1\,000×109/（3.14×121）=286.88r/min$。

根据 CA6140 车床手册中的转速表，选择 $n=300r/min$，则实际切削速度 $v_c=113.98m/min$。

⑤ 校验机床功率，由机床手册可知：当 $\sigma_b=580\sim970$ MPa、HBS $=166\sim277$、$a_p \leq 2mm$、$f \leq 0.75mm/r$、$v_c=120m/min$ 时，$P_c=3.9kW$。即使加上切削功率的修正系数也远小于机床主轴允许功率 $P_E=5.9kW$。故所选的切削用量完全可用。

（2）确定粗车外圆 $\phi91.5$ 及端面的切削用量。切削速度与上面（1）步相同，刀具不变，一次走刀完成加工，车外圆时 a_p 为 1.25mm、车端面时 a_p 为 0.75mm。f 进给量不变。

（3）确定粗镗 $\phi65_0^{+0.19}$ 孔的切削用量。刀具选择 YT5、直径为 20mm 的圆形镗刀。计算同上面（1）步，a_p 为 1.5mm、f 进给量为 0.2、$v_c=78m/min$。

（4）确定粗车外圆 $\phi118.5_{-0.54}^{\ 0}$ mm 的基本时间。根据《切削用量简明手册》中车削和镗削机动时间计算公式：$T_j=\dfrac{L}{fn}i=\dfrac{l+l_1+l_2+l_3}{fn}i$，式中：切削加工长度 $l=14.4mm$，刀具切入长度 $l_1=\dfrac{a_p}{\tan\kappa_r}+（2\sim3）$，$\kappa_r=90°$ 时，$l_1=2\sim3mm$，刀具切出长度 $l_2=4mm$，附加长度 $l_3=0$，进给次数 $i=2$，$f=0.75mm/r$，$n=300r/min$。则粗车时 $T_{j1}=10.88s$。

（5）确定粗车外圆 $\phi91.5mm$ 的基本时间。

同理根据公式：$T_{j2}=\dfrac{L}{fn}i=\dfrac{l+l_1+l_2+l_3}{fn}i=\dfrac{20+2+2+0}{0.75×300}×2×60=12.8s$。

（6）确定粗车端面的基本时间。

$T_{j3} = \dfrac{L}{fn}i$, $L = \dfrac{d-d_1}{2} + l_1 + l_2 + l_3 = \dfrac{94-62}{2} + 2 + 4 + 0 = 22$，则 $T_{j3} = \dfrac{L}{fn}i = \dfrac{22}{0.75 \times 300} \times 1 \times 60 = 5.867s$。

（7）确定粗车台阶面的基本时间。

$$T_{j4} = \dfrac{L}{fn}i, \quad L = \dfrac{d-d_1}{2} + l_1 + l_2 + l_3 = \dfrac{121-91.5}{2} + 0 + 4 + 0 = 18.75, \quad T_{j4} = \dfrac{L}{fn}i = 5s。$$

（8）确定粗镗 $\phi 65^{+0.19}_{0}$ 孔的基本时间。

选镗刀的主偏角为 45°。$T_{j5} = \dfrac{L}{fn}i = \dfrac{l+l_1+l_2+l_3}{fn}i = \dfrac{35.4+3.5+4+0}{0.2 \times 300} \times 1 \times 60 = 42.9s$。

（9）确定工序 I 的基本时间

$$T_j = \sum_{j=1}^{5} T_j = 10.88 + 12.8 + 5.867 + 5 + 42.9 = 77.447s。$$

6.2 工序 II、III 等切削用量及基本时间的确定

方法同上，详见该零件的加工工序卡片，如表 8-8 所示。

将前面进行的工作所得的结果，填入工艺文件。表 8-7 所示为离合器齿轮的机械加工工艺规程卡；表 8-8～表 8-11 分别给出了离合器齿轮加工第 I、第 II、第 VI、第 VIII 4 道工序的机械加工工序卡片。

7 夹具设计

本夹具是工序 VI 用三面刃铣刀纵向进给粗铣 16mm 槽口的专用夹具，在 X62W 卧式铣床上加工离合器齿轮一个端面上的两条互成 90° 的十字槽。所设计的夹具装配图及工序简图如图 8-5 所示，夹具体零件图如图 8-6 所示。有关说明如下。

（1）定位方案。工件以另一端面及 $\phi 68K7mm$ 孔为定位基准，采用平面与定位销组合定位方案，在定位盘 10 的短圆柱面及台阶面上定位，其中台阶平面限制 3 个自由度、短圆柱面限制 2 个自由度，共限制了 5 个自由度。槽口在圆周上无位置要求，该自由度不需限制。

（2）夹紧机构。根据生产率要求，运用手动夹紧即可满足要求。采用二位螺旋压板联动夹紧机构，通过拧紧右侧夹紧螺母 15 使一对压板同时压紧工件，实现夹紧，有效提高了工作效率。压板夹紧力主要作用是防止工件在铣削力作用下产生倾覆和震动。

（3）对刀装置。采用直角对刀块及平面塞尺对刀。选用 JB/T 8031.3—1999 直角对刀块 17 通过对刀块座 21 固定在夹具体上，保证对刀块工作面始终处在平行于走刀路线的方向，这样便不受工件转位的影响。

（4）夹具与机床连接元件。采用两个标准定位键 A18h8（JB/T 8016—1999），固定在夹具体底面的同一直线位置的键槽中，用于确定铣床夹具相对于机床进给方向的正确位置，并保证定位键的宽度与机床工作台 T 形槽相匹配的要求。

（5）夹具体。工件的定位元件和夹紧元件由连接座 6 连接起来，连接座固定在分度盘 23 上，而分度装置和对刀装置均定位固定在夹具体 1 上，这样该夹具便有机连接起来，实现定位、夹紧、对刀、分度等功能。

（6）使用说明。安装工件时，松开右边铰链螺栓上的螺母 15，将两块压板 16 后撤，把工件装在定位盘 10 上，再将两块压板 16 前移，然后旋紧螺母 15，通过杠杆 8 联动使两块压板 16 同时夹紧工件。为了使压板与走刀路线在 4 个工位不发生干涉，压板与走刀路线成 45° 布置。

表 8-7　离合器齿轮的机械加工工艺规程卡

机械加工工艺规程卡片		产品型号	CA6140	零（部）件图号		GYGC080501	
		产品名称	车床	零（部）件名称	离合器齿轮	共 1 页　第 1 页	
材料牌号 45 钢	毛坯种类 模锻件	毛坯外形尺寸 φ121mm×68mm		每毛坯可制件数 1	每台件数 1	页	

工序号	工序名称	工序内容	车间	工段	设备	工艺装备	工时（s）准终	工时（s）单件
I	粗车	粗车小端面、φ90 外圆及台阶面、φ117 外圆、粗镗 φ68 孔			CA6140 卧式车床	三爪卡盘		77
II	粗车	粗车大端面、$\phi106.5^{\ 0}_{-0.4}$ 外圆及台阶面、车 6×1.5 沟槽、粗镗 φ94mm 孔、倒角			CA6140 卧式车床	三爪卡盘		118
III	半精车	半精车小端面、φ90 外圆及台阶面。半精镗 φ68 孔、倒角			CA6140 卧式车床	三爪卡盘		73
IV	精镗孔	精镗 φ68 孔内 φ71mm 沟槽、倒角			CA6140 卧式车床	三爪卡盘		45
V	滚齿	滚齿			Y3150 滚齿机	心轴		1 280
VI	粗铣	粗铣 4 个槽			X62 卧式铣床	专用夹具		165
VII	半精铣	半精铣 4 个槽			X62 卧式铣床	专用夹具		140
VIII	钻孔	钻 4φ5 小孔			Z525 立式钻床	专用夹具		20
IX	去毛刺	去除多余毛刺			钳工平台			
X	终检	按零件图样要求全面检查						
XI	清洗、入库	清洗后包装入库						
				设计（日期）	校对（日期）	审核（日期）	标准化（日期）	会签（日期）
描图								
描校								
底图号								
装订号								
标记	处数	更改文件号	签字	日期	标记	处数	更改文件号	签字　日期

表 8-8　离合器齿轮加工工序卡片

机械加工工艺卡片	产品型号	CA6140	零(部)件图号	GYGC080501	共 11 页	第 1 页
	产品名称	车床	零(部)件名称	离合器齿轮	材料牌号	45 钢

$\phi118.5^{\ 0}_{-0.54}$　$\phi91.5$　$\phi65^{+0.19}$　21 ± 1.0　$66.2^{\ 0}_{-0.34}$

	车间	工序号	工序名称	每台件数
	机加	I	粗车	1
毛坯种类	毛坯外形尺寸	每毛坯可制件数	每台件数	
模锻件	φ121mm×68mm	1	1	
设备名称	设备型号	设备编号	同时加工件数	
卧式车床	CA6140		1	
夹具编号	夹具名称		切削液	
	三爪自定心卡盘			
工位器具编号	工位器具名称		工序工时(s) 准终 / 单件 77	

工步号	工步内容	工艺装备	主轴转速 (r/min)	切削速度 (m/min)	进给量 (mm/r)	背吃刀量 (mm)	进给次数	工步工时(s) 机动	辅助
1	车小端面，保证尺寸 $66.2^{\ 0}_{-0.34}$ mm	YT5 90°偏刀、YT5 镗刀、游标卡尺、内径百分尺	300	120	0.75	1.25	1	5.867	
2	车外圆至 φ91.5mm		300	120	0.75	1.25	2	12.8	
3	车台阶面，保证尺寸 20±1.0mm		300	130	0.75	0.75	1	5	
4	车外圆 $\phi118.5^{\ 0}_{-0.54}$ mm		300	120	0.75	0.75	2	10.88	
5	镗孔 $\phi65^{+0.19}$ mm		380	78	0.2	1.5	1	42.9	

		设计(日期)	校对(日期)	审核(日期)	标准化(日期)	会签(日期)
描图						
描校						
底图						
装订						

标记	处数	更改文件号	签字	日期	标记	处数	更改文件号	签字	日期

表 8-9　离合器齿轮加工工序Ⅱ卡片

		产品型号	CA6140	零（部）件图号	GYGC080501		
机械加工工艺卡片		产品名称		零（部）件名称	离合器齿轮	共 11 页	第 2 页

车间	工序号	工序名称	材料牌号
机加	Ⅱ	粗车	45 钢

毛坯种类	毛坯外形尺寸	每毛坯可制件数	每台件数
模锻件	φ121mm×68mm	1	1

设备名称	设备型号	设备编号	同时加工件数
卧式车床	CA6140		1

夹具编号	夹具名称	切削液
	三爪自定心卡盘	

工位器具编号	工位器具名称	工序工时（s）	
		准终	单件 118

工步号	工步内容	工艺装备	主轴转速(r/min)	切削速度(m/min)	进给量(mm/r)	背吃刀量(mm)	进给次数	工步工时（s）机动	工步工时（s）辅助
1	车小端面，保证尺寸 $64.7_{-0.34}^{\ 0}$ mm	YT5 90°偏刀、YT5 镗刀、高速钢切槽刀、游标卡尺、内径百分尺	300	120	0.52	1.8	1	16	
2	车外圆至 $\phi 106.5_{-0.4}^{\ 0}$ mm		300	120	0.65	1.75	1	25	
3	车台阶面，保证尺寸 $32_{\ 0}^{+0.25}$ mm		300	130	0.52	1.8	1	8	
4	镗孔 $\phi 94$mm 及台阶面，保证尺寸 $31_{\ 0}^{+0.52}$ mm		450	150	0.2	2.5、1.8	1	69	
5	车沟槽，保证尺寸 2.5mm 及 6×1.5mm		150	80	手动	手动	1		
6	倒角 1×45°		300	120	手动	手动	1		

		设计（日期）	校对（日期）	审核（日期）	标准化（日期）	会签（日期）
描图						
描校						
底图号		标记	处数	更改文件号	签字	日期
装订号		标记	处数	更改文件号	签字	日期

表 8-10

离合器齿轮加工工序 VI 卡片

| 机械加工工艺卡片 | 产品型号 | CA6140 | 零（部）件图号 | GYGC080501 | 共 11 页 | 第 1 页 |
| | 产品名称 | | 零（部）件名称 | 离合器齿轮 | | 材料牌号 45 钢 |

车间	工序号	工序名称	材料牌号	45 钢
机加	VI	粗铣	每台件数	1
毛坯种类 模锻件	毛坯外形尺寸 φ121mm×68mm	每毛坯可制件数 1	同时加工件数	1
设备名称 卧式铣床	设备型号 X62W	设备编号	切削液	

工位器具编号	工位器具名称	工序工时 (s) 准终	单件 165
夹具编号	夹具名称 专用夹具		

工步号	工步内容	工艺装备	主轴转速 (r/min)	切削速度 (m/min)	进给量 (mm/Z)	背吃刀量 (mm)	进给次数	工步工时 (s) 机动	辅助
1	在 4 个工位上铣槽，保证 槽宽 13mm，槽深 13mm	高速钢三面刃 铣刀游标卡尺	120	30	0.063	1.3	4	165	

	设计（日期）	校对（日期）	审核（日期）	标准化（日期）	会签（日期）
描图					
描校					
底图号					
装订号					
标记	处数	更改文件号	签字	日期	标记	处数	更改文件号	签字	日期

表 8-11

离合器齿轮加工工序 Ⅷ 卡片

机械加工工艺卡片		产品型号	CA6140	零（部）件图号	GYGC080501	共 11 页	第 1 页
		产品名称		零（部）件名称	离合器齿轮	页	第 1 页

车间	工序号	工序名称	材料牌号
机加	Ⅷ	钻孔	45 钢

毛坯种类	毛坯外形尺寸	每毛坯可制件数	每台件数
模锻件	φ121mm×68mm	1	1

设备名称	设备型号	设备编号	同时加工件数
立式钻床	Z518		1

夹具编号	夹具名称	切削液
	专用夹具	

工位器具编号	工位器具名称	工序工时(s)	
		准终	单件
			20

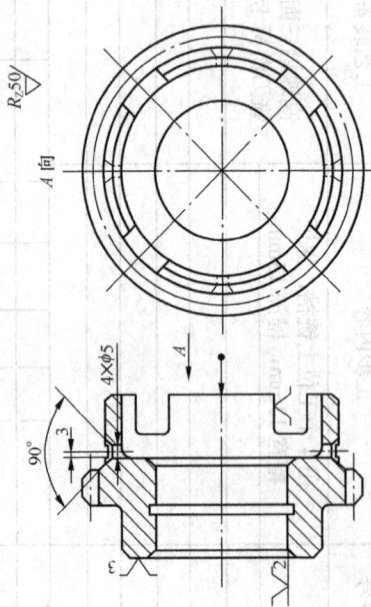

A 向　　R.50　　4×φ5　　90°

工步号	工步内容	工艺装备	主轴转速 (r/min)	切削速度 (m/min)	进给量 (mm/Z)	背吃刀量 (mm)	进给次数	工步工时(s)	
								机动	辅助
1	在 4 个工位上铣槽，保证槽宽 13mm、槽深 13mm	复合钻头 φ5mm、游标卡尺	1 000	130	手动	2.5	1	20	

		设计（日期）	校对（日期）	审核（日期）	标准化（日期）	会签（日期）

标记	处数	更改文件号	签字	日期	标记	处数	更改文件号	签字	日期
描图									
描校									
底图号									
装订号									

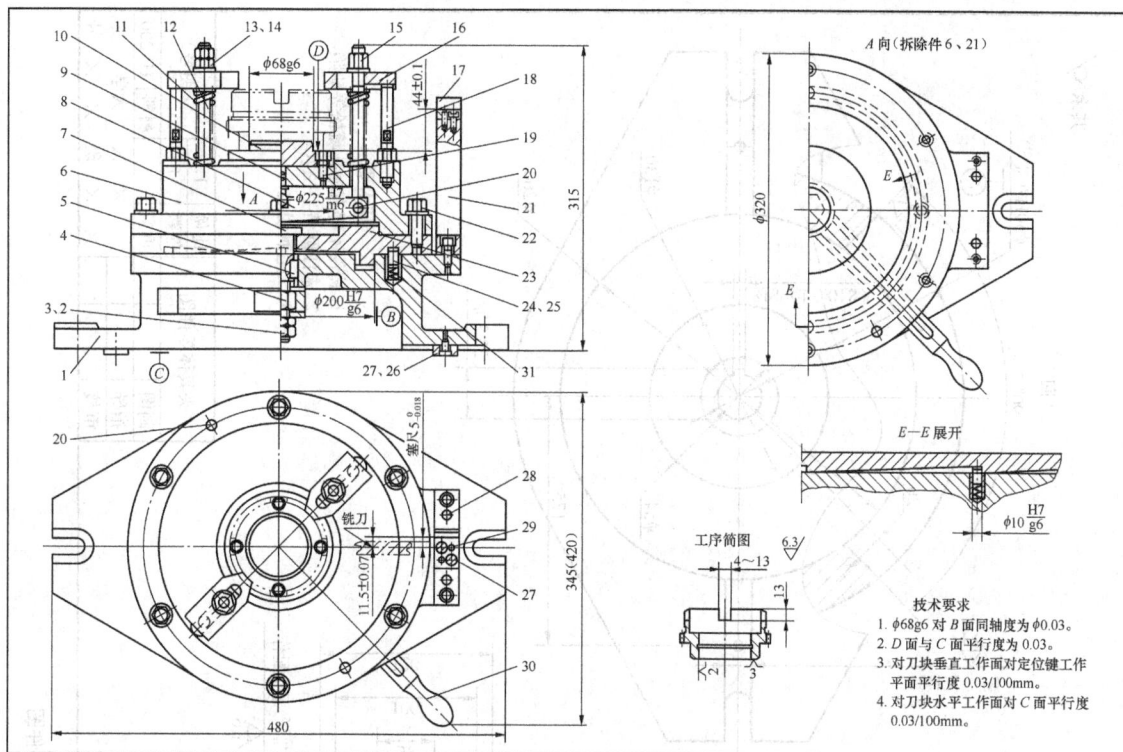

A 向（拆除件 6、21）

E—E 展开

工序简图

技术要求：
1. $\phi68g6$ 对 B 面同轴度为 $\phi0.03$。
2. D 面与 C 面平行度为 0.03。
3. 对刀块垂直工作面对定位键工作平面平行度 0.03/100mm。
4. 对刀块水平工作面对 C 面平行度 0.03/100mm。

序号	名称	件数	材料	备注	序号	名称	件数	材料	备注
					15	带肩六角螺母	1		M12 JB/T 8004.1—1999
					14	平垫圈	9		12 GB 95—85
					13	六角螺母	4		M12 GB 6170—86
					12	铰链螺栓	2	45 钢	35～40HRC
31	衬套	1	45 钢	40～45HRC	11	压缩弹簧	2	65Mn	
30	扳手	1	ZG45		10	定位盘	1	45 钢	45～50HRC
29	圆柱销	2		5×16GB119—86	9	球头轴	1	45 钢	35～40HRC
28	圆柱销	2		8×35GB119—86	8	杠杆	1	45 钢	35～40HRC
27	螺钉	4		M6×16GB/T65—200	7	中心轴	1	45 钢	调质 28～32HRC
26	定位键	2		A18h8JB/T8016—1999	6	连接座	1	HT200	
25	压缩弹簧	1	65Mn		5	平键	1		8×18 GB 1096—79
24	对定销	1	T7 钢	50～55HRC	4	六角螺母	1		M20 GB 6170—86
23	分度盘	1	45 钢	40～45HRC	3	大垫圈	2		20 GB 96—85
22	六角头螺栓	6		M12×35 GB 5780—86	2	螺母	2		M20 GB 6172—86
21	对刀块座	1	HT200		1	夹具体	1	HT200	
20	圆柱销	4		10×35 GB 119—86	序号	名称	件数	材料	备注
19	内六角圆柱头螺钉	6		M8×20 GB70—85	离合器齿轮铣槽夹具		比例	1：1	
18	支撑螺杆	2	45 钢	35～45HRC			件数		（图号）
17	直角对刀块	1		JB/T 8031.3—1999	设计者		日期	重量	共 1 张　第 1 页
16	压板	2	45 钢	35～45HRC	指导				××学院
序号	名称	件数	材料	备注	审核				××班××号

图 8-5　夹具装配图及工序简图

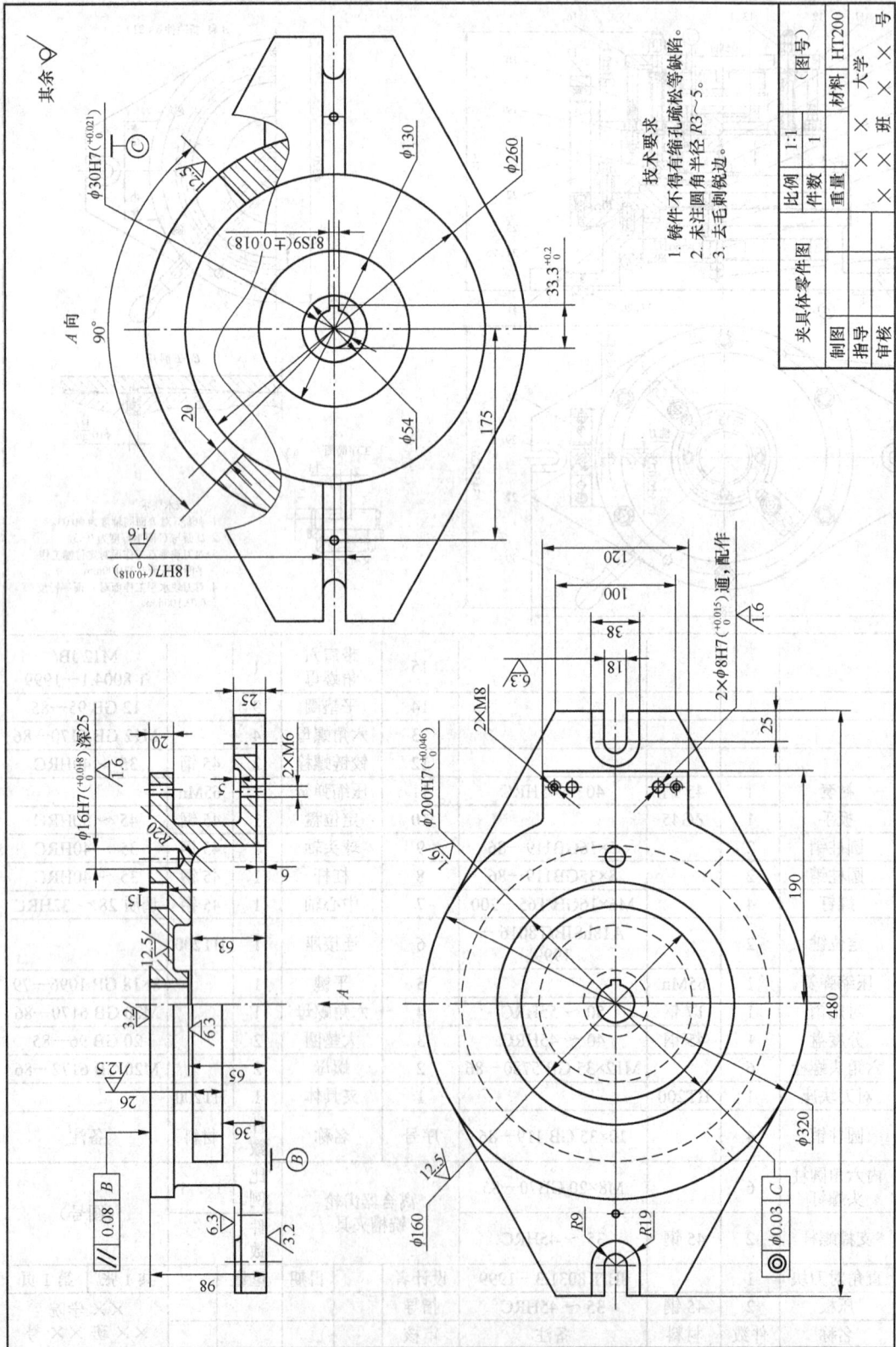

技术要求

1. 铸件不得有缩孔流松等缺陷。
2. 未注圆角半径 R3~5。
3. 去毛刺锐边。

夹具体零件图				
		（图号）		
		材料	HT200	大学
制图		比例	1:1	× × 班
指导		件数	1	× × 号
审核		重量	× ×	× × ×

图 8-6　夹具体零件图

当一个槽加工完毕后，扳手 30 顺时针转动，使分度盘 23 与夹具体 1 之间松开。分度盘下端沿圆周方向分布有 4 条长度为 1/4 周长的斜槽。然后逆时针转动分度盘，在斜槽面的推压下，使对定销 24 逐渐退入夹具体的衬套孔中，当分度盘转过 90° 位置时，对定销依靠弹簧力量弹出，落入第二个斜槽中，再反靠分度盘使对定销与槽壁贴紧，逆时针转动扳手 30 把分度盘紧定在夹具体上，即可加工另一个槽。由于分度盘上 4 个槽为单向升降，因此分度盘也只能单向旋转分度。

（7）结构特点。该夹具结构简单，操作方便。但分度精度受到 4 条斜槽制造精度的限制，故适用于加工要求不高的场合。

夹具上装有直角对刀块 17，可使夹具在一批零件的加工之前很好地对刀（与塞尺配合使用）；同时，夹具体底面上的一对定位键可使整个夹具在机床工作台上有一个正确的安装位置，以利于铣削加工。

本夹具调整对刀块位置、增添周向定位机构，即可用于下一道工序，成为在 X62W 卧式铣床上精铣槽口的专用夹具。

8 小结（略）

9 参考文献

［1］赵家奇. 机械制造工艺学课程设计指导书（第 2 版）［M］. 北京：机械工业出版社，2000.10

［2］李 云. 机械制造及设备指导手册［M］. 北京：机械工业出版社，1997.8

［3］孟少农. 机械加工工艺手册［M］. 北京：机械工业出版社，1991.9

［4］徐圣群. 简明加工工艺手册［M］. 上海：科学技术出版社，1991.2

［5］徐圣群. 简明加工工艺手册（第 2 版）［M］. 北京：机械工业出版社，2003.1

　　……

课程设计评审表

设计者：	班级学号：	所属系部：		
题　　目：				
内容摘要：				
指导教师评语：				
		指导教师签名：	年　月　日	
答辩小组意见：				
		答辩组成员签名：		
		答辩组长签名：	年　月　日	
课程设计成绩：				

小结

本章重点介绍了一个机械加工工艺及装备课程设计的实例，使学生能了解一个零件的加工工艺规程步骤和格式。本章难点在于工序尺寸的计算和时间定额的计算。设计应突出特色和简洁，不要拘泥于一种固定的格式，应讲究高效、实用。

习题

将本实例离合器齿轮的加工装备改为数控机床加工装备，重新制订工艺路线，试编制工艺过程卡片和各工序的工序卡片。

附录

机械加工实训项目

【学习目标】

1. 了解实训的目的
2. 了解实训内容和操作方法
3. 方便师生掌握本门课程的实训项目

　　本附录提供机械加工过程中实用性较强的生产实习和实训项目，方便师生教学指导和学习。实训的目的如下。

　　（1）使学生能够在真实的工作场所来巩固、加深、扩大已学过的基础理论和部分专业知识，并且通过实训使学生掌握本专业基本的生产实际知识和技能，为后继专业课程的学习打下良好的基础。

　　（2）培养学生养成理论联系实际的习惯，在生产实际中调查研究，发现问题，并善于运用所学的知识分析、解决实际生产技术问题。

　　（3）了解工厂的组织情况、管理方法及车间与有关科室的关系，使学生对工厂的组织管理机构有一个初步的认识。

　　（4）虚心向工人师傅学习，向现场工程技术人员学习，使学生了解作为一名合格的工程技术人员应该具备的知识、能力和知识特点，增强学生能吃苦耐劳、热爱自己专业的精神。

　　（5）了解本专业的科技发展动态，考察先进制造技术在实际生产中的应用情况。

　　（6）培养学生的团队精神，养成相互帮助、相互关心的习惯。

　　根据机械加工工艺过程的特点和内容，特编制如下 8 个项目的实训内容，供师生参考应用。

项目一 普通机床与数控机床认知

一、适用专业及实训学时

本实训是机械类专业学生学习《机械加工工艺及装备》时的实践教学环节，实训学时为2学时。

二、实训目的

（1）了解制造业与制造技术的基本概念。

（2）了解数控机床加工与普通机床加工的异同。

（3）了解数控机床的基本结构组成。

（4）了解零件从毛坯到零件成品的大致过程。

三、实训内容

（1）普通机床加工过程的认识。

（2）数控机床加工过程的认识。

四、实训设备和材料

（1）CAK6150数控车床。

（2）XK713数控铣床。

（3）BV75立式加工中心。

（4）120mm×100mm×20mm加工毛坯料。

（5）ϕ40mm×200mm圆形棒料。

（6）压板、螺钉等常用装夹工具、刀具。

五、实训步骤和方法

（1）事先准备1个简单的阶梯轴零件，然后利用普通车床和数控车床分别将其加工出来。了解车床的控制轴数、手动操作和自动运行的过程。

（2）事先准备1个简单的矩形零件，然后利用普通铣床和数控铣床将其加工出来。了解铣床的控制轴数、运动方向和零件加工的过程。

（3）参考加工中心机床加工零件过程，了解加工中心的控制轴数、联动轴数、自动换刀方法、切削液和运动控制过程等。

六、实训基本要求

（1）认真阅读教材第 1 章，了解制造、制造业、制造技术的发展及概念。

（2）对观察到的机床型号作记录，说明它们所代表的意义。

（3）对了解到的数控机床的传动及工作台拖板的运动控制和普通机床进行比较。根据所了解的知识，认真填写附表 1。

附表 1　　　　　　　　　　　　　机床认识实训比较

性能特征 机床类型		型号	控制轴数	联动轴数	主轴变速	换刀方式	数控系统	加工适应性
车床	普通机床							
	数控机床							
铣床	普通机床							
	数控机床							
加工中心								

七、思考题

（1）数控机床在实际切削运动过程中，刀具和工作台间的相对运动是什么样的关系?

（2）当更换一个零件时，数控加工比普通机床、自动机床有什么优势?

（3）数控机床加工的劳动强度及其安全性能如何?

八、实训报告格式和内容

课程名称：　　　　　班级学号：　　　　　姓名：　　　　实训日期　　年　月　日

实训名称：	
实训设备：	成绩
实训目的：	

	1. 普通车削加工过程的认识。
实训内容	2. 数控车削加工过程的认识。
	3. 加工中心加工过程的认识。

| 实训内容 | 4. 实训体会。 |
| | 5. 回答思考题。 |

项目二　刀具角度测量

一、适用专业及实训学时

　　本实训是机械类专业学生学习《机械加工工艺及装备》时的实践教学环节，实训学时为4学时。

二、实训目的

　　（1）金属切削刀具是对零件进行切削加工，使之达到零件的形状、尺寸、精度和表面质量要求的工艺装备之一，对于提高劳动生产率、保证加工质量、改进生产技术和降低加工成本等，都有重要影响。熟悉、了解各种刀具的几何角度及其作用，是学会刃磨刀具、使用刀具进行加工的基础。

　　（2）通过对刀具几何角度测量实训，使学生了解各种刀具的名称、组成、类型和用途。

　　（3）通过实训，熟悉刀具标注角度的坐标系、基本平面及各刀具角度的名称。

　　（4）学会正确测量刀具几何角度的方法。

三、实训内容

　　（1）通过对典型刀具的观察和识别，指出刀具的名称、组成、类型和用途。

　　（2）选择比较典型的刀具，定出切削刃上一个选定点。然后按假定的主运动方向和假定进给方向，建立刀具基准平面，即基面、切削平面。选定测量平面（3者组成空间坐标系）。

　　（3）对刀具的主要几何角度，如前角、后角、主偏角、副偏角和刃倾角，进行测量。

　　（4）画出该刀具的标注角度。

四、实训设备和材料

　　（1）各种刀具若干把。

　　（2）平台1个，万能角度尺（如附图1所示）若干把，车刀量角台（如附图2所示）。

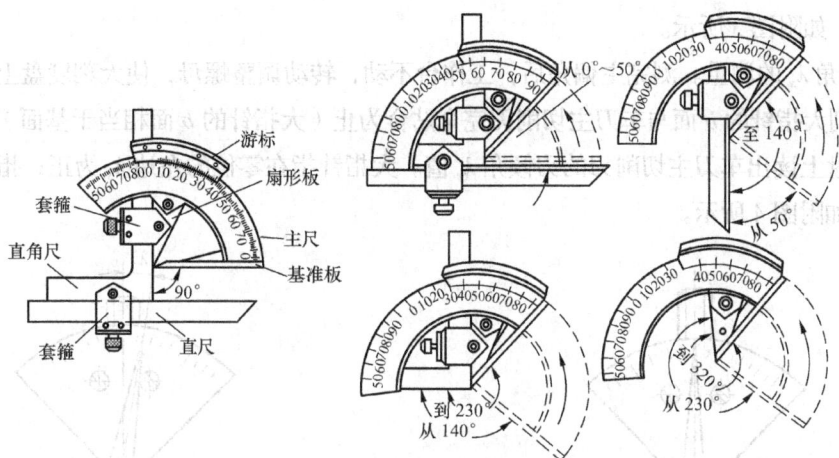

附图 1　万能角度尺的使用

（3）外圆车刀（90°偏刀、45°弯头刀）和切断刀各 1 把。

五、实训操作方法和步骤

（1）操作方法（以车刀量角台为例）。车刀量角台是测量车刀标注角度的专用量角仪，其结构如附图 2 所示。它的测量基本原理就是利用安装在 3 个互相垂直轴上的刻度盘或指针，对应车刀被测部分作一定角度的转动，其转过的角度值可通过相应的刻度盘指针显示出来，从而测量出车刀切削部分在某平面内的"静态"几何角度。

在车刀的设计、制造、刃磨和测量过程中，为方便起见，均以与车刀刀杆的安装底面（附图 2）相贴合的平面作为基面。因为在使用中车刀的切削平面和各平面（法平面除外）均垂直于基面，所以，车刀量角台在小指针指零时，

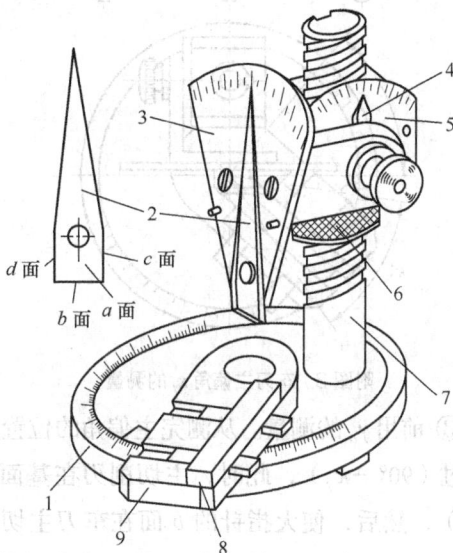

附图 2　车刀量角台结构

1—底盘　2—大指针　3—大刻度盘　4—小指针　5—小刻度盘　6—调整螺母　7—立柱　8—定位块　9—工作台

可用大指针的前面 a 分别代表各平面（小指针转过刃倾角 λ_s 时代表法平面）和切削平面。测量时，只要将被测车刀随工作台转到一定的位置，然后，再适当调整大指针的方位，使其几个测量工作面（如附图 2 的 a、b、c、d 等面）分别与车刀切削部分的各被测面（刃）贴合，此时，便可在底盘和大刻度盘上分别读出车刀切削部分在基面、正交平面、法平面等平面内的"静态"几何角度值。

（2）操作步骤。测量前，先将各指针对零（原始位置），然后，将车刀放到测量工作台上，并与定位块靠紧。

① 主偏角 κ_y 的测量。将工作台连同车刀一起从原始位置开始顺时针转动（工作台平面相当于基面），直到车刀主切削刃与大指针的 a 面贴合为止，这时，即可在标有刻度的圆形底盘上读出车

刀主偏角值，如附图 3 所示。

② 刀倾角 λ_s 的测量。测完主偏角后，工作台不动，转动调整螺母，使大刻度盘上移，并转动小指针。调到大指针的 b 面与车刀主切削刃完全贴合为止（大指针的 b 面相当于基面），这时，即可在大刻度盘上读出车刀主切削刃的刃倾角 λ_s 值。大指针指在零位的左边 λ_s 为正；指在零位的右边 λ_s 为负，如附图 4 所示。

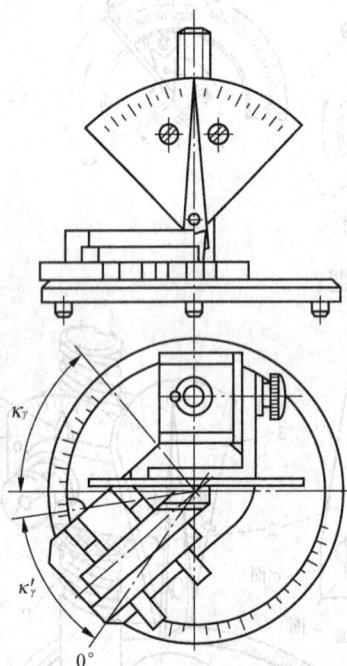

附图 3　车刀主偏角 κ_r 的测量　　　　附图 4　车刀刃倾角 λ_s 的测量

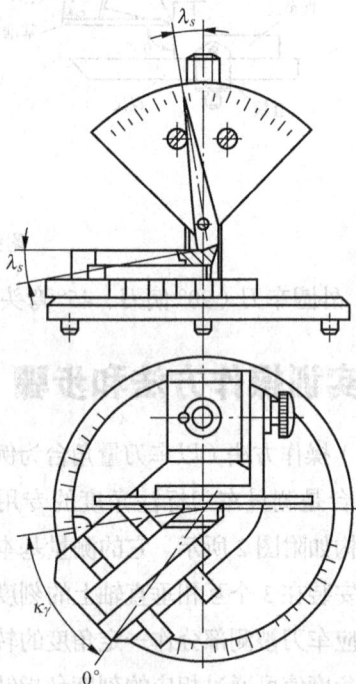

③ 前用 γ_o 的测量。从测完主偏角的位置起，使工作台逆时针转动 90°，或从原始位置起逆时针转过（90°$-\kappa_r$），此时，主切削刃在基面上的投影恰好垂直于大指针的前面 a（相当于正交平面），然后，使大指针的 b 面在车刀主切削刃选定点与前刀面贴合，这时，即可在大刻度盘上读出车刀主切削刃的前角 γ_o 值。大指针指在零位的右边 γ_o 为正；指在零位的左边 γ_o 为负，如附图 5 所示。

④ 后角 α_o 的测量。测完前角后，工作台不动，向右平移车刀（这时定位块可能要置于车刀的左侧，但仍要保证车刀侧面与定位块侧面靠紧），然后，下移大刻度盘，使大指针的 c 面在车刀主切削刃选定点 A 处与后刀面贴合，这时，即可在大刻度盘上读出车刀主切削刃的后角 α_o 值。大指针指在零位的左边 α_o 为正；指在零位的右边 α_o 为负，如附图 6 所示。

⑤ 法前角 γ_n 的测量。先将工作台和车刀调整到测量前角 γ_o 的位置，然后再使小指针从零位转过 λ_s 角，此时，大指针的前面 a 即为该车刀测量的法平面。当大指针的 b 面在车刀主切削刃选定点与前刀面贴合时，即可在大刻度盘上读出车刀主切削刃的法前角 γ_n 值。

⑥ 法后角 α_n 的测量。测完法前角后，小指针不动，转动调整螺母，使大刻度盘下移，并使大指针的 c 面在选定点与主后刀面贴合为止，这时，即可在大刻度盘上读出车刀主切削刃的法后角 α_n 值。

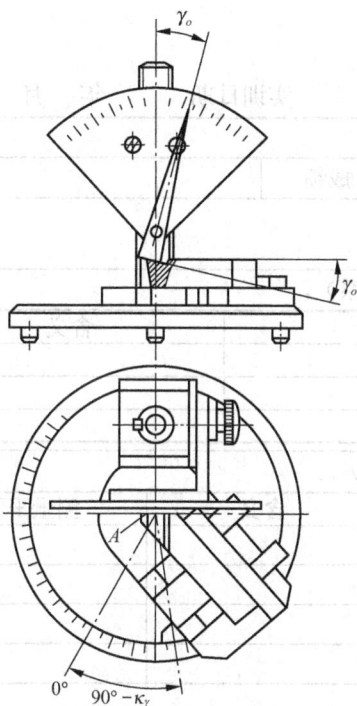

附图 5 车刀前角 γ_o 的测量　　　　　　附图 6 车刀后角 α_o 的测量

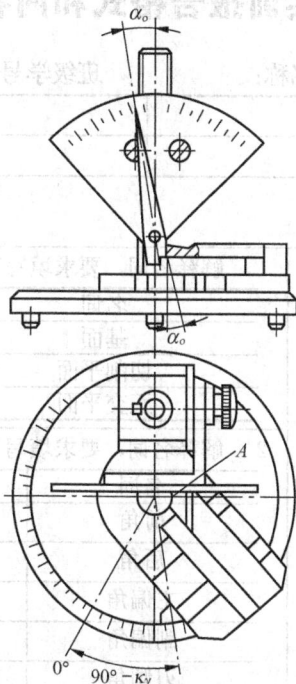

⑦ 侧前角 γ_f 的测量。将工作台恢复到原始位置，使刀杆轴线方向垂直于大指针的 a 面，然后让大指针的 b 面与前刀面贴合，这时，即可在大刻度盘上读出车刀主切削刃的侧前角 γ_f 值。

⑧ 背前角 γ_p 的测量。将工作台由原始位置顺时针转过 90°，调整大指针，使其 b 面与前刀面贴合，这时，即可在大刻度盘上读出车刀主切削刃的背前角 γ_p 值。

⑨ 副偏角 κ'_y 的测量。车刀副偏角 κ'_y 的测量可参照主偏角 κ_y 的测量过程进行。

⑩ 副前角 γ'_o、副后角 α'_o 的测量。测量完副偏角 κ'_y 后，将工作台顺时针转过 90°，调整大刻度盘，使大指针的 b 面和 d 面在车刀副切削刃选定点，分别与前刀面和后刀面贴合，这样，便可在大刻度盘上分别读出车刀副切削刃的副前角 γ'_o 和副后角 α'_o 值。

⑪ 副刃倾角 λ'_s 的测量。将工作台转至测量副偏角 κ'_y 的位置，然后，使大指针的 b 面与副切削刃贴合，这时，即可在大刻度盘读出车刀副切削刃的副刃倾角 λ'_s 值。

六、实训基本要求

实训时，学生事先要对刀具测量的假想基准平面有所了解，便于实践时快速确定出测量平面，进行测量。一般 2～3 人为一组。实训指导教师在学生实训中，要把握学生对基准平面的正确使用，保证测量的正确性。

七、思考题

试述刀具前角、后角、主偏角、副偏角及刃倾角的选择应考虑哪些因素。

八、实训报告格式和内容

课程名称：　　　　　班级学号：　　　　姓名：　　　实训日期　　年　月　日

实训名称：	
实训设备	成绩

实训目的：

实训内容	1．解释名词，要求填写下表（正交平面参考系）。 	名词	符号	含义
基面		
切削平面		
正交平面		| 2．解释名词，要求填写下表（刀具标注角度）。 | 名词	符号	含义	测量平面
---	---	---	---
前角			
后角			
主偏角			
副偏角			
刃倾角			
副后角			| 3．测量刀具角度　　刀具号： | 名词	符号	实测角度	测量平面
---	---	---	---
前角			
后角			
主偏角			
副偏角			
刃倾角			
刀杆尺寸	长×宽×高（mm）			 4．画出该刀具，并标注角度。 5．回答思考题。
---	---

项目三　工件在四爪卡盘上的找正

一、适用专业及实训学时

本实训是机械类专业学生学习《机械加工工艺及装备》时的实践教学环节，实训学时为2学时。

二、实训目的

（1）工件在四爪卡盘上的装夹，是对机械加工人员操作技能的一项基本要求，必须达到应知、应会的目的。通过实训，学生应掌握在机械加工操作中对具有复杂表面的工件进行装夹的基本要领和方法。

（2）学会用百分表找正四爪卡盘上装夹的不规则工件。

（3）学会用划线法找正装夹在四爪卡盘上的不规则工件。

三、实训内容

（1）工件的装夹是加工前一项必须进行的工作，有两个含义，即定位和夹紧，以保证工件在加工中始终占有正确的位置。

① 定位：是指确定工件在机床或夹具中占有正确位置的过程。

② 夹紧：是指工件定位后将其固定，使其在加工过程中保持定位位置不变的操作。

（2）在实际生产中，用四爪卡盘装夹工件的找正方法有如下两种。

① 百分表找正装夹法。工件的定位过程由操作工人直接在机床上利用百分表、划线盘等工具找正有相互位置要求的表面，然后夹紧工件，这种方法称为百分表找正装夹法。

② 划线找正装夹法。在四爪卡盘上用划线找正工件的方法，又称十字找正法。通过两对正交卡爪的按线调整，使工件的中心与机床主轴的回转中心重合，达到找正的目的。

（3）本次实训的内容。

① 如附图7所示，按百分表找正法进行找正。

② 如附图8所示，按划线找正法进行找正。

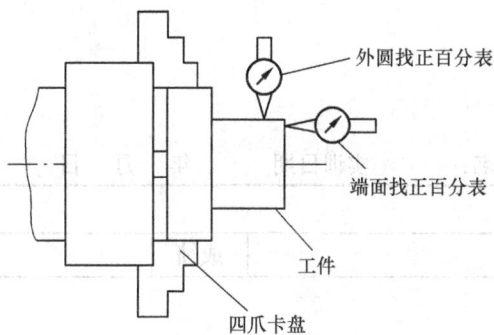

附图7 用百分表找正

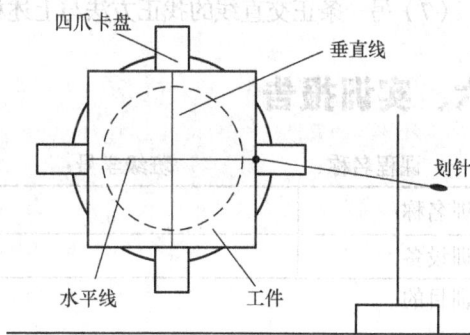

附图8 划线找正

四、实训设备和材料

（1）CA6140车床，四爪卡盘。

（2）被测工件2个（圆柱形、方形）。

（3）划针、百分表及表座。

五、实训步骤和方法

1. 百分表找正法

（1）将工件以附图2所示的方式装夹在四爪卡盘上，夹住即可，不要用力过大，便于及时调整。

（2）将百分表夹在百分表座支架上，表座下方吸附在车床的中溜板上。

（3）先找正工件的端面。摇动大溜板，使百分表头接近工件的端面（转动工件，以端面不碰到百分表为宜），然后轻轻转动工件，观察工件端面哪一点离百分表最近，则轻轻敲击工件，使其离开百分表。当工件端面的各点距离百分表接近一致时，将百分表轻轻压向工件，让表针转动0.2mm。看表进行找正，直至百分表的指针变化很小为止。

（4）对工件的外圆进行找正。将百分表指向工件外圆表面，其找正的方法与端面找正基本相同，请学生在实训中体会。

（5）边找正边将工件夹紧。

2. 划线找正法

（1）以附图3所示的方式，将工件装夹在四爪卡盘上，夹住即可，不要用力过大，便于找正时调整省力。

（2）将划针放在中溜板上，初步调好划针针尖的高度。

（3）用划针检查十字线中的一条划线，边转动卡盘，边用划针检查线是否水平。当工件上的直线达到水平时，则将划针与直线等高。

（4）然后将工件转动180°，再水平找正。当达到水平后，观察划针与水平直线的高度差。

（5）调整卡盘的上、下夹爪，使划针和水平直线的高度差减半。

（6）重复上述的方法，直到不等高的值达到要求为止。

（7）另一条正交直线的找正方法与上述相同。

六、实训报告

课程名称：		班级学号：		姓名：	实训日期	年　月　日
实训名称：						
实训设备：					成绩	
实训目的：						

实训内容	1. 百分表找正装夹法的步骤。
	2. 划线找正法的步骤。

项目四　虎钳在铣床上的找正实训

一、适用专业及实训学时

本实训是机械类专业学生学习《机械加工工艺及装备》时的实践教学环节，实训学时为 2 学时。

二、实训目的

（1）工件在平口虎钳上的装夹，是对机械加工人员操作技能的一项基本要求，必须达到应知、应会的目的。

（2）学会采用找正固定钳口的位置使平口虎钳在机床上定位的方法。

三、实训内容

（1）工件的装夹（同项目三）。

（2）平口虎钳。通常通过找正固定钳口的位置使平口虎钳在机床上定位，即以固定钳口为基准确定虎钳在工作台上的安装位置。

（3）练习使用平口虎钳装夹工件。

四、实训设备和材料

（1）铣床一台。

（2）平口虎钳一个。

（3）百分表及表座各一个。

五、实训步骤和方法

1. 平口虎钳的找正

固定钳口无论是纵向使用或横向使用，都必须与机床导轨的运动方向平行，同时还要求固定钳口的工作面要与工作台面垂直。找正方法是用附图 9 所示的方法进行检测。先将百分表的表座固定在铣床的主轴或床身某一适当位置，使百分表测量头与固定钳口的工作表面相接触。此时，纵向或横向移动工作台，观察百分表的读数变化，即反映出虎钳固定钳口与纵向或横向进给运动的平行度。若沿垂直方向移动工作台，则可测出固定钳口与工作台台面的垂直度，观察并记下指针读数。同时敲打虎钳，重复以上操作，

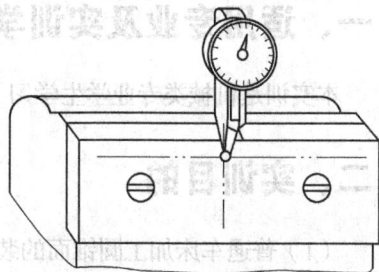
附图 9　用百分表找正虎钳

直到百分表的读数在要求范围内变化，即虎钳找正完毕，同时锁紧虎钳下底座螺钉。

2. 练习使用平口虎钳装夹工件

平口虎钳的钳口可以制成多种形式，更换不同形式的钳口可扩大机床用平口虎钳的使用范围。钳口的各种形式见教材 4.1.8 小节。

正确合理地使用平口虎钳，不仅能保证装夹工件的定位精度，而且可以保持虎钳本身的精度，延长其使用寿命。使用平口虎钳时，注意事项见教材 4.1.8 小节。

六、实训报告

课程名称：		班级学号：		姓名：		实训日期	年 月 日
实训名称：							
实训设备：						成绩	
实训目的：							
实训内容	1．平口虎钳找正的步骤。						
	2．平口虎钳装夹的零件类型和使用范围有哪些。						
	3．平口虎钳的精度怎样保证？需要注意哪些事项？						

项目五　锥体零件加工方法

一、适用专业及实训学时

本实训是机械类专业学生学习《机械加工工艺及装备》时的实践教学环节，实训学时为4学时。

二、实训目的

（1）普通车床加工圆锥面的装夹方法和加工方法。

（2）掌握圆锥三要素的标注方法，会计算锥度和圆锥角。

三、实训内容

（1）转动小滑板法车削圆锥体。

（2）偏移尾座法车削圆锥体。

（3）靠模法车削圆锥体。

四、实训设备和材料

（1）普通车床及刀具。

（2）拨盘和顶尖随机床配备。

（3）万能角度尺及游标卡尺。

五、实训步骤和方法

1. 转动小滑板法

用转动小滑板法车削圆锥，如附图 10 所示。小滑板转动的原则是小滑板转动的角度应是圆锥素线与车床主轴轴线的夹角，即等于工件的圆锥半角（$\alpha/2$）。常见车削圆锥小滑板应转角度如附表 2 所示。

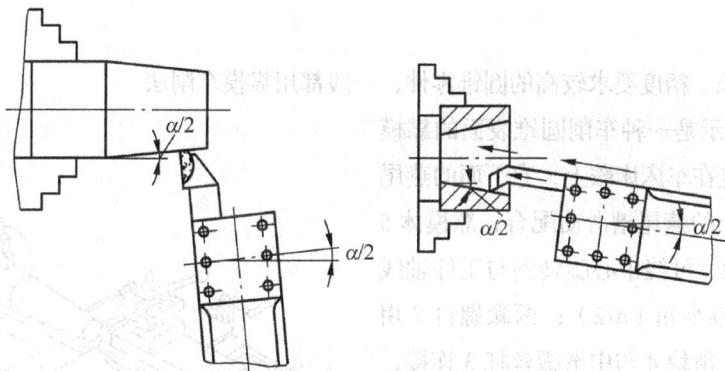

附图 10　转动小滑板车圆锥面

附表 2　　　　　　　车削常见圆锥小滑板应转角度

锥　度	小滑板转动角度	锥　度	小滑板转动角度	锥　度		小滑板转动角度
1：3	9° 27′44″	1：12	2° 23′9″	0		1° 29′23″
1：4	7° 7′30″	1：15	1° 54′23″	1		1° 25′40″
1：5	5° 42′38″	1：16	1° 47′24″	莫式圆锥	2	1° 25′46″
1：7	4° 5′8″	1：20	1° 25′56″		3	1° 26′12″
1：8	3° 34′35″	1：30	0° 57′17″		4	1° 29′12″
1：10	2° 51′45″	7：24	8° 17′50″		5	1° 30′22″

2. 偏移尾座法

用偏移尾座的方法（如附图11所示），车削圆锥面时，应注意尾座偏移量不仅和圆锥长度L有关，而且还与两顶尖间的距离L_0有关。尾座偏移量可根据下式计算：

$$S = (D - d)/2 \times L_0 \text{ 或 } S = C/2 \times L_0$$

式中：S—尾座偏移量（mm）；

　　　D—最大圆锥直径；

　　　D—最小圆锥直径；

　　　L_0—工件全长；

　　　C—圆锥锥度。

例如，用偏移尾座法车削如附图12所示的锥形心轴，求尾座偏移量S。

解：根据公式 $S = C/2 \times L_0 = (1/25)/2 \times 200 = 4mm$

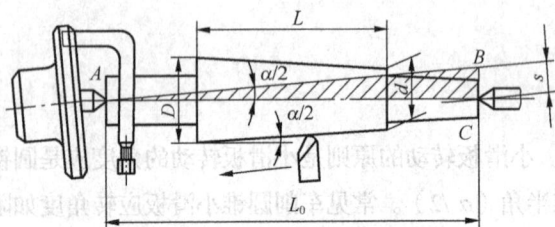

附图 11　偏移尾座车圆锥的方法

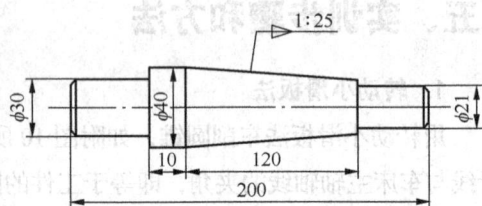

附图 12　偏移尾座车圆锥心轴示例

3. 靠模法

对于长度较长、精度要求较高的圆锥零件，一般都用靠模车削法。

如附图 13 所示是一种车削圆锥表面的靠模装置，底座 1 固定在车床床鞍上，它下面的燕尾导轨和靠模体 5 上的燕尾槽滑动配合；靠模体 5 上装有锥度靠模 2，可绕中心旋转到与工件轴线相交成所需的圆锥半角（$\alpha/2$）；两颗螺钉 7 用来固定锥度靠模；滑块 4 与中滑板丝杠 3 连接，可以沿着锥度靠模 2 自由滑动。当需要车圆锥时，用两颗螺钉 11 通过挂脚 8、调节螺母 9 及拉杆 10，把靠模体 5 固定在车床床身上。螺钉 6 用来调整靠模斜度。当床鞍作纵向移动时，滑块就沿着靠模斜面滑动。由于丝杠和中滑板上的螺母是连接的，这样床鞍纵向进给时，中滑板就沿着靠模度作横向进给，车刀就合成斜进给运动。当不需要使用靠模时，只要把固定在床身上的两只螺钉 11 放松，床鞍就带动整个附件一起移动，使靠模失去作用。

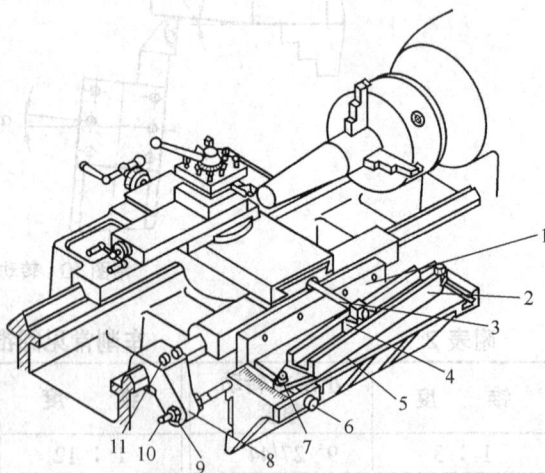

附图 13　用靠模法车削圆锥面

1—底座　2—锥度靠模　3—丝杠　4—滑块　5—靠模体

6、7、11—螺钉　8—挂脚　9—调节螺母　10—拉杆

六、实训报告

课程名称：		班级学号：		姓名：		实训日期	年 月 日

实训名称：			
实训设备：		成绩	

实训目的：

	1. 转动小滑板法车削圆锥面的注意事项有哪些？
实训内容	2. 偏移尾座法车削圆锥面的注意事项有哪些？
	3. 靠模法车削圆锥面的注意事项有哪些？

项目六　车削细长轴工艺方法

一、适用专业及实训学时

本实训是机械类专业学生学习《机械加工工艺及装备》时的实践教学环节，实训学时为 4 学时。

二、实训目的

车削细长轴，对刀具、机床精度、切削用量的选择、工艺的安排、辅助工具的精度、操作方法都有较高的要求，是一项工艺性非常强的综合技能。主要目的有以下两点。

（1）了解细长轴的加工特点和加工过程中会出现的问题。

（2）学会防止细长轴车削时震动和变形的方法。

三、实训内容

1. 细长轴的加工特点和加工过程中可能出现的问题

（1）细长轴是指工件的长度与直径之比大于25（$L/d > 25$）的轴。

（2）车削过程中可能引发如下问题。

① 工件受热产生弯曲变形，会使工件卡死在顶尖间。

② 工件受切削力作用产生弯曲变形，从而引起震动，使零件精度下降，表面粗糙度变大。

③ 工件自身重力产生下垂、变形和震动，影响工件圆柱度和表面粗糙度。

④ 工件高速旋转，产生离心力，加剧工件的弯曲和震动。

2. 防止细长轴车削时震动和变形的方法

防止细长轴车削时震动和变形的方法有很多，如采用中心架支撑，使用跟刀架、过渡套筒、弹性回转顶尖辅助设备或使用对刀切等。

四、实训设备和材料

（1）普通车床。

（2）中心架支撑、跟刀架、过渡套筒、弹性回转顶尖等辅助装备。

（3）刀具和细长工件若干。

五、实训步骤和方法

1. 用中心架、过渡套筒直接支撑车削细长轴

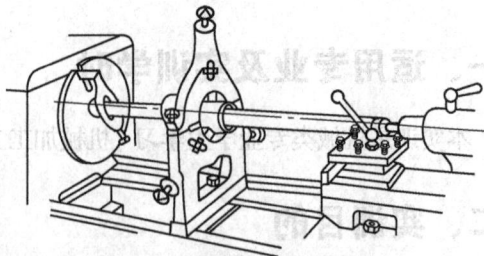

工件若可分段车削，可将中心架支撑在工件中间，使工件长度与直径的比值减少1/2，这样细长轴的刚性可增加几倍，如附图14所示。其装夹方法如下。

用上面方法车削支撑中心架的沟槽是比较困难的。若使用过渡套筒，使支撑爪与过渡套筒的外表面接触，再用过渡套筒两端的螺钉夹住毛坯工件，并调整套筒的轴线与主轴旋转轴线相重合，即可车削使用，如附图15所示。

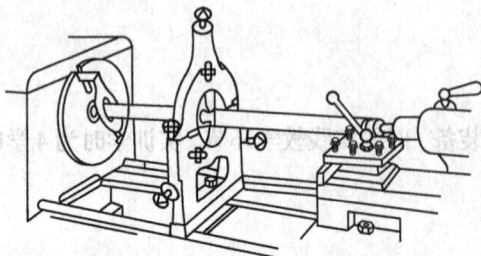

附图14　中心架支撑车削细长轴　　　　附图15　过渡套筒支撑车削细长轴

2. 跟刀架支撑车削细长轴

用跟刀架支撑车削细长轴的目的是要抵消背向力，防止工件弯曲变形。从跟刀架的设计原理讲，只需两只支撑爪就可以了，因车刀给工件的切削合力 F_r 使工件贴在跟刀架的两个支撑爪上。但实际使用时，由于工件细长，工件的重量造成工件下垂，以及工件毛坯的弯曲，使得车削时，因离心力使工件瞬时离开支撑爪或接触支撑爪而产生震动。若采用三爪跟刀架，用 3 只支撑爪支撑工件，一面由车刀抵住，可使工件上、下、左、右都不能移动，车削时稳定，不易产生震动，如附图 16 所示。

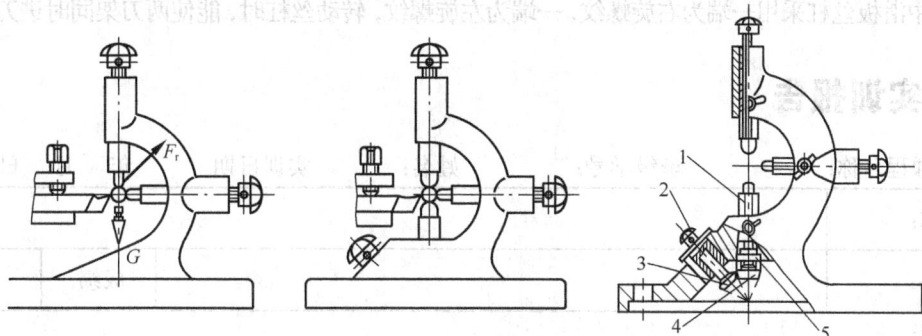

附图 16　跟刀架支撑车削细长轴

1—支撑爪　2—捏手　3—锥齿轮　4—锥齿轮　5—丝杆

三爪跟刀架的结构原理是：用捏手 2 转动锥齿轮 3，经锥齿轮 4 转动丝杆 5，即可使支撑爪 1 做向心或离心移动，如附图 16 所示。

3. 采用弹性回转顶尖

采用弹性回转顶尖车削细长轴，可有效地适应工件长度方向的热变形，工件不易弯曲，使车削顺利进行。

如附图 17 所示，弹性回转顶尖的结构原理是顶尖 1 用圆柱滚子轴承 2、滚针轴承 5 支撑背向力，推力球轴承 4 承受进给推力。在圆柱滚子轴承和推力球轴承之间放置两片厚 2.5mm 的碟形弹簧 3。当工件变形伸长时，工件推动顶尖，通过圆柱滚子轴承使碟形弹簧压缩变形，以适应工件的热变形伸长。

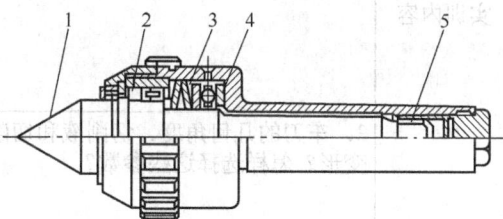

附图 17　弹性回转顶尖支承车削细长轴

1—顶尖　2—圆柱滚子轴承　3—碟形弹簧
4—推力球轴承　5—滚针轴承

4. 采用反向进给或对刀切削法车削细长轴

采用反向进给车削细长轴，就是改变进给力的方向，使工件由受压转变为受拉伸。当采用大进给量切削时，进给力较大，使工件从卡盘端到车刀之间内部产生较大的拉应力，能有效减少工件的径向圆跳动，消除大幅度的震动，有利于工件获得较高的精度和较小的表面粗糙度，但刀具后面有跟刀架支撑，如附图 18（a）所示。

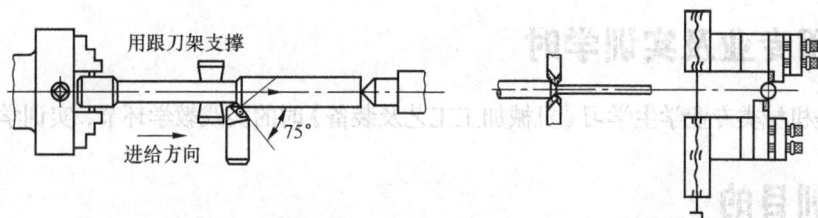

（a）采用反向进给车削细长轴　　　（b）采用对刀切削法车削细长轴

附图 18　改进车削方法车削细长轴

对刀切削法车削细长轴可使两把车刀背向力相互抵消，这样可减少工件的弯曲变形。两刀尖距离就是工件的直径，车出的工件圆柱度误差小，如附图 18（b）所示。

应用对刀切削法时，应将车床中滑板改装成前后两个刀架，前刀架正装一把车刀，后刀架反装一把车刀。中滑板丝杠采用一端为右旋螺纹，一端为左旋螺纹，转动丝杠时，能使两刀架同时进刀或退刀。

六、实训报告

课程名称：		班级学号：		姓名：		实训日期　年　月　日	
实训名称：							
实训设备：						成绩	
实训目的：							

实训内容	1．车削细长轴时的注意事项有哪些？
	2．防止车削细长轴时工件产生震动和弯曲变形的方法有哪些？
	3．车刀的几何角度、切削液和切削用量的不同能否影响细长轴工件加工过程中的震动和变形？怎样选择这些参数？

项目七　数控车削加工工艺

一、适用专业及实训学时

本实训是机械类专业学生学习《机械加工工艺及装备》时的实践教学环节，实训学时为 4 学时。

二、实训目的

（1）掌握数控车床刀具及切削参数的选择。

（2）数控车削加工工艺编制过程。

三、实训内容

（1）数控车床上刀具及切削参数的选择。

（2）数控车削加工工艺。

四、实训设备和材料

轴类零件图纸如附图 19 所示，为密封圈设计图纸。

五、实训步骤和方法

（1）事先准备一些轴类零件图纸。

（2）编制数控车削加工工艺。

六、实训任务

编制车削零件加工工艺。

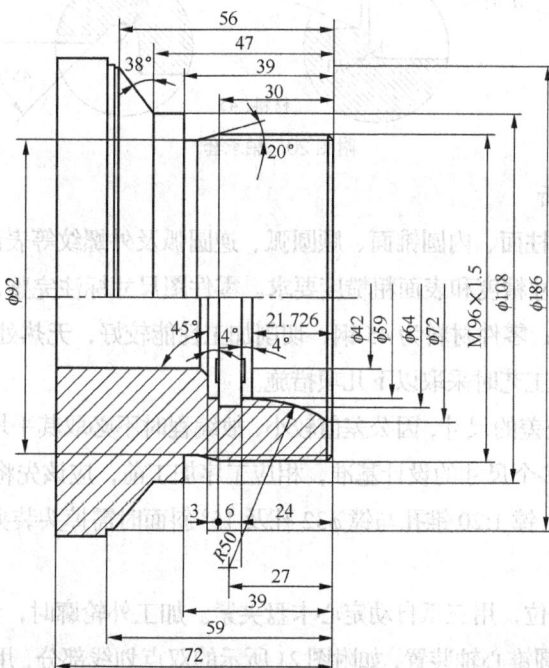

附图 19 密封圈

七、思考题

1. 切削用量三要素是什么？

2. 切削用量的选择原则是什么?

八、根据样本编写出零件的加工工艺

※※ 轴承套零件工艺样本

附图 20 所示为轴承套零件，试分析其数控车削加工工艺（单件小批量生产），所用机床为CJK6240。

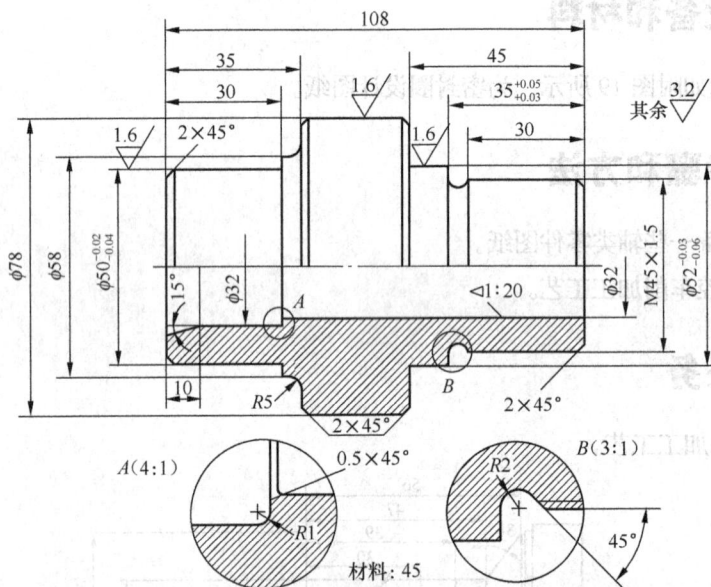

附图 20 轴承套

1. 零件图样工艺分析

该零件表面由内外圆柱面、内圆锥面、顺圆弧、逆圆弧及外螺纹等表面组成，其中多个直径尺寸与轴向尺寸有较高的尺寸精度和表面粗糙度要求。零件图尺寸标注完整，符合数控加工尺寸标注要求；轮廓描述清楚完整；零件材料为 45 钢，切削加工性能较好，无热处理和硬度要求。

通过上述分析，制订工艺时采取以下几项措施。

（1）零件图样上带公差的尺寸，因公差值较小，故编程时不必取其平均值，而取基本尺寸即可。

（2）左右端面均为多个尺寸的设计基准，相应工序加工前，应该先将左右端面车出来。

（3）内孔尺寸较小，镗 1:20 锥孔与镗 ϕ32 孔及 15° 斜面时需掉头装夹。

2. 装夹方案的确定

内孔加工时以外圆定位，用三爪自动定心卡盘夹紧。加工外轮廓时，为保证一次安装加工出全部外轮廓，需要设计一个圆锥心轴装置，如附图21所示的双点划线部分，用三爪卡盘夹持心轴左端，心轴右端留有中心孔并用尾座顶尖顶紧，以提高工艺系统的刚性。

3. 加工顺序及走刀路线的确定

加工顺序按由内到外、由粗到精、由近到远的原则确定，在一次装夹中尽可能加工出较多的工件表面。结合本零件的结构特征，可先加工内孔各表面，然后加工外轮廓表面。由于该零件为单件小批量生产，走刀路线设计不必考虑最短进给路线或最短空行2路线，外轮廓表面车削走刀路线可沿零件轮廓顺序进行。

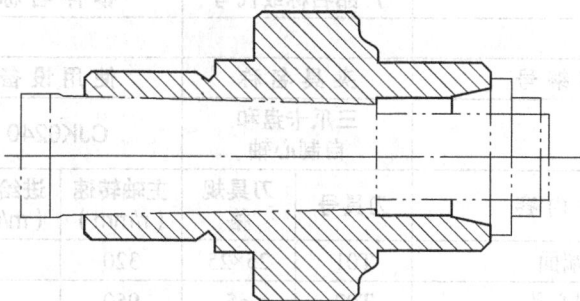

附图 21 轴承套外轮廓车削装夹方案

4. 刀具选择

刀具及其参数如附表3所示，为数控加工刀具卡片。注意，车削外轮廓时，为防止副后刀面与工件表面发生干涉，应选择较大的副偏角，必要时可作图检验。本例中选 $\kappa'_r = 55°$。

附表 3 　　　　　　　　　　　轴套类零件数控加工刀具卡片

产品名称或代号				零 件 名 称		零 件 图 号	
序号	刀具号	刀具规格名称	数量	加 工 表 面	刀尖半径 （mm）	备注	
1	T01	硬质合金 45°端面车刀	1	车端面	0.5	25×25	
2	T02	$\phi5$ 中心钻	1	钻 $\phi5$ 中心孔			
3	T03	$\phi26$ 钻头	1	钻底孔			
4	T04	镗刀	1	镗内孔各表面	0.4	20×20	
5	T05	93°右偏刀	1	从右至左车外表面	0.2	25×25	
6	T06	93°左偏刀	1	从左至右车外表面	0.2	25×25	
7	T07	硬质合金 60°外螺纹车刀	1	精车轮廓及螺纹	0.1	25×25	
编制		审核		批准	年　月　日	共　页	第　页

5. 切削用量选择

根据被加工表面质量要求、刀具材料和工件材料，参考切削用量手册和有关资料选取切削速度与每转进给量，然后根据公式计算主轴转速与进给速度。

背吃刀量的选择因粗、精加工而有所不同。粗加工时，在工艺系统刚性和机床功率允许的情况下，尽可能取较大的背吃刀量，以减少进给次数；精加工时，为保证零件表面粗糙度要求，背吃刀量一般取 0.1 ～ 0.4mm 较为合适。

6. 数控加工工艺卡片的拟订

将前面分析的各项内容综合成附表4所示的数控加工工艺卡片，此表是编制加工程序的主要依据和操作人员配合数控程序进行数控加工的指导性文件，主要内容包括工步顺序、工步内容、各工步所用的刀具及切削用量等。

附表4　　　　　　　　　　　　　轴承套数控加工工艺卡片

单位名称			产品名称或代号	零件名称	零件图号
工序号	程序编号		夹具名称	使用设备	车　间
001			三爪卡盘和自制心轴	CJK6240	数控中心

工步号	工步内容	刀具号	刀具规格	主轴转速（r/mm）	进给速度（m/min）	背吃刀量（mm）	备注
1	平端面	T01	25×25	320		1	
2	钻中心孔	T02	$\phi5$	950			
3	钻底孔	T03	$\phi26$	200			
4	粗镗$\phi32$内孔、15°斜面及倒角	T04	20×20	320	40	0.8	
5	精镗$\phi32$内孔、15°斜面及倒角	T04	20×20	400	25	0.2	
6	调头装夹粗镗1:20锥孔	T04	20×20	320	40	0.8	
7	精镗1:20锥孔	T04	20×20	400	20	0.2	
8	从右至左粗车轮廓	T05	25×25	320	40	1	
9	从左至右粗车轮廓	T06	25×25	400	40	1	
10	从右至左精车轮廓	T05	25×25	400	20	0.1	
11	从左至右精车轮廓	T06	25×25	400	20	0.1	
12	粗车M45螺纹	T07	25×25	320	480	0.4	
13	精车M45螺纹	T07	25×25	320	480	0.1	
编制		审核	批准	年月日	共页	第页	

项目八　零件数控铣削加工工艺编制

一、适用专业及实训学时

　　本实训是机械类专业学生学习《机械加工工艺及装备》时的实践教学环节，实训学时为4学时。

二、实训目的

　　（1）掌握数控铣削零件的加工工艺的编写。

　　（2）掌握数控铣床刀具及零件的选择。

三、实训内容

　　（1）数控铣削零件的加工工艺的编写。

　　（2）数控铣床刀具及零件的选择。

四、实训设备和材料

零件图纸如附图 22 所示。

五、实训步骤和方法

（1）事先准备一些铣削零件图纸。

（2）编制数控铣削零件加工工艺。

六、实训任务

编写下图盖板零件加工工艺。

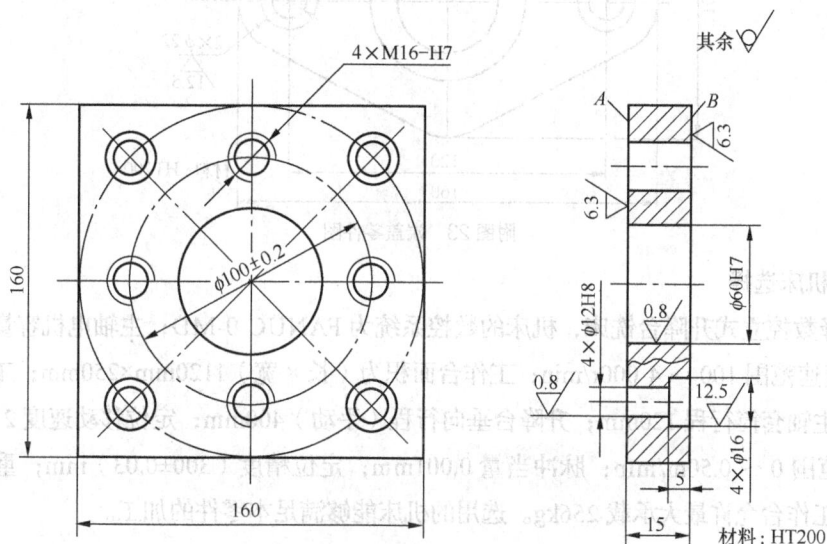

附图 22　盖板零件加工工艺图

七、根据样本编写出上面零件的加工工艺

1. 零件图工艺分析

通过零件图工艺分析，确定零件的加工内容、加工要求，初步确定各加工结构的加工方法。

（1）加工内容。如附图 23 所示，该零件主要由平面、孔系及外轮廓组成，因为毛坯是长方块件，尺寸为 170mm×110mm×50mm，加工内容包括 $\phi40H7$ 的内孔；阶梯孔 $\phi13$ 和 $\phi22$；A、B、C 3 个平面；$\phi60$ 外圆轮廓；安装底板的菱形并用圆角过渡的外轮廓。

（2）加工要求。零件的主要加工要求为：$\phi40H7$ 内孔的尺寸公差为 H7，表面粗糙度要求较高，为 $R_a1.6$。其他的一般加工要求为：阶梯孔 $\phi13mm$ 和 $\phi22mm$ 只标注了基本尺寸，可按自由尺寸公差等级 IT11 ～ IT12 处理，表面粗糙度要求不高，为 $R_a12.5$；平面与外轮廓表面粗糙度要求 $R_a6.3$。

（3）各结构的加工方法。由于 $\phi40H7mm$ 的内孔加工要求较高，拟选择钻中心孔—钻孔—粗镗（或扩孔）半精镗—精镗的方案。阶梯孔 $\phi13mm$ 和 $\phi22mm$ 可选择钻孔—锪孔方案。A、C 两个平面可用面铣刀粗铣 + 精铣的方法。C 面和 $\phi60mm$ 外圆轮廓可用立铣刀粗铣—精铣同时加工出。菱形和圆角过渡的外轮廓亦可用立铣刀粗铣—精铣加工出。

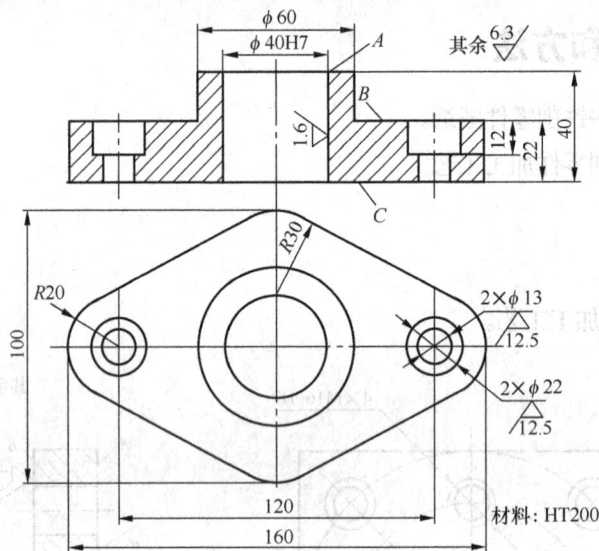

附图 23　端盖零件图

2. 数控机床选择

机床选择数控立式升降台铣床，机床的数控系统为 FANUC 0-MD；主轴电机容量 4.0kW；主轴变频调速变速范围 100 ～ 4 000r/min；工作台面积为（长 × 宽）1120mm×250mm；工作台纵向行程 760mm；主轴套筒行程 120mm；升降台垂向行程（手动）400mm；定位移动速度 2.5m/min；铣削进给速度范围 0 ～ 0.50m/min；脉冲当量 0.001mm；定位精度（300±0.03）mm；重复定位精度 ±0.015mm；工作台允许最大承载 256kg。选用的机床能够满足本零件的加工。

3. 加工顺序的确定

按照基面先行、先面后孔、先粗后精的原则确定加工顺序。由零件图可见，零件的高度 Z 向基准是 C 面，长、宽方向的基准是 $\phi40H7$ 的内孔的中心轴线。从工艺的角度看，C 面也是加工零件各结构的基准定位面，因此，在对各个加工内容加工的先后顺序的排列中，第一个要加工的面是 C 面，且 C 面的加工与其他结构的加工不可以放在同一个工序。

$\phi40H7mm$ 的内孔的中心轴线又是底板的菱形并圆角过渡的外轮廓的基准，因此它的加工应在底板的菱形外轮廓加工之前。考虑到装夹的问题，$\phi40H7mm$ 的内孔和底板的菱形外轮廓也不宜在同一次装夹中加工。

按数控加工应尽量集中工序加工的原则，可把 $\phi40H7mm$ 的内孔，阶梯孔 $\phi13mm$ 和 $\phi22mm$，A、B 两个平面、$\phi60mm$ 外圆轮廓在一次装夹中加工出来。这样以装夹次数为划分工序的依据，则该零件的加工主要分 3 个工序：加工 C 面；加工 A、B 两个平面 $\phi40H7mm$ 的内孔，阶梯孔 $\phi13mm$ 和 $\phi22mm$；加工底板的菱形外轮廓。

在加工 $\phi40H7mm$ 的内孔、阶梯孔 $\phi13mm$ 和 $\phi22mm$，及 A、B 两个平面的工序中，据先面后孔的原则，又宜将 A、B 两个平面及 $\phi60$mm 外圆轮廓的加工放在孔加工之前，且 A 面加工在前。至此零件的加工顺序基本确定，总结如下。

（1）第一次装夹：加工 C 面。

（2）第二次装夹：加工 A 面—加工 B 面及 $\phi60$mm 外圆轮廓—加工 $\phi40$H7mm 的内孔、阶梯孔 $\phi13$mm 和 $\phi22$mm。

（3）第三次装夹：加工底板的菱形外轮廓。

4. 确定装夹方案

根据零件的结构特点，第一次装夹加工 C 面，选用平口虎钳夹紧。

第二次装夹加工 A 面、B 面及 $\phi60$mm 外圆轮廓，加工 $\phi40$H7mm 的内孔、阶梯孔 $\phi13$mm 和 $\phi22$mm 时亦选用平口虎钳夹紧。注意，工件要高出钳口 25mm 以上，下面用垫块，垫块的位置要适当，应避开钻通孔加工时钻头伸出的位置，如附图 24 所示。

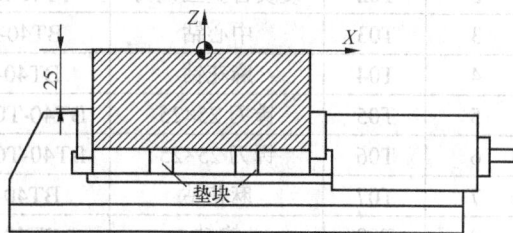

附图 24 平口虎钳装夹工件

铣削底板的菱形外轮廓时，采用典型的一面两孔定位方式，即以底面、$\phi40$H7mm 和一个 $\phi13$mm 孔定位，用螺纹压紧的方法夹紧工件。测量工件零点偏置值时，应以 $\phi40$H7mm 已加工孔面为测量面，用主轴上所装百分表找 $\phi40$H7mm 孔的中心的机床 X、Y 机械坐标值作为工件 X、Y 向的零点偏置值。装夹方式如附图 25 所示。

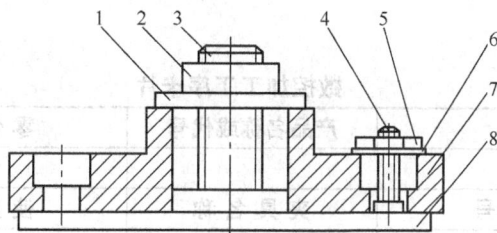

附图 25 外轮廓铣削装夹方法

1—开口垫圈 2—压紧螺母 3—螺纹圆柱销 4—螺纹削边销 5—辅助压紧螺母 6—垫圈 7—工件 8—垫块

5. 刀具与切削用量选择

该零件孔系加工的刀具与切削用量的选择工序卡片如附表 5 所示。

平面铣削上下表面时，表面宽度如 110mm，拟用面铣刀单次平面铣削。为使铣刀工作时有合理的切入切出角，面铣刀直径尺寸的选择最理想的宽度应为材料宽度的 $1.3 \sim 1.6$ 倍，因此用 $\phi160$mm 的硬合金面铣刀，齿数 10，一次走刀完成粗铣，设定精加工余量 0.5mm。

加工 $\phi60$mm 外圆及其台阶面和外轮廓面时，考虑 $\phi60$mm 外圆及其台阶面同时加工完成，且加工的总余量较大，拟选用 $\phi63$mm，4 个齿的 7:24 的锥柄螺旋齿硬质合金立铣刀加工，它具有高效切削性能；因为表面粗糙度要求是 $R_a6.3$，因此粗精加工用一把刀完成，设定粗铣后留精加工余量为 0.5mm。粗加工时选 $v_c = 75$m/min，$fz = 0.1$mm，则 $S = 318×75÷63 = 360$，

$F = 0.1 \times 4 \times 360 = 140\text{mm/min}$，精加工时 F 取 80mm/min。

底板的菱形外轮廓加工时，铣刀直径不受轮廓最小曲率半径限制，考虑到减少刀具数，还选用 $\phi 63\text{mm}$ 硬质合金立铣刀加工（毛坯长方形底板上菱形外轮廓之外 4 个角可预先在普通机床上去除）。

附表 5　　　　　　　　　　　　　数控加工刀具卡片

产品名称或代号			零件名称	端盖	零件图号		程序编号	
工步号	刀具号	刀 具 名 称	刀柄型号	刀　具		补偿值	备注	
				直径	长度			
1	T01	硬质合金面铣刀	BT40-XM33-75	$\phi 160$	180			
2	T02	硬质合金立铣刀	JT40-MW4-85	$\phi 63$	200			
3	T03	中心钻	BT40-Z10-45	$\phi 3$	128			
4	T04	麻花钻	BT40-M2-75	$\phi 38$	200			
5	T05	镗刀 25×25	BT40-TQC50-180	$\phi 39.95$	320			
6	T06	镗刀 25×25	BT40-TQC50-180	$\phi 40$	320			
7	T07	麻花钻	BT40-M1-50	$\phi 13$	200			
8	T08	锪钻	BT40-M2-50	$\phi 22$	200			
编制		审核		批准		年 月 日	共 1 页	第 1 页

6. 拟订数控铣削加工工序卡片

把零件加工顺序、所采用的刀具和切削用量等参数编入如附表 6 所示的数控加工工序卡中，以指导编程和加工操作。

附表 6　　　　　　　　　　　　　数控加工工序卡片

单位名称		产品名称或代号		零件名称		零件图号
工序号	程序编号	夹具名称		使用设备		车间
001		三爪卡盘和自制心轴		CJK6240		数控中心
工步号	工步内容	刀具号	刀具规格（mm）	主轴转速（r/min）	进给速度（mm/min）	背吃刀量（mm）
1	粗铣定位基准面（底面）	T01	$\phi 160$	180	300	4
2	精铣定位基面	T01	$\phi 160$	180	150	0.2
3	粗铣上表面	T01	$\phi 160$	180	300	5
4	精铣上表面	T01	$\phi 160$	180	150	0.5
5	粗铣 $\phi 160$ 外圆及其台阶面	T02	$\phi 63$	360	140	5
6	精铣 $\phi 160$ 外圆及其台阶面	T02	$\phi 63$	360	80	0.5
7	钻 3 个中心孔	T03	$\phi 3$	2000	80	3
8	钻 $\phi 40H7$ 底孔	T04	$\phi 38$	200	40	19
9	粗镗 $\phi 40H7$ 内孔表面	T05	25×25	400	60	0.8

续表

工步号	工 步 内 容	刀具号	刀具规格（mm）	主轴转速（r/min）	进给速度（mm/min）	背吃刀量（mm）
10	精镗 ϕ40H7 内孔表面	T06	25×25	500	30	0.2
11	钻 2—ϕ13 螺孔	T07	ϕ13	500	70	6.5
12	2—ϕ22 锪孔	T08	ϕ22×14	350	40	4.5
13	粗铣外轮廓	T02	ϕ63	360	140	11
14	精铣外轮廓	T02	ϕ63	360	40	22

7. 加工程序（略）

小结

　　本附录重点介绍了常见的机械加工工艺方法，如在普通车床上进行锥体零件加工的方法、车细长轴采用的方法。这也是本附录的难点所在。此外本附录还介绍了刀具角度的测量、四爪卡盘、平口虎钳的找正方法等内容。

习题

1. 简述万能角度尺的不同的组合方法及各种方法的测量范围。
2. 四爪卡盘装夹不规则工件的找正方法有哪些？
3. 车削细长轴的注意事项有哪些？怎样防止工件震动和变形？
4. 普通车床加工锥体零件的方法有哪些？说明其原理。
5. 简述普通机床与数控机床的区别。

参考文献

［1］陈宏钧. 实用机械加工工艺手册. ［M］. 2 版. 北京：机械工业出版社，2003

［2］卢秉恒. 机械制造技术基础. ［M］. 3 版. 北京：机械工业出版社，2007

［3］倪森寿. 机械制造工艺与装备 ［M］. 北京：化学工业出版社，2002

［4］王茂元. 机械制造技术 ［M］. 北京：机械工业出版社，2001

［5］管俊杰. 数控加工工艺 ［M］. 西安：西南交通大学，2005

［6］罗春华. 数控加工工艺简明教程 ［M］. 北京：北京理工大学出版社，2007

［7］吴拓. 机械制造工艺与机床夹具 ［M］. 北京：机械工业出版社，2006

［8］赵家齐. 机械制造工艺学课程设计指导书. ［M］. 2 版. 北京：机械工业出版社，2000

［9］崇凯. 机械制造技术基础课程设计指南 ［M］. 北京：化学工业出版社，2006

［10］北京第一通用机械厂. 机械工人切削手册 ［M］. 北京：机械工业出版社，2004

［11］金福昌，朱燕青. 袖珍车工手册 ［M］. 北京：机械工业出版社，2000

［12］高波. 机械制造基础 ［M］. 大连：大连理工大学出版社，2008